教育部高等学校材料类专业教学指导委员会规划教材

国家级一流本科专业建设成果教材

材料化学

U0392624

麦立强 罗 雯 陈 伟 编著

MATERIAL CHEMISTRY

化学工业出版社

·北京·

内 容 简 介

  《材料化学》是教育部高等学校材料类专业教学指导委员会规划教材，主要内容包括绪论、化学键与晶体结构、晶体的缺陷、非晶态与准晶态、材料表面与界面、材料电化学、材料制备原理、金属材料的制备、无机非金属材料的制备、高分子材料的制备、复合材料的制备、前沿新材料，全方位地阐述了材料的组成和结构、制备方法、功能特性及应用。

  《材料化学》是高等院校材料科学与工程、材料化学、应用化学等专业本科生或研究生的教材，也可作为材料专业从业人员的参考书。

图书在版编目（CIP）数据

材料化学/麦立强，罗雯，陈伟编著.—北京：化学
工业出版社，2023.6
 ISBN 978-7-122-43251-3

 Ⅰ.①材… Ⅱ.①麦…②罗…③陈… Ⅲ.①材料科
学-应用化学-高等学校-教材 Ⅳ.①TB3

中国国家版本馆 CIP 数据核字（2023）第 060372 号

责任编辑：陶艳玲
责任校对：边 涛   装帧设计：史利平

出版发行：化学工业出版社（北京市东城区青年湖南街 13 号 邮政编码 100011）
印 刷：北京云浩印刷有限责任公司
装 订：三河市振勇印装有限公司
787mm×1092mm 1/16 印张 18 字数 412 千字 2023 年 8 月北京第 1 版第 1 次印刷

购书咨询：010-64518888   售后服务：010-64518899
网 址：http://www.cip.com.cn
凡购买本书，如有缺损质量问题，本社销售中心负责调换。

定 价：**69.00 元**   版权所有 违者必究

　　材料是人类生产和生活活动的物质基础，是生产力的标志，被看作是人类社会进步的里程碑；化学是在分子、原子水平上研究物质的组成、结构、性质与变化规律的科学，是人类理解自然、改造自然的基础。材料与化学的交叉渗透，衍生出内涵丰富、浩瀚深邃的新兴学科——材料化学。

　　材料化学作为学科交叉的产物，已逐渐发展成为材料科学的核心内容之一，其涵盖的基本理论和方法为材料制备、结构分析、性能表征和实际应用提供了最为基础和关键的指导。材料化学致力于指导解决材料领域变革式发展的"大问题"，推动关乎科学技术进步的新材料研究，比如新材料的开发、新结构的设计及新应用的发掘。而新材料的研究和发展直接影响一个国家的科学技术、国民经济、国防建设现代化水平的高低和综合国力的提升。因此，材料化学这一学科对于国家发展具有战略意义。同时，该学科重在培养学生从化学角度认识并理解材料的本质，特别是材料的化学组成、结构与材料性能之间的关系，为发展变革性和战略性新材料提供重要支撑。

　　本书遵循"材料化学基础—材料合成与制备—材料前沿应用"主线脉络，整体上分为三部分。第一部分（第 1~6 章）阐述材料化学基础，主要包括材料化学的基本理论，涉及材料的组成和结构、表面与界面性能和材料电化学。第二部分（第 7~11 章）是各类材料的制备原理及方法，对材料制备原理、金属材料的制备、无机非金属材料的制备、高分子材料的制备、复合材料的制备进行逐章介绍。第三部分（第 12 章）介绍前沿新材料。本书编写注重融入学科发展的新思想、新成果，突出前沿性、变革性，因此在最后一章中介绍量子材料、光子与光学材料、金属有机框架材料、手性材料、超材料等材料化学最新的闪光点，使课堂内容能够紧跟时代发展前沿，拓展学生的知识面，启迪学生发挥创新能力。需要注意和强调的是，在这种交叉学科、边缘学科、新兴学科的迅速兴起，"你中有我，我中有你"的大背景下，所举几类新材料无法严格归属于四大类传统材料（金属材料、无机非金属材料、高分子材料和复合材料），其性质和性能与传统材料也有着明显的差异。对于"材料化学"课程学时少的高校，可以把第一部分和第二部分作为授课主体内容，第三部分作为拓展阅读材料。对于课时较多的高校，可以结合院校及专业特点、授课对象的水平层次等实际情况，对第三部分的内容有选择性地进行介绍。

此外，本书在内容组织与呈现形式上结合数字化技术，在书中以二维码形式植入了彩色图像、视频资料、习题答案等数字化内容，对内容进行更生动地展示；针对"新工科"人才培养、新时代"课程思政"等需求，设置了涵盖面宽泛的"拓展阅读"，拓展专业课程的广度、深度和温度，增加课程的知识性、人文性，注重教材的可读性；另外，设有"教学要点""思考题"等板块，方便学生阅读、理解和学习。

材料化学知识包罗万象，本书难以囊括全部。限于篇幅，编著者力求为读者呈现材料化学最基础的知识、原理和方法，为材料学相关专业的学生及研究人员提供基本的理论参考。更期望通过介绍前瞻性新材料及变革性应用，使学生了解最先进、具有前景的新材料，激励学生向材料科学技术更高处攀登。

本书由武汉理工大学麦立强主持，并与武汉理工大学罗雯和陈伟合作编著完成。在本书的编写过程中参阅了许多著作、文献和资料，同时参考了国内外同类教材的部分内容，在此表示诚挚的谢意！

本书得到教育部高等学校材料类专业教学指导委员会规划教材建设立项支持，在此表示感谢！囿于学识和时间，书中疏漏和不妥之处在所难免，恳请读者给予批评指正。

编著者
2023 年 6 月

视频、彩图、思考题参考答案、拓展阅读

目 录

第3章 // 晶体的缺陷

第4章 // 非晶态与准晶态

第 5 章　材料表面与界面

第8章　金属材料的制备

第 **9** 章 无机非金属材料的制备

第 **10** 章 高分子材料的制备

第11章　复合材料的制备

第12章 前沿新材料

第 1 章

绪论

 教学要点

知识要点	掌握程度	相关知识
材料化学的定义	掌握材料化学的定义及特点	材料化学的定义
材料的发展历程及其分类方式	熟悉材料的发展历程及其分类方式，了解材料化学在各个领域的应用	材料的五个发展阶段；材料的五种分类方式

1.1 材料与化学

物质是否就是材料？这个问题看似钻牛角尖，但对于材料类专业的学生很有必要弄清楚。物质是客观存在的，自然界的所有一切都是由物质构成的。而材料是由原材料中取得的，为生产半成品、工件、部件和成品的初始物料，如金属、石材、木材、皮革、塑料、天然纤维和化学纤维等。显然，材料是物质，是具有了特定意义的物质，即可为社会接受而又能经济地制造有用器件的物质叫材料。

在很多情况下，同一种物质可成为有多种用途的材料。以碳（C）元素为例，具有层状结构的石墨，质软润滑可作为润滑材料使用，良好的导电性和高熔点又可用作高温（2000℃）发热体；将石墨在高温、高压下处理可转变为金刚石，成分不变但性质与石墨完全不同。金刚石是目前报道的硬度最大的材料之一，可用作优质耐磨材料，同时也是优良的绝缘材料。这种从微观上研究材料的组成、结构和性质以及相互转变的科学即为材料化学。

事实上，材料化学的发展与材料的制备、加工和利用密不可分。如今"材料化学"作为材料和化学领域的重要研究方向，已成为一门以材料为研究对象和研究目的的科学。材料化学的学科内涵是运用化学原理、方法和技术，在原子、分子及聚集态尺度上研究材料的组成、结构、制备、表征、性能及应用，具有明显的交叉学科性质。该学科为发展变革性和战略性材料体系奠定科学基础，是信息、能源、医学、环境、制造和国防等领域中至关重要的先导学科。

1.2 材料的发展过程

材料是人类一切生产和生活活动的物质基础，是生产力的标志，也是人类社会进步的里程碑。从某种意义上说，对材料认识和利用的能力，决定着社会的形态和生活的质量，所以人们对材料更优异性能或前所未有功能的追求从未停止。而每一种新材料的发现、每一项新材料技术的应用，都会给社会生产和人类生活带来巨大改变，并逐步推动人类社会的进步。从总体来看，材料的发展按发展水平大致可以分为五个阶段。

（1）初级阶段——天然材料

原始社会时期，人类的生产活动受到自然条件的极大限制，在生产技术水平极低的情况下，使用的材料只能是自然界的动物、植物、矿物，如兽皮、兽骨、羽毛、树木、石块、泥土等，人类所能利用的材料都是天然的，这一阶段即为旧石器时代。随着生活环境的变迁和生产经验的积累，在这一阶段的后期，人类文明的程度有了一定进步，在制造器物方面有了种种技巧，但是都只是对纯天然材料的简单加工。

（2）利用火制造材料的阶段——烧炼材料

火的应用，在人类文明发展史上有着极其重要的意义。人工取火发明以后，原始人类掌握了一种强大的自然力，从此进入利用火来对天然材料进行煅烧、冶炼和加工的时代。火的使用促进了人类社会的发展，最终把人与其他动物分开。这一阶段以三大人造材料为象征，即陶、铜和铁。人类用天然的矿土烧制陶器、砖瓦和瓷器，从此人类可以食用煮熟的食物，饮用烧开的水，可长时间存储食物。同时，陶器作为耐火材料，为青铜器、铁器的冶炼提供了物质条件，例如从各种天然矿石中提炼铜、铁等金属材料等，具有划时代的意义，促进了人类的进化。

（3）利用物理与化学原理合成材料的阶段——合成材料

20 世纪初，随着物理学和化学等科学的发展以及各种检测技术的出现，人类一方面从化学的角度出发，开始研究材料的化学组成、化学键、结构及合成方法；另一方面从物理学角度出发开始研究材料的物理性质，即以凝聚态物理、晶体物理和固体物理等作为基础来说明材料组成、结构及性能间的关系，并研究材料制备和材料使用的有关工艺性问题。合成高分子材料（合成塑料、合成纤维及合成橡胶等）的问世是材料发展中的重大突破，从此以金属材料、无机非金属材料和合成高分子材料为主体，建立了完整的材料体系，形成了材料科学，进入人工合成材料的新阶段。一系列的合金材料和新型无机非金属材料（如超导材料、半导体材料、光纤等），都是这一阶段的典型代表。

（4）材料的可设计化阶段——新型复合材料

高新技术的发展对材料提出了更高的要求，前三代性能较单一的材料已不能满足日益发展的社会需求，于是科技工作者开始研究用新的物理、化学方法，根据实际需要设计具有特殊性能的材料。20 世纪 50 年代，金属陶瓷的出现标志着复合材料时代的到来；随后又出现了玻璃钢、铝塑薄膜、梯度功能材料以及抗菌材料的热潮，这些都是复合材料的典型实例。它们都是为了适应高新技术的发展以及人类文明程度的提高而产生的。至此，人类已经可以利用新的物理、化学方法，根据实际需要设计独特性能的新型复合材料。一般来说，新型复合材料是由有机高分子材料、无机非金属材料和金属材料等其中两种或两种以上异质、异形、异性的材料复合而成，不限于材料的简单叠加，而是设法使其实现高强度、高模量、耐高温、抗腐蚀、耐烧蚀、低密度等性能的最优化。如以碳纤维、碳化硅纤维、氧化铝纤维、硼纤维、芳纶纤维、高密度聚乙烯纤维等高性能纤维作为增强材料，并使用高性能树脂、金属及陶瓷为基体的新型复合材料。

（5）材料的智能化阶段——功能材料

近年来研制出的一些新型功能材料，它们一般具有优良的电学、磁学、光学、热学、声学、力学、化学、生物医学功能，具备特殊的物理、化学、生物学效应。部分材料能随环境、时间的变化调节自己的性能或形状，完成功能的相互转化，好像具有一定的智慧，可以自适应、自诊断或自修复，如形状记忆合金、自修复水凝胶、光致变色玻璃等，主要用来制造各种功能元器件。功能材料研发是 21 世纪的尖端技术，现已成为材料科学的一个重要的前沿领域，有关研究及发展受到人们的广泛关注，但目前与理想智能材料的目标还相距甚远，相关领域的发展任重而道远。

上述五个发展阶段所涉及的材料并不是新旧交替的，而是长期并存的，它们共同在生产、生活、科研的各个领域发挥着不同的作用。

1.3 材料的分类

人类既从大自然中选择天然物质进行加工、改造以获得适用的材料，也发明和研制合金、玻璃、合成高分子等材料来满足生活和生产的需要。人类所使用的材料门类众多，有天然的也有人工合成的；有无机物、有机物，也有无机-有机复合或杂化的材料。材料科学领域中，除传统材料和新材料两大类型外，一般将材料按以下五种方式分类（图 1-1）。

① 按照化学组成可分为金属材料、有机材料、无机材料和复合材料；
② 按照原子排列的有序度可分为晶态材料、非晶态材料和准晶态材料；
③ 按照原子间结合力的本质（即化学键）的类型可分为离子晶体、共价晶体、金属晶体、分子晶体、氢键晶体；
④ 从应用的角度可划分为结构材料与功能材料；
⑤ 从功能的优异性方面可分为普通材料和新型（功能）材料。

1.4 材料化学的研究内容

材料化学是以各种材料为研究对象，在原子/分子"小尺度"下通过调控材料的化学组成、分子及晶体结构，通过掺杂、复合、杂化等化学手段，从微观到宏观最大限度地优化材料的品质和功能，研究材料的化学组成、结构与材料性能之间的关系及其制备方法等问题的科学。材料化学的研究内容应包括如下几个方面（图1-2）。

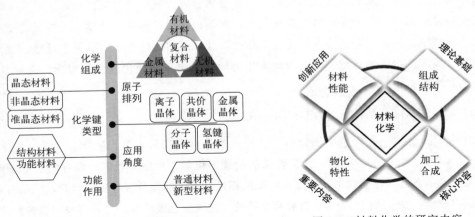

图 1-1　材料的分类方式　　　　　　图 1-2　材料化学的研究内容

① 用结构理论、价键理论、化学热力学与化学动力学等基本原理研究实际材料的化学反应特性，这是材料化学的理论基础。从能量和过程的观点研究材料的组织结构，从热力学与动力学的观点研究实际材料的化学反应，是材料化学的理论基础。

② 材料制备原理和合成方法的研究是材料化学的核心内容。传统金属材料的熔炼法、无机材料的陶瓷法、高分子材料的聚合法是材料制备的主要方法。采用固相反应法、水热合成法、气相沉淀法等合成方法和制备工艺，制备各种单晶、多晶及非晶材料，以及制备高分子材料和纳米材料等，都是材料制备研究的核心内容。

③ 依据材料的功能导向与化学调控的本质归纳新材料，如纳米材料、光功能材料、绿色能源材料、生物医用材料等在不同应用场景下的研究。以化学调控原理、方法和技术为主线，实现材料性能极限的突破、满足重大领域的需求和孕育新的研究方向，也是材料化学研究的创新应用。

综上所述，材料化学是材料与化学这两大学科的结合，是以基本化学原理和手段去系统地研究各类材料的制备、结构、性质及应用的交叉学科，更具有前沿学科的特点，在整个材料科学中占有极为重要的地位，但仍有待进一步发展和完善。随着现代科学技术的进一步发展，材料研究必将沿着知识技术更密集化、研究开发综合化、学科交叉前沿化的方向发展，这无疑表明材料化学研究的广阔发展前景。

1.5 "材料化学"课程的特点和要求

"材料化学"课程是学科交叉的产物，该课程将理论与实践相结合，学习内容不仅包含运用化学理论和方法在原子和分子水平上研究材料，同时作为材料科学的核心内容，在新材料的研发、复合材料的工艺优化、功能材料的制备以及表征方法的革新等领域都具有重要作用，是材料科学与工程专业必修的专业基础课，属于承上启下的课程，为学习专业核心课打下坚实的基础。材料化学是研究材料的化学基础的学科，通过"材料化学"课程的学习，学生应达到以下要求：

① 掌握价键理论、结构理论、材料热力学和材料动力学、材料表界面化学和材料电化学等基本原理；

② 掌握各种材料的基本概念及结构特点；

③ 掌握各种材料的制备原理及制备方法；

④ 了解材料化学技术在新材料研究开发中的应用。

1.6 材料化学在各个领域的应用

从天然材料到烧炼材料再到合成材料，最后到新型功能材料，材料化学致力于解决各领域变革式发展的"大问题"，聚焦在促使科学技术进步的新材料，而新材料的研究和发展直接影响一个国家的科学技术、文化教育、国民经济、国防建设现代化水平的高低和综合国力的提升速度。如今，材料化学已渗透到电子信息、生物医药、生态环境、建筑材料、绿色能源等众多现代科学技术领域（图1-3），其发展与这些领域的发展密切相关。

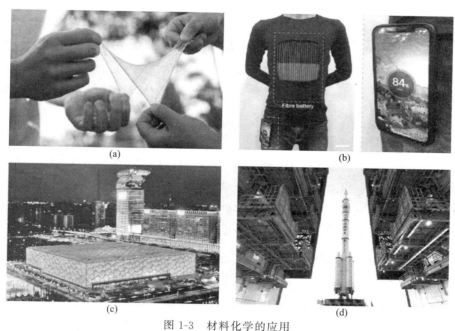

图 1-3　材料化学的应用
（a）人造皮肤材料的柔韧性和可拉伸性；（b）"穿"在身上的电池——纤维聚合物锂离子电池；（c）"水立方"外部使用的新型科技材料——乙烯-四氟乙烯共聚物；（d）神舟十三号载人飞船表面的防热涂层材料

（1）电子信息领域

光功能材料、电功能材料、磁功能材料等面向电子信息领域的新型功能材料的开发离不开材料化学的助力。例如，光功能材料是通过对光能的存储、转换和传导展现光学性能，利用材料化学相关知识可实现分子结构的有序构筑与精准调控，开发高纯合成和宏量制备的普适方法，利于发展新型稀土发光材料、聚集诱导发光材料、钙钛矿发光材料和非线性光学材料等。

（2）生物医药领域

生物医药领域要求材料具备良好的生物相容性与生物安全性，将材料化学与生物学配合，从材料的结构、组织和表面对材料进行改性，开发生物相容的药物载体、成像、敷料、组织工程、植介入等材料，从分子、细胞与组织水平设计满足医学需求的化学工具和功能模块，成为材料化学的一个重要任务。

（3）生态环境领域

结合材料化学知识，可设计生物基环境友好材料和天然材料的清洁制备新工艺，开发新的可回收和可生物降解的包装材料，通过精准合成与结构调控实现材料最大程度的可循环利用，解决废弃材料的后处理问题，推动生态环境领域可持续的跨越式发展。在分离材料方面，创新分子/离子的分子识别和传递机制，揭示分离材料多尺度结构调控及精准构建原理，发展新结构和新功能的多孔吸附材料、离子交换材料和膜材料，为相关行业的技术创新提供科学基础。

（4）建筑材料领域

从木材、水泥、混凝土，到墙体与屋面材料、防水材料、绝热材料，再到建筑塑料、隔音材料、装饰材料等，社会的进步对建筑材料提出更高的要求。在"双碳"战略下，需开发高强、轻质、多功能、节能、无污染、有利于环境保护和人体健康的新型绿色建筑材料，其发展对国民经济的发展具有重要的现实意义。

（5）绿色能源领域

以光伏、风能、电力、特高压等为代表的绿色能源领域，围绕光、电、热、机械能与化学能之间的高效转化与存储，突破能量转化效率或能量存储密度瓶颈，开发新技术以发展新型高性能、高稳定性、低成本的能量转换与存储材料，发展低资源消耗的绿色能源，材料化学起了关键作用并将为新能源的变革性发展与应用奠定基础。

（6）国家战略需求关键材料领域

中国是材料基础研究和材料产业大国，但国家战略需求关键材料受制于人的问题日益突出，种种"卡脖子"现象正在或潜在地阻碍着国家的经济发展、产业升级甚至威胁到国家安全。因此，未来需突破高精度光刻胶材料的合成壁垒，推动光电、航天航空等领域的发展；突破现有含能材料的性能极限，开发新一代超高能材料；制备高承载、多功能、极端条件服役材料，满足深海、极寒、核反应堆等尖端应用的重大需求等，势必为材料强国战略打牢基础。

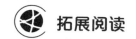
中国金属学与材料学家，中国高温合金的开拓者之———师昌绪院士

"材料是制造业的基础，决定着整个国家的强富与贫穷。强国梦，材料不可或缺。"2013年3月23日，中国"材料之父"、中国科学院和中国工程院两院资深院士师昌绪在中国科技馆作了题为《材料与社会》的报告，探讨中国梦实现之路。

师昌绪，1918年11月出生于河北省徐水县。1945年毕业于国立西北工学院。1952年在美国欧特丹大学获冶金学博士学位。在麻省理工学院工作3年，期间积极参与争取回国的斗争，1955年回国。他是中国著名材料科学家、战略科学家，中国科学院、中国工程院资深院士，国家最高科学技术奖获得者。2015年被评为感动中国2014年度人物。曾任中国科学院金属研究所所长、中国科学院技术科学部主任、国家自然科学基金委员会副主任、中国工程院副院长、湘潭大学名誉董事长等。

多年来，师昌绪致力于材料科学研究与工程应用工作，是中国高温合金研究的奠基人、材料腐蚀领域的开拓者，在国内率先开展了高温合金及新型合金钢等材料的研究与开发。高温合金是航空发动机的核心材料。20世纪60年代，我国战机发动机急需高性能的高温合金叶片，他率队研制的铸造九孔高温合金涡轮叶片，解决了一系列技术难题，使我国航空发动机涡轮叶片由锻造到铸造、由实心到空心迈上两个新台阶，成为继美国之后第二个自主开发这一关键材料技术的国家，迄今为止已大量应用于我国战机发动机，于1985年获国家科技进步一等奖。他在金属凝固理论方面发展了低偏析合金技术，通过有效控制微量元素降低合金凝固偏析。在此基础上，中国科学院金属研究所科研人员在他的指导下研发了应用于各类飞机发动机和大型燃气轮机的定向、单晶等系列高温合金和复杂型腔铸造技术。他还根据我国资源情况开发出多种节约镍铬的合金钢，解决了当时我国工业所需。

从石制工具开启人类文明，到钢铁推动第一次产业革命，再到硅半导体将人类社会带入信息时代，材料的发展推动人类文明不断进步。师昌绪说："实现强国梦必须重视新材料的研发、产业化与应用。"于是，他组建了中科院金属腐蚀与防护研究所，领导建立了全国自然环境腐蚀站网，为我国材料研究与工程应用提供了大量基础性数据。他大力提倡传统材料研究与新材料研究、基础研究与应用研究并重，促进了我国材料研究的可持续发展。他推动了我国材料疲劳与断裂、非晶纳米晶等学科的发展。他提出我国应大力发展镁合金，倡导并参与我国高强碳纤维的研发应用。

师昌绪对国家科技政策的制订及科技机构的设置和发展做出了突出贡献。他倡导并参与主持了中国工程院的建立，多次主持制定全国材料领域发展规划。他十分重视学会和出版工作，创建了"中国材料研究学会"和"中国生物材料委员会"，创办或主编了《材料科学技术学报》（英文）、《自然科学进展》（中英文）、《金属学报》（中英文）等5个高水平刊物。

2012年，美国提出"材料基因组计划"，师昌绪解释道，"材料基因组计划"本身和生物基因没有任何联系，其本质精神是缩短材料产出周期，高效发展先进制造业。对于我国来说，通过团结合作、协同创新，提高研发效率尤为重要。"高端制造业材料必须先行。但到现在为止我们的材料发展还不能和国际水平相媲美。"因此，师昌绪呼吁，材料科学相关研究成果不应只停留在文章上面，更应实现转化应用。

师昌绪曾说过："材料发展是改善人们生活、增强国家实力的重要途径，是实现中国梦不可或缺的一部分，我的信仰就是中国梦。"他还说："我没有信仰过基督教，也没有信仰过佛教，我信仰的'教'就是中国强！""我想每一个中国人都应该有一个信仰，这个信仰就是使中国强盛，中国梦就是大家共同的梦。"他更告诫青年人勿忘国耻，齐心协力解决所面对的问题。

师昌绪把自己的毕生精力和心血都贡献给了我国基础研究、科技事业和科学基金事业，培养了80多位硕士生和博士生，他们当中多人已成为材料领域的学术带头人。师昌绪对祖国、对科技事业、对中国材料科学的责任心，永远值得学习发扬。

摘自：师昌绪王振义获国家最高科技奖[N].人民日报海外版，2011-01-15(004).DOI：10.28656/n.cnki.nrmrh.2011.001707.

思考题

扫码看答案

1. 下列物质所用材料属于第几代材料？
A. 制轮胎的橡胶
B. 埃菲尔铁塔中的钢铁
C. 制备石刀的石头
D. 制备变色眼镜的玻璃
E. 航天飞机机身用的碳纤维复合材料
2. 按材料的发展水平，简述材料发展的五个过程，这五个过程的关系如何？
3. 按照材料的化学组成，材料可以分为哪几类？

参考文献

[1] Andrew Myers. New chemistry enables using existing technology to print stretchable, bendable circuits on artificial skin[N]. Stanford Engineering Magazine, 2021-07-01[2022-11-12]. https://news.stanford.edu/press-releases/2021/07/01/engineers-develo-artificial-skin/.

[2] He J, Lu C, Jiang H, et al. Scalable production of high-performing woven lithium-ion fibre batteries [J]. Nature, 2021, 597(7874): 57-63.

[3] 傅忠庆.水立方之夜[J].游泳，2012(05)：16.

[4] 梁振兴，姜玮，张国俊.国家自然科学基金能源化学发展规划和布局概况[J].科学通报，2021，66 (09)：974-979.

[5] 白宇.工信部副部长：我国制造业要大力度"引进来"高水平"走出去"[N].人民网，2018-07-14 [2022-11-12]. http://finance.people.com.cn/n1/2018/0714/c1004-30147394.html.

第 2 章

化学键与晶体结构

 教学要点

知识要点	掌握程度	相关知识
元素性质	掌握描述元素的常见物理量	第一电离能、电子亲核势、电负性
金属键与金属晶体	熟悉金属晶体材料的特点；掌握金属键理论	自由电子理论、费米-狄拉克分布、能带理论、导带、价带和禁带
离子键与离子晶体	熟悉离子晶体材料的特点；掌握总势能、晶格能和离子半径的计算；了解鲍林规则	总势能、键长、晶格能、离子半径、鲍林规则
共价键与共价晶体	熟悉共价晶体材料的特点；掌握价键属于离子键或共价键的判据；掌握价键理论和分子轨道理论	价键理论、轨道杂化、分子轨道理论、原子轨道线性组合分子轨道法
氢键、锂键与范德华键	掌握氢键、锂键和范德华键的特点	氢键键能、锂键的三种分类，范德华键的来源
晶体学基础	熟悉晶体与非晶体的区别；掌握描述晶体结构的特征参数	空间点阵、晶胞参数、晶系、晶向指数、晶面指数、晶面间距

　　材料的结构根据尺度分为微观（原子水平和分子水平）结构、介观结构和宏观结构，材料中原子的种类、键合类型和排列方式会影响其性质，因此人们首先需要研究的是材料的微观结构。材料由元素组成，同种元素或不同元素的原子以一定方式结合，形成原子或分子晶体，元素的性质变化呈现一定的规律，比如第一电离能、电子亲和势和电负性等。进一步，研究原子的键合类型和排列方式来理解不同晶体结构的性质特征是研究材料微观结构的基础。

2.1　元素及其性质

　　材料由元素构成，同种元素或不同种元素之间以一定方式结合，形成原子或分子等晶体。在地球上，元素丰度最高的是氧，其次是硅。氧元素主要存在于空气和水合矿石中，硅元素主要以硅酸盐和二氧化硅等形式存在于地壳中。在元素周期表中，从左到右，有效核电荷逐渐增大，外层电子受原子核吸引而向核靠近，导致原子半径逐渐减小；而从上到下，随着电子层数的增加，原子半径逐渐增大。不同元素由于其电子结构不同，形成化学键的倾向也不一样，元素的这种性质可以用第一电离能、电子亲核势和电负性等物理量进行表征。

（1）第一电离能（first ionization energy，I_1，单位是电子伏特，eV）

第一电离能是从气态原子中移走一个电子使其成为气态一价正离子所需的最低能量。移走的是受原子核束缚最小的电子，通常是最外层电子。方程式如下：

$$原子(g) + I_1 \longrightarrow 一价正离子(g) + e^- \tag{2-1}$$

根据玻尔模型和薛定谔方程给出的最外层电子的能量可以计算出 I_1 的值：

$$I_1 = \frac{13.6Z^2}{n^2} \tag{2-2}$$

式中，Z 为有效核电荷；n 为主量子数。可以利用电离能来比较原子失去电子的难易程度，电离能越大表示原子越难失去电子。在元素周期表中电离能的变化规律是：①同周期主族元素从左到右，作用在最外层电子上的有效核电荷数逐渐增多，电离能 I_1 逐渐增大，稀有气体电离能最大；②同周期副族元素从左到右的有效核电荷增加不多，原子半径减小缓慢，电离能 I_1 的增大不如主族元素明显；③同主族元素从上到下的有效核电荷增加不多，但原子半径增大明显，因此电离能 I_1 逐渐减小；④同副族元素的电离能变化没有明显规律。

（2）电子亲和势（electron affinity，EA）

电子亲和势为气态原子俘获一个电子成为一价负离子时所产生的能量变化。

$$原子(g) + e^- \longrightarrow 一价负离子(g) + EA \tag{2-3}$$

如果形成负离子时放出能量，则电子亲和势 EA 为正，相反如果吸收能量则 EA 为负。电子亲和势的大小由原子核的吸引和核外电子的排斥两个因素决定，因此同周期/族元素都没有单调变化规律。大致来看，同周期元素的电子亲和势从左到右呈增加趋势，而同族元素变化不大。

（3）电负性（electronegativity）

电负性是衡量原子吸引电子能力的一个量度，用符号 χ 表示。1932 年莱纳斯·卡尔·鲍林首次提出电负性的概念，电负性综合考虑了电离能和亲和势，元素的电负性越大，意味着原子在化合物中吸引电子的能力越强。电负性是相对值，没有单位，需要采用同一套数值进行比较。鲍林根据热化学数据和分子的键能，规定氟元素的电负性为 4.0，再计算其它元素的相对电负性。原子 A 与原子 B 的电负性差：

$$\chi_A - \chi_B = (eV)^{-1/2} \sqrt{E_d(AB) - [E_d(AA) + E_d(BB)]/2} \tag{2-4}$$

式中，$E_d(AB)$、$E_d(AA)$ 和 $E_d(BB)$ 分别为 A—B 键、A—A 键和 B—B 键的解离能，单位是电子伏特；因子 $(eV)^{-1/2}$ 的作用是使计算结果成为一个无量纲的常数。在元素周期表中，同周期元素从左到右电负性逐渐增大，同族元素从上到下电负性逐渐减小。

2.2 原子间键合与晶体

材料的性质由原子间键合种类及原子排列方式决定，因此首先需要理解原子是如何键合在一起的。强键合作用一般是两个或多个原子之间通过电子转移或电子共享而形成的键合，一般也称为化学键，包括离子键、共价键和金属键；弱键合作用指的是范德华键、氢键和锂键等，氢键和锂键的键强介于化学键和范德华键之间。

2.2.1 金属键与金属晶体

金属材料具有导电、导热、不透明、有光泽以及延展性等特点，这是由于金属原子采取高配位和密堆积的形式通过金属键结合。金属键是金属中自由电子与金属正离子间形成的键合。由于金属元素的电负性一般都比较小，电离能也比较小，最外层的价电子容易脱离原子的束缚并在正离子形成的电势场中自由流动，成为共有的"自由电子"。金属晶体中各个金属原子的价电子公有化，成键电子可以在整个晶体中流动，意味着所有金属原子都参与了成键，使得金属键既无饱和性又无方向性，这种高度离域的价键使得体系的能量下降很大，形成一种强烈的吸引作用。金属键的强度用金属的原子化热来衡量，原子化热指的是 1mol 固态金属变成气态原子所吸收的能量。通常，如果金属的原子化热数值较低，则其金属键强度较小、熔点较低且硬度较小。金属键理论主要包括自由电子理论和能带理论。

（1）自由电子理论

20 世纪初德鲁特-洛伦兹提出了描述金属晶体中价电子运动的简单而直观的自由电子模型。该模型忽略电子与金属正离子以及电子与电子之间的相互作用，认为金属中价电子自由运动，类似于弥散在金属中的理想自由电子气体。自由电子模型可以较成功地定性描述金属的许多物理、化学性质。比如：自由电子的定向移动形成电流，使得金属表现出良好的导电性；正离子的热振动阻碍电子的定向移动，使得金属表现出电阻；自由电子能够吸收可见光的能量，使得金属表现出不透明的特点；自由电子吸收可见光的能量并从高能级轨道跃迁到低能级轨道将吸收的能量以电磁辐射的形式释放出来，使得金属具有光泽；晶体中原子发生相对移动时，金属正离子与自由电子仍然保持金属键键合，使得金属具有延展性特点等。自由电子理论是在经典力学的基础上来研究电子的运动规律，因此有许多现象不能得到很好的解释，比如金属比热和顺磁磁化率等金属性质。

索末菲在量子力学建立不久，建立了三维势箱模型对自由电子气进行处理，认为电子运动受量子力学限制，并遵从费米-狄拉克分布。电子属于费米子，对于任意两个全同费米子，它的总波函数是反对称的，这也是泡利不相容原理的产生原因。在某种确定的状态下，可能会存在多少个粒子，可以用配分函数来描述。配分函数体现粒子在各个状态下的分配性质，对于 s 态的 n 个粒子具有配分函数 Z：

$$Z = \sum_n e^{-n(\epsilon-\mu)/kT} \tag{2-5}$$

式中，ε 是自由粒子的动能；μ 是外场提供的势能；k 是玻尔兹曼常数；T 是温度。配分函数描述的是在（$\varepsilon-\mu$）这个确定的状态下所有可能的粒子数的玻尔兹曼因子之和。对于费米子电子来说，在一个确定的量子态下，要么是 0 个费米子，要么是 1 个费米子，因此它的配分函数可以确定如下：

$$Z = \sum_n \mathrm{e}^{-n(\varepsilon-\mu)/kT} = 1 + \mathrm{e}^{-(\varepsilon-\mu)/kT} \tag{2-6}$$

因此可以得到粒子在某种状态下出现的概率：

$$P(n) = \frac{1}{Z}\mathrm{e}^{-n(\varepsilon-\mu)/kT} \tag{2-7}$$

结合量子力学的不确定性关系，粒子不会处在一种静态的分布规律，因此只能建立一种统计学分布。换言之，在某一时刻、某一确定的状态下不能确定粒子有多少个，但是可以确定平均有多少个。结合概率 $P(n)$ 可以得到费米子的统计分布：

$$\bar{n}_{\mathrm{FD}} = \sum_n nP(n) = 0P(0) + 1P(1) = \frac{1}{\mathrm{e}^{(\varepsilon-\mu)/kT} + 1} \tag{2-8}$$

这便是电子满足的费米-狄拉克分布。

（2）能带理论

索末菲自由电子气模型认为电子在均匀势场中自由运动，显然与实际情况不同。能带理论的基本出发点是固体中的电子是共有化电子，但是会受到晶体中离子形成的电势场的作用。在金属晶体中，正离子按照一定的方式规则排列，电子在其间运动的时候受到正离子的吸引，换言之是在正离子形成的电势场中运动。

能带理论的两个基本假设包括玻恩-奥本海默近似和哈特里-福克平均场近似。玻恩-奥本海默近似指的是所有原子核都周期性地静止排列在其格点位置上，因而忽略了电子与声子的碰撞。由于原子核的质量比电子的质量大很多，所以其运动速度比电子慢得多，可以把电子运动与原子核运动分开处理，即只考虑原子核对电子的库仑作用，不考虑电子与电子、原子核与原子核的相互作用，相当于原子核对电子只提供外势。因此晶体中原子核与电子形成的多体系系统转化为晶格上原子核的经典力学运动以及电子的量子力学运动。相互作用的多电子体系可以用薛定谔方程来描述。哈特里-福克平均场近似指的是忽略电子与电子间的相互作用，而用平均场代替电子与电子间的相互作用，即假设每个电子所处的势场完全相同，电子的势能只与该电子的位置有关，而与其它电子的位置无关。孤立原子中电子能级是分立的，可以用量子数来标记，当两个原子相互作用时，两个原子的波函数就会发生重合，或者叫杂化。根据量子力学原理，如图 2-1 所示，简并的能级会发生劈裂形成两个无简并的能级，劈裂能级之间的间距随着原子之间的距离越近而越大，对应于能带的宽度。当原子数目 N 接近于无穷大时，N 个无简并能级之间就没有间隙，这些能级看起来就像连续分布的，称之为能带。

根据能带理论才有了导带、价带和禁带的概念。导带，指的是由自由电子形成的能量空间，即晶体结构内自由运动的电子所具有的能量范围。对于金属而言，所有价电子所处的能带就是导带。价带，指的是半导体或绝缘体中在 0K 时能被电子占满的最高能带。全充满的

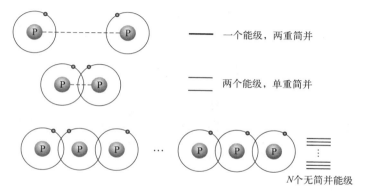

图 2-1　能级简并示意

价带中的电子不能在晶体中自由运动，但是如果价带中的电子吸收足够能量跳入下一个容许的能带中，从而使价带变成部分填充，此时价带中留下的电子可在晶体中自由运动。禁带，指的是导带和价带之间能态密度为零的能量区间。禁带宽度的大小决定了材料是半导体还是绝缘体。半导体的禁带宽度较小，当温度升高时，电子可以从价带跃迁到导带，从而使材料具有导电性，无机半导体的禁带宽度为 $0.1 \sim 2 eV$，有机半导体的禁带宽度大致在 $1.4 \sim 4.2 eV$。绝缘体的禁带宽度很大，一般在 5eV 左右，即使在较高温度下依旧不能导电。

（3）金属晶体的特征

① 结构特征。金属键的特征在于没有明显的方向性和饱和性。在结构排列上就可近似地将金属原子看成相互作用的刚球，弱相互作用使这些球体倾向于形成密集结构。常见的最密集结构包括 ABABAB 的密排六方结构和 ABCABCABC 的面心立方密排结构。模拟这两种结构用的是等径的圆球，将金属原子近似看作相互作用的刚球，在空间排列上自然倾向于形成这两种密堆积。事实上密排六方结构和面心立方密排结构正是两种最常见的典型的金属结构。还有一种很常见的典型的金属结构是体心立方，从配位上看，密排六方达到了最高配位 12，密集系数为 74.04%，体心立方配位为 8，密集系数为 68.10%。

② 性质特点。金属晶体是金属原子通过金属键结合在一起的。除汞以外，在常温下各种金属都是固态，它们的结合一般不遵守定比定律和倍比定律。可将金属看成是刚性球体的晶状排列，自由电子则在其空隙中运动，这种描述可以简单地解释金属具有很大的范性，可以延展加工成任意形状的器材，有很高的硬度、高的熔点、良好的导电性和导热性等。

2.2.2　离子键与离子晶体

离子键指的是正负离子间由于静电引力而形成化学键。假设每一个离子都是球形对称的，当正、负离子的电荷分别为 Z^+ 和 Z^-、距离为 r 时，根据库仑定律可以计算得到两个点电荷之间的静电吸引势能为 $-\dfrac{Z^+ Z^- e^2}{4\pi\varepsilon_0 r}$。但是需要考虑到当核距离变近时，它们的电子云和原子核将会产生排斥作用，排斥势能为 $+\dfrac{b}{r^m}$，其中 b 和 m 均为常数，b 是比例常数，m 被称为排斥指数，又叫做玻恩指数。排斥指数与原子的外层电子构型有关，比如惰性气体离子核 He、

Ne、Ar、Kr 和 Xe 的外层电子构型分别为 $1s^2$、$2s^2 2p^6$、$3s^2 3p^6$、$3d^{10} 4s^2 4p^6$ 和 $4d^{10} 5s^2 5p^6$，对应的排斥指数 m 分别为 5、7、9、10 和 12。因此，正负离子的总势能为：

$$E = -\frac{Z^+ Z^- e^2}{4\pi\varepsilon_0 r} + \frac{b}{r^m} \tag{2-9}$$

总势能随核间距变化的曲线被称作势能图，如图 2-2（a）所示。当正负离子逐渐接近、总势能达到最低点时，吸引力和排斥力达到平衡，形成稳定的离子键。系统的总势能 E 与正负离子间的相互作用力 F 存在如下微分关系：$F = -\dfrac{\mathrm{d}E}{\mathrm{d}r}$。图 2-2（b）为相互作用力 F 随核间距变化的关系曲线。在 r_0 处正负离子间总势能达到最低，相互作用力为零，即排斥力和吸引力达到平衡，这时就会形成离子键，该距离被称为平衡键合距离，也被称为键长。

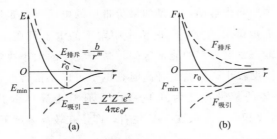

图 2-2　离子间总势能 E（a）和相互作用力 F（b）与核间距 r 的关系

（1）晶格能

离子键的强弱可以用晶格能的大小来表示。晶格能是指在 0K 时，1mol 离子化合物中的离子从相互远离的气态结合成离子晶体时所释放的能量。用化学反应方程式表示如下：

$$m\,X^{Z^+}(g) + n\,Y^{Z^-}(g) \Longrightarrow X_m Y_n(s) + U \tag{2-10}$$

式中，U 即为晶格能，单位为 $kJ \cdot mol^{-1}$。晶格能越大，表示离子键越稳定，晶体也就越稳定。离子晶体在熔化过程中需要破坏离子键，因此晶格能越大的物质熔点越高。晶格能的数值可以根据热力学第一定律通过实验测定反应前后的能量差得到，另外也可以通过静电吸引理论计算得到。

玻恩和兰德根据静电吸引理论推导出离子化合物的晶格能的理论公式〔式（2-9）〕。如果正、负离子不属于同一类型，m 则取其平均值，比如 NaCl 离子晶体中，m 值可按如下计算：$m = (7+9)/2 = 8$。当达到平衡距离 r_0 时，总势能最低，它对距离 r 的偏微分为 0，即

$$\frac{\partial E}{\partial r}\Big|_{r=r_0} = \frac{Z^+ Z^- e^2}{4\pi\varepsilon_0 r_0^2} - \frac{mb}{r_0^{m+1}} = 0$$

因此可以得到比例常数 b 为：

$$b = \frac{Z^+ Z^- e^2}{4\pi\varepsilon_0 m} r_0^{m-1}$$

将常数 b 代入式（2-9）可得：

$$E_{r_0} = -\frac{Z^+ Z^- e^2}{4\pi\varepsilon_0 r_0}\left(1 - \frac{1}{m}\right)$$

计算得到的 E_{r_0} 仅仅是一对正负离子间的势能，而不是离子晶体中的晶格能 U。离子晶体中正负离子按照一定规律排列，每个离子周围都有许多正负离子与其相互作用，因此离子晶体的晶格能是所有离子对势能的代数和。同样以 NaCl 为例，Na^+ 和 Cl^- 之间的平衡距离为 r_0，以 Na^+ 为中心，周围离 Na^+ 最近的是 6 个距离为 r 的 Cl^-、12 个距离为 $\sqrt{2}r$ 的 Na^+、8 个距离为 $\sqrt{3}r$ 的 Cl^-、6 个距离为 $\sqrt{4}r$ 的 Na^+……以此类推，所以对于这个中心 Na^+，它与周围离子间势能的总和为：

$$E = -\frac{Z^+ Z^- e^2}{4\pi\varepsilon_0}\left(1 - \frac{1}{m}\right)\left(\frac{6}{r_0} - \frac{12}{2r_0} + \frac{8}{3r_0} - \frac{6}{4r_0} + \frac{24}{5r_0} + \cdots\right) = \frac{AZ^+ Z^- e^2}{4\pi\varepsilon_0 r_0}\left(1 - \frac{1}{m}\right)$$

式中，A 被称为马德隆常数。在不同的离子晶体中，由于正、负离子的配位情况不一样，马德隆常数也不一样。表 2-1 列出了几种常见离子晶体的马德隆常数。1mol NaCl 晶体中，Na^+ 和 Cl^- 的个数是 N_A（阿伏伽德罗常数），考虑到每一个离子都计算了两次，因此在计算 NaCl 晶体的总晶格能时需要除以 2，因此晶格能 U 为：

$$U = \frac{AN_A Z^+ Z^- e^2}{4\pi\varepsilon_0 r_0}\left(1 - \frac{1}{m}\right)$$

将 N_A、e 和 ε_0 等常数代入上式可得：

$$U = \frac{1.389\times10^{-7}AZ^+ Z^-}{r_0}\left(1 - \frac{1}{m}\right) \tag{2-11}$$

其中 r_0 可以由 X 射线衍射方法得到，同时结合不同离子晶体结构的 A 和 m 值便可以计算得到晶格能。例如，NaCl 晶体中 $r_0 = 2.79\times10^{-10}$ m，$Z^+ = Z^- = 1$，$A = 1.748$，$m = 8$，代入式（2-11）便可以得到其晶格能为 770kJ/mol。影响晶格能的主要因素为离子半径和离子电荷，离子半径越小，电荷越大，则离子键强度越大，晶格能也越大。

表 2-1　常见离子晶体的马德隆常数

离子晶体	NaCl	CaCl₂	立方相 ZnS	六方相 ZnS	CaF₂	金红石相 TiO₂	α 相 Al₂O₃
马德隆常数	1.748	1.762	1.638	1.641	2.519	2.408	4.172

（2）离子半径

离子半径是决定离子晶体结构的重要因素，它可以决定离子键的键长、正负离子的配位数等。当正负离子间的静电吸引力和排斥力达到平衡时，离子间保持一定的距离。如果将正、负离子近似地看成具有一定半径的弹性球，当两个球相互接触时，正、负离子的半径之和即为离子键键长，这也是一般意义上的离子键键长的定义。从量子力学出发，正负离子的原子核周围的电子云分布是无穷的，因此严格来说离子半径是不确定的，它与离子所处的特定环境相关。确定离子半径的常用方法包括哥希密特法和鲍林法。

哥希密特法是从球形正负离子堆积的几何观点来确定离子半径。利用 X 射线衍射法可以精确地测定正负离子的平衡距离。比如可以通过 X 射线衍射方法确定 NaCl 型晶体结构的晶

胞参数 a，进而得到正负离子间的平衡距离为 $a/2$。表 2-2 列出了 NaCl 型晶体的晶胞参数。从平衡核间距来求得离子半径的关键是确定每个离子对平衡距离的贡献。以 NaCl 型晶体结构为例，不同半径比的正负离子接触会出现如图 2-3 所示的几种情况。

① 如图 2-3（a）所示，当正负离子半径比小于 0.414 时，负离子与负离子紧密接触，正离子与负离子不接触，则 $a>2(r_++r_-)$，$4r_-=\sqrt{2}a$；

② 如图 2-3（b）所示，当正负离子半径比等于 0.414 时，负离子与负离子紧密接触，正离子与负离子紧密接触，则 $a=2(r_++r_-)$，$4r_-=\sqrt{2}a$；

③ 如图 2-3（c）所示，当正负离子半径比大于 0.414 时，正离子与负离子紧密接触，负离子与负离子不能接触，则 $a=2(r_++r_-)$，$4r_-<\sqrt{2}a$。

表 2-2   NaCl 型晶体的晶胞参数

晶体	MgO	MnO	CaO	MgS	MnS	CaS
a/pm	421	444	480	519	521	568

注：皮米（pm）是长度单位，$1\mathrm{pm}=1\times10^{-12}\mathrm{m}$

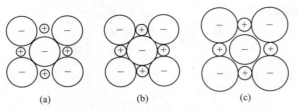

图 2-3   不同半径比正负离子进行接触的情况

鲍林法认为离子半径的大小取决于离子最外层电子的分布，具有相同电子构型的离子，其半径大小与最外层电子上的有效电荷成反比。

香农等人假定离子间距离等于正负离子半径之和，并整理了上千种氧化物和氟化物中正负离子间距的实验数据。发现配位数、电子自旋状态和配位多面体构型等对正负离子半径会产生影响。后续通过多次修订提出较为完整的离子半径数据，称为有效离子半径。用有效离子半径计算出来的离子半径之和与实验测量得到的离子间距吻合较好。

负离子半径一般比正离子半径大，正离子半径通常小于 190pm，负离子半径通常为 130~230pm。在元素周期表中，离子半径的变化规律总结如下：

① 同主族元素的离子半径随原子序数的增加而增大；

② 同周期且核外电子数相同的正离子，离子半径随核电荷数的增加而减小；

③ 同种元素不同价态的离子，电子数越多，离子半径越大；

④ 核外电子数相同的负离子，离子半径随着负电价态的增加而增加；

⑤ 周期表中自左上方到右下方，处在若干对角线上的正离子具有大致相同的离子半径。

（3）离子晶体与鲍林规则

离子键与金属键一样没有方向性，同时也没有饱和性，倾向于紧密堆积结构。离子键由带两种相反电荷的离子组成，正负离子的半径也存在差异。在离子晶体中离子周围尽可能多地排列异性离子，同时同性离子间存在排斥力导致其不能相邻太近。1928 年，鲍林根据大量的实验数据和离子晶体结合能理论，归纳推导出有关离子晶体结构与化学组成关系的一些基本规则。

鲍林第一规则是关于负离子配位多面体的形成。在离子晶体结构中，一般负离子半径比正离子大，因此负离子通常做紧密堆积，而正离子填充在负离子形成的配位多面体空隙中。中心正离子半径越大，周围可容纳的负离子就越多，对于特定配位数，存在一个半径比的临界值，如果高于这个临界值，则结构会变得不稳定。

鲍林第二规则指出在离子的堆积结构中必须保持局域的电中性。

鲍林第三规则是关于多面体的连接方式。多面体的连接方式包括共顶、共棱和共面三种。采用共棱和共面连接时，由于正离子间的距离变短，正离子间的排斥力增大，从而导致晶体结构不稳定，而共顶连接是最稳定的结构。

鲍林第四规则指出在晶体结构中含有两种以上的正离子时，则高价态、低配位的多面体之间倾向于彼此互不连接。

鲍林第五规则指的是同一晶体结构中组分差异倾向于减少，也就是配位多面体类型倾向于最少。

离子晶体具有如下特征。

① 低温下不导电、不导热。由于离子构型为惰性原子，晶体中没有可移动的电子，而离子本身又被紧紧地束缚在晶格点上。

② 纯离子晶体对可见光到紫外光透明。因为这个区域的光子能量不足以使离子的外层电子激发。

③ 熔点高、硬度大。因为正负离子之间结合比较牢固，离子键能较大。

④ 质地脆。在外部机械力的作用下，离子之间的相对位置一旦发生滑动，原来异性离子的相间排列就变成了同性离子的相邻排列，吸引力变成了排斥力，晶体结构被破坏。

2.2.3　共价键与共价晶体

共价键指的是原子间通过共用电子对（电子云重叠）所形成的化学键。两个或两个以上原子间形成共价键时，原子会共同使用它们的外层电子，在理想情况下达到电子饱和的状态，进而组成较稳定的化学结构。

与离子键一样，共价键的强度较高。共价键的特点是具有饱和性和方向性。因此由共价键构成的材料具有高熔点、高硬度、高强度、低膨胀系数和塑性较差等特点，比如金刚石。当同种原子形成共价键时，共用电子对不会偏向任何一个原子，这种共价键被称为非极性共价键；不同原子形成共价键时，由于原子的电负性不一样，也就是对核外电子的吸引能力不一样，共用电子对会偏向电负性大的原子，导致电负性大的原子会带部分负电荷，电负性小的原子带部分正电荷，这种共价键被称为极性共价键。当共用电子对强烈偏向电负性大的原子时，共价键就会显示出离子键的性质。

判断离子键与共价键的标准是电负性差 $\Delta \chi$，当 $\Delta \chi$ 大于 1.7 时，原子间主要形成离子键；当 $\Delta \chi$ 小于 1.7 时，原子间则主要倾向于形成共价键。研究共价键的理论主要是价键理论和分子轨道理论。

（1）价键理论

最初的价键理论是直接由电子配对成键的概念发展起来的，认为化学键必须是电子配对成键，成键需要自旋相反的电子相互配对；成键原子间发生尽可能大的电子云重叠，即电子云最重叠原理；价键理论认为，共价键的本质就是成单电子配对成键。随着价键理论的进一步完善，引入了杂化、价态和共振的概念。原子轨道的"杂化"指的是把能量相近的不同类型的若干原子轨道"混合"起来，组成一组新的轨道，即杂化轨道。"价态"指的是一种适合成键的原子状态。基态原子变成价态，往往需要经历电子激发和原子轨道杂化的假想过程，这些过程都需要消耗相当数量的能量，但可以在成键过程中得到补偿。"共振"指的是当离子或分子的真实状态不能用单一的价键结构式中的任意一个来表示时，其真实状态可以用这些结构的组合来描述，称该分子或离子共振于几个价键结构之间。

价键理论的要点如下：

① 成键原子必须首先达到它的价态，以提供足够多的适合成键的轨道和成单电子；

② 通过轨道重叠，自旋相反的电子配对形成电子对键；

③ 轨道或电子云重叠越多键越强，由此导致共价键的方向性，轨道最大重叠原理是共价键具有方向性的基础；

④ 一个电子与另一个电子配对之后就不能再与第三个电子配对，这就是共价键的饱和性；

⑤ 用单一的价键结构式不能确切描述的分子或离子，可认为是共振于若干个价键结构之间。

（2）分子轨道理论

价键理论的立足点是电子配对，而分子轨道理论的立足点是分子是一个整体，当两个原子核位于它们的平衡位置时，每个核外所有的电子将处于分子轨道中。该理论的要点如下。

① 分子中的每一个电子都是处于所有核和其它电子形成的平均势场中运动的，它的运动状态可用一个单电子波函数 $\Psi_i(i)$ 描述。$\Psi_i(i)$ 称为分子轨道，$|\Psi_i|^2$ 的物理意义代表电子在空间某点出现的几率密度。整个分子的轨道波函数 Ψ 是体系中所有单电子波函数 $\Psi_i(i)$ 的乘积，单电子波函数 $\Psi_i(i)$ 满足单电子薛定谔方程。

② 分子轨道 $\Psi_i(i)$ 有一个与之相对应的能量 ε_i。ε_i 近似地代表在该轨道上的电子电离时所需的能量（即电离能）的负值。整个分子的总能量可被近似地认为是被占轨道的能量 ε_i 乘以占据数 m 之和（$m=0$，1，2）。

③ 当形成分子时，原来处在分立的各原子轨道上的电子将按如下原则移入分子轨道。a. 鲍林原理：每一条分子轨道上最多只能容纳两个电子，且自旋必须相反；b. 最低能量原理：在不违背鲍林原理的前提下，电子将优先占据能量最低的分子轨道；c. 洪德规则：在简并轨道上，电子将首先分占不同的轨道，并且自旋方向相同。

④ 原子轨道线性组合分子轨道法（LCAO-MO）。一般说来，对于任意大小的分子体系，直接求解单电子薛定谔方程目前仍无法做到。因此，采用原子轨道的线性组合（LCAO）来逼近单电子薛定谔方程的精确解，即用原子轨道的线性组合来近似地表示分子轨道。原子轨道的线性组合是一个核心的概念，在此近似的基础上得到的分子轨道可以获得许多有用的结果，这个近似法称为原子轨道线性组合分子轨道法（LCAO-MO）。用上述模型来处理的最简

单的一个体系是 H_2^+，在进行量子力学的处理过程中，不再考虑单独的原子轨道，而是考虑由原子轨道线性组合得到的分子轨道。例如，Φ_A 和 Φ_B 分别表示两个氢原子的原子轨道，将原子轨道线性组合后得到两个分子轨道：

$$\Psi_b = \Phi_A + \Phi_B$$
$$\Psi_a = \Phi_A - \Phi_B$$

其中 Ψ_b 的能量较原子轨道低，被认为是成键的分子轨道，而 Ψ_a 的能量较原子轨道高，被认为是反键的分子轨道。

对于 H_2^+ 来说，体系中只有一个电子，应进入成键轨道中去，那么相应分子的波函数表示为：

$$\Psi = \Phi_A(1) + \Phi_B(1)(1 \text{ 代表一个电子})$$

如果再有一个电子进入这个体系，就得到 H_2 分子，此时总的波函数应该是单个电子波函数的乘积，即

$$\Psi = [\Phi_A(1) + \Phi_B(1)][\Phi_A(2) + \Phi_B(2)](1 \text{ 和 } 2 \text{ 代表电子数})$$

用图表示分子轨道则有如下形式（图 2-4）：

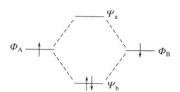

图 2-4　分子轨道示意

对原子轨道线性组合分子轨道法（LCAO-MO）来说，最重要的地方就是原子轨道如何线性组合的问题。这些组合应该遵循哪些原则呢？在处理同核双原子分子中不明显，对异核双原子分子进行量子力学处理时，在保证体系能量最低的前提下自然得到了最佳组合三原则，也称最佳成键三原则，即对称性相同原则、能量相近原则和轨道最大重叠原则。

① 对称性相同原则：为了有效地组合成分子轨道，参与组合的原子轨道必须具有相同的对称性，否则，重叠为零，轨道间不成键。

② 能量相近原则：只有能量相近的原子轨道才能组合成分子轨道。即能量越是相近的原子轨道越有利于成键、有利于轨道能量的降低，也越有利于体系的稳定，因而组合越佳；反之，则由于能量降低太少而几乎不能成键。

③ 轨道最大重叠原则：也称电子云最大重叠条件，此时键的强度最高。

在这三原则中，对称性相同这一原则是首要的（但并非绝对的对称性相同）。根据原子轨道的对称性就可以判断有关原子轨道能否进行组合，其它原则则是进一步决定组合效率的问题。能量相近，成键的效率高，能量相差越多，成键效率越低，相差太远则不能成键。重叠最大原则更明显地依赖于对称性相同，只有对称性相同，才能考虑到轨道在最大程度上的重叠，对称性完全不同时，重叠为零，不能成键。这三个原则是普遍适用的。对异核双原子分子来说，必须满足这三个原则才能有效地组合成分子轨道，即成键。对于同核双原子分子来说，显然是满足三原则的，因为等价原子轨道能量相同，对称性相同，在可能的范围内实现了轨道的最大重叠。

共价键比离子键要复杂得多，研究共价键必须借助于量子力学的帮助。一般情况下不可能对分子体系的薛定谔方程进行精确求解，往往借助于近似方法，价键理论和分子轨道理论是两种主要的求近似解的方法，这两种理论在许多方面相互补充而不是相互矛盾的。初步理

解这些理论的时候，价键理论的概念容易理解，与用球和小棍搭起来的模型十分相似，用它来解释定域化学键很成功。与此相反，分子轨道理论不那么直观，但是用它来讨论与离域键、多重键等有关的物质性质时是很成功的。

最近几十年来，分子轨道理论发展的速度更快一些。这一方面是由于它对大分子多原子体系的处理比较优越，而且由于采用了定域分子轨道，融合了价键理论关于双电子键的许多成果；另一方面，由于分子轨道理论在数学上处理比价键理论简单一些，而且容易编制计算机程序，使人们有可能对较复杂的分子体系进行较严格的量子化学计算。所以，目前关于化学键理论的大部分工作是在分子轨道理论的基础上进行的。尽管如此，两种理论都是很重要的。目前进行量化计算的几种方法，如从头算方法等都是基于分子轨道理论。

2.2.4　氢键与锂键

1920 年，哈金斯、拉蒂默和罗德布什首先提出了氢键的概念。氢原子与电负性大的原子，比如氟、氯、氧和氮等会形成共价键，当氢原子处在两种高电负性原子之间时，会形成氢键（X—H⋯Y，其中 X 和 Y 都是电负性较强的原子）。氢键既可以存在于分子间，也可以存在于分子内；其键能通常为 $5\sim30kJ\cdot mol^{-1}$，比共价键、离子键和金属键的键能要低；氢键具有饱和性和方向性。

在当前国际社会提出节能减排的大背景下，我国提出力争 2030 年前二氧化碳排放达到峰值，努力争取在 2060 年前实现碳中和。电化学能源存储是实现可再生清洁能源高效利用的关键技术。锂离子电池由于具有高的能量密度、长循环寿命等特点被广泛研究。研究"锂键"的基本性质成为开发高性能锂离子电池的重要研究内容之一。1970 年，科尔曼、利伯曼和艾伦通过理论计算提出了"锂键"的概念，它特指锂元素形成双配位的情况。锂元素与氢元素属于同一主族元素，锂离子是最小的单电荷金属原子，锂元素比氢元素具有更高的电正性，Li—Y 键比相应的 H—Y 键更具离子性。因此，X⋯Li—Y 的相互作用（其中 X 代表具有高电子密度的物质）理论上比 X⋯H—Y 的相互作用更强。1978 年，研究人员首次通过基底隔离红外光谱研究 X⋯Li—Y 复合物中存在"锂键"的实验证据，X⋯Li—Y 复合物的形式如下：X 是 NH_3、$(CH_3)_2O$、H_2O 和 $(CH_3)_2N$ 等分子中电负性较大的 O 和 N 原子，可以与锂原子相互作用形成锂键，Y 是与锂原子以共价键连接的电负性较大的卤素原子，如 Cl 和 Br；如果是 $(Li—Y)_2$ 单元，Y 还可以是—OH、—F、—NH_2 和—NF_2 等基团。在这些复合物中存在的 Li—Y 伸缩带的频率移动与在类似质子供体中观察到的频率移动相似。然而，这些频移比相应的氢键配合物小得多，并且不存在氢键特征的 IR 强度变化。后来，对 NH_3 和 H_2O 与多种碱金属卤化物的 1∶1 混合物进行了基底分离红外光谱研究，证明在气相中存在明显浓度的碱金属卤化物二聚体，在这种二聚体中锂原子与两个原子相互作用，换言之存在"锂键"。根据分子轨道理论可以将锂键分为三类。第一类指的是 $(LiH)_2$ 和 $(LiF)_2$ 二聚体中的锂键，其形式为 Li—Y⋯Li—Y，这类锂键的键能最大（通常大于 $104kJ\cdot mol^{-1}$）；第二类指的是 X⋯Li—Y（X＝NH_3，H_2O，CH_3OH 等，Y＝H，F，Cl 等），该类型锂键的键能在 $41.8\sim104kJ\cdot mol^{-1}$ 之间，是常见锂键的键能大小；第三类指的是含锂化合物如 LiH 和 LiF 与含有 π 键的分子之间形成的锂键，例如 C_2H_4⋯LiH 和 C_2H_2⋯LiF，这类锂键的键能最弱，小于 $41.8kJ\cdot mol^{-1}$。

锂键与氢键有很多共同点。比如：①它们都存在电子给予体和接受体的相互作用；②在形成的配合物或聚合物中，H—X 或 Li—X 键均导致键长伸长，其伸缩振动频率都向低频方向位移。

尽管锂键与氢键有一些相同之处，但是它们之间也存在着明显的不同：①氢键是在质子给体和受体之间形成的，具有饱和性和方向性，但是因为锂原子具有金属性和更大的原子半径，锂键并没有饱和性和方向性的限制；②从核磁表征的结果来看，氢键具有部分共价键的性质，但是由于锂原子具有金属性，形成的锂键更具静电性，锂化合物倾向于形成多聚物；③锂键偶极矩更大、键能更强，当电子给体相同时，锂键键能按 Y＝F，Cl，Br 的顺序依次增大，而氢键键能按 Y＝F，Cl，Br 的顺序依次减小；锂键复合物中的电荷是从电子给体向 Li—Y 中的 Li 原子转移，Li 原子是主要的电子受体，氢键复合物中的电荷是从电子给体向 HY 转移，并进行电荷分配，Y 原子是主要的电子受体；④电荷转移在氢键中比在锂键中发挥着更重要的作用，静电作用在锂键比在氢键中占有更主导的地位。

清华大学研究人员在锂硫电池中通过核磁共振谱发现，极性多硫化物与富电子的原子相互作用时，[7]Li 会出现化学位移向低场移动的情况，这一结果充分说明锂离子周围的化学环境发生了变化，证明了"锂键"的形成，锂硫电池正极界面的相互作用因此得到很好的定量化描述。与此同时，锂键的存在能够调节锂金属负极侧锂的沉积/溶解效率，在锂离子还原（沉积）过程中，锂离子首先发生脱溶剂化并从负极获得电子，接着与负极成键，成键的难易对应于锂沉积还原过电势的大小。

2.2.5　范德华键

范德华键也被称为分子间作用力，是存在于分子间的一种作用力，它的键能比其它化学键的键能小 1～2 个数量级，比氢键还弱。范德华力的来源包括取向力、诱导力和色散力。当极性分子相互接近时，它们的固有偶极相互吸引产生的分子间作用力被称为取向力。当极性分子与非极性分子相互接近时，非极性分子在极性分子的固有偶极的作用下极化产生诱导偶极，诱导偶极与固有偶极相互吸引而产生的分子间作用力被称为诱导力。极性分子与极性分子间相互诱导使得分子极性更大，因此极性分子之间也存在诱导力。当非极性分子与非极性分子相互接近时，由于分子中电子和原子核在不断运动，两种分子的正、负电荷中心出现不重合现象而产生瞬时偶极，这种瞬时偶极之间的相互作用力被称为色散力。同样，在极性分子之间、极性分子与非极性分子之间都存在色散力。范德华键不具有方向性和饱和性，作用在几百皮米范围内。它会影响物质的沸点、汽化热、熔化热、熔点、溶解度、黏度和表面张力等物理、化学性质。

2.3　晶体学基本概念

前面的内容介绍了材料中原子之间的结合方式和分子间作用力，在原子成键的基础上，晶体结构中原子、分子或离子的排列方式同样会对材料的物理、化学性质产生影响，本节将关注材料中原子、分子或离子的排列方式。

2.3.1　晶体与非晶体

根据材料组成与组分（原子、分子或离子）排列方式的有序性，可以将固态物质分为晶体和非晶体。在晶体中，材料组分在三维空间中有规则地排列，同一种组分在空间尺度上重复出现，即具有结构周期性。相反，在非晶体中，组分是无规则排列的，不存在周期性的空间点阵结构。晶体与非晶体材料在宏观性质上有较大差异。包括以下几点。

① 晶体的外形和内部结构都具有特定的对称性，通常是整齐且规则的几何外形。比如高结晶度的食盐、石英和明矾分别具有立方体、六角柱体和八面体的几何外形。相反，非晶体没有一定的几何外形，比如玻璃、松香和橡胶等。

② 晶体具有各向异性，即在不同方向上表现出不同的物理性质，比如光学性质、电子电导率、膨胀系数、力学性质、导热性和机械强度等。各向异性是区分晶体与非晶体的一个重要特征。比如，石墨晶体在平行于石墨层方向的电子电导率比垂直于石墨层方向上的高数万倍。晶体的各向异性是由于其内部组分的有序或周期性排列，而非晶体中的内部组分的排列是混乱的，表现出各向同性。

③ 晶体具有周期性结构，当温度升高时，热振动增强，晶体开始融化时，各部分需要相同的温度，因此晶体具有一定的熔点，必须达到熔点才能熔融，不同的晶体具有不同的熔点。晶体在熔融过程中温度保持不变。而非晶体在熔融过程中，没有固定的熔点，这是因为在非晶体中组分间的作用力不均一，在温度升高过程中，物质首先会变软，然后由浓稠变稀。

2.3.2　空间点阵

晶体具有周期性指的是晶体结构具有重复的结构单元，结构单元的大小和方向对研究晶体结构的性质具有重要作用。为了更好地理解晶体的周期性，可以将晶体中的每个结构单元抽象成一个点，将这些点按照周期性排列就构成了空间点阵。一维点阵结构：将高聚物中链形分子的结构单元排列在同一直线的等距离处就构成了一个直线点阵，比如聚乙烯线型分子$\text{—}\!\!\!\text{[}\text{CH}_2\text{—CH}_2\text{]}\!\!\!\text{—}_n$。二维点阵：将晶体结构中某一平面上周期性排列的结构单元抽象成点得到平面点阵，比如石墨晶体中的一层碳原子。三维点阵：将晶体结构中在三维方向上周期性排列的结构单元抽象成点得到三维点阵，比如常见的简单立方（CsCl）、体心立方（Na）和面心立方（NaCl）结构。为了构成点阵，需要满足点无限多和每个点所处的环境完全相同两个条件。

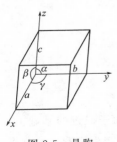

图 2-5　晶胞
参数示意

2.3.3　晶胞参数

晶胞指的是用空间格子将晶体结构分成多个大小和形状一致且包含相同内容的基本单位。晶胞是晶体结构的最小单位，它保留了整个晶体结构的特征，晶体可以看作是无数个晶胞有规则地堆积而成。晶胞的大小和形状可以用三个基本向量的大小和方向表示，如图 2-5 所示，晶轴 a、b 和 c 和晶轴间的夹角 α、β 和 γ，这六个参数被称为晶胞参数。

在晶体学中，根据晶体的特征对称元素，将所有的晶体分为七个晶系，14 种空间点阵。7 个晶系被分为三个不同的晶族，斜方（正交）晶系、单斜晶系和三斜晶系属于低级晶族；六方晶系、四方（正方）晶系和三方（菱方）晶系属于中级晶族；立方晶系属于高级晶族。不同晶系的晶胞特征、空间点阵和对称元素列于表 2-3 中，14 种空间点阵示意图如图 2-6 所示。

表 2-3   不同晶系的晶胞特征、空间点阵与对称元素

晶系	晶胞特征	空间点阵	对称元素
三斜	$a \neq b \neq c$, $\alpha \neq \beta \neq \gamma$	简单三斜	无对称轴和对称面
单斜	$a \neq b \neq c$, $\alpha = \beta = 90°$, $\gamma \neq 90°$	简单单斜，底心单斜	一个二次旋转轴
立方	$a = b = c$, $\alpha = \beta = \gamma = 90°$	简单立方，体心立方，面心立方	四个三次旋转轴
斜方（正交）	$a \neq b \neq c$, $\alpha = \beta = \gamma = 90°$	简单正交，底心正交，体心正交，面心正交	三个互相垂直的二次旋转轴
四方（正方）	$a = b = c$, $\alpha = \beta = \gamma = 90°$	简单四方，体心四方	一个四次旋转轴
三方（菱方）	$a = b = c$, $\alpha = \beta = \gamma \neq 90°$	菱方	一个三次旋转轴
六方	$a = b \neq c$, $\alpha = \beta = 90°$, $\gamma = 120°$	六方	一个六次旋转轴

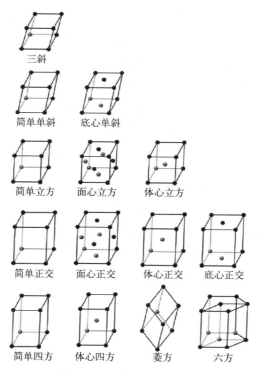

三斜

简单单斜   底心单斜

简单立方   面心立方   体心立方

简单正交   面心正交   体心正交   底心正交

简单四方   体心四方   菱方   六方

图 2-6   14 种空间点阵类型

2.3.4 晶向指数、晶面指数和晶面间距

晶格的格点处在一系列平行等间距的直线上，这些直线被称为晶列，其方向被称为晶向（crystallographic directions）。晶体中的阵点处在平行等间距的平面上，这些平面被称为晶面（crystallographic planes），平行的晶面被称为晶面族。晶向和晶面与晶体的生长、性能和方向性等密切相关。

晶向指数的标定方法：首先将空间点阵的基向量 a、b 和 c 当作晶轴，晶胞点阵向量的长度作为坐标轴的长度单位；然后从晶列通过原点的直线上任意取一格点，把该格点的坐标值化为互质的最小整数 u、v 和 w，加上方括号得到 $[u\,v\,w]$ 即为晶向指数，如图 2-7（a）中的 $A[\frac{1}{2}\,1\,0]$、$B[1\,1\,0]$ 和 $C[1\,0\,0]$ 晶向。当选取的直线不通过原点时，可以选取直线上两点，然后用两者的坐标相减，化为互质的最小整数即为晶向指数，如图 2-7（a）中 $D[-1\,-1\,1]$。

晶面指数的标定方法：首先将空间点阵的基向量 a、b 和 c 当作晶轴，然后求得待定晶面在三个晶轴上的截距，再求得各截距的倒数并将其化为互质的整数比 $h:k:l$，加上圆括号即可得到该晶面的指数 $(h\,k\,l)$，如图 2-7（b）中的 A $(1\,1\,1)$。如果该晶面与某个晶轴平行，则在此晶轴上的截距无穷大，其倒数为 0，如图 2-7（b）中的 B $(2\,1\,0)$；如果该晶面与某个晶轴的负方向相交，则在此晶轴上的截距为负值。

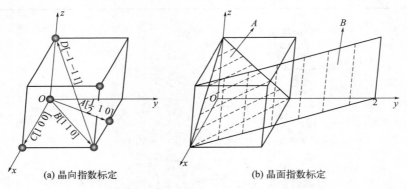

(a) 晶向指数标定	(b) 晶面指数标定

图 2-7 晶向指数和晶面指数标定

晶面间距指的是具有相同晶面指数 $(h\,k\,l)$ 的两个相邻平行晶面之间的距离，用 d_{hkl} 表示。它可以由该晶面指数 $(h\,k\,l)$ 和晶胞参数计算得到，公式如下：

$$d_{hkl}^2\left[\left(\frac{h}{a}\right)^2+\left(\frac{k}{b}\right)^2+\left(\frac{l}{c}\right)^2\right]=\cos^2\alpha+\cos^2\beta+\cos^2\gamma \tag{2-12}$$

立方晶系中：$d_{hkl}=a(h^2+k^2+l^2)^{-1/2}$

正交晶系中：$d_{hkl}=(h^2/a^2+k^2/b^2+l^2/c^2)^{-1/2}$

四方晶系中：$d_{hkl}=[(h^2+k^2)/a^2+l^2/c^2]^{-1/2}$

立方晶系中：$d_{hkl}=[(4/3)(h^2+hk+k^2)/a^2+l^2/c^2]^{-1/2}$

由此可以得出，晶面间距与晶胞参数和晶面指数相关，晶面指数值越小，晶面间距就越大。

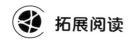

拓展阅读

中国晶体学之父——吴乾章（1910—1998）

20世纪50年代初，刚诞生的新中国百废待兴，科技基础近乎空白，新中国的科技事业几乎从零起步。但是，新中国的成立极大激发了大批海外学子的报国热情，以钱学森、华罗庚、梁晓天为代表的留学生们时刻关心国家和民族的命运，展现出"以天下为己任"的责任担当，始终将国家的命运与个人的命运联系起来，将国家利益看得高于一切，他们放弃海外优渥的生活待遇和更先进的科研环境，突破重重艰难险阻毅然回到自己的祖国，在极为艰难的条件下自力更生，凭借"有条件要上，没有条件创造条件也要上"的攻坚精神，锐意进取，成为新中国各个学科领域科学技术的开路人和奠基人。其中，被誉为"中国晶体学之父"的吴乾章的成长之路一直激励着广大科研工作者不懈奋斗和探索真理。

吴乾章祖籍海南，1933年从中央大学物理系毕业后的吴乾章成为中央研究院物理研究所的第一批研究生，研究生毕业后留在中央研究院物理所担任助理研究员，当时的主要研究方向是地磁学。1949年，吴乾章远赴英国曼彻斯特大学攻读X射线晶体学，1951年他毅然回到新中国。新中国成立之初，钢铁工业急需耐火材料，吴乾章利用所学的X射线晶体学知识对耐火材料的特性进行了深入研究，解决了许多关键问题。新中国在"晶体生长"领域几乎是一片空白，因此吴乾章带头开展人工晶体生长研究并成功研制了红宝石、水晶和金刚石等，提出了单晶体X光劳厄背射归咎总图的绘制和定向方法，找出了克服人工水晶生长中"后期裂隙"的规律，研究了相图和晶体生长的关系等，为其他科研工作者深入开展晶体生长研究奠定了坚实的基础，因此成为公认的中国晶体学生长学科的开创者和奠基人。

思考题

1. 晶体的一般特点是什么？点阵与晶体的结构有何关系？

2. 原子间的结合键分为几类？各自的特点是什么？

3. 计算推导 NaCl 离子晶体的晶格能。

4. 以 NaCl 型晶体结构为参考，如何根据晶胞参数 a 来确定离子半径。

5. 晶体分为哪几大晶系和多少种空间点阵？

6. 立方晶系金晶体的晶格参数为 0.40786nm，则其（1 1 1）晶面之间的间距是多少？

扫码看答案

参考文献

[1] 曾兆华，杨建文. 材料化学［M］. 北京：化学工业出版社，2013.

[2] 方奇，于文涛. 晶体学原理［M］. 北京：国防工业出版社，2002.

［3］ 黄昆. 固体物理学［M］. 北京：高等教育出版社，1988.

［4］ 胡赓祥，蔡珣. 材料科学基础［M］. 上海：上海交通大学，2000.

［5］ Kollman P A，Liebman J F，Allen L C. Lithium bond［J］. Journal of the American Chemical Society，1970，92(5)：1142-1150.

［6］ Auk B S. Infrared spectra of argon matrix-isolated alkali halide salt/water complexes［J］. Journal of the American Chemical Society，1978，100：2426-2433.

［7］ Chen X，Bai Y K，Zhao C Z，et al. Lithium bonds in lithium batteries［J］. Angewandte Chemie，2020，132(28)：11288-11291.

第 3 章

晶体的缺陷

 教学要点

知识要点	掌握程度	相关知识
晶体缺陷的分类	掌握晶体缺陷的类型	点缺陷、线缺陷、面缺陷、体缺陷
点缺陷的类型及表示方法	掌握常见点缺陷的类型与表示方法	弗伦克尔缺陷、肖特基缺陷、杂质缺陷、非化学计量比缺陷、空位原子、间隙原子、替位原子、克罗格-明克符号
点缺陷反应方程式	掌握点缺陷反应方程式的书写原则	位置关系、质量平衡、电中性
点缺陷的浓度	掌握点缺陷浓度的定义；熟悉弗伦克尔缺陷和肖特基缺陷平衡浓度的表达式	缺陷的体积浓度、缺陷的格点浓度、缺陷生成焓、缺陷平衡浓度
色心	掌握 F 心的定义和特点；了解其他类型的色心	色心、F 心、电子中心、空穴中心
线缺陷与位错模型	掌握位错的基本类型；了解位错运动	刃型位错、螺型位错、混合位错、位错的滑移、位错的攀移
面缺陷	了解常见的面缺陷	晶界、相界、堆积层错

对于理想晶体结构，所有原子都按照理想的周期性晶格点阵排列。然而，实际上理想晶体并不存在，真实晶体中都或多或少存在着原子排列偏移理想晶格点阵，即存在着晶体结构缺陷，也就是说晶体结构缺陷的存在是必然的、普遍的。晶体结构缺陷的存在对材料的性能可产生很大的影响。如纯的 NaCl 是典型的离子晶体，是绝缘体，而当加温到 800℃，其电导率可达到 $10^{-3}\Omega^{-1}\cdot cm^{-1}$，这是由于高温状态下形成了离子空位型缺陷。再比如，纯 α-Al_2O_3 是无色的，在其中有控制的掺进少量的 Cr_2O_3，就可得到红宝石。总之，晶体结构缺陷的存在会对材料的电学性能、光学性能、热学性能及力学性能等产生很大影响。因此，晶体结构缺陷的研究，对材料的工艺过程控制和性能改善、新材料的设计开发等多方面都具有重要意义。

3.1 晶体缺陷的分类

晶体缺陷有多种类型，对其分类的方法也有很多。其中，最常见的分类方法是根据晶体缺陷的大小和几何形状进行分类，可以分为点缺陷、线缺陷、面缺陷和体缺陷四大类。

① 点缺陷：也称零维缺陷，指在任意维度方向上尺寸都在原子大小数量级的晶体结构缺陷，例如空位、填隙原子等。

② 线缺陷：也称一维缺陷，指在某一维度方向上尺寸较大，而其他维度方向上尺寸较小的晶体缺陷，以位错为典型代表。

③ 面缺陷：也称二维缺陷，指在某两个维度方向上尺寸较大、另一维度方向上尺寸较小的晶体结构缺陷，例如晶界、堆叠层错等。

④ 体缺陷：也称三维缺陷，指三个维度方向上尺寸都比较大的晶体缺陷，例如沉淀相、空洞等。

3.2 点缺陷

3.2.1 点缺陷的类型

点缺陷的分类主要有两种方式。一种方式是根据点缺陷产生的原因进行分类，常见的点缺陷可以分为以下类型。

（1）热缺陷

即由热起伏产生的缺陷，也叫本征缺陷。常见的热缺陷有弗伦克尔缺陷（Frenkel defect）和肖特基缺陷（Schottky defect），如图 3-1 所示。弗伦克尔缺陷是指原子离开正常格点位置进入间隙位置，形成空位和间隙原子，其特征是空位和间隙原子成对出现，如 3-1（a）所示。肖特基缺陷是指原子由正常的格点位置迁移到表面，晶体内部生成相应的空位，如 3-1（b）所示。对于离子晶体，形成肖特基缺陷时，为了保持电中性，阳离子空位和阴离子空位会成对出现，这是离子晶体中肖特基缺陷的特征。热缺陷的浓度与温度有关，温度越高，热缺陷浓度越大。

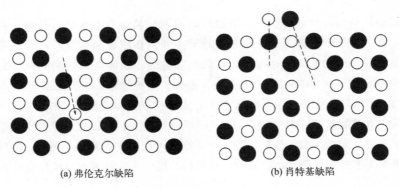

(a) 弗伦克尔缺陷　　　　　　　　(b) 肖特基缺陷

图 3-1　热缺陷示意

（2）杂质缺陷

外来杂质进入晶体而产生的缺陷。其特征是如果杂质原子的含量在固溶体的溶解度范围内，则杂质缺陷的浓度与温度无关。根据杂质原子占据的位置，可以分为替位式杂质点缺陷和填隙式杂质点缺陷。

（3）非化学计量比缺陷

物质组成上偏离化学计量比所形成的缺陷，例如 TiO_{2-x}，$Zn_{1+x}O_2$ 等晶体中的缺陷。非化学计量比缺陷的特点是其化学组成随周围气氛的性质和分压大小而变化。

另一种方式是根据偏离理想晶格的方式进行分类，可以将点缺陷分为以下类型。

① 空位：指正常格点上的原子缺失，格点未被占据，形成的空格点。

② 间隙原子：指不占据格点，进入晶格间隙位置的原子。

③ 替位原子：当晶格格点上的原有原子被异类原子替代，占据格点的异类原子就是替位原子。异类原子既可以是晶体内部的原子，也可以是外来原子。

3.2.2 点缺陷的表示方法

晶体中的点缺陷类型很多，而且它们在一定条件下还会像化学反应似的进行反应。因此，采用方便、统一的符号对点缺陷进行表示是十分必要的。点缺陷的表示方法有很多，目前采用最广泛的是克罗格-明克（Kroger-Vink）符号。这种表示方法规定，在晶体中加入或去掉一个原子时，可视为加入或去掉一个中性原子，这样可以避免判断键型的麻烦。对于离子晶体，则分别考虑加入或去掉电子。以二元化合物 MX 为例，点缺陷分别用以下符号进行表示。

① 空位。空位用 V 表示，则 V_M 和 V_X 分别表示 M 原子空位和 X 原子空位。符号中的下标表示缺陷所在的位置。

② 间隙原子。用 M_i 和 X_i 分别表示表示 M 原子和 X 原子位于间隙位置。此外，填隙式杂质原子亦可以用此方法表示。

③ 替位原子。用 M_X 和 X_M 分别表示 M 原子占据 X 原子位置和 X 原子占据 M 原子位置。此外，替位式杂质原子也可以此方法表示。

④ 自由电子与电子空穴。在典型的离子晶体中，电子是属于特定离子的，可以用离子价来表示。但在有些情况下有的电子不一定属于特定原子，在一些光、电、热的作用下，电子可以在晶体中运动，这些电子称为自由电子，用符号 e' 来表示。同样也存在缺电子的情况，也就是存在电子空穴，用符号 $h^{\cdot}$ 来表示。其中"′"和"·"分别表示 1 个单位负电荷和 1 个单位正电荷。

⑤ 带电缺陷。离子化合物由阴、阳离子组成，在 NaCl 晶体中，取走一个 Na^+ 离子和取走一个 Na 原子相比，少取走了一个电子，因此，V_{Na} 必然和一个带有负电荷的附加电子 e' 相联系。如果这个附加电子被束缚在 V_{Na} 上，则可以写成 V'_{Na}，即表示 Na^+ 离子空位。同理，取走一个 Cl^- 离子相比于取走一个 Cl 原子多取走一个电子，那么在 V_{Cl} 上就留下一个电子空穴 $h^{\cdot}$，于是 Cl^- 离子空位表示为 $V_{Cl}^{\cdot}$。等效过程用缺陷反应式表示为：

$$V'_{Na} = V_{Na} + e'$$

$$V_{Cl}^{\cdot} = V_{Cl} + h^{\cdot}$$

其他的带电缺陷也可以用类似的方法表示。例如，Ca^{2+} 进入 NaCl 晶体取代 Na^+，其缺陷符号为 $Ca_{Na}^{\cdot}$，表示 Ca^{2+} 离子占据 Na^+ 位置，且带有 1 个单位正电荷。同理，CaO 和 ZrO_2

生成的固溶体中，Ca^{2+} 离子占据 Zr^{4+} 位置则可以写成 Ca_{Zr}''，带有 2 个单位负电荷。此外，其他的缺陷 V_M、V_X、M_i 和 X_i 等都可以加上对应于原点阵位置的有效电荷来表示相应的带电缺陷。

⑥ 缔合中心。电性相反的缺陷在距离接近到一定程度时，在库仑力的作用下会缔合成一组或一群，形成一个缔合中心。缔合中心一般是将发生缔合的缺陷写在圆括号内来表示，例如 NaCl 晶体中，V_{Na}' 和 $V_{Cl}^{\cdot}$ 相距较近时缔合成空位对，形成的缔合中心表示为 $(V_{Na}' V_{Cl}^{\cdot})$。用缺陷反应式表示即为：

$$V_{Na}' + V_{Cl}^{\cdot} = (V_{Na}' V_{Cl}^{\cdot})$$

除了克罗格-明格符号之外，缺陷的表示符号还有肖特基（Schottky）符号和瓦格纳（Wagner）符号等，如表 3-1 所示，这里不再详述。

表 3-1　克罗格-明格符号、肖特基符号和瓦格纳符号（以 MX 化合物为例）

缺陷类型	克罗格-明格符号	肖特基符号	瓦格纳符号
阳离子空位	V_M'	$M_\square'$	$\square_{(M+)}$
阴离子空位	$V_X^{\cdot}$	$X_\square^{\cdot}$	$\square_{(X-)}$
间隙阳离子	$M_i^{\cdot}$	$M_\bigcirc^{\cdot}$	M_z^+
间隙阴离子	X_i'	$X_\bigcirc'$	X_z^-
替位原子	M_X、X_M	$M_{(X)}$、$X_{(M)}$	
自由电子	e'	$\ominus$	
电子空穴	$h^{\cdot}$	$\oplus$	

3.2.3　点缺陷反应方程式的书写原则

在书写缺陷反应方程式时，应遵循以下原则。

（1）位置关系

在化合物 $M_a X_b$ 中，其阴、阳离子格点数之比始终保持为一个常数 $b:a$。例如，NaCl 的阴、阳离子格点数之比保持为 $1:1$，Al_2O_3 的阴、阳离子格点数之比保持为 $3:2$。需要注意的是，位置关系强调的是形成缺陷时，$M_a X_b$ 晶体中阴、阳离子的格点数之比保持不变，而不是原子或离子数量之比保持不变。例如对于存在氧缺陷的 TiO_2，其化学式写为 TiO_{2-x}，其 Ti 和 O 的原子数量之比为 $1:(2-x)$，但其 Ti 和 O 的格点数之比仍为 $1:2$。

（2）质量平衡

与化学反应方程式相同，缺陷反应方程式的两边必须保持质量平衡。需要注意的是，缺陷符号的下标只是表示缺陷的位置，对质量平衡没有影响。

（3）电中性

电中性要求缺陷方程式两边的有效电荷必须相等。

此外，对于杂质缺陷而言，缺陷反应方程式的一般式为：

$$\text{杂质} \xrightarrow{\text{基质}} \text{产生的各种缺陷}$$

为了加深对这些原则的理解，下面以实例来说明上述原则的应用。对于 $CaCl_2$ 进入 KCl 形成固溶体的过程，当引入一个 $CaCl_2$ 进入 KCl 中时，带入一个 Ca 原子和两个 Cl 原子，其中 Cl 原子处于 Cl 格点上而 Ca 原子处于 K 格点上。但对于基质 KCl，根据位置关系，其 K 和 Cl 格点的比例为 1∶1，因此，会有一个空的 K 格点产生。这个过程的反应方程式为：

$$CaCl_2 \xrightarrow{KCl} Ca_K + V_K + 2Cl_{Cl}$$

式中，Ca_K 和 V_K 都是不带电的，但实际上 $CaCl_2$ 和 KCl 都是强离子性的固体，考虑到离子化，该过程的反应方程式可写为：

$$CaCl_2 \xrightarrow{KCl} Ca_K^{\cdot} + V_K' + 2Cl_{Cl}$$

除此之外，Ca 也有可能不占据 K 格点而是进入间隙位置，Cl 仍位于 Cl 格点，此时为了保证电中性和位置关系，产生两个 K 空位：

$$CaCl_2 \xrightarrow{KCl} Ca_i^{\cdot\cdot} + 2V_K' + 2Cl_{Cl}$$

上述反应方程式均符合缺陷反应方程的书写原则，但究竟哪一个是实际上存在的，则需要根据固溶体生成的条件及实际加以判别。

3.2.4　点缺陷的浓度

在离子晶体中，如果把每种缺陷都当作化学物质处理，那么晶体中的缺陷及其浓度就可以和化学反应一样，用热力学数据来描述，同样，质量作用定律之类的概念也可以用于缺陷的反应。这对于了解和掌握缺陷的产生及相互作用是很重要的。

晶体中的各类点缺陷以及电子空穴的浓度，在多数情况下是以体积浓度 $[D]_V$ 来表示的，即以单位体积中所含有的该缺陷的个数来表示。此外，也可以用格点浓度 $[D]_G$ 来表示，即

$$[D]_G = \frac{1\text{mol 固体中缺陷 D 的数目}}{1\text{mol 固体中所含的分子数}} = \frac{M}{\rho N_A}[D]_V$$

式中，ρ 是该固体的密度，g/cm^3；M 是固体摩尔质量，g/mol；N_A 是阿伏伽德罗常数，$6.02 \times 10^{23} mol^{-1}$；D 是缺陷类型；$[D]_V$ 为固体缺陷的体积浓度，个$/cm^3$。对于一种二元化合物 AB 而言，缺陷的浓度 $[D]_G$ 也可以表示为：

$$[D]_G = \frac{1\text{mol 固体中缺陷 D 的数目}}{1\text{mol AB 中 A 或 B 的亚晶格格点数}}$$

例如，对于纯硅 Si，$\rho N_A / M = 5 \times 10^{22}$ 个原子$/cm^3$，如果其中含有 10^{-5} 的杂质缺陷 P^{5+}，则杂质的浓度可以表示为：

$$[P_{Si}^{\cdot}]_V = \frac{\rho N_A}{M} \times 10^{-5} = 5 \times 10^{17} \text{ 个}/cm^3$$

$$[P_{Si}^{\cdot}]_G = \frac{5 \times 10^{17}}{5 \times 10^{22}} = 1 \times 10^{-5}$$

需要注意的是，对于固体中自由电子和电子空穴浓度，分别用符号 n 和 p 表示，而不是用 $[e']$ 和 $[h^·]$ 表示。

在一定温度下，热缺陷处于不断地产生和复合消失的过程中，当产生和复合消失达到动态平衡时，系统中的热缺陷数目保持不变。因此，晶体热缺陷的浓度可以通过统计热力学的方法和化学平衡的方法进行计算。

根据热力学，在温度为 T 时，晶体出现一定数目的缺陷，其系统自由焓变化 ΔG 为：

$$\Delta G = \Delta H - T\Delta S \tag{3-1}$$

缺陷形成时，晶体的内能 U 增加，热焓 H 也相应增加，同时系统的熵变 ΔS 也增加，因此在温度 T 时形成一定数目（n）的缺陷可以使系统的自由焓降低。当系统自由焓最低，即 $\partial \Delta G/\partial n = 0$ 时，系统达到平衡。根据此原理可以计算出热缺陷的浓度。

下面以单质晶体为例计算其肖特基缺陷浓度。假设单质晶体由 N 个原子构成，在温度 T 时，形成 n 个孤立的空位，则系统自由焓变化为：

$$\Delta G = n\Delta h - T\Delta S = n\Delta h - T(\Delta S_c + n\Delta S_v) \tag{3-2}$$

式中，Δh 为形成一个空位时热焓的变化；ΔS 为系统的熵变，包括组态熵变 ΔS_c 和振动熵变 ΔS_v 两部分。振动熵变 ΔS_v 是指形成一个空位后，其周围原子振动状态变化所产生的熵变。由统计热力学可知，组态熵为：

$$S_c = k\ln\Omega \tag{3-3}$$

式中，k 为玻耳兹曼常数；Ω 为系统的微观状态数。因此，晶体形成 n 个孤立的空位时，组态熵变为：

$$\Delta S_c = k\ln\Omega_s - k\ln\Omega_0 = k(\ln\Omega_s - \ln\Omega_0) \tag{3-4}$$

式中，Ω_0 和 Ω_s 分别为晶体形成肖特基缺陷前后的微观状态数。形成空位前的晶体可视为理想晶体，因此 $\Omega_0 = 1$；Ω_s 可认为是 N 个原子和 n 个空位的可能排列组合的总数，即

$$\Omega_s = C_{N+n}^n = (N+n)!/N!n! \tag{3-5}$$

将式（3-4）和式（3-5）代入式（3-2）可得：

$$\Delta G = n\Delta h - kT\ln[(N+n)!/N!n!] - nT\Delta S_v \tag{3-6}$$

平衡时，$\partial \Delta G/\partial n = 0$，将式（3-6）两边对 n 求偏导，并应用斯特林公式 $\ln x! = x\ln x - x$ 或 $d(\ln x!)/dx = \ln x$（$x \gg 1$）可得：

$$\partial \Delta G/\partial n = \Delta h - T\Delta S_v + kT\ln[n/(N+n)] = 0$$

因此有：

$$n/(N+n) = \exp[-(\Delta h - T\Delta S_v)/kT] = \exp(-\Delta G_s/kT) \tag{3-7}$$

式中，ΔG_s 为形成一个肖特基缺陷时系统的自由焓变化。式（3-7）为单质晶体的肖特基缺陷的平衡浓度的表达式。一般情况下，$N \gg n$，则式（3-7）可简化为：

$$n/N = \exp(-\Delta G_s/kT) \tag{3-8}$$

对于 MX 型离子晶体，形成肖特基缺陷时阴、阳离子空位成对出现，用类似方法可得到其肖特基缺陷浓度为：

$$n/N = \exp(-\Delta G_s/2kT) \tag{3-9}$$

式中，ΔG_s 为形成一对阴、阳离子空位时系统的自由焓变化。

同样，弗伦克尔缺陷浓度也可以通过统计热力学进行计算。假设单质晶体由 N 个原子构成，形成弗伦克尔缺陷时，n 个离子进入晶格间隙，同时形成 n 个空位，则形成弗伦克尔缺陷后晶体的微观状态数为：

$$\Omega_F = C_N^n \times C_N^n = [N!/(N-n)!n!]^2 \tag{3-10}$$

将式（3-10）和式（3-4）代入式（3-2）可得：

$$\Delta G = n\Delta h - 2kT\ln[N!/(N-n)!n!] - nT\Delta S_v \tag{3-11}$$

将式（3-11）两边对 n 求偏导，并应用平衡条件 $\partial\Delta G/\partial n = 0$ 和斯特林公式可得：

$$n/(N-n) = \exp[-(\Delta h - T\Delta S_v)/2kT] = \exp(-\Delta G_F/2kT) \tag{3-12}$$

一般情况下，$N \gg n$，则式（3-12）可简化为：

$$n/N = \exp(-\Delta G_F/2kT) \tag{3-13}$$

此式即为弗伦克尔缺陷平衡浓度的表达式，式中 ΔG_F 为形成一个弗伦克尔缺陷的自由焓变化。

除了上述利用统计热力学的方法外，还可以根据质量作用定律，利用化学平衡方法计算热缺陷的浓度。例如，以 CaF_2 为例，形成肖特基缺陷时，反应方程式为：

$$O \longrightarrow V_{Ca}'' + 2V_F^{\cdot}$$

式中，O 表示无缺陷状态。由上述反应方程可知，$V_F^{\cdot}$ 的浓度为 V_{Ca}'' 浓度的两倍，即 $[V_F^{\cdot}] = 2[V_{Ca}'']$，因此，上述缺陷反应达到动态平衡时，其平衡常数为：

$$K = [V_{Ca}''][V_F^{\cdot}]^2/[O] = 4[V_{Ca}'']^3/[O] \tag{3-14}$$

式中，[O] 表示无缺陷状态的浓度，其值为 1。将式（3-14）代入平衡常数的定义式 $\Delta G = -RT\ln K$ 可得：

$$K = 4[V_{Ca}'']^3/[O] = \exp(-\Delta G/RT) \tag{3-15}$$

$$[V_{Ca}''] = (1/\sqrt[3]{4})\exp(-\Delta G/3RT) \tag{3-16}$$

式中，R 为气体常数；ΔG 为形成 1mol 肖特基缺陷的自由焓变化。

同样，也可以利用化学平衡方法计算弗伦克尔缺陷平衡浓度。以 AgCl 为例，形成弗伦克尔缺陷的反应方程式为：

$$Ag_{Ag} \rightarrow Ag_i^{\cdot} + V_{Ag}'$$

由此反应方程式可以看出 $[Ag_i^{\cdot}] = [V_{Ag}']$，此反应的平衡常数可以写为：

$$K = [Ag_i^{\cdot}][V_{Ag}']/[Ag_{Ag}] = [Ag_i^{\cdot}]^2/[Ag_{Ag}] \tag{3-17}$$

式中，$[Ag_{Ag}]$ 为正常格点上银离子的浓度，一般情况下，其值约等于 1。将式（3-17）代入 $\Delta G = -RT\ln K$ 可得：

$$[Ag_i^{\cdot}] = [V_{Ag}'] = \exp(-\Delta G/2RT) \tag{3-18}$$

式中，ΔG 为形成 1mol 弗伦克尔缺陷的自由焓变化。

3.2.5　色心

当在晶体中引入电子或空穴时，由于静电相互作用，它们将分别被带有正、负有效电荷的点缺陷所俘获，形成多种俘获电子中心或俘获空位中心，并且产生新的吸收带。部分中心的吸收带位于可见光范围内，从而使得晶体呈现出各种不同的颜色，因此这些中心称为色心。此外，也有部分中心的吸收带位于近紫外区，它虽然不能使晶体着色，但也是吸收光的基团，因此也统称为色心。

最简单的色心是 F 心，是指俘获在负离子空位上的单个电子。光照时，F 心能级至导带间的电子因吸收光量子跃迁而形成 F 心吸收带。F 带吸收峰的能量取决于 F 心能级的位置而与产生 F 心的原因和过程无关，因而 F 带光吸收是含 F 心的晶体最突出的特征。

F 心可以通过在碱金属蒸气中加热碱金属卤化物来制备。例如，在钠蒸气中加热 NaCl 会形成非化学计量比的 $Na_{1+x}Cl(x \ll 1)$，使得原本无色的晶体呈现出浅绿黄色。这一过程涉及 NaCl 晶体对钠原子的吸收，随后被吸收的钠原子在晶体的表面上电离形成 Na^+。电离形成的 Na^+ 会留在表面上，但电离出的电子可能扩散进晶体，并且在晶体内部被阴离子空位俘获，形成 F 心。俘获电子有一系列的能级可用，从一个能级转移到另一个能级所需要的能量处于可见光区域时，便形成了 F 心的颜色。F 心各能级的能量值和观察到的颜色依赖于基质晶体的特性，而与俘获电子的来源无关。因此，在钾蒸气和钠蒸气中加热 NaCl 形成的 F 心均使晶体呈现出浅黄色，而在钾蒸气中加热 KCl 形成的 F 心使晶体呈现出紫色。

辐照是使 NaCl 中产生 F 心的另一个方法。NaCl 粉末在受到 X 射线轰击 1.5h 左右后显出浅绿黄色，颜色的产生也是由于形成了 F 心。但这种情况下的 F 心俘获的电子不是由钠的非整比过量引起的，它们的来源多半是结构中某些氯阴离子的电离。对于 X 射线或紫外光照射形成 F 心而着色的晶体，以波长在 F 带内的光照射时，F 心将吸收光量子而释放出被俘获的电子，留下孤立的阴离子空位，从而使晶体退色。但是对于在碱金属蒸气中加热引入过量碱金属原子而着色的晶体，由于晶体内部已建立了新的电荷平衡，当以波长在 F 带内的光照射时，F 心释放的电子将在晶体内游离，最终会仍被失去电子的 F 心俘获，因此不会发生退色现象。

正常情况下，F 心是电中性的，因此在电场作用下不会发生移动。但是通过热激发或 F 带光照可以使部分 F 心离化，其释放出的电子和留下的阴离子空位可在电场作用下分别向相反方向移动，因而既可表现出 F 心的宏观移动，也可造成附加的导电性，即光电导性。

在纯的离子晶体中，由 F 心为基本单位组成的电子中心有许多种。例如，在一个负离子空位上俘获两个电子，即 F 心再俘获一个电子形成的电子中心，称为 F' 心；一对最近邻的 F 心形成的电子中心，称为 M（F_2）心；在一个（111）晶面上的三个最近邻的 F 心组成的电子中心，称为 R（F_3）心。此外，如果 F 心最近邻的六个阳离子中的一个被外来碱金属离子取代，则形成 F_A 心。由于杂质离子的引入，F_A 心的对称性比 F 心低，因而具有光学偏振效应。如果 F 心最近邻的六个阳离子中的两个邻近的阳离子被外来碱金属离子取代，则形成 F_B 心。F_A 心和 F_B 心的基态，即 F_A（Ⅰ）心和 F_B（Ⅰ）心，与 F 心的性质差别不大；但是它们的激发态，即 F_A（Ⅱ）心和 F_B（Ⅱ）心，则发生了组态的重大变化。如图 3-2 所示，一卤素离子占据外来离子（F_A）旁或杂质（F_B）间的间隙位置，空位被一分为二分布于它的两侧而呈哑铃型，同时其俘获的电子也占据它两翼的势阱。由于这种结构上的差异，它们的光吸收及发射性质均发生了很大的变化。

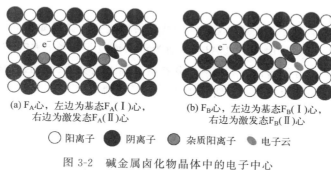

(a) F_A 心，左边为基态 F_A（Ⅰ）心，
右边为激发态 F_A（Ⅱ）心

(b) F_B 心，左边为基态 F_B（Ⅰ）心，
右边为激发态 F_B（Ⅱ）心

○阳离子　●阴离子　杂质阳离子　电子云

图 3-2　碱金属卤化物晶体中的电子中心

如果将碱金属卤化物晶体在卤素蒸气中加热或用 X 射线照射以后，其吸收光谱的近紫外区出现一系列吸收带，则表明该晶体内出现了与电子中心完全不同的另一类中心，即空穴中心。如果将空穴看做电子的反型体，那么应该存在多种对应于不同电子中心的空穴中心。然而在卤化物和氧化物的离子晶体中，虽然空穴中心种类的确很多，但均不是电子中心的反型体。这是因为被俘获的空穴总是局域化于一个准分子态的区域内，例如卤素亚点阵中一对相邻卤素离子俘获一个空穴构成的 V_K 心，实际上是一个卤素分子的离子，如图 3-3（a）所示。而一列卤素离子中插入一个卤素原子而形成的 H 心，也可看成一个卤素分子的离子占据一个正常卤素离子位置的挤列式填隙组态，如图 3-3（b）所示。此外空位中心还有 V 心和 H_A 心等，V心是 V_K 心近邻存在阳离子空位构成的，H_A 心是 H 心近邻存在碱金属杂质离子构成的。

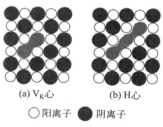

(a) V_K 心　　　(b) H 心

○阳离子　●阴离子

图 3-3　碱金属卤化物
晶体中的空穴中心

简单氧化物离子晶体中的色心类型与碱金属卤化物的极为相似，但由于氧化物晶体由两价离子组成，因此色心类型更多样化。简单氧化物晶体中电子中心主要有 F^+ 心和 F 心两类，F^+ 心由氧空位俘获一个电子构成，F 心由氧空位俘获两个电子构成。后者重新建立了晶体的电荷平衡，与碱金属卤化物中的 F 心类似。

3.3　线缺陷与位错模型

线缺陷主要是指位错，位错的概念是在晶体塑性形变的理论研究中产生的。在 1920 年前后，科学家建立了完整晶体塑性变形——滑移的模型，然而根据该模型计算出的金属晶体理论强度比实测强度高出几个数量级。1934 年，泰勒（Taylor）、奥罗万（Orowan）和波朗依（Polanyi）根据这种理论和实际强度的差异，提出了线缺陷（位错）的假设模型，认为晶体是通过位错的运动进行滑移的。这种滑移的机制与实验观察的滑移特征一致，而且以位错滑移模型计算出的晶体强度与实测值基本相符。但是，在没有取得实验验证之前，位错及其相关理论存在长时间的争论。直到 1956 年在电子显微镜下观察到位错的形态及运动，有关位错的理论越来越多地被实验所证明之后，位错理论才被广泛接受和应用，并取得快速的发展。

3.3.1 位错的类型

位错主要根据原子的滑移方向和位错线的几何特征进行分类。如图 3-4（a）所示，晶体在大于屈服值的切应力 τ 作用下，以 ABCD 面为滑移面发生滑移，EFGH 面左侧已发生滑移，右侧尚未滑移，已滑移部分与未滑移部分在滑移面上的交线即为位错线。实际上，位错线并不是只有一列原子，而是以 EF 线为中心、直径一般为 3 至 4 个原子间距的管状区域，这个区域内的原子位置有较大畸变。根据滑移方向与位错线的几何特征可以将位错分为以下三种类型。

（1）刃型位错

其几何特征为位错线与原子滑移方向（即伯格斯矢量）垂直，如图 3-4（a）所示。其特点是存在一个对称的半原子面，也可以看成是通过在完整晶体中插入半原子面而形成的。当半原子面位于滑移面上方时，称为正刃型位错，反之则称为负刃型位错。通过滑移面将晶体分为两部分，半原子面所在的部分，位错线周围的原子受到压应力作用，原子间距小于正常晶格间距；而另一部分位错线周围的原子受到张应力作用，原子间距大于正常晶格间距。

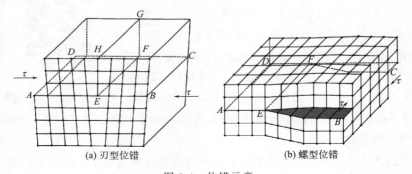

(a) 刃型位错　　　　　　　　　(b) 螺型位错

图 3-4　位错示意

（2）螺型位错

其几何特征为位错线与原子滑移方向平行，如图 3-4（b）所示。形成螺型位错后，原来与位错线垂直的晶面变成以位错线为中心轴的螺旋面，如图 3-5 所示。螺型位错可以分为左旋螺型位错和右旋螺型位错，它们分别符合左手螺旋规则和右手螺旋规则。无论将晶体如何放置也不可能使左旋变成右旋。

（3）混合位错

当位错线与滑移方向即不平行又不垂直时，可以将晶体的滑移方向分解为平行于边界的

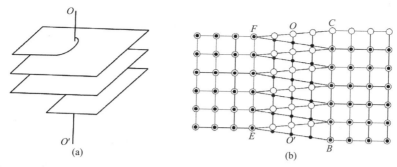

图 3-5 与螺型位错垂直的晶面的形状（a）和螺型位错滑移面两侧晶面上原子的滑移情况（b）

位移分量和垂直于边界线的分量，也就是将位错看成由螺型位错和刃型位错混合而成的，故称为混合位错。刃型位错和螺型位错中的位错线是直线，而混合位错中的位错线可能是直线、曲线和封闭曲线。

3.3.2 位错的运动

晶体在外力作用下形变的过程是通过位错线的相应运动完成的，位错的运动包括以下两种。

（1）位错的滑移

滑移是位错的主要运动方式，是指在外力作用下，位错线在其滑移面上的运动，结果导致晶体永久形变。滑移面是位错线与其伯格斯矢量构成的晶面，亦称为可滑移面。刃型位错的位错线与其伯格斯矢量垂直，只能构成一个特定的晶面，因此，对于给定的刃型位错，只有一个确定的可滑移面。而螺型位错的位错线与其伯格斯矢量平行，可以构成无限多个可滑移面。

（2）位错的攀移

位错的攀移是指在热缺陷或外力作用下，位错线在垂直其滑移面方向上的运动，结果导致晶体中空位或间隙原子的增加或减少。攀移的结果是半原子面的伸长或缩短。螺型位错没有半原子面，因此不存在攀移运动。位错的攀移是靠原子或空位的转移来实现的，当半原子面下端的原子转移到其他位置时，或空位转移到半原子面下端时，位错线便向上攀移，称为正攀移。反之，当其他位置的原子转移到半原子面下端时，或半原子面下端的空位转移到其他位置时，位错线便向下攀移，称为负攀移。由于攀移需要物质扩散，因此不可能整条位错线同时攀移，只能一段一段地进行。这样位错线在攀移过程中就会变成折线。此外，原子扩散需要较大的热激活能，所以位错的攀移比滑移需要更大的能量。因此，只有在高温下，位错的攀移才容易实现。

3.4 面缺陷和体缺陷

面缺陷是指二维尺度很大而第三维尺度很小的缺陷。从晶格点阵的周期性要求来说，晶体表面就是一种面缺陷。此外，晶体常常被一些界面分隔成许多较小的区域，每个区域内具有较高的原子排列完整性，区域之间的界面附近存在着较严重的原子错排，这些界面也是面缺陷。面缺陷的类型有许多，主要有晶界、相界和堆积层错等。

（1）晶界

晶界是指结构相同而取向不同的晶粒之间的界面。晶界的结构和性质与相邻晶粒的取向差 θ 有关，根据 θ 的大小可以将晶界分为小角度晶界（θ 小于 $10°\sim15°$）和大角度晶界（θ 大于 $10°\sim15°$）。多晶材料中常存在大角度晶界，但晶粒内部的亚晶粒（单晶中取向差很小的晶粒称为亚晶粒）之间则是小角度晶界。根据形成晶界时的操作不同，晶界分为倾斜晶界和扭转晶界，如图 3-6 所示。一个晶粒相对于另一个晶粒以平行于晶界的某轴线旋转一定角度所形成的晶界称为倾斜晶界，以垂直于晶界的某轴线旋转一定角度而形成的晶界称为扭转晶界。

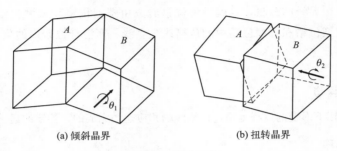

(a) 倾斜晶界　　　　　　　　　(b) 扭转晶界

图 3-6　晶界示意

（2）堆积层错

从形式上看，晶体可以看成是一层层原子层按一定方式堆积而成的，在正常堆积顺序中引入不正常顺序堆积的原子层而产生的一类面缺陷称为堆积层错，简称层错。层错有抽出型和插入型两种基本类型，前者是在正常层序中抽走一层，后者是在正常层序中插入一层。以面心立方结构为例，其正常的堆积层序为…ABCABC…，假设用△表示顺 ABC 次序的堆积，▽表示次序相反的堆积，则面心立方结构的正常堆积层序为…△△△△△△…。因此，在面心立方结构的正常层序中抽走一原子层时，相应位置出现一个逆顺序堆积层…ABCACABC…，即…△△△▽△△△…，如图 3-7（a）所示；在正常层序中插入一原子层时，相应位置出现两个逆顺序堆积层…ABCACBCABC…，即…△△△▽▽△△△…，如图 3-7（b）所示。

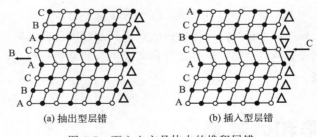

(a) 抽出型层错　　　　　　　　(b) 插入型层错

图 3-7　面心立方晶体中的堆积层错

（3）孪晶晶界

孪晶是指沿一个共用晶面构成镜面对称的位向关系的两个晶体（或一个晶体的两部分），

而共用的晶面就称为孪晶晶界。以面心立方为例，如果从某一层起堆积层序由顺次序全部变为反次序，例如…△△△△▽▽▽▽…，那么这一层原子层显然成为一个反映面，两侧晶体以此面成镜面对称。容易看出，沿着孪晶界面，孪晶的两部分完全密合，最近邻关系不发生任何改变，只有次近邻关系才有变化，因此引入的原子错排很小，这种孪晶界面称共格孪晶界面。

体缺陷是指在三维方向上尺寸都比较大的缺陷，如镶嵌块、沉淀相、空洞、气泡等。这些缺陷已经是相层次上的缺陷了，与基质晶体已经不属于同一物相了，是异相缺陷。体缺陷往往与体系的分相、偏析等过程有关。

 拓展阅读

拓展阅读一：我国晶体缺陷研究的先驱者之一——冯端院士

冯端，凝聚态物理研究一代宗师，我国晶体缺陷研究的先驱者之一，在国际上领先开拓微结构调制的非线性光学晶体新领域。由于其杰出贡献，经国际小行星中心和国际小行星命名委员会批准，中国科学院紫金山天文台将国际编号为 187709 的小行星命名为"冯端星"。

20 世纪初，钼、钨、铌等金属被大量应用于武器制造，特别是导弹、火箭、战舰、火炮内膛、电子管等高温构件中，因此它们被称为"战争金属"。中国钨储量居世界第一，钼、铌等金属储量也均居于世界前列。然而这些金属提纯难度大，当时的中国并不具备相应的提纯技术，在这一领域全然空白。1959 年，冯端决定从零开始研究钼、钨、铌，但当时连基本的观测设备也没有，电子显微镜还是稀罕的高科技，没有在国内普及。拿不到电子显微镜，就无法了解金属的错位结构，更无从了解金属的强度，这使得冯端的研究陷入困境。他冥思苦想，利用仅有的光学显微镜，不断调整角度，一次次尝试，最终创造性地研发出浸蚀法和位错观察技术。掌握了材料的基本结构后，冯端带领学生自主研发出我国第一台电子轰击仪——电子束浮区区熔仪。他用这台仪器制备出钼、钨、铌、钽等单晶体，这些单晶体为我国国防工业奠定了物质基础。20 世纪 70 年代，冯端又深入研究复杂氧化物单晶体的缺陷，阐明了晶体缺陷在结构相变中的作用，开创了我国晶体缺陷物理学科领域，继而广泛开展功能材料的缺陷与微结构研究，跻身国际前沿。

拓展阅读二：透射电子显微镜原位观测位错运动视频

视频内容为含铝奥氏体高锰钢 [Fe-32Mn-8.9Al-0.78 C（%质量分数）] 在塑性形变阶段的原位透射电子显微镜表征结果。在位错存在的区域附近，晶格发生了畸变，其衍射强度与其它区域存在差异，因此位错附近区域所成的像便会与周围区域形成衬度反差，这就是用透射电子显微镜观察位错的基本原理。视频中，较暗的线便是所观察到位错的相，可以清晰地看到位错的滑移运动。

来源：

Direct observation of dislocation plasticity in high-Mn lightweight steel by in-situ TEM. Sci Rep 9, 15171 (2019)

扫码看视频

思考题

1.什么是弗伦克尔缺陷和肖特基缺陷？

2.写出钠离子空位、氯离子空位、间隙钠离子、占据钠离子位点的杂质钙离子等缺陷的克罗格-明格符号。

扫码看答案

3.写出下列缺陷反应方程式：

（1）MgO 形成肖特基缺陷；

（2）AgCl 形成弗伦克尔缺陷（Ag^+ 进入间隙）；

（3）NaCl 中引入 $CaCl_2$ 形成固溶体，Ca^{2+} 占据 Na^+ 离子位点。

4. MgO 晶体的肖特基缺陷生成能为 $84kJ \cdot mol^{-1}$，计算该晶体在 1000K 和 1500K 下的缺陷浓度。

5. NaCl 晶体在钠蒸气中加热后呈现出黄色，试讨论这种晶体的显色机理。若使用钾蒸汽代替钠蒸汽，晶体的颜色会如何变化？

6.阐述位错的类型及其特点。

参考文献

[1] 张联盟，黄学辉，宋晓岚. 材料科学基础[M]. 武汉：武汉理工大学出版社，2008.

[2] 张克立，张友祥，马晓玲. 固体无机化学[M]. 武汉：武汉大学出版社，2012.

[3] 陈继勤，陈敏熊，赵敬世. 晶体缺陷[M]. 杭州：浙江大学出版社，1992.

[4] 秦善. 晶体学基础[M]. 北京：北京大学出版社，2004.

[5] 伐因斯坦 B K，弗里特金 V M，英丹博姆 V L. 现代晶体学（第 2 卷）——晶体的结构[M]. 吴自勤，高琛，译. 合肥：中国科学技术大学出版社，2011.

[6] 廖立兵，夏志国. 晶体化学及晶体物理学[M]. 北京：科学出版社，2013.

第 4 章

非晶态与准晶态

 教学要点

知识要点	掌握程度	相关知识
非晶态固体的结构特征	掌握非晶态固体的概念与结构特征，了解双体分布函数	非晶态、短程有序长程无序、双体分布函数
非晶态材料的结构模型	了解微晶模型和拓扑无序模型	微晶模型、拓扑无序模型
非晶态固体的形成与稳定性	熟悉非晶态固体的形成过程；了解非晶态转变、结构弛豫、晶化温度	过冷液体、过冷度、非晶态转变、结构弛豫、晶化温度
非晶态材料的性质	了解非晶态固体的各向同性、介稳性、无固定熔点等性质	各向同性、介稳性、无固定熔点、物理和化学性质随温度变化的连续性和可逆性
准晶态材料	掌握准晶态固体的概念；了解准晶态固体的结构特征、结构模型与性能特征	准晶态、十重对称、准晶玻璃模型、完整准晶模型、不完整准晶模型、均一性、各向异性、对称性、准晶的最小内能

常见的固体可分为晶体、非晶体和准晶体三大类，也就是说除了晶体还有非晶和准晶。区别这三大类要按照微观物质在空间中的排列特征，本章将介绍非晶和准晶。

4.1 非晶态固体的结构特征

4.1.1 结构特征

理想晶体原子或基元排列具有周期性，即长程有序点阵结构。非晶态的结构特征是：原子排列不具有周期性，因此不具有长程序，但在几个原子间距量级的短程范围内仍然保留有原子排列的短程序。需要强调的是，非晶态固体的原子排列并非完全杂乱无章，所谓短程序包括：①近邻原子的配位，即配位原子的数目和种类；②近邻原子配置的几何方位，即键角；③近邻原子配置的几何距离，即键长。

下面以晶态石英与 SiO_2 玻璃的简化二维网格结构为例来看原子排列的异同。晶体玻璃和非晶体玻璃的透光性有差异 ［图 4-1（a）］，晶体的光学性能是有方向性的——有的方向折射率大，有的方向折射率小——这就决定了晶体材料的透光性差。晶态石英的简化二维网络结构中，每个硅原子与三个氧原子相接，且近邻原子的距离和连线之间的夹角都是相同的，上述三角形单元规则排列成晶体网络，形成长程有序结构，如图 4-1（b）所示。而非晶 SiO_2 玻璃材料中每个硅原子依然与三个氧原子相接，形成三角形单元，如图 4-1（c）所示，只是键长和键角的数值有一定的不规则起伏。非晶玻璃的结构并不具备长程序特征，但基本保留了石英晶体的短程序。

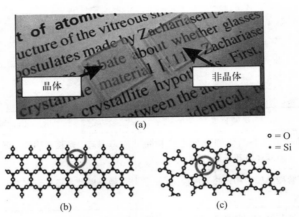

图 4-1 晶体和非晶体玻璃的透光性对比（a）以及晶态石英（b）和非晶 SiO_2 玻璃（c）的结构对比

属于非晶态材料的种类很多，一般是指以非晶态半导体和非晶态金属为主的一些普通低分子的非晶态材料，广义上讲非晶态材料还应包括氧化物、非氧化物玻璃和非晶态聚合物等。生活中常见的无机玻璃、水泥材料和有机高分子材料均属于非晶态固体。

X 射线衍射、电子衍射、中子衍射等多种衍射实验都可以证实非晶态材料是一种长程无序、短程有序的结构。以选区电子衍射（SAED）表征方法为例，多晶体的入射电子衍射图是以入射线为轴的一系列明锐的同心圆环。对于多晶材料，每个晶粒内原子是周期性规则排列的，当组成多晶的晶粒在平均尺度减小时，相应的各个衍射环将变宽，并由明锐的细环变成了弥散环，而且晶粒平均尺度越小，衍射环变得越宽。因此可以用衍射环变宽的程度来表征原子周期性规则排列区域的线度。如图 4-2（a）所示，多晶碳材料的衍射圆环明锐而清晰，而图 4-2（b）中的非晶碳材料的衍射环图，衍射图案都是由宽的晕及弥散的环所组成的，没有表征结晶程度的任何斑点及鲜明的环。需要指出的是，图 4-2（b）的这种衍射环的弥散程

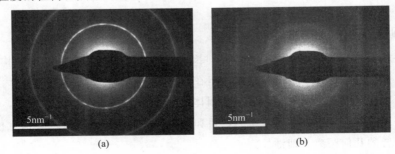

图 4-2 多晶（a）与非晶（b）碳材料的衍射环对比

度要比任何小晶粒所组成的多晶体大得多，这表明，非晶态材料与多晶体有些类似，可以看作是由数目很多、无规则取向的小集团所组成的，而在每个小集团内部原子排列是有序的，这种小集团比小晶粒小得多。因此，非晶态材料内部不存在长程有序，但在很小范围内存在一定的有序性，即短程有序性（短程序范围通常为 1.5～2.0nm）。

4.1.2 双体分布函数

用 X 射线、电子和中子衍射测定非晶态材料的双体分布函数 $g(r)$ 是研究非晶态材料结构的基本实验方法。双体分布函数也称双体概率分布函数、对分布函数。常用双体分布函数表征非晶态材料的有关原子的径向分布情况，从而得到非晶态材料的结构特征。双体分布函数表达式如下：

$$g(r) = \rho(r)/\rho_0 \tag{4-1}$$

式中，ρ_0 表示材料的平均原子数密度；$\rho(r)$ 表示当以任一原子为中心时，在距离为 r 处球面上的平均原子数密度。因此 $g(r)$ 表示当以任一原子为中心时，在距离为 r 的球面上的原子分布概率的统计平均值。它随 r 的变化可反映出材料中距任一原子不同位置处的原子的分布情况。双体分布函数 $g(r)$ 的强度给出了材料的有序程度。在非晶态中存在短程序，即有很确定的最近邻配位层及次近邻配位层的直接证据是在径向分布函数中出现了清晰可见的第一峰和第二峰。又因为非晶态中不存在长程序，这表现为在径向分布函数中的三近邻配位层以后几乎没有可分辨的峰。图 4-3 所示为气体、液体、非晶态固体和晶态固体的典型的双体分布函数，其特点如下。

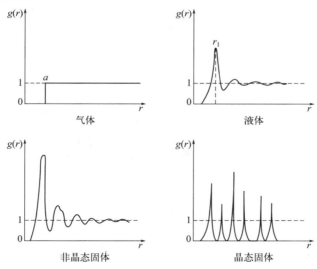

图 4-3　各种状态物质的双体分布函数示意

（1）气体

原子分布完全无序，平均自由程很大，在小于平均原子间距 a 的范围内，不可能再有原子，此处 $g(r)=0$；在大于 a 的区域，由于原子的无规律分布，各点的原子数密度没有偏离，即各类原子出现的概率相同，因此 $g(r)=1$。

（2）液体

原子分布无序，平均自由程较短，在某些距离范围内原子数密度比平均数密度大，在图上表现出尖锐的峰值，如图 r_1 处的峰就对应于最近邻间距。随着距离的增大，原子间相互作用减弱，原子数密度很快接近其平均值。这说明，液态原子分布存在着短程序。

（3）非晶态固体

与液态相似，具有短程有序长程无序性，但第一峰更尖锐，说明非晶态材料中的短程序比相应液态的短程序更为突出。此外，对于非晶态金属，其 $g(r)$ 的第二峰分裂为两个小峰。

（4）晶态固体

原子周期性排列，因此它的 $g(r)$ 不连续，对应于格点的位置 $g(r)$ 出现极尖锐的峰，在格点外，分布概率为零。

双体分布函数不仅能说明原子近邻的分布状况，还可以给出原子的平均近邻数，如利用峰曲线下的面积可得出相应的原子的平均近邻数。非晶态材料一般只有第一、第二个峰比较尖锐。对于各种具体非晶态材料，正是用 X 射线衍射实验所测得的分布函数曲线来确定其结构中存在的基本结构单元的形成及其变形范围的。非晶态材料的结构常被看作是均匀的、各向同性的，这与晶体的各向异性有着本质的差别。图 4-4 清晰地显示了单层非晶碳材料与晶态石墨烯截然不同的双体分布函数，单层非晶碳材料表现出长程无序性。

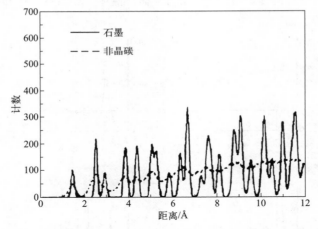

图 4-4　在实空间统计数据下，晶态石墨烯和单层非晶碳材料的双体分布函数
（1Å＝10^{-10}m）

4.2　非晶态材料的结构模型

非晶态固体的结构模型可以分为两大类，一类是以微晶模型为代表的不连续模型，另一类是以拓扑无序模型（即无规密堆硬球模型）为代表的连续模型，下面分别予以介绍。

（1）微晶模型

微晶模型认为非晶体与晶体结构相似，只是晶粒大小不同。非晶体由大小约为十几至几十个埃（即相当于几个到几十个原子间距）的非常细小的微晶粒构成，如图 4-5 所示，微晶内的短程序和晶态相同，但是各个微晶的取向是散乱分布的，因此造成长程无序，微晶之间原子的排列方式和液态结构相似。这个模型比较简单明了，经常被用来描述金属玻璃的结构。迄今所研究的材料中，$Ag_{48}Cu_{42}$ 和 $Fe_{75}P_{25}$ 合金的实验结果与微晶模型相符的最好。

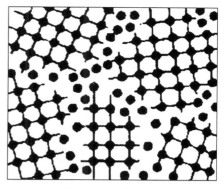

图 4-5　微晶模型

然而，微晶模型对于晶界内原子的无序排列情况，即这些微晶是如何连接起来的，仍有诸多不明之处。对于某些材料如 Ge-Te 合金，其晶态和非晶态的配位数相差很大，无法应用微晶模型。此外，微晶模型中对于作为基本单元的微晶晶体结构的选择及晶体大小的选择都具有一定的任意性；同时，要保持微晶之间的取向差大，才能使微晶作无规的排列，以符合非晶态的基本特征。但这样一来，晶界区域增大，致使材料密度降低，这又与非晶态物质与晶态物质的密度相近这一实验结果矛盾。因此，人们对于微晶模型有逐渐持否定态度的趋势。

（2）拓扑无序模型

拓扑无序模型认为非晶态结构的主要特征是原子排列的混乱和随机性。所谓拓扑无序是指模型中原子的相对位置是随机地无序排列的，无论是原子间距或各对原子连线间的夹角都没有明显的规律性。因此，该模型强调结构的无序性，而把短程有序看作是无规堆积时附带产生的结果。

拓扑无序模型有多种堆积形式，其中主要的有无序密堆硬球模型和随机网络模型。在无序密堆硬球模型中，把原子看作不可压缩的硬球，"无序"是指在这种堆积中不存在晶格那样的长程有序，"密堆"则是指在这样一种排列中不存在可以容纳另一个硬球那样大的间隙。这一模型最早是由 Bernal 提出，用来研究液态金属结构的。他在一只橡皮袋中装满钢球、进行搓揉挤压，使得从橡皮袋表面看去，钢球不呈现规则的周期排列。Bernal 经过仔细观察，发现无序密堆结构仅由五种不同的多面体，即 Bernal 多面体组成，如图 4-6 所示。

无规密堆硬球模型把原子假设为不可压缩的硬球，通过无规密堆积使原子尽可能紧密地堆积，在结构中没有容纳另一个硬球的空间，同时硬球的排列是无规的。当硬球之间的距离大于直径的 5 倍时，它们之间只有很弱的相关性。用这个模型算出的径向分布函数与实测值相符，但无法表明径向分布函数中的第二峰分裂的问题。

非晶态固体的结构模型仍在探索中，用上述模型还远不能回答有关非晶态材料的真实结构以及与成分有关的许多问题，但在解释非晶态的弹性和磁性等问题时，还是取得了一定的成功。随着对非晶态材料的结构和性质的进一步了解，结构模型将会进一步完善，最终有可能在非晶态结构模型的基础之上解释和提高非晶态材料的性能。

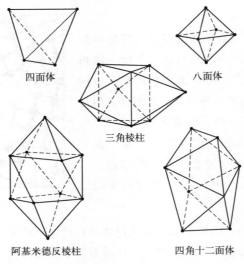

四面体   八面体

三角棱柱

阿基米德反棱柱   四角十二面体

图 4-6 Bernal 多面体

4.3 非晶态固体的形成与稳定性

非晶态材料由于具有与液态类似的结构特征，又被称作"过冷液体"。它具有长程无序、短程有序以及处于亚稳态两大特点。根据这样的特征，由熔体制备非晶态物质需要解决的关键问题包括：①抑制熔体中的形核和长大，保持液态结构；②使非晶态亚稳结构在一定温度范围内保持稳定，不向晶态转化；③在晶态固体中引入或造成无序，使晶态转变成非晶态。

非晶态固体在热力学上属于亚稳态，其自由能比相应的晶体高，在一定条件下，有转变成晶体的可能。非晶态固体的形成问题，实质上是物质在冷凝过程中如何不转变为晶体的问题，这又是一个动力学问题。要获得非晶态，最根本的一条就是要有足够快的冷却速度，并冷却到材料的再结晶温度以下。物质能否形成非晶固体，这与结晶动力学条件有关。已经发现，除一些纯金属、稀有气体和液体外，几乎所有的熔体都可以冷凝为非晶固体。

4.3.1 非晶态固体的形成条件

熔融液冷却时，一定要使实际结晶温度低于理论结晶温度（即金属存在过冷现象），这样才能满足结晶的热力学条件。实际结晶温度与理论结晶温度的差值称为过冷度。过冷度越大，液、固两相自由能的差值越大，即相变驱动力越大，结晶速度便越快，因此金属结晶时必须过冷。熔融液缓慢冷却时，会首先形成晶核，如果散热慢，晶体很快就会连接起来（图 4-7 路径 2）。非晶态固体的形成问题，实质上是物质在冷凝过程中如何不转变为晶体的问题。

如果熔融液的冷却速度足够快，过冷度急剧增加，因此发生结晶的温度范围大大缩小，原子来不及从容地排列成整齐的结构，这就会产生各种不同的结构。首先是显微组织细化，合金中溶质原子的固溶度增加。若冷却速度进一步提升，就会形成亚稳结晶相。当冷却速度足够快时，很大的过冷度导致熔融液在快速冷却过程中，原子的可动性急剧下降，原子的排列无法形成平衡时的组态，晶核没有足够的时间生长，甚至来不及成核，在某一温度下就快速均匀的凝固，这就形成了非晶态（图 4-7 路径 1）。很大的过冷度导致熔融液在快速冷却过程中，在某一温度下就快速均匀的凝固，该温度称为玻璃化转变温度 T_g。

液相在冷却过程中发生结晶或进入非晶态时，随着温度的降低，可分为 A、B、C 三个状态的温度范围：在 A 范围，液相是平衡态；当温度降至 T_f 以下进入 B 范围时，液相处于过冷状态而发生结晶，T_f 是平衡凝固温度；如冷速很大使成核生长来不及进行而温度已冷至 T_g 以下的 C 范围时，液相的黏度大大增加，原子迁移难以进行，处于"冻结"状态，故结晶过程被抑制而进入非晶态。T_g 是玻璃化转变温度，它不是一个热力学确定的温度，而是取决于动力学因素的，因此 T_g 不是固定不变的，冷速大时为 T_{g1}，如冷速降低（仍在抑制结晶的冷速范围），则 T_{g1} 就降低至 T_{g2}。非晶态的自由能高于晶态，故处于亚稳状态。从图 4-7 还可看到，液相结晶时体积（密度）突变，而玻璃化时不出现突变。

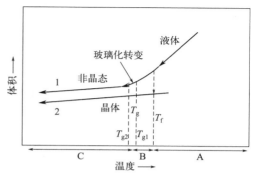

图 4-7　原子的集合体凝聚成
固态的两条冷却路径
路径 1 是获得非晶态的途径；
路径 2 是获得晶态的快冷途径

4.3.2　非晶态材料的稳定性

非晶态材料的制备过程，无论是液相急冷法（由过冷熔体转变成非晶态材料），还是气相沉淀法（由过饱和蒸汽转变成非晶态），都属于亚稳相之间的转变，这是由于在转变过程中由于其能量未充分释放，其能量要比相应的晶态高，因此是热力学的亚稳态。在适当的条件下，非晶态材料就要向能量较低的亚稳态（仍属于非晶态）或稳态（晶态）转变，其中向能量较低的即较稳定的非晶亚稳态的转变过程称为结构弛豫，而向能量最低的稳态即晶态的转变过程称为结晶或晶化。

非晶态材料的结构弛豫，发生在整个材料制备、退火及使用的过程中。在弛豫过程中，非晶态材料并未发生结晶，不是亚稳态向稳定态的转变，也不产生新相，只是在微观上发生了结构的松弛，能量得到了一定程度的降低。在弛豫过程中，总伴随着材料许多性能的变化，为了获得性能比较稳定的非晶态材料，需要研究合适的退火工艺，用以改善和稳定材料的性能。例如非晶态合金可以在玻璃化转变温度附近，在不发生结晶的前提下进行退火。在结构弛豫过程中，非晶态材料的物理性能的具体变化是多种多样的。有些物理性能的变化是可逆的，有些物理性能的变化是不可逆的，还有一些物理性能的变化对于有的材料是可逆的，而对另外一些材料又是不可逆的。一些描述性能的物理量的变化（增大或减小）也是不定的。例如，有些非晶态合金在弛豫过程中，体积、扩散系数和超导转变温度减小，而黏滞系数和导热系数却增大，但其比热容、电阻率和杨氏模量等物理量则有时增大，有时减小。

一般结构弛豫过程发生在温度不太高的情况下，而当温度较高时，由于温度的升高，原子的扩散能力增加，原子可以克服势垒而重新排列，材料可以从非晶态转变为晶态，即发生结晶或晶化。经过晶化后，非晶态的许多性能会发生十分显著的变化，而某些原有的优良性能将会消失。例如，非晶态合金的高强度、良好的抗腐蚀性、软磁性、抗辐射性能等，在晶化后一般会丧失。因此，必须设法防止晶化的发生，增加其稳定性。非晶态材料的稳定性越好，保持其优良性能的时间就越长，其使用就会越广泛。由于稳定性的问题，使得对非晶态材料的使用条件提出了一些限制。如材料的使用温度问题，一般非晶态材料的使用寿命与使用温度有很大关系。例如 $Fe_{80}B_{20}$ 合金，人们推算出，它在 $175℃$ 下使用寿命可达 550 年，而在 $200℃$ 下使用寿命仅为 25 年。这样对于不同的非晶态材料，在应用时必须考虑它的使用寿命与工作温度的相关性问题。

许多非晶态材料（如大多数非晶态半导体和非晶态合金），若以通常的速度加热，当达到某一温度时开始出现晶化，这一温度称为晶化温度。晶化温度是表征非晶态材料性能的一个综合性参数，不同材料的晶化温度相差极大。晶化温度的高低可以作为非晶态材料稳定性的一个指标。一般，晶化温度高的材料，其稳定性较好。

有一些办法可以提高非晶态材料的晶化温度，增加其稳定性。例如，由过渡金属和类金属组成的非晶态合金，由于类金属原子与过渡金属原子之间的相互作用强，因此在一定程度上增加类金属的含量将提高材料的晶化温度，增加其稳定性。研究表明，由半径不同的原子混合组成的体系比半径相同的原子组成的体系有较低的吉布斯自由能，因此原子的尺寸差别越大将越显著地增加非晶态材料的稳定性。同时，一些外界因素也会对非晶态材料的晶化温度产生影响。如光照射或外加电场可以加速一些非晶态半导体的晶化，而中子辐照可以提高一些非晶态合金的晶化温度，增加其稳定性。

另外，有些非晶态材料部分地晶化，也会获得一些新的卓越特性。普通的氧化物玻璃，通过控制其晶化条件，可以转变成具有许多优良性能的微晶玻璃，就是一例。同样，非晶态合金和半导体在微晶化后，也可以获得一些新的特性。例如目前有一类非晶硅太阳能电池就是利用氢化微晶硅材料制作的。

4.4 非晶态材料的性质

非晶态材料由于其长程无序的结构特征，表现出如下不同于晶体的特殊性质。

① 各向同性。非晶态材料各个方向的性质，如硬度、弹性模量、折射率、热膨胀系数、导热率等都是相同的。各向同性是材料内部质点无序排列而呈统计均质结构的外在表现。

② 介稳性。玻璃是由熔体急剧冷却而得的，由于在冷却过程中黏度急剧增大，质点来不及进行有规则的排列，系统的内能尚未处于最低值，因而处于介稳状态，在一定的外界条件下，仍具有自发放热转化为内能较低的晶体的倾向。

③ 无固定熔点。玻璃态物质由固体转变为液体是在一定温度区间（转化温度范围）内进行的，与结晶态物质不同，无固定的熔点。

④ 物理、化学性质随温度变化的连续性和可逆性。非晶态材料由熔融状态冷却转变为固体（玻璃体）是渐变的，需在一定温度范围内完成，其物理、化学性质的变化是连续的、可逆的。

（1）力学性质

高强度是非晶合金最显著和独特的力学特征之一。非晶合金由于没有晶体中的位错、晶界等缺陷，不存在晶体中的滑移面，不易发生滑移，因而具有很高的强度和硬度。其强度接近于理论值，几乎每个合金系都达到了同合金系晶态材料强度的数倍，如钴基块体非晶合金的断裂强度可达到 6.0GPa。非晶合金的力学性能主要表现为高强度和高断裂韧性，非晶合金的强度与组元类型有关，金属-类金属型（如 $Fe_{80}B_{20}$ 非晶）的强度高，而金属-金属型（如 $Cu_{50}Zr_{50}$ 非晶）则低一些。非晶合金的塑性较低，在拉伸时小于 1%，但在压缩、弯曲时有较好的塑性，压缩塑性可达 40%，非晶合金薄带弯达 180° 也不断裂。但是，非晶合金也不一定都具有超高强度，最近物理所合成出一系列超低强度的非晶合金。这类非晶合金的强度接近聚合物塑料，又被称作金属塑料。这类同时具有塑料和金属的优点的材料，在很多领域都具有潜在的应用和研究价值。比如可使很多复杂工件的加工制造更加容易和便宜，在汽车、军工、航空等领域有潜在应用价值；它们是优良的可进行纳米、微米加工和复写的材料。非晶合金的强度和模量有很好的线性关系，所以，通过杨氏模量和强度具有线性关联的经验规则，可以帮助探索和设计具有所需强度的非晶合金甚至其它非晶材料。

非晶合金把强度和弹性极限这两种性能很好地结合、优化在一起。高弹性使得非晶合金成为一种储存弹性能极佳的材料，所以块体非晶合金的第一个应用就是体育用品。图 4-8 所示的是 Liquidmetal 公司用 Zr 基非晶合金制作的高尔夫球杆上的击球头，它可以将接近 99% 的能量传递到球上，其击球距离明显高于其它材料制作的球头。利用块体非晶合金高弹性的特点还可以制作复合装甲夹层，它可以延长子弹与装甲之间的作用时间，从而减缓冲击和破坏。非晶合金复合有可能成为第三代穿甲材料。

图 4-8　Liquidmetal 公司用 Zr 基非晶合金制作的高尔夫球杆上的击球头

（2）电学性能

非晶具有长程无序结构，在金属-类金属非晶合金中含有较多的类金属元素，对电子有较强的散射。因此非晶合金一般具有较高的电阻率和较小的电阻温度系数，其电阻率是相同成分晶态合金的 2～3 倍，电阻温度系数比晶态合金小，如表 4-1 所示。

表 4-1　某些晶态及非晶态合金的电阻率和电阻温度系数

合金	电阻率/$\mu\Omega \cdot cm$	电阻温度系数/$(10^{-6}K^{-1})$
晶态 Cu	1.72	4330
$Cu_{55}Ni_{45}$	49.0	—
$Ni_{80}Cr_{20}$	103	70
非晶态 $Cu_{77}Ag_8P_{15}$	136	−120
$Ni_{68}Si_{15}B_{17}$	152	0
$Cu_{0.6}Zr_{0.4}$	350	−90

（3）磁学性能

非晶合金最令人瞩目的是其优良的磁学性能，包括软磁性能和硬磁性能。非晶磁性材料具有各向同性、磁导率高、损耗小的特点。也就是说，旋转磁化容易，各向磁场灵敏度高，因此，可用来制成高灵敏度磁场计或磁通量传感器。现已相继开发出应力-磁效应式高灵敏度应力传感器、磁致伸缩效应式机械传感器。此外，使非晶合金部分晶化后可获得 10～20nm 尺度的极细晶粒，从而细化磁畴，产生更好的高频软磁性能。有些非晶合金具有很好的硬磁性能，其磁化强度、剩磁、矫顽力、磁能积都很高。例如，Nd-Fe-B 非晶合金经部分晶化处理后（14～50nm 尺寸晶粒）可达到目前永磁合金的最高磁能积值，是重要的永磁材料。Fe、Ni，Co 基非晶合金条带因为其优异的软磁特性已经得到广泛的应用，成为各种变压器、电感器和传感器、磁屏蔽材料、无线电频率识别器等的理想铁芯材料，已经是电力、电力电子和电子信息领域不可缺少的重要基础材料，其制造技术也已经相当成熟。

（4）抗腐蚀性能

许多非晶态合金具有极佳的抗腐蚀性，这是由于其结构的均匀性，不存在晶界、位错、沉淀相等容易引起局部腐蚀的部位，以及在凝固结晶过程产生的成分偏析等能导致局部电化学腐蚀的因素。所以非晶合金在结构和成分上都比晶态合金更均匀，具有更高的抗腐蚀性能（表 4-2）。含 Cr 的铁基、钴基和镍基金属玻璃，特别是其中含有 P 等类金属元素的非晶合金，具有十分突出的抗腐蚀能力。P 的作用是促进防腐蚀薄膜形成；Cr 的作用是形成致密、均匀、稳定的高纯度 Cr_2O_3 防腐蚀钝化膜（图 4-9）。

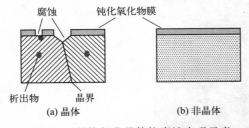

图 4-9　晶体与非晶体抗腐蚀表现示意

表 4-2　非晶态合金和晶态不锈钢在 10% $FeCl_2$-10H_2O 溶液中的腐蚀速率

试样	腐蚀速率/$(mm \cdot 年^{-1})$	
	40℃	60℃
晶态不锈钢 18Cr-40Ni	17.75	120.0
晶态不锈钢 17Cr-14Ni-2.5Mo	—	29.24
非晶态合金 $Fe_{70}Cr_{10}P_{13}C_7$	0.00	0.00
非晶态合金 $Fe_{65}Cr_{10}Ni_5P_{13}C_7$	0.00	0.00

（5）其他特殊性质

非晶合金还有许多其它的功能特性已经被发现，并不断被发掘出来。例如，ZrNbCuNiAl 块体非晶合金由于可以很好地收集氢和氦这两种元素，美国国家航空和宇航局曾用它作为起源号宇宙飞船的太阳风收集器，用于研究太阳和行星的起源；非晶态 TbFeCo 薄膜作为红外线磁光记录材料，已得到商业应用；此外，非晶态（$Tb_{0.27}Dy_{0.73}$）（$Fe_{1-x}Co_x$）薄膜具有大的磁致伸缩特性，在微系统制动器上具有潜在应用价值；Nd-Fe-B 非晶合金经部分晶化处理后形成 14～50nm 尺寸的晶粒，达到目前永磁合金的最高磁能积值，是重要的永磁材料。块体非晶合金作为生物医用材料的研究同样受到越来越多的重视。一种 3nm 厚的无定型氮化硼薄膜，在 100kHz 和 1MHz 的工作频率下分别显示了 1.78 和 1.16 的超低介电性质，极度接近于空气和真空的介电值 1，并且表现出了优异的机械和高压稳定性。该研究成功证明了无定型氮化硼的低介电特点，可用于高性能电子设备。

4.5 准晶态材料

4.5.1 准晶的结构特征

在 1984 年准晶被发现之前，物理学家将固体材料分为晶体和非晶体两大类。前者的结构周期有序，其对称性受周期性的限制。受这种平移对称的约束，晶体的旋转对称只能有 1、2、3、4、6 五种旋转轴。这种限制就像生活中不能用正五角形拼块铺满地面一样，晶体中原子的排列是不允许出现 5 次或 6 次以上的旋转对称性的。

以色列科学家舍特曼（Shechtman）在 1984 年首次发现 Al-Mn 急冷合金的电子衍射图中有明显的 5 次对称性（图 4-10），它的衍射斑点和晶体一样明锐，但不能被任何布拉菲格子标识。这一发现颠覆了当时科学界关于固体只有晶体和非晶体的分类理论。根据传统的晶体学理论，这种合金缺少空间平移对称性，不属于晶体；但又不像非晶体，它展现出了非常好的长程有序性。人们将这种同时具有长程准周期平移有序和晶体所不允许的宏观对称性固态有序相的新型固态结构称为准晶，即准周期晶体。

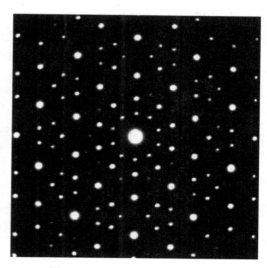

准晶是一种介于晶体与非晶体之间的状态。准晶内部的原子排列也是有序的，但与传统的规律性不同，这种规律性体现在原子之间的距

图 4-10　Al-Mn 合金的电子衍射

离上，是一种数学上的规律性。因而准晶不具有普通晶体所具有的平移对称性，这也导致在宏观对称性上，准晶与普通晶体也有差别，最明显的就是准晶存在着 5 次旋转对称轴。以最经典的具有潘罗斯马赛克图案排列的准晶（即舍特曼发现的那类）为例，它的微观结构如图

4-11 所示。可以看到，最外层的 5 边形的顶点为 10 个，正好组成了一个圆形，这样就会得到十重对称的衍射图案；而两种颜色的五边形则表明晶体的宏观对称性为具有 5 次轴。

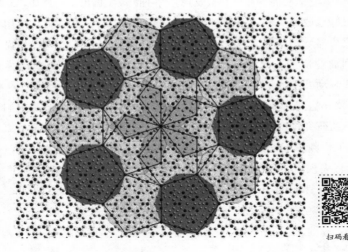

图 4-11 具有潘罗斯马赛克图案排列的准晶的微观结构示意

4.5.2 准晶的理论模型

科学家从理论上对准晶的结构堆积模式提出了拼砌模型，即构成准晶的结构单元像砖块一样拼砌后使整个结构具有准晶的对称性又填满整个空间。准晶的拼砌模型主要分为以下三种。

（1）准晶玻璃模型

这种模型认为准晶与具有一定结构的晶体类似，由一种具有准晶对称性的结构单元组成，但这种结构单元不能填满整个空间，所以各个结构单元按照原子之间键合取向有序的要求排列时，必然有不少无序的原子填满间隙，称为准晶玻璃模型。

（2）完整准晶模型

这种模型认为准晶有两种结构单元，当这两种结构单元以一定的方式连接时可以填满整个空间，因而不存在无序排列的原子。

（3）不完整准晶模型

与完整准晶模型相差不大，也是由两种基本的结构单元来构筑整个结构模型，但是两种单元在拼砌时并不严格遵守一定的规则，因而在某些局部出现了对称性，某些局部存在结构缺陷。

4.5.3 准晶的特性

材料的宏观性能取决于其微观结构——组织结构和原子结构。对理想的单晶型准晶来说，独特的原子结构决定了其独特的力、热、光、磁、电、声性能（表 4-3）。准晶的晶体结构模型和结构精修既是准晶研究的起点和重点，也是研究的难点。

表 4-3　准晶合金和典型金属合金之物理性能比较

性能	金属	准晶
机械性能	韧性	脆性
摩擦性能	较软	较硬
	易腐蚀	耐腐蚀
电学性能	高电导	低电导
	温度升高电阻升高	温度升高电阻降低
	Seebeck 系数小	Seebeck 系数大
磁学性能	顺磁	抗磁
热学性能	热导高	热导低
	热容大	热容小
光学性能	有 Drued 峰	无 Drude 峰, IR 吸收

一般来说，准晶材料具有如下特性。

① 均一性。准晶体在三维空间具有有序结构，各个部分与整体结构具有相似的性质，宏观上反映出准晶的均一性。

② 各向异性。准晶体中各质点排列的方式和间距，在不同方向进行观察时表现出不同性质，因此各向异性。

③ 对称性。准晶体中相同部分（外形上的相同晶面、晶棱，内部结构中的相同面、行列或原子、离子）能够在不同方向或位置上有规律的重复出现，各质点排列具有统计意义上的周期性。

④ 较小内能性。准晶的质点在三维空间是准周期平移排列的有序结构，是一种较为稳定或准稳定的方式。质点间的距离无论增大还是减小，都会导致质点势能增加。晶体和准晶较之同化学成分的气、液及非晶态而言，准晶的内能较小，晶体的内能最小。

（1）电性能

通常晶体的电阻率最高只有数十 $\mu\Omega \cdot cm$，非晶体合金的电阻率最高也只有几百 $\mu\Omega \cdot cm$，而准晶的电阻率却非常高，如在液氦下 Al-Cu-Li、Al-Cu-Ru、Al-Cu-Fe 系准晶的电阻率分别为 $900\mu\Omega \cdot cm$、$1000 \sim 3000\mu\Omega \cdot cm$ 和 $1300 \sim 11000\mu\Omega \cdot cm$，而 Al_2Pd_2Re 系准晶的电阻率更高，达 $1\Omega \cdot cm$ 以上。因此，高的电阻率是准晶的显著特点之一。准晶的电阻率对结构的完整性十分敏感，准晶结构越完整电阻率越高，由此也充分说明高电阻率是准晶固有的特性。此外，准晶的电阻率具有负的温度系数，即电阻率随温度的升高而下降。

（2）热传导特性

与普通金属材料相比，准晶材料的导热性较差。在室温下，准晶的导热率比铝和铜低两个数量级、比不锈钢低一个数量级，与常用的高隔热材料 ZrO_2 相近。与准晶的电阻率一样，准晶的导热性也具有负的温度系数，并且对准晶结构的完整性也较为敏感，即准晶结构越完整其导热性越差。此外，准晶的热扩散系数和比热容都随温度的升高而增大。

（3）磁性能

准晶的磁性能是人们较为关注但又知之甚少的一个内容，这里主要介绍实验研究较多的 Al-Mn 系二十面体准晶的磁性研究成果。通过研究 Al-Mn 系准晶合金的直流和交流磁化率与温度之间的关系发现，其磁化率与温度之间遵守居里-外斯规律，显示负的居里温度，并在约

10K 时存在自旋玻璃转变。由直流磁化率与温度的关系求出，含 Mn 为 20%（原子分数）的 Al-Mn 及 Al-Mn-Si 系准晶合金的平均有效磁矩为 $1.4\mu B$。通过进一步的核磁共振、核比热与磁比热以及饱和磁矩的研究发现，Al-Mn 系准晶中并不是所有 Mn 原子都具有磁矩，且具有磁矩的 Mn 原子其磁矩大小也各不相同，具有一定的分布。

（4）力学性能

室温下准晶的性能特点与一般金属间化合物相仿，表现为硬而脆。表 4-4 列出了部分准晶、陶瓷材料及高强铝合金的弹性模量、维氏硬度和断裂韧性。由表中数据可以看出，准晶的硬度与陶瓷材料相仿，远高于高强铝合金；而韧性较低，仅为陶瓷的 $1/4\sim1/5$，更不能与高强铝合金比。根据脆性材料的定量描述方法，即脆性材料的硬度与韧性之比（HV/KIC）可知，准晶的脆性较大，是陶瓷材料的 4 倍以上。进一步研究表明，准晶力学性能沿周期方向和准周期方向的差异不大，退火可以适量改善准晶的抗拉强度，但对硬度和韧性的影响不大。

表 4-4　部分准晶、陶瓷及高强铝合金的弹性模量、维氏硬度和断裂韧性

成分	结构	弹性模量/MPa	维氏硬度	断裂韧性/MPa·m$^{1/2}$
$Al_{65}Cu_{20}CO_{15}$（铸态）	十次准晶		11.5	1.0
$Al_{65}Cu_{20}CO_{15}$（850℃退火）	十次准晶		11.0	1.2
Al-Cu-Fe	二十面体准晶	230	$9.5\sim11.0$	$1.5\sim1.8$
Al-Cu-Co-Si	十次准晶	140	8.5	1.0
Cl-Co-Ni	十次准晶		9.5	
Al-Pd-Mn	十次准晶	215	$7.0\sim9.5$	$0.5\sim1.5$
MgO	陶瓷		8	
Al_2O_3	陶瓷		13.5	4.5
高强铝合金			1.85	40

（5）储氢性能

金属材料的储氢特性主要取决于金属与氢之间的化学反应以及金属中可容纳氢原子的间隙位置和数量。在大多数过渡金属中，氢趋向于四面体位置，因而具有四面体结构的 Laves 相是很好的储氢材料。而二十面体准晶就拥有大量的四面体配位结构，因此从理论上讲这类准晶具备了储氢能力。Kelton 等通过 Ti 系二十面体准晶的储氢能力实验证实了这一设想，此后在其它系的准晶合金（如 $Zr_2Cu_2Ni_2Al$ 等）中也都得到了证实。

 拓展阅读

拓展阅读一：科学家故事，　2011 年诺贝尔化学奖——准晶

当丹·舍特曼（Dan Shechtman）将这个能让他获得 2011 年诺贝尔化学奖的发现记在他的笔记本上时，他还在这一结果的旁边打上了三个问号。这确实令人费解，因为在他身前

的这块晶体展现出了一种极不可能的对称性，这就像足球的球面全由正五边形组成一样令人难以置信（单独的正五边形无法铺满整个平面，所以足球球面是由正五边形和正六边形共同组成的）。但是之后，马赛克图案、黄金分割比与艺术共同帮助科学家们解释了舍特曼的那令人困惑的观察结果。

那是 1982 年 4 月 8 日的清晨，舍特曼正在研究一块由铝和锰共同组成的金属材料，他原本想利用快速降温的方式使更多的锰熔在铝中来制得高强度的铝合金，但是这块材料的样子看起来很奇怪，于是他就将这块材料放在电子显微镜下，想观察其原子水平的结构。但是，用电子显微镜观察到的图案违反了当时所有的逻辑：他看见了许多同心圆，每个同心圆都由十个等距亮点组成。

一般来说，由于降温过于迅速，金属的内部结构应该会变得无序，也就是组成金属的原子在空间排列上会变得十分混乱。但是，他观察到的图案却是另外的一种现象：金属的原子按照着一种违背了自然规律的方法排列着。这种结构具有二十面体点群对称性，它的衍射斑点和晶体一样明锐，但不能被任何布拉菲格子标识。舍特曼不信邪地数了一遍又一遍，若圆周是由四个或六个点组成的还有可能，但是由十个点组成是绝对不可能的。于是他在他的笔记本上写下了"十重对称???"，用三个问号来记录他观察到的不寻常现象。

这一发现颠覆了当时科学界关于固体只有晶体和非晶体的分类理论。因为，根据传统的晶体学理论，这种合金缺少空间平移对称性，不属于晶体，但又不像非晶体，它展现出非常好的长程有序性。舍特曼试图说服同事认可这种新的物质结构。但人们非但没有相信还嘲笑他。他没有放弃，离开实验室回到以色列工学院，与另一位材料专家继续进行相关的研究，同时，四处寻找这种"新结构"研究成果公开发表的渠道。

1984 年，他向美国《应用物理（Applied Physics）》杂志投稿，但遭到了拒绝。同年，法国的研究者发现：二十面体理论模型的衍射花样与舍特曼等人的实验结果完全一致。于是，他联合舍特曼等人，将关于准晶体研究的实验和理论结果的两篇文章，同时寄到《物理评论快报（Physical Review Letters）》。独具慧眼的编辑让这两篇文章以最快的速度先后发表，立即在物理、化学和材料界引起关注和热议。

当时，国际上大多数科学家都反对准晶体理论，但是舍特曼还是坚持准晶体的研究。其中，反对最激烈、声望最高的是两度获得诺贝尔奖的莱纳斯·鲍林。鲍林曾经在一场新闻发布会上说："舍特曼在胡说。没有准晶体这种东西，只有准科学家。"鲍林还发表了不少晶体结构方面的文章，想方设法要把舍特曼的准晶体归纳到传统的晶体学教科书里。由于鲍林在国际化学界影响很大，他给舍特曼"准科学家"的称谓不胫而走。

随后，各地实验室对准晶体进行了广泛的研究。1987 年，法国和日本科学家制出了足够大的准晶体，可以经由 X 射线和电子显微镜直接观察到这种晶体。至此，舍特曼的理论才得到科学界的认可。诺贝尔奖评选委员会在高度评价了舍特曼研究的同时，也对全世界科学家们发出了警告："即使最伟大的科学家也会陷于传统藩篱的桎梏中，保持开放的头脑、敢于质疑现有认知是科学家最重要的品质。"准晶体的发现，改变了人们对固体物质结构的认识。2011 年，准晶的发现者——以色列科学家舍特曼独享了诺贝尔化学奖。诺奖证书的左侧的五边形象征着准晶体的 5 次对称性，代表舍特曼在准晶体领域的开创性贡献。

扫码看彩图

拓展阅读二：世纪难题终破解，"看见"非晶材料的 3D 原子结构

非晶固体（amorphous solid），其使用历史尽管已经有数百年甚至上千年，然而在原子尺度上，人们对它们的理解仍然十分有限。一百多年前，德国物理学家 Max von Laue（1879—1960，获 1912 年诺贝尔物理学奖）发现了晶体的 X 射线衍射现象，极大地推动了晶体学研究的发展。从此以后，科学家就能够以三维立体的方式来绘制晶体的原子结构。随着技术的进步，晶体结构的精度也逐渐提高，从而帮助科学家在物理学、化学、生物学、材料科学、地质学、纳米科学、药物发现等领域取得了无数耀眼成就。而包括玻璃在内的非晶固体，没有像晶体那样刚性、重复性的长程有序原子排列，这就让"以类似晶体的精确度来确定非晶固体的原子结构"变成了大难题。一个世纪以来，这个难题都没有获得明显的突破。

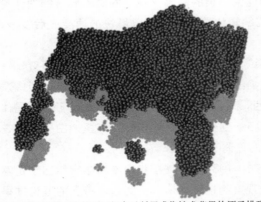

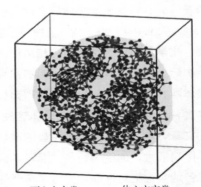

→ 面心立方类　→ 体心立方类
→ 密排六方类　→ 简心立方类

扫码看彩图

(a) CuTa非晶薄膜中的原子级电子断层成像技术获得的原子排列　(b) 长程无序-中短程有序的特征结构

近日，加州大学洛杉矶分校 Jianwei Miao 课题组利用原子级电子断层成像（atomic electron tomography，AET）技术完成了金属玻璃 3D 原子结构的实验测定。通过对待测样品拍摄一系列原子级清晰度的二维图像，随后将这些图像重建，还原出整个样品的三维结构，精度可达 21pm。直接观测的结果免去了理论研究中的结晶度等假设，对未来关于非晶材料的基础研究以及材料改性具有重要意义。

原子级电子断层成像（AET）技术近年来已被用于晶界、层错以及位错等晶体缺陷的研究。其原理类似于医学诊断上的 CT 成像技术，不过后者是以 X 射线为光源，前者则是利用电子束激发、像差校正透射电子显微镜对待测材料进行多角度成像，然后通过强大的迭代算法进行三维图像重建，还原出微观原子的排列方式。"我们对晶体了解得很多，但地球上的大部分物质都是非晶的，我们对它们的原子结构却知之甚少"，Jianwei Miao 说。金属玻璃是材料科学领域中的"后起之秀"，也是研究玻璃转变及非晶物质结构的模型体系。该工作将为确定各种非晶固体的三维原子结构铺平道路，或将改变对非晶材料和相关现象的基本理解。希望这些发现能帮助我们一步一步地走入材料的微观世界，更好地探索其中的奥秘。

思考题

1. 晶体与非晶体最本质的区别是什么？准晶体是一种什么物态？

2. 非晶态金属材料是怎样形成的，有何特征？

3. 简述晶体与非晶体间转化的特点。

扫码看答案

4. PET（聚对苯二甲酸乙二醇酯）薄膜的玻璃化温度是 90℃。一个透明的非晶 PET 薄膜在室温慢慢地伸张，它通常保持透明。但是，如果在 130℃ 伸张，它会变成不透明的，为什么？

5. 含人造纤维的衣服洗涤后晾干会存在衣服缩小，即通常所说的"缩水"现象，试对其进行科学解释。

6. 解释说明晶态、非晶态物质 XRD 谱线的区别以及选区电子衍射（SAED）衍射花样差异的原因。

7. 金属材料的储氢特性主要取决于金属于氢之间的化学反应以及金属中可容纳氢原子的间隙位置和数量。在大多数过渡金属中，氢趋向于四面体位置。试解释为何 Ti 系二十面体准晶材料具有良好的储氢性能。

参考文献

[1] 汪卫华. 非晶态物质的本质和特性[J]. 物理学进展，2013，33(5)：177-351.

[2] 董闯. 准晶材料[M]. 北京：国防工业出版社，1998.

[3] 章熙康. 非晶态材料及其应用[M]. 北京：北京科学技术出版社，1987.

[4] 范长增. 准晶研究进展（2011~2016）[J]. 燕山大学学报，2016，40(2)：95-107.

[5] Yang Y，Zhou J，Zhu F，et al. Determining the three-dimensional atomic structure of an amorphous solid [J]. Nature，2021，592：60-64.

第5章
材料表面与界面

 教学要点

知识要点	掌握程度	相关知识
表面与界面的定义	掌握表面与界面的定义和类型	固体、液体表面和各种界面的物理化学性质
表界面吸附	掌握表面张力的概念及计算；掌握表面现象及其相关计算；清楚表界面液体和气体吸附的作用	表面张力、界面吸附的吉布斯方程、物理吸附、化学吸附
固体表面润湿现象	掌握液体在固体表面铺展的类型；掌握液体在固体表面铺展现象，包括润湿、粘湿、浸湿以及铺展之间不同的化学过程和区别	润湿现象、润湿度、杨氏方程
固体表面黏附现象	掌握固体表面黏附的类型和黏附公式；初步掌握固体表面黏附理论	黏附公式、黏附理论

　　表面化学是一门研究在固体和液体表面或相界面发生的物理和化学现象的学科，它的内容主要包括溶质在溶液表面上的吸附和分凝、液体在固体表面上的浸润和气体在固体表面上的吸附等，其与生产实际联系紧密。早期表面化学的研究主要是对有关的表面或界面性质的唯象描述。20 世纪 60 年代以来，由于与固体表面有关的一些重要领域，如固体材料、多相催化等进一步发展的需要，固体理论的发展、超高真空和电子检测技术的进步，以及在原子尺度上进行固体表面分析的技术和设备的开发，表面化学研究主要是在原子尺度上对金属、半导体等固体表面进行成分、结构和电子、声子状态的分析，阐明表面化学键的性质及其与表面物理、化学性质间的联系，从而成为新兴学科——表面科学的一个重要组成部分。

5.1 界面与表面的定义

　　任何两种不同的表面交界处都有分界面存在，例如气-固界面、气-液界面、液-固界面、液-液界面和固-固界面（见图 5-1），界面也指所有两个表面相接触的一个总称，即两个独立体系的相交处，它包括了表面、相界面、晶界。而表面指的是物体与真空或本身的蒸气接触的面，由于绝对的真空并不存在，许多场合下，把固相与气相、液相与气相之间的分界面都称为表面。表面与界面化学就是以界面的各种物理、化学过程为研究内容的一门学科。界面不是几何学上的平面，而是一个具有一定厚度的过渡区域，该区域厚度通常相当于一个到几个原子层（分子、离子）的厚度。大量的研究工作表明，表面原子的排列情况与内部有较为明显的差别。由于位于表面的原子处于周期性排列突然中断的状态，具有附加的表面能，为了降低表面能提高体系的稳定性，表面原子的排列将自发地作出相应调整。这个厚度即表面上的过渡区域，也可以看成是清洁表面的厚度。

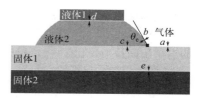

图 5-1　各种界面示意

a—气-固界面；b—气-液界面；
c—液-固界面；d—液-液界面；
e—固-固界面；θ_e—液体
与固体的接触角

在液体和固体内部，原子（分子）的受力可以认为是对称的，而表面上的原子（分子）由于排列的周期性中断，受力是不对称的，从而表现出剩余的键力，这就导致了表面力的存在。表面力按其性质不同，可分为化学力和分子间力两部分。

（1）化学力

本质上是静电力，主要来自表面质点的不饱和键，可用表面能来描述。洗涤剂和农药的润湿作用都是化学力。

（2）分子间力

指固体表面与被吸附质点之间的相互作用力，是固体表面产生物理吸附和气体凝聚的主要原因。分子间力主要来源于三种不同效应，分别为极性分子（离子）之间、极性分子与非极性分子之间和非极性分子之间的相互作用。极性分子间的相互作用称为定向作用，其本质是静电力；极性分子与非极性分子之间的相互作用称为诱导作用；非极性分子会呈现瞬时偶极矩，许多的瞬时偶极矩之间以及它对相邻分子的诱导作用都会引起相互作用效应称为分散作用或色散力。

定向作用是指极性分子间的相互作用，本质上是静电力，其平均位能为：

$$E_o = -\frac{2}{3}\frac{l^4}{r^6 kT} \tag{5-1}$$

诱导作用是指极性分子与非极性分子间的相互作用，其平均位能为：

$$E_i = -\frac{2l^2 \alpha}{r^6} \tag{5-2}$$

分散作用是指非极性分子间的相互作用，其平均位能为：

$$E_d = -\frac{3\alpha^2}{r^6}h\gamma_0 \tag{5-3}$$

式中，l 为极性分子的固有电矩；T 为温度；k 为玻尔兹曼常数；h 为普朗克常数；α 为非极性分子的极化率；r 为分子间距离；γ_0 为分子固有的振动频率。

注意：对于不同物质，上述三种作用是不等的。如非极性分子物质，定向作用和诱导作用很小，可以忽略，主要是分散作用；三种作用力均与分子间距离 r^6 成反比，说明分子间的作用范围极小，一般为 3～5Å（1Å＝10^{-10}m；分子间引力正比于 $\dfrac{1}{r^6}$，两分子过分靠近而引起的电子层间斥力正比于 $\dfrac{1}{r^{13}}$，相比之下，引力是远程力，斥力是近程力，分子间通常只表现出引力。

5.1.1 液体表面

液体表面指的是液体与真空接触的那一面，如图 5-2 所示，MN 上方为液体外部，MN 下方为液体内部，MN 表示液体的表面。A、A′ 分别表示位于液体表面层的分子，B 表示埋置在液体内部的分子。每个分子受周围其它分子的作用。液体内部的分子 B，在各个方向上所受到的作用力相互抵消，合力为零。位于液体表面的分子 A、A′，受到的合力指向液体内部，合力不等于零。这是由于空气或液体蒸气中，分子的密度比液体中分子的密度小很多。即表面层分子总是受到一个指向液体内部的作用力（净吸力），由于净吸力的作用，表面层的分子稳定性较差，具有自发向液体内移动的趋势，形成表面张力，因而任何液体的表面积都有自发缩小的倾向，这就是当外力影响很小时小液滴趋于球形的原因。

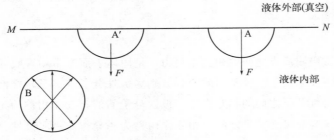

图 5-2　液体表面

从能量上看，如果将位于液体内部的分子移到液体的表面，就必须对体系作功，液体表面积的缩小为自发过程，此时必然是体系自由能减小的过程。如果欲使液体的表面积增加 dA，则须对体系做功 δW，显然，δW 的大小应与所增加的表面积 dA 成正比：

$$\delta W = \sigma dA \qquad (5\text{-}4)$$

式中，σ 为比例常数。通常研究体系的表面，都是在恒温恒压条件下进行。σ 定义为 $\sigma = \left(\dfrac{\partial G}{\partial A}\right)_{T,P}$，即恒温恒压条件下可逆地改变单位表面积时导致的体系吉布斯自由能的变化量。σ 称为体系的表面自由能，简称表面能，单位为 J·m^{-2}。

5.1.2 固体表面

固体表面上的原子（分子）与液体表面一样，其受力是不对称的，即晶体中每个质点周围都存在着一个力场，该力场与质点所处的环境有关。在晶体内部，因为质点是周期性有序排列的，所以质点力场是对称的。而在晶体表面，因为表面质点排列周期性中断，质点力场的对称性被破坏，导致质点力场不对称，从而表现出剩余的键力，这就是表面力场。

表面力按其性质不同，可分为化学力和分子间引力两部分。化学力本质上是静电力，主要来自表面质点的不饱和键，可用表面能来描述。洗涤剂和农药的润湿作用都是化学力。分子间力指的是固体表面与被吸附质点之间相互作用力，是固体表面产生物理吸附和气体凝聚的原因。

固体的表面同样具有表面自由能，对固态物质而言，表面每个颗粒的体积越小，处于不均匀力场作用下的表面质点数目越多，因此也含有更多的表面能。将原来位于固体内部，处于均匀力场作用下的质点转变成表面质点（通过分割、粉碎等方式），外界必须对体系作功，以切断其质点之间原有的部分结合键。外界对体系所作的这部分功，除了以声、光、热等形式消耗掉的之外，都为表面质点所获得并贮存于固体的表面，称为表面能，计算公式：

$$\sigma = \left(\frac{dG}{dA}\right)_{T,P} \tag{5-5}$$

例如粉体颗粒在纳米化过程中，由于粒径小、比表面大，而且表面原子比例大、表面能大，表面积累了大量的正电荷或负电荷，这些带电粒子极不稳定，处于能量不稳定状态，因此很容易团聚导致颗粒增大（见图 5-3）。材料为了趋向稳定，它们互相吸引，使颗粒团聚，此过程的主要作用力是静电库仑力。当材料纳米化至一定粒径以下时，颗粒之间的距离极短，颗粒之间的范德华力远远大于颗粒自身的重力，颗粒往往互相吸引团聚。由于纳米粒子表面的氢键、吸附湿桥（通过静电引力、范德华引力和氢键力等，将微粒搭桥联结为一个个絮凝体）及其他的化学键作用，也易导致粒子之间的互相黏附聚集。粉体的表面能与其结构、原子之间的键型和结合力、表面原子数及表面官能团等有关。粉体表面能越高，越倾向于团聚，吸附作用也就愈强。对于用作高聚物基复合材料的无机非金属填料来讲，表面能越高，越难在有机溶质中扩散。对无机填料进行有机表面改性实际上就是降低其表面能，使其不产生团聚，易于在高聚物基料中分散。影响粉体表面能的因素还有很多，如空气中的湿度、蒸汽压、表面吸附物及污染物等。高能表面是指能量介于 $100 \sim 1000 \text{mJ} \cdot \text{m}^{-2}$ 的表面，如金属及氧化物、玻璃、硅酸盐等，低能表面指能量小于 $100 \text{mJ} \cdot \text{m}^{-2}$ 的表面，如石蜡和各种塑料等。

由于固体表面原子排列与其内部有较为明显的差异，表面处原子的周期性排列突然中断，因此产生了附加的表面能。为了降低表面能，提高体系的稳定性，途径一般有两种：一是通过表面原子的自行调整，即通过表面的重构和弛豫等调整表面原子的排列；二是依靠外来因素如吸附杂质、生成新相等方式来降低体系的表面能。

固体表面层之间以及表面和体内原子层之间的垂直距离偏离固体内部的原子层间距，而其晶胞结构基本不变，这种现象称为弛豫现象。离子晶体中各个正负离子间的主要作用力是库仑静电力，这是一种远程力，所以其表面比较容易发生弛豫现象。以 NaCl 晶体为例说明弛豫的特征。NaCl 晶体中离子半径较大的 Cl^- 作紧密堆积，Na^+ 填充于八面体空隙，Na^+、Cl^- 相间排列，形成 NaCl 点阵结构（见图 5-4）。晶体表面质点周期性排列中断，但理想表面 Na^+、Cl^- 并未变形。然而，表面处于高能状态，系统总要通过各种途径降低表面能以达到稳定状态。实际上，表面周期性中断之后，表面负离子只受到上、下和左侧三个 Na^+ 的作用，使 Cl^- 的电子云发生变形（Cl^- 大，易极化变形），左侧电子云密度大于右侧，从而产生电偶极矩，使晶体表面负电场有所降低。为了保持表面平衡，Cl⁻被推向外侧（被Na⁺排斥），Na⁺则内移，结果导致表面层离子重排，系统能量降低而趋于稳定，这样晶体表面就建立了双电层，晶体表面犹如被负离子屏蔽一样。维尔威（Verwey）对NaCl晶体的单层弛豫模型进行了理论计算。NaCl晶体（100）面晶格间距为2.18Å，最外层和次外层Na^+-Na^+间距为2.66Å，最外层和次外层Cl^--Cl^-间距为2.86Å，结果最外层Cl^-与最外层Na^+间距为0.02nm。

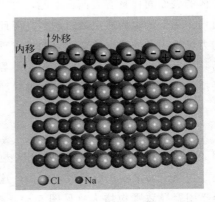

○ Cl   ● Na

图5-3 纳米颗粒团聚示意   图5-4 NaCl晶体结构弛豫示意

离子晶体表面双电层建立过程中，负离子向外层移动，正离子向内侧移动，这种位移将不仅仅局限在最外层与次外层面网间，表面下的各层也会产生弛豫，在晶体表面数个原子层中，其质点都会出现不同程度的位移，只不过随着向晶体内部的延伸，这种位移将依次减弱而已。同样NaCl（100）面，负离子总趋向于外移，正离子第一层向内、第二层向外交替地位移，与此相应的正负离子间的作用键强度沿着从表面向内部的方向交替增强和减弱，离子间距离交替地缩短和变长。除离子晶体外，金刚石、锗、硅等共价晶体，Ⅲ～Ⅳ族化合物半导体的表面也有弛豫现象发生。

一些颗粒与水分子形成固液界面时会排开周围水分子，水分子与颗粒表面的晶格阳离子、阴离子发生作用，溶解或表面选择性溶解，水合配离子又发生选择性吸附，产生界面双电层，形成界面结构化水膜，颗粒表面性质（电性、润湿性、吸附性、表面导电性等）变化。表面离子，特别是表面阳离子，趋向于同水分子作用以补偿它的配位数的不饱和。对于大多数金属氧化物、硫化物氧化后、盐类粉体等都可能发生水解使表面羟基化。如图5-5所示是超细二氧化钛表面的孤立羟基、连生羟基、吸附水、吸附离子和酸性末端等。

玻璃表面是一种特殊的表面，是用多种无机矿物烧结的非晶无机非金属材料，其主要成分是二氧化硅和其他氧化物。玻璃的表面是一种较为复杂的固体表面，具有表面张力和表面能，其表面成分易受偏析作用的影响。玻璃的表面结构受表面的原子种类、排列方式、化学键、能级分布以及表面吸附的影响，虽然科学家们对玻璃表面结构进行了大量研究，但还没有一种明确的概念。当玻璃从成型温度冷却到室温或断裂形成新的表面时，其表面就会出现不饱和键。Weyl等研究者认为在石英玻璃断键或二氧化硅凝胶脱水时，会形成D单元（不足氧单元）和E单元（过剩氧单元），如图5-6所示。

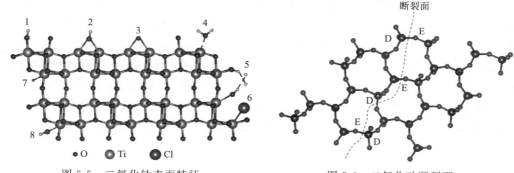

图 5-5　二氧化钛表面特征

1—酸性末端；2—酸性桥联羟基团；3—不稳定的 Ti—O—Ti 键；
4—Lewis 场吸附的水分子；5—表面羟基团结合的水分子；
6—吸附的阴离子；7—潜在的电子供给场和接受场；
8—吸附的氧化剂（如羟基、过氧化物或活性氧）

图 5-6　二氧化硅断裂面

　　为保持表面中性和化学计量组成，破裂的石英玻璃表面会保持相等数量的 D 单元和 E 单元。当环境中存在氧分子时，断裂的玻璃表面会通过离子感应偶极吸引氧分子，并伴随着电荷转移。通常认为缺氧的带正电的 D 单元会吸引中性的氧分子，E 单元上的负电荷会迁移到 D 单元上的吸附氧分子上形成带负电荷的氧分子，这种氧分子在自由状态下是不稳定的，需要阳离子来平衡电荷才能稳定。

　　Wely 认为石英玻璃表面不稳定的带负电荷的氧分子并非是由两个阳离子来平衡的。为了说明断裂的石英玻璃表面的电中性，Wely 等提出断裂和脱水胶体的二氧化硅表面存在着 $(Si^{4+}O_3^{-2})$ O 基团，当活性分子存在时，石英玻璃的断裂面在反应时的氧化势会提高。当没有活性氧分子存在时，断裂石英玻璃表面的 E 单元和 D 单元分别带有正电荷和负电荷。Wely 认为两个单元之间的电荷转移以降低表面能的过程是不能自发生的，因为这将导致 Si^{3+} 的形成，其原子核外层是不稳定的（8＋1）的电子排列构型，所以不会通过电荷转移来进行电中和，因此认为石英玻璃断层处吸附空气中的活性分子来进行电中和而达到降低表面能的过程是比较合理的。

　　空气中常见的活性分子是水分子，玻璃表面断裂层的不饱和键能够吸附空气中的水分子，并与其发生反应形成各种羟基团，由红外光谱分析明确的有单羟基、双羟基和闭合羟基团（见图 5-7）。玻璃表面的含铝、磷、硼等的不饱和键会与吸附水形成铝、磷、硼羟基团。如果表面的不饱和键含有易于极化的离子，如 Pb^{2+}、Cd^{2+}、Sn^{2+}、和 Sb^{3+} 等时，表面能较低，也可能是中性或近中性表面。

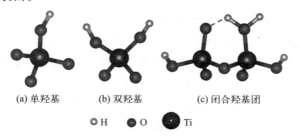

(a) 单羟基　　　(b) 双羟基　　　(c) 闭合羟基团

○H　　●O　　●Ti

图 5-7　玻璃表面断裂层的不饱和键吸附空气中的水分子并与其反应形成的羟基团

日本学者作花济夫则认为玻璃表面的不饱和键会吸附 H^+ 而形成羟基团，并有一些 H^+ 与玻璃中的 Na^+ 交换且进一步扩散到玻璃内部结构中去，形成碱离子的通道。在此玻璃表面结构中，碱离子通道发生中断，在调整物通道中的一部分碱离子被水蒸气中的 H^+ 取代，H^+ 与末端 O 结合形成 Si—OH 基团。由于氢键比离子键弱，因而玻璃表面区域的键强降低，易形成表面缺陷，同时此通道有利于表面扩散。这些缺陷有可能构成玻璃表面的格列菲斯裂纹。

20 世纪 80 年代学者们开始使用计算机分子动力学模拟的方法研究玻璃表面结构，如图 5-8 是 Garofalini 用分子动力学模拟计算出的石英玻璃表面迁移的氧原子和硅原子密度。

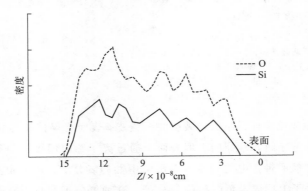

图 5-8　分子动力学模拟计算出的石英玻璃表面迁移的氧原子和硅原子密度

玻璃表面的化学组成与玻璃主体的组成有一定的差异，即沿着玻璃表面垂直方向的各组分含量不是恒定值，而是随着深度的变化而变化。造成玻璃表面与主体差异的主要原因在于玻璃熔制成型过程中，玻璃表面的大气环境和其他可接触的活性成分的侵蚀。在熔制成型过程中，由于高温的作用，表面的一些成分（Na^+ 和 B^{3+}）会挥发而减少，表面的另一些成分会发生富集并使表面能降低，会使表面能升高的成分向内部移动。

5.2　表界面吸附

在任何两相交界的界面上，质点所受的力不平衡，因而存在着界面张力。在界面张力的作用下，界面上会发生一系列物理、化学过程：吸附、润湿、黏附、摩擦、封接等。

吸附是液体（或气体）在某种物质相界面上发生浓度升高（或降低）的现象。就液-气界面吸附而言，将某种溶质加入溶液后，使溶液表面自由能降低，而且表面层溶质的浓度大于溶液体内的浓度，则称该溶质为表面活性物质（或称为表面活性剂），这样的吸附称为正吸附。反之，如果加入溶质后，使溶液的表面自由能升高，而且表面层的溶质浓度小于体内的浓度，称该溶质为非表面活性物质（或称为非表面活性剂），这样的吸附称为负吸附。单位表面积上吸附的物质的摩尔数，称为该条件下的吸附量，通常用符号 Γ（gamma）。

当气相或液相中的分子（或原子、离子）碰撞到粉体表面时，由于它们之间的相互作用，使一些分子（或原子、离子）停留在粉体表面，造成这些分子（或原子、离子）在粉体表面上的浓度比在气相或液相中的浓度大的现象。通常称粉体为吸附剂，被吸附的物质称为吸附质。吸附是浮选中不同相界面上经常发生的现象。例如，在液-气界面上吸附起泡剂后，降低了液-气界面的自由能，防止气泡彼此兼并，从而达到稳定气泡、促进泡沫矿化和形成稳定矿化泡沫层的目的。捕收剂和调整剂主要是吸附在固-液界面上，直接影响矿物表面的物理化学性质，从而可以调节矿物的可浮性和分散性。

5.2.1 吸附类型

按吸附本质可分为物理吸附和化学吸附。凡是由分子间力（范德华力）引起的吸附都称为物理吸附。物理吸附的特征是热效应小，一般吸附能只有 $5kcal \cdot mol^{-1}$ 左右；吸附质易于从表面解吸，具有可逆性；吸附有多层分子或离子；无选择性；吸附速度快。例如分子吸附、双电层外层吸附及半胶束吸附。而凡是由化学键力引起的吸附都称为化学吸附。化学吸附的特征是热效应大，一般吸附能在 $20\sim200kcal \cdot mol^{-1}$ 之间；吸附牢固，不易解吸，是不可逆的；往往只是单层吸附；具有很强的选择性；吸附速度慢。例如交换吸附、定位吸附。化学吸附与化学反应不同，化学吸附不能形成新"相"，吸附产物的组分与化学反应产物的组分有差别。

物理吸附和化学吸附的本质区别是吸附剂与吸附质之间有无电子转移，被物理吸附的吸附质，可以沿固体表面位移；而化学吸附的吸附质由于形成化学键，所以位置是固定的。测定发生吸附前后的吸收光谱的变化表明，当发生物理吸附时，只能使被吸附分子的特征峰带有某些位移，或强度上有所变化，但不产生新的特征谱带。而发生化学吸附时，往往在紫外、可见或红外光谱波段，出现新的特征吸收峰。

吸附按吸附类型分七种，包括分子吸附、离子吸附、交换吸附、双电层内层吸附、双电层外层吸附、半胶束吸附和特性吸附。分子吸附是固-液界面和液-气界面对溶液中被溶解的分子的吸附。例如，液-气界面对松油醇或醇类等起泡剂分子的吸附；矿物表面对弱电解质分子、中性油分子的吸附等。离子吸附指溶液中某种离子在矿物表面上的吸附，例如黄原酸离子在硫化矿表面上的吸附，Ca^{2+} 在石英表面上的吸附。交换吸附是溶液中某种离子与矿物表面上的另一种离子发生交换，而吸附在矿物表面上，例如，溶液中的 Cu^{2+} 与闪锌矿表面晶格中的 Zn^{2+} 交换，从而活化了闪锌矿，提高了闪锌矿的可浮性。双电层内层吸附（定位吸附）是矿物表面吸附溶液中的反应物分子与该矿物晶格离子成类质同象（晶体结构中的粒子被其他粒子占据），吸附结果改变了矿物表面电位的数值或符号。例如，重晶石表面对 Ba^{2+} 和 SO_4^{2-}，石英表面对 H^+ 和 OH^- 的吸附。双电层外层吸附是溶液中的溶质分子或离子吸附在矿物表面双电层的外层。它的特点是在吸附发生后，只能改变电位的大小，不能改变电位的符号，这种吸附全靠静电引力的作用。凡是与矿物表面电荷符号相反的离子都可以产生这样的吸附。半胶束吸附是溶液中长烃链的捕收剂浓度较高时，吸附在矿物表面上的捕收剂非极性基在范德华力作用下，发生相互缔合，这种吸附称为"半胶束吸附"。这一现象与溶液中形成的胶束相似，但此时溶液中捕收剂的浓度仍然比"临界胶束浓度"低，一般可低两个数量级。与溶液中形成的三维空间的胶束相比，在矿物表面形成的这种"胶束"只有二维空间，故称为半胶束吸附。

利用半胶束吸附的原理，加入长烃链的中性分子，往往可以节省捕收剂的用量。例如，用胺类浮选石英时，加入十二醇可以减少胺的用量。作用机理是由于中性分子的加入，在形

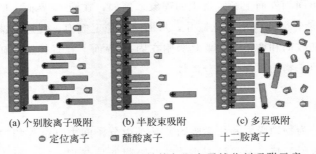

(a) 个别胺离子吸附　　(b) 半胶束吸附　　　　(c) 多层吸附

　⊖ 定位离子　　　▭ 醋酸离子　　　▮▶ 十二胺离子

图 5-9　石英表面双电层结构与阳离子捕收剂吸附示意

成半胶束吸附时减少了捕收剂之间的斥力，因而降低了形成半胶束的浓度，减少了捕收剂的用量（见图 5-9）。

特性吸附则是矿物表面对溶液中某种组分有特殊的亲和力，因而产生的吸附。它具有很强的选择性，可以改变动电位的符号，亦可以是双电层外层产生充电现象。例如，刚玉（Al_2O_3）在不同浓度的 $NaCl$、Na_2SO_4 和 RSO_4Na（烃基硫酸钠）的溶液中：在 $NaCl$ 溶液中动电位始终保持正值；在硫酸钠和烃基硫酸酯中，动电位由正变负，是由 SO_4^{2-} 和 RSO_4^- 的特性吸附所致。

5.2.2　固-液界面吸附

粉体在水中受水及溶质的作用，会发生表面吸附或表面电离，固-液界面就分布有与表面相反的电荷，使粉体与水溶液界面形成电位差，这种双层电荷称为双电层（见图 5-10）。使得固体表面与溶液之间的产生电位差（又称表面电位，用 Ψ_0 表示）。固体自溶液中的吸附是最常见的吸附现象之一，粉体的湿法表面改性过程就是粉体（吸附剂）吸附溶液中表面改性剂分子（溶液中的某一组分）的过程，吸附复杂、速度慢。测量吸附量的方法简单。通常分非电解质溶液中的吸附和电解质溶液中的吸附。前者又分为稀溶液和浓溶液的吸附。在电解质溶液中的吸附，主要是固体表面上双电层的变化和形成或离子交换。常见的吸附等温线有三种：单分子层吸附等温线、指数型吸附等温线和多分子层吸附等温线。

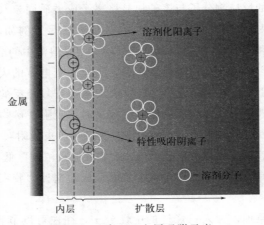

图 5-10　表面双电层吸附示意

对于导体或半导体的粉体颗粒（如一些金属硫化矿），可将粉体颗粒制成电极测出，故又称"电极电位"。不导电的粉体颗粒不能直接测出 Ψ_0。由于 Ψ_0 主要决定于溶液中定位离子的活度，关系式可用能斯特公式表示。

$$\Psi_0 = \frac{RT}{nF} \ln \frac{a^+}{a_0^+} \text{或} \ \Psi_0 = -\frac{RT}{nF} \ln \frac{a^-}{a_0^-} \tag{5-6}$$

式中，R 为气体常数；T 为绝对温度；n 为离子价数；F 为法拉第常数，$F = 96500 C \cdot mol^{-1}$；$a_0^+$、$a_0^-$ 分别为 Ψ_0 等于零时，正、负定位离子的活度（溶液很稀时等于浓度）；a^+、a^- 分别为正、负离子的活度（溶液很稀时等于浓度）。总电位 Ψ_0 与溶液中定位离子的浓度（活度）密切相关，Ψ_0 为零时定位离子浓度的负对数，名为"零电点"（PZC）。如定位离子为 H^+ 和 OH^-，则 Ψ_0 为零时的 pH 就是零电点。在此 pH 条件下，矿物表面的电荷密度为零。零电点是矿物的重要特性之一。对于一些可解离的矿物，如萤石和白钨矿等，组成晶格的 Ca^{2+}、F^- 和 WO_4^{2-} 就是定位离子。而一些难溶的氧化物和硅酸盐类，其表面的 O^{2-} 和水中的 OH^- 呈下列平衡关系：

$$O^{2-}（表面）+ H_2O \longleftrightarrow 2OH^-（溶液） \tag{5-7}$$

于是 OH^- 和 H^+ 成为它们的定位离子。如石英、锡石、刚玉、金红石、赤铁矿等。pH 小于零电点时，矿物表面电荷带正电；pH 大于零电点时，矿物表面电荷带负电。例如，石英的零电点 pH=1.8，pH=1 时，$\Psi_0 = 0.047V$；pH=7 时，$\Psi_0 = -0.305V$。

斯特恩层的电位 Ψ_s 是水化配衡离子最紧密靠近表面的假设平面与溶液之间的电位差，一般假定与动电位相等。动电位 ξ 是在外力（电场、机械力或重力）作用下，矿物与溶液中滑动面作相对运动时产生的电位差。动电位为零时的 pH 名为"等电点"（IEP），表示配衡离子在滑动面内已与定位离子电性相同。当总电位为零时，动电位也为零，此时零电点与等电点相同。因此，常用测定动电位的方法测定矿物的零电点。

5.2.3 表界面的气体吸附

固体对气体的吸附特性可用吸附等温线和吸附等温方程式表示。在一定温度下，吸附量和平衡蒸汽压之间的关系曲线共有五种类型（见图 5-11）。

Ⅰ型等温线，即 Langmuir 等温线，是单层可逆吸附过程，是窄孔进行吸附；Ⅱ型等温线，即 S 型等温线，相应于发生在非多孔性固体表面或大孔固体上自由的单一多层可逆吸附过程；Ⅲ型等温线，在整个压力范围内凸向下，曲线没有拐点，在憎液性表面发生多分子层吸附，或固体和吸附质间的相互作用小于吸附质之间的相互作用时，呈现这种类型；Ⅳ型等温线，与Ⅱ型等温线类似，在较高 P/P_0 区，吸附质发生毛细管凝聚，等温线迅速上升，当所有孔均发生凝聚后，吸附只在远小于内表面积的外表面上发生，曲线平坦；Ⅴ型等温线，特征是向相对压力轴凸起，来源于微孔和介孔固体上的弱气-固相互作用。

5.2.3.1 Langmuir 吸附等温方程式

Langmuir 方程是常用的吸附等温线方程之一，是由物理化学家朗格缪尔（Langmuir Itying）于 1916 年根据分子运动理论和一些假定提出的。等温吸附曲线指的是吸附量随平衡

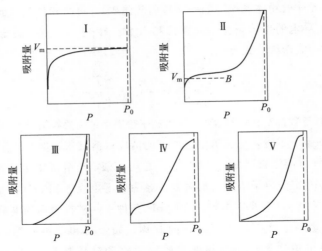

图 5-11　五种类型的吸附等温曲线

浓度而变化的曲线，在温度一定的条件下，吸附量随着吸附质平衡浓度的提高而增加。根据吸附等温线可了解吸附剂的吸附表面积、孔隙容积、孔隙大小分布及判定吸附剂对被吸附溶剂的吸附性能。实际工作中常通过测定各种吸附剂的等温吸附线作为合理选用特定用途的吸附剂品种的重要参考依据，现广泛应用于吸附学方面。Langmuir 吸附等温方程式为单分子层吸附模型。

$$V = \frac{aV_m P}{1 + aP} \tag{5-8}$$

式中，a 为系数；P 为气体的压力；V_m 为每克吸附剂表面覆盖满单分子层时的吸附量；V 为吸附平衡压力 P 时的吸附量。Langmuir 吸附等温方程式是在假设吸附质分子间无作用力、每个分子的吸附热相同、吸附剂表面均匀、气体分子只有碰撞在空白表面上时才被吸附（碰撞在已吸附的分子上的是弹性碰撞）等前提下导出的。对 Langmuir 吸附等温方程式进行如下变换：

$$\frac{P}{V} = \frac{1}{aV_m} + \frac{P}{V_m} \tag{5-9}$$

P/V 对 P 作图是一条直线，说明 Langmuir 吸附等温方程式反应一种吸附规律，而且可以由直线的斜率和截距求得 V_m 和 a 值，由此可进一步计算吸附剂或粉体的比表面积 S_0。

$$S_0 = \frac{V_m}{22400} \times N_A \times a_0$$

式中，N_A 为阿伏伽德罗常数；a_0 为固体表面一个吸附位置的面积，一般用吸附分子的截面积代替。

5.2.3.2　Freundlich 吸附等温方程式

Freundlich 通过大量实验数据，总结出下列经验方程：

$$V = kP^{1/n} \qquad (5\text{-}10)$$

此式表明，被固体吸附的气体体积 V 与气体压力 P 成指数关系。实用中，两边取对数得：

$$\lg V = \lg k + \frac{1}{n}\lg P \qquad (5\text{-}11)$$

用 $\lg V$ 对 $\lg P$ 作图，查看是不是一条直线，来判断是否符合 Freundlich 吸附等温方程式。

5.2.3.3　BET 吸附等温方程式

1938 年 Brunauer、Emmett 和 Teller 三人在 Langmuir 单分子层吸附理论基础上，提出多分子层吸附理论，简称 BET 吸附理论。吸附方程为：

$$V = \frac{kV_m P}{(P - P_0)[1 - P/P_0 + k(P/P_0)]} \qquad (5\text{-}12)$$

式中，V 为平衡压力为 P 时吸附气体的总体积；P_0 为吸附气体的饱和蒸汽压；P 为被吸附气体在吸附温度下平衡时的压力；V_m 为常数，每克吸附剂的表面覆盖满单分子层的吸附量；k 为常数，与吸附热有关。

从实验测定的数据，用 $\dfrac{P}{V(P_0 - P)}$ 对 $\dfrac{P}{P_0}$ 作图，得一直线，说明该吸附规律符合 BET 公式，并可通过直线的斜率和截距计算 V_m 和 k。大多数吸附体系，在相对压力 $0.05\sim0.35$ 范围内，用 $\dfrac{P}{V(P_0 - P)}$ 对 $\dfrac{P}{P_0}$ 作图，都是一直线。即在该范围内，吸附实验都符合 BET 理论。BET 理论的两个假设：一是固体表面是均匀的；一是和同分子层之间没有相互作用力。

5.3　固体表面润湿现象

液体在固体表面铺展，形成均匀液膜的现象称为润湿，可分为粘湿、浸湿或铺展。从能量观点看，当液体与固体表面接触后，体系（由固体与液体组成的体系）的自由能若是降低了，则该液体可以润湿此固体，否则就是不能润湿。

5.3.1　粘湿

在固体与液体接触之前，固体的表面实质上是固-气界面，液体表面则是液-气界面。当固体表面与液体接触后，原有的固-气界面和液-气界面都不复存在，而生成新的固-液界面。如果设黏附在固体表面的液体面积为 A，则在恒温恒压条件下，粘湿过程体系自由能的变化可表示为：

$$-\frac{\Delta G}{A} = \sigma_{sg} + \sigma_{lg} - \sigma_{sl} = W_a \qquad (5\text{-}13)$$

式中，σ_{sg} 为固-气表面自由能；σ_{sl} 为固-液表面自由能；σ_{lg} 为液-气表面自由能；W_a 为粘湿功。粘湿功 W_a 的意义指的是将单位面积的固-液界面分开，使之分别成为单位面积的固-气界面和液-气界面的过程中，外界对此固-液体系所做的功。粘湿功 W_a 的大小反映了将固-液界面分开的难易程度或粘湿过程的推动力。当 $W_a \geqslant 0$ 时，液体能粘湿固体的表面。

5.3.2 浸湿

将固体全部浸入液体之中，即固-液界面完全取代原有的固-气界面，这个过程称为浸湿。浸湿过程中若体系自由能的变化为 ΔG_1，被浸没固体的表面积为 A，则有：

$$-\frac{\Delta G_1}{A} = \sigma_{sg} - \sigma_{sl} = W_i \tag{5-14}$$

W_i 称为浸没功，反映液体在固体表面取代气体的能力。恒温恒压条件下，当 $W_i \geqslant 0$ 时才能发生浸湿过程。

5.3.3 铺展

当液体在固体表面铺展开来形成均匀液膜时，不仅固-液界面取代了原来的固-气界面，并且原有的液-气界面也得以扩大。设液体铺展的面积为 A，在铺展过程中体系自由能的变化为 ΔG_2，则有：

$$-\frac{\Delta G_2}{A} = \sigma_{sg} - \sigma_{lg} - \sigma_{sl} = S \tag{5-15}$$

S 为液体在固体表面铺展过程的推动力，称为铺展系数。

当 $S > 0$ 时，铺展过程可以自由进行，只要液体的数目足够，就可直接将整个固体表面铺满，完全以固-液界面取代原有的固-气界面。

讨论以上三种液体在固体表面的行为，可自动进行的条件为：

粘湿　　　　　　　$W_a = \sigma_{sg} + \sigma_{lg} - \sigma_{sl} \geqslant 0$ 　　　　　(5-16)

浸湿　　　　　　　$W_i = \sigma_{sg} - \sigma_{sl} \geqslant 0$ 　　　　　　　　(5-17)

铺展　　　　　　　$S = \sigma_{sg} - \sigma_{lg} - \sigma_{sl} \geqslant 0$ 　　　　　　(5-18)

① 对同一系统而言，有 $W_a \geqslant W_i \geqslant S$，所以只要 $S \geqslant 0$，则一定有 $W_a \geqslant 0$ 和 $W_i \geqslant 0$，即只要液体能在固体表面铺展，则一定可以发生浸湿和粘湿。

② 由上式还可看出，σ_{sg} 越大，σ_{sl} 越小，$\sigma_{sg} - \sigma_{sl}$ 差值越大，对液体润湿固体表面越有利。

但 σ_{lg} 对三种润湿过程的影响却不相同。粘湿过程，σ_{lg} 越大，W_a 越大，越有利；铺展过程，σ_{lg} 越小，越有利；浸湿过程与 σ_{lg} 大小无关。例如对于要求熔融的焊料，要求熔融焊料的液-气界面自由能尽可能地小些，使之在焊区铺展，以利于提高焊接的质量。利用上式虽可判断在固体表面的润湿情况，但是需要三个界面自由能的参数，三个参数中只有 σ_{lg} 比较容易测定，而 σ_{sg}、σ_{sl} 难以测定，因此数据相当不完善。实际上不用上式判断液体对固体的润湿程度，而是用杨氏方程进行判断。

5.3.4 杨氏方程

它是描述固气、固液、液气界面张力 Y_{sg}、Y_{sl}、Y_{lg} 与接触角 θ 之间的关系式，亦称润湿方程。该方程适用于均匀表面和固液间无特殊作用的平衡状态。从热力学观点出发，如果忽略液体的重力和粗度的影响，液滴与固体间的界面上有三种表面张力，Y_{sg}、Y_{sl} 和 Y_{lg}，如图 5-12 所示。

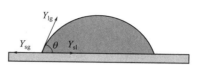

图 5-12 液滴与固体间界面上三种表面张力分解示意

当这三种作用力达平衡时，液滴处于稳定状态，不再发生形变，此时合力为 0，$Y_{sg}-Y_{sl}=Y_{lg}\cos\theta$，此即杨氏方程。1805 年 Thomas Young 提出 θ 角改为接触角，显然，接触角 θ 越小，液体越容易润湿固体，因而只需测定接触角 θ 的大小，就能判断液体对固体的润湿情形。令：

$$F = Y_{lg}\cos\theta = Y_{sg} - Y_{sl} \tag{5-19}$$

F 称为润湿张力。当 $0°<\theta<90°$，$F>0$，液体能在平面上摊开，容易润湿。$90°<\theta<180°$，$F<0$，液体不能在平面上摊开，称不易润湿。$\theta=0°$，F_{max}，液体完全平铺于平面上，称为完全润湿。$\theta=180°$，F_{min}，液体完全不能在平面上摊开，以点接触，称完全不润湿，此种情形极少见。将杨氏方程代入式（5-18）中得到能量判据，有：

	能量判据	接触角判据	
粘湿	$W_a = \sigma_{sg}(\cos\theta+1) \geqslant 0$	$\theta<180°$	(5-20)
浸湿	$W_i = \sigma_{sg}\cos\theta \geqslant 0$	$\theta<90°$	(5-21)
铺展	$S = \sigma_{sg}(\cos\theta-1) \geqslant 0$	$\theta=0°$	(5-22)

5.3.5 粗糙表面的润湿情形

实际固体表面总是粗糙不平的，对于具有一定粗糙度的实际表面，其润湿情形受表面粗糙度的影响。如浮洗选矿中就有润湿现象：固体微粒加入少量油，经过搅拌而产生泡沫，油性泡沫携带所需要的矿物料悬浮于液面上，通过摄取来选矿。油的种类不同，组成不同，会引起操作结果的巨大差异。金属矿物、非金属矿物的浮选原理与固、液、气之间的接触角及润湿行为密切相关。对于平坦表面，当固、液、气三相交界点沿固体表面由 A 移到 B 时，固-液界面增加 δS，固-气界面减少 δS，液-气界面增加 $\delta S \cdot \cos\theta$，系统界面能峰增加 $\Delta E_s = Y_{sl}\delta S + Y_{lg}\delta S\cos\theta - Y_{sg}\delta S$。根据热力学原理，处于平衡状态系统，界面位置的少许移动引起的界面能峰变化 $\Delta E_s = 0$，即

$$Y_{sl}\delta S + Y_{lg}\delta S\cos\theta - Y_{sg}\delta S = 0 \tag{5-23}$$

$$润湿方程 \quad \cos\theta = \frac{Y_{sg}-Y_{sl}}{Y_{lg}} \tag{5-24}$$

对于粗糙表面，设真实表面积较表观表面积 δS 大 n 倍，n 称为表面粗糙度系数，且 n 恒大于 1。同理三相交界点由 $A' \rightarrow B'$，固-液界面实际增加 $n\delta S$，固-气界面实际减小 $n\delta S$，液-气界面实际增加 $\delta S\cos\theta_n$，称为表观接触角，平衡时有 $\Delta E_s = 0$，即

$$Y_{sl}n\delta S + Y_{lg}\delta S\cos\theta_n - Y_{sg}n\delta S = 0 \tag{5-25}$$

$$\cos\theta_n = n\frac{Y_{sg}-Y_{sl}}{Y_{lg}} = n\cos\theta \tag{5-26}$$

$$n = \frac{\cos\theta_n}{\cos\theta} \qquad\qquad (5-27)$$

此即 Wenzel 方程。

5.3.6　吸附膜对润湿的影响

固体表面因存在吸附膜，使固体的界面张力 Y_{sg} 较真空中的固体表面张力 Y_{s0} 要小，$Y_{sg} < Y_{s0}$，其差值称为吸附膜的表面压 $\pi = Y_{s0} - Y_{sg}$。前面讨论中用的都是 Y_{sg}，将 $\pi = Y_{s0} - Y_{sg}$ 代入润湿方程有：

$$\cos\theta = \frac{Y_{sg} - Y_{sl}}{Y_{lg}} = \frac{Y_{s0} - \pi - Y_{sl}}{Y_{lg}} \qquad\qquad (5-28)$$

上式说明，吸附膜的存在使固体表面能降低，使 $\cos\theta$ 减小，则 θ 增大，起着阻碍液体铺展的作用。

5.4　固体表面黏附

黏附的实质是相互接触的两个表面之间的相互吸引，这种相互吸引既可以是分子间的范德华作用力（定向力、诱导力、色散力等），也可以是化学键合作用（离子键、共价键、金属键等），还可以是界面上的机械连接作用。一般常温常压下黏附作用不显著，是因为此时的固-固接触，真实接触面积只有表观接触面积的万分之一左右。在高温（接近熔点）、高压（接触面发生显著塑性变形）时，两相界面实际接触面积大大增加，就会表现出很强的黏附作用。如高温高压下金属与金属、金属与陶瓷的黏附强度很高。

5.4.1　黏附公式

黏附强度可用黏附功来表示，黏附功是分开单位面积黏附表面所需要的功或能：

$$W = Y_{sg} + Y_{lg} - Y_{sl} = Y_{lg}\cos\theta + Y_{lg} = Y_{lg}(1 + \cos\theta) \qquad\qquad (5-29)$$

日常生活生产中，有时人们需要互相接触的两个表面间有很高的黏附强度，如夹层玻璃、金属-金属之间的扩散焊接、金属附着在陶瓷上、用胶黏剂黏接固-固界面等；有时又要求相互接触的表面层不黏附，以减小接触界面间的摩擦力，如柴油及其缸活塞与缸壁之间。根据黏附作用，人们发明了黏附剂，可以用来黏附两接触面的物质，一般选用液体或易于变形的热塑性固体作为黏附剂。

影响黏附的因素主要有润湿性、黏附功、吸附膜、黏附面的界面张力和相容性。润湿性可以用润湿张力 $F = Y_{lg}\cos\theta = Y_{sg} - Y_{sl}$ 来度量，黏附剂对黏附表面润湿愈好，θ 越小，$\cos\theta$ 越大，F 越大，黏附处的致密度和强度愈高。黏附功 $W = Y_{lg}(\cos\theta + 1)$，如果黏附剂一定，则 Y_{lg} 一定，θ 小，$\cos\theta$ 大，W 大，黏附牢固。吸附膜的存在使黏附 W 降低，因此用焊锡焊东西时，用焊油清洁表面，除去吸附膜，Y_{lg} 升高，W 升高，结合强度提高。如在真空中解离后，再重新压合在一起，其黏附的牢固程度几乎与解离前相同，真空中解离后无吸附膜存在。

多晶体中晶界的高强度也说明除去吸附都使 W 增大。金属加工中的冷焊，如 Au-Au、Al-Al 等一些延性金属之间，如果在连接时有足够的塑性变形，排除两接触面间的吸附膜或氧化膜，就能形成牢固的黏附连接，从而实现冷焊。黏附面的界面张力 Y_{sl} 愈小，黏附界面愈稳定，则 W 大，结合强度高。固体与黏附剂相似或相容接触时，由于 Y_{sl} 不大，则 W 大，结合强度高；两个完全不相容或不相似的界面接触时，其 Y_{sl} 较大，W 小，结合强度低。

5.4.2　黏附理论介绍

虽然长期以来人们对黏附理论进行了研究，但尚未建立统一的理论，目前主要的理论包括润湿-吸附理论、扩散理论、化学黏附理论和弱边界层理论。

润湿-吸附理论：当胶黏剂与黏附体接触时，胶黏剂中的聚合物分子依靠热运动逐渐迁移到黏附体表面，与黏附体表面的分子靠范德华力结合在一起，相当于聚合物分子在黏附体表面的物理吸附。此时黏附强度与润湿情况有关，润湿性能越好，可以增加两相间的黏附功，从而提高其黏附强度；反之，润湿性能差，则会导致两相界面产生不少的缺陷，因而造成实际黏附强度低于理论值。所以当胶黏剂与黏附体材料极性相匹配时，其两相的润湿能力就最强，则黏附作用势必达最大。该理论能较好地解释极性相似的黏附剂与黏附体间的高黏附强度，但是无法解释某些非极性聚合物之间很强的黏附力。

扩散理论：发生黏附的两相的接触不仅限于单分子层之间，而是高聚物分子链间发生向对方内部的相互扩散作用，才能得到高的黏附强度（主要针对两个相互接触聚合物）。首先胶黏剂在胶黏体表面先起润湿作用，然后相互接触的两相的聚合物分子链或链段发生相互扩散作用，形成一个过渡区界面层导致原有界面的状态发生变化，通过扩散的分子或链段的缠绕及其内聚力使两相连接起来。扩散作用与聚合物间的溶解性能有关，相互扩散是一种溶解现象。聚合物的溶解性质与聚合物的化学组成（相近）、结构形态（交联度）、链的长短（聚合度）、链的柔性（有柔性链）、结晶性（非结晶聚合物）有关。该理论对于解释相溶的胶黏剂与胶黏体的黏附过程较为成功，但无法解释随着聚合物相对分子量提高，黏附强度也随之增加的现象；也无法解释聚合物与金属、玻璃或其他与聚合物不相溶的固体间的黏附过程中，高分子是如何进行相互扩散作用的。

化学黏附理论：认为黏附界面上产生化学键合作用，可以提高黏附强度与黏附体系的稳定性。化学键的形成可以通过胶黏剂和胶黏体分子中所含活性基团的相互反应，也可通过加入偶联剂而使分子间产生化学键合。化学键合的强度比分子间力大 1~2 个数量级，因此能增加界面吸引作用，阻止断裂时分子在界面上相对滑动。

弱边界层理论：一个厚度比原子尺寸大而所能承受的应力又比两本体小的薄层，称为弱边界层。其产生主要是胶黏剂、黏附体、环境介质（空气、水分、油液）及其它低分子物质彼此共同作用的结果。该理论认为黏附强度既取决于界面结构和两相间分子的相互吸引作用，也取决于界面区的力学性质。弱边界层的存在引起黏附强度下降，适合于以物理吸附为主的黏附体系；但有时即使存在弱边界层，黏附强度也无明显下降。

上述黏附理论都是从部分实验事实出发，从不同侧面对黏附过程所进行的描述，所以这些黏附理论均无法对所有黏附过程加以解释。但同时黏附过程是一个复杂的物理化学过程，不同体系的黏附可能会具有不同的黏附机理。

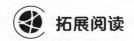

拓展阅读一：有趣的表面化学现象

在空气中直接使用剪刀裁剪玻璃，玻璃很可能会直接碎裂，因此日常切割玻璃需要使用专门的切割工具。在没有工具的情况下，人们就想到了一些切割玻璃的小窍门。将棉线粘上煤油，缠绕在需要裁剪的部位，然后点火，等棉线烧完，再把玻璃放到冷水中，玻璃会瞬间从棉线部位断裂成两截。这主要是应用了热胀冷缩的原理。除此之外，还有人发现玻璃板只要放到水里，即便是用最普通的剪刀也可以随心所欲地把玻璃裁剪成各种形状，就如同在用剪刀剪纸般轻松。那水中为什么就可以随意裁剪玻璃了呢？

玻璃是由无数个二氧化硅多面体互相连接组合成网状结构形成的。单个二氧化硅（化学式 SiO_2）分子外围是两个氧原子，中间由硅原子连接。二氧化硅组合成多面体，就相当于一个硅原子周围有 4 个氧原子，它们之间由硅氧共价键相连接。而它们之间的关系其实并没有那么牢固。普通的玻璃表面其实并没有我们肉眼看到的那般光滑，内部原子堆积密度并不高，其表面容易有细微的裂缝。如果受力过大，有裂缝的地方会快速裂开，导致玻璃破碎。而玻璃中二氧化硅的网状结构不是特别稳定，外力过大也容易被扯破，这就是普通玻璃易碎的原因。把玻璃放到水中时，硅原子受到水分子（H_2O）中氢氧根的吸引，玻璃的硅氧共价键被氢氧根扯断，形成新的共价键，这个过程被称为"玻璃的水解"。玻璃的稳定结构被破坏，特别是有裂缝的地方更容易遭到水分子的"攻击"，所以把玻璃放到水中，自然就容易被裁剪啦！此外有科学家发现，有水的环境中，由于玻璃和水分子结合，减小了它和内部结构之间的能量差距。人们都知道，在空气中要想使玻璃破碎，需要对玻璃发力，以达到使玻璃断裂的能量，而水分子和二氧化硅结合后，可直接降低使玻璃破碎需要的能量。这个时候，只需要很小的力，就能轻松在水中裁剪玻璃。有人会想尝试在水中直接用手掰，这个方法虽然可行，但是不能保证手不被碎玻璃扎到，用手也不能保证能直接掰出想要的形状。其实，玻璃的这种特性很早就有人知道，比如在打磨玻璃的过程中经常需要往玻璃上喷水，这样玻璃更容易被打磨。还有人根据玻璃的特性发明了水刀用来切割玻璃，但是像钢化玻璃等一些经过特殊处理的玻璃，其结构会非常稳固，用水刀切割不如专门的切割工具，所以水刀切割并未广泛普及。

拓展阅读二：埃特尔与表面化学

德国物理化学家格哈德·埃特尔的工作始于 20 世纪 60 年代，那时，由于半导体工业的兴起，真空技术得到发展，现代表面化学开始出现。固体表面的化学反应非常活跃，因而需要先进的真空实验设备，埃特尔是最先发现新技术潜力的科学家之一。这一领域看似晦涩，其实并不遥远。合成氨的研究就是一例。合成氨是人工化肥的主要有效成分，可以说是现代农业的基础之一。将氢气和氮气在催化剂的作用下人工合成氨，叫做哈伯-博施法（这一方法的发明者弗里茨·哈伯曾获得 1918 年的诺贝尔化学奖）。传统催化剂用铁作为活性成分，氢气和氮气在上面发生反应，这正是表面化学的用武之地。然而传统的方法有一个步骤反应极慢，能耗很大。借助一些新的研究方法，埃特尔发现了这一过程的瓶颈所在，并完全阐明了氢气和氮气在铁催化剂表面反应的七个步骤。在了解了反应过程之后，只要"疏通"最慢的那个环节，整个反应的效率就会大为改观。这就好比疏通了一个交通要道的堵车点。埃特尔的工作为研发新一代合成氨催化剂奠定了基础，具有重要的经济意义。

埃特尔的另一重要贡献是对在铂催化剂上一氧化碳氧化反应的研究。一氧化碳是汽车尾气中的有毒气体，在排到大气前，必须将其氧化成二氧化碳。埃特尔发现反应的不同时间，几个反应步骤的速率变化很大，这一看似简单的过程比哈伯-博施反应还要复杂得多。埃特尔详尽研究了这一过程，他所使用的一些研究方法对于研究复杂界面上的化学反应具有极大的启示作用。

埃特尔的研究领域很广。他还用表面科学的方法和手段来研究很多相关领域的科学问题，包括燃料电池、臭氧层破坏等。他所发展出来的方法，广泛影响了表面化学的进展，而且他的实际影响并不仅仅在于学术研究，还涉及农业和化学工业研发的多个方面。

思考题

扫码看答案

1. 两块玻璃贴合在一起很容易被分开，但是在中间加适量水形成水膜后两者很难再分开，试解释原因。

2. 小麦本身不易着火，即使着火火势也是缓慢蔓延，而将小麦磨成小麦粉后并飘散于一定的空气中却很容易着火，甚至会发生爆炸。这是为什么？

3. 试讨论影响表面吸附的因素有哪些。

4. 试总结影响胶团大小的一般规律。影响临界胶束浓度的因素有哪些？

5. 加溶与普通溶解、助溶的概念有什么区别？

6. 试分析反胶团结构的特征。

参考文献

[1] 陶丰，郑旭煦. 纳米尺度的表面化学在薄膜材料与表面工程中的应用[J]. 中国表面工程，2007 (05)：1-10.

[2] 杨亮，王志兴，王琦. 基于润湿过渡的玻璃表面亲水微结构的理论设计与制造[J]. 表面技术，2021，50(07)：158-164.

[3] 王金磊，李刚，杨扬，等. 玻璃表面微结构的构建及其雾度和亲疏水性的调节[J]. 表面技术，2021，50(07)：165-171.

[4] 张永春，周锦霞，郭新闻. 乙烯的物理吸附机理和化学吸附机理[J]. 化工学报，2004(11)：

1900-1902.

[5] 徐仁扣，李素珍，肖双成. 带反号电荷的胶体颗粒表面双电层的相互作用及其离子吸附和解吸[C]. 中国土壤学会第十一届全国会员代表大会暨第七届海峡两岸土壤肥料学术交流研讨会论文集（上），2008：45-49.

[6] 杨锋，李生杰，李琪，等. 基于 Langmuir 吸附模型的多矿物页岩吸附气含量的研究[C]. 2015 中国地球科学联合学术年会论文集（二十）——专题 51 油藏地球物理，2015：105.

[7] 于慧文，崔文宇，郝婷婷，等. 梯度润湿表面脉动热管传热性能的研究[J]. 化工进展，2020，39（11）：4375-4383.

[8] 江华阳，吴楠，吕家杰，等. 低冰黏附强度表面设计与制备研究进展[J]. 工程科学学报，2021，43（10）：1413-1424.

第 6 章

材料电化学

 教学要点

知识要点	掌握程度	相关知识
电化学体系基本单元	熟悉电化学体系基本单元的分类；掌握电化学体系基本单元的概念；了解构成电化学体系基本单元的特点	电子导体、离子导体
非法拉第过程	熟悉非法拉第过程涉及的相关概念；掌握双电层、双层电容的定义；了解理想极化电极	理想极化电极、电极的电容和电荷、双电层、双层电容
法拉第过程	熟悉法拉第过程的概念；掌握影响电极反应速率和电流的因素；了解原电池和电解池的概念	原电池和电解池、影响电极反应速率和电流的因素
物质传递形式	熟悉物质传递形式；掌握影响物质传递形式的几种类型；了解不同物质传递形式之间的区别	对流、浓差扩散、电迁移

　　材料电化学的研究主要涉及两相界面之间的电子转移。这里的两相界面包括固-液界面、液-液界面以及固-固界面，不过在电化学中大多数情况指的是电极与溶液之间的界面。电化学是研究电的作用与化学作用以及其相互关系的一门科学，属于化学的分支。研究人员一开始将电化学视为研究在电能与化学能之间进行相互转换的科学，因为当时的研究对象是电池、电解与电镀过程。但后来，随着科学家们的深入研究，涌现出了诸如电渗析、电泳涂漆、化学镀和电化学腐蚀等新的研究对象。于是，电化学的定义扩展到了对电子导体（电极）与离子导体（电解质）上形成的界面以及其上发生的变化的研究。这些年来，由于电化学理论的不断发展以及电化学与其它学科之间的融合，开辟出了一些新的研究方向，例如量子电化学、光电化学、固体电化学和纳米电化学等等。不仅如此，其研究方法和理论模型的探索开始延伸到分子水平，随之也建立和探索了在分子水平上对应的检测电化学界面的原位谱学电化学技术。目前，现代电化学研究则更侧重于利用各种原位谱学来进行电化学研究，从各个结构层面上收集有关于电化学界面的结构、电极反应机理以及动力学的相关信息。在此基础之上，将电化学研究方法以及理论与其他领域（主要包括生命科学、材料科学和能源科学等领域）相融合，衍生出新一代的新兴交叉学科领域。

6.1 电化学体系基本单元

电化学反应大多情况下是依托于各种不同的电解池与化学电池中实现的。基于此，可以将其分为两类：一类是由外部电源供给实现电化学反应所需能量，将之称为电解池中的电化学反应；另一类是由体系自发地将本身的化学能转变为电能，这一类被称为化学电池中的电化学反应。需要注意的是二次化学电池，也就是蓄电池，其中进行的充电过程属于电解池中的电化学反应。但不论是这两种中的哪一种电化学反应，都应该最少包含两种不同的电极反应（阳极反应与阴极反应）和电解质相中的传质过程（电迁过程、扩散过程等等）。而在其中发生化学反应的原因是因为阴极与阳极反应过程中需要电极与电解质之间进行电量的传送，而电解质之中不存在自由移动的电子，所以在电流流过"电极-电解质"界面时会发生某些组分的氧化还原。电解质相中的传质过程是不会发生化学变化的，仅仅是其中某些组分的局部浓度发生变化。

6.1.1 电子导体——电极

作为电子导体的电极主要起到以下两个作用。一是作为电子的传递介质，这是由于电解质中没有自由电子，反应中所涉及的电子只能通过其与外电路传递，分别在阴、阳极上发生还原与氧化反应；二是其表面作为异相催化反应的催化表面，即催化的"反应地点"，从这一方面来讲，可以将电极反应视为特殊的异相氧化还原反应。

电极表面上存在的双电层和表面电场是电极反应的特殊性的主要表现。虽然在一般催化剂表面上也存在表面力场和电场，但电极表面的特点是可以在一定范围内随意地改变表面上电场的强度和方向，因此就可以在一定范围内任意地改变电极反应的活化能和反应速率。换句话说，就是在电极表面上有能力任意地控制反应表面的"催化活性"与反应条件。而这样的反应表面在动力学研究中是比较少见的。

电极电势是电化学中最基础的概念之一，电极电势是实物相之间电势差的一个特例。图6-1（a）是一个电池结构的简明用法，即

$$Zn/Zn^{2+}，Cl^-/AgCl/Ag \tag{6-1}$$

式（6-1）中，斜线代表一个相界面，同一相中的两个组分用逗号分开。这里没有用到的双斜线代表这样的相界面，其电势对电池总电势的贡献是可以忽略的。当涉及气相时，应写出与其相邻的导电组分。例如，图6-1（b）中的电池，可写为：

$$Pt/H_2/H^+，Cl^-/AgCl/Ag \tag{6-2}$$

电池中所发生的化学反应一般在电极上进行，由两个独立的半反应构成，它们描述两个电极上真实的化学变化。每一个半反应与相应电极上的界面电势差相对应。人们所研究的那个电极反应，一般称为工作电极。为了集中研究工作电极，就要使电池的另一个半反应标准化，办法是使用由一个组分恒定的相构成的电极，一般称为参比电极。

国际上认可的首选参比电极是标准氢电极（standard hydrogen electrode，SHE），或称为

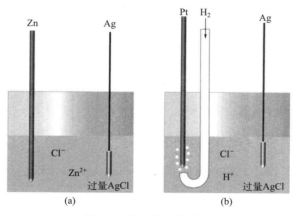

图 6-1　典型的电化学池
(a) 浸在 $ZnCl_2$ 溶液中的金属 Zn 和被 AgCl 覆盖的 Ag 丝；
(b) 在 H_2 气流中的 Pt 丝和浸在 HCl 溶液中被 AgCl 覆盖的 Ag 丝

常规标准氢电极，其所有组分的活度均为 1。

$$Pt/H_2(a=1)/H^+(a=1，水相) \tag{6-3}$$

从实验的角度来看，SHE 是一个不能制造的理想装置，实际工作中常用其他的参比电极来测量和标出电势。一个常用的参比电极是饱和甘汞电极，可表示为：

$$Hg/Hg_2Cl_2/KCl(饱和水溶液) \tag{6-4}$$

它的电势相对于标准氢电极是 0.242V。另一个常用的参比电极是银-氯化银（Ag/AgCl），可表示为：

$$Ag/AgCl/KCl(饱和水溶液) \tag{6-5}$$

它的电势相对于标准氢电极是 0.197V。当采用该电极作为参比电极时，文献中常以"vs. Ag/AgCl"来标明电势。

电极电势，单位为伏特（V），它是表征电极之间外部可驱动电荷能量的尺度。通常情况下，在电化学池中电极之间的电势差是能够被测量得到的。最经典的一个办法是使用一个高阻抗的伏特计来完成。电池电势是电池中所有各相之间电势的代数和。电势从一个导电相到另一个导电相的转变，通常几乎全都发生在相界面上。急剧的变化表明在界面上存在一个很强的电场，可以预料它对于界面区域内电荷载体（电子或离子）的行为有极大的影响。界面电势差的大小，也会影响着两相中载体的相对能。

因为参比电极中的组成是固定不变的，所以其电势也是恒定的。在这种情况下，电池中的电势变化都可以归因于工作电极的变化。而当检测和调整工作电极相对于参比电极的电势时，也就相当于是检测和调整工作电极内的电子能量。假如将工作电极与一个电池或电源的负端接在一起使得电极达到更负的电势时电子的能量就升高。当这个能量超过某一界限时，电子就会从电极传送到电解液中组分的空电子轨道上。在这种情况下，就发生了电子从电极到溶液的流动，也就是所说的还原电流［见图 6-2（a）］。同样的道理，如果是接一个电池或电源的正端使得电子的能量降低，电解液中组分上的电子就会传送到电极上，这就是氧化电流［见图 6-2（b）］。这些过程中的"某一界限"就是临界电势，与体系中特定的化学物质的标准电势 E_o 有关。

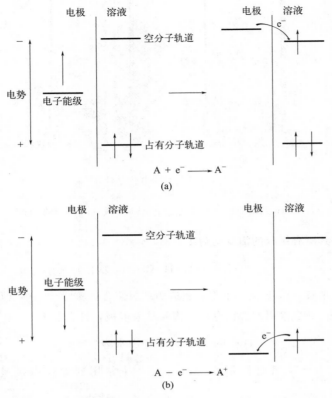

图 6-2　溶液中物质 A 的还原（a）和氧化（b）过程的表示法
所示的分子轨道（molecular orbital，MO）为物质 A 的最高占有 MO 和最低空 MO

6.1.2　离子导体——电解质

　　电化学体系中实现离子导电的基本结构单元是电解质。常见电解质有电解质溶液、熔融电解质、室温离子液体、无机固体电解质和聚合物电解质等。电解质溶液是最常见也是应用最广泛的一种电解质。电解质溶液中化合物以离子形式存在，溶液包括溶质和溶剂。假如溶剂是水，就称为电解质水溶液。电解质水溶液的特性主要是由水以及电解质所离解的离子反映出来的。所以将从两个不同的角度来讨论，离子-水分子间的相互作用和离子-离子间的相互作用。

　　溶液中的电解质可以分为两种类型，离子键化合物和共价键化合物。前者本身就是离子组成的离子晶体，利用溶剂分子与离子之间的相互作用，离子晶体在溶剂作用下被解离为可以自由移动的离子。后者本身并不是离子，只是在一定条件下，通过溶质与溶剂间的化学作用，才能使之解离成为离子。

　　即使是同一物质，在不同溶剂中也将显现出完全不同的性质。电解质的研究绝不能脱离溶剂而存在。比如，葡萄糖在水中系非电解质，而在液态氢氟酸中却是电解质；HCl 在水中是电解质，但在苯中则为非电解质。

根据溶质解离度的大小，可将电解质分为强电解质和弱电解质两类。一般认为解离度大于 30% 为强电解质，解离度小于 3% 为弱电解质。虽然这种分类方式不太准确，但由于讨论问题方便，也受到广大研究者的普遍认同。

由于电解质在溶液中所处的状态不同，有缔合式电解质和非缔合式电解质两类。两者的区别在于前者在溶液中除有可以自由移动的离子以外，还有以化学键结合的未解离的分子或者靠静电作用形成的离子缔合体。如 KCl 稀溶液为非缔合式，而 KCl 浓溶液则存在 K^+-Cl^- 缔合离子对。

电荷一般被限制在固态离子晶体中的晶格位点之上。比如，在 NaCl 晶体中，晶格位点是由正电荷（Na^+）和负电荷（Cl^-）支撑而不是用中性原子填充（见图 6-3）。维持这种类型的离子晶体稳定存在的力就是正负电荷间的静电作用力。例如，氯化钠晶体溶解在水中可以完全解离为可以自由运动的正负离子。这是由于水分子的偶极性决定的，水分子经过溶剂化过程结合在离子周围，起到水化的作用。如图 6-3 所示，水溶液中的晶体解离之后被水分子水化层（偶极层）包围，离子从水化过程获得的能量将促使溶解平衡向溶解方向移动。

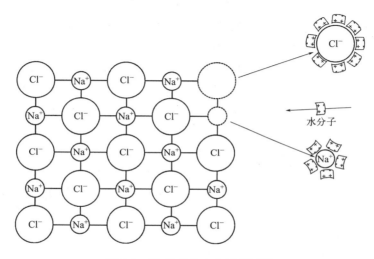

图 6-3　NaCl 晶体水化过程示意

在离子进入水中之后，一部分水分子在紧靠离子周围聚集，然后取向，这一部分水分子能够随着离子一起运动，增加了离子在溶液中的体积，这种情况一般称之为离子水化，是一种溶剂化过程。水化后的结果，可以形象地将其看为一层水化膜，换句话说，也就是可以把它看成是离子周围存在着一层水化膜。模型如图 6-4 所示，分为三层。靠近离子的叫做内水化层，其中的水分子定向完全取决于中心离子产生的电场，水分子的数量取决于中心离子的大小和它的化学性质。

在外面一点的是第二水化层，第二水化层与内水化层分子通过氢键相结合，结构也比较疏松，定向取决于氢键作用力的强弱。近些年来，第二水化层的存在被 X 射线衍射和散射以及红外光谱的研究证实。而且该水化层的厚度受到阳离子性质的影响。多价阳离子第二水化层比较厚，如 Cr^{3+} 内水化层有 6 个水分子，第二水化层有 13 个水分子。而像 K^+、Cs^+ 等半径较大的单价阳离子，其第二水化层很薄且不稳定。

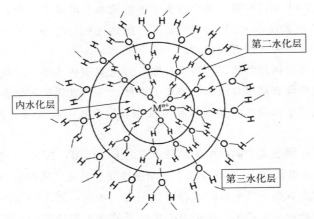

图 6-4　水溶液中金属阳离子的水化膜示意

第二水化层之外可能会存在由第三水化层，这一层的水分子由于没有能够使其定向的力，所以处于无序状态。第三水化层是从水化膜到体相水的过渡态。第二与第三水化层间的界限往往比较模糊，没有第一与第二水化层之间那么大。

阳离子的水合能力比阴离子强，同为阳离子的情况下，容易被水化的是价位高、半径小的离子。同为阳离子，价态也相同的时候，随离子半径增加，取向水分子与离子电荷中心间距离增大，相互作用减弱，因而水化数明显变小。如碱金属离子的半径大小次序为 $Li^+ <$ $Na^+ < K^+$，而其水合离子的半径大小次序为 $K^+ < Na^+ < Li^+$。实验测得 K 的水合水分子数为 5.4，Na 为 8.4，Li 为 14。

一般情况下来说，阴离子的水合能力比阳离子的要小得多。但是中子衍射数据表明，卤素离子的周围也存在第一水化层。对于"Cl^-"而言，其第一水化层包含 4～6 个水分子，确切的数目主要取决于浓度和相应阳离子的性质。对于含有 O、N 等元素的阴离子，如 SO_4^{2-}，水合程度几乎可以忽略不计。

考虑水化离子在电场作用下迁移的时候，电场中的中心离子的水化层应是动态结构，中心离子将会带着部分水化层分子随其一起迁移，而图 6-4 中看到的完整的内水化层结构主要在高价态离子，如 Cr^{3+} 体系中才观察得到。目前，金属离子的水化结构可以用光谱、散射和衍射技术来研究，但是它们给出的金属离子的水合结构并不完全相同。这是因为利用这些技术测量时的时间尺度不同所导致的。

6.2　非法拉第过程

在某些条件下，对于一个给定的电极-溶液界面，在一定的电势范围内，由于热力学或动力学方面的不利因素，没有电荷转移反应发生。然而，像吸附和脱附这样的过程可以发生，电极-溶液界面的结构可以随电势或溶液组成的变化而改变。这些过程称为非法拉第过程。虽然电荷并不通过界面，但电势、电极面积和溶液组成改变时，外部电流可以流动。

6.2.1 理想极化电极

无论外部所加电势如何，都没有发生跨越金属-溶液界面的电荷转移的电极，称为理想极化（或理想可极化）电极（ideal polarizable electrode，IPE）。没有真正的电极能在溶液可提供的整个电势范围内表现为理想极化电极，一些电极溶液体系在一定的电势范围内，可以接近理想极化。例如，汞电极与除氧的氯化钾溶液界面在2V宽的电势范围内，就接近于一个理想极化电极的行为。在很正的电势时，汞可被氧化，其半反应如下：

$$Hg + Cl^- \longrightarrow \frac{1}{2} Hg_2Cl_2 + e^- \text{（约} +0.25V\text{,相对于标准氢电极）} \tag{6-6}$$

当电势非常负时，K^+ 可被还原：

$$K^+ + e^-(Hg) \longrightarrow K(Hg) \text{（约} -2.1V\text{,相对于标准氢电极）} \tag{6-7}$$

在上述过程发生的电势范围区间，电荷转移反应不明显。水的还原为：

$$H_2O + e^- \longrightarrow \frac{1}{2} H_2 + OH^- \tag{6-8}$$

在热力学上是可能的，但在汞电极表面上除非达到很负的电势，否则此过程以很低的速率进行。这样，在此电势范围内仅有的法拉第电流流动，是因为微量杂质的电荷转移反应（例如金属离子、氧气和有机物质）。对于纯净的体系此电流是相当小的。另外一种具有理想极化行为的电极是吸附有烷基硫醇自组装单层的金表面。

6.2.2 电极的电容和电荷

当电势变化时电荷不能穿过理想极化界面，此时电极溶液界面的行为与一个电容器的行为类似。电容器是由介电物质隔开的两个金属片所组成的电路元件［见图6-5（a）］。它的行为遵守如下公式：

$$C = \frac{q}{E} \tag{6-9}$$

式中，q 为电容器上存储的电荷（单位是库仑，C）；E 为跨越电容器的电势（单位是伏，V）；C 为电容（单位是法拉第，F）。当电容器被施加电势时，电荷将在它的两个金属极板上聚集。在此充电过程中，有电流产生（称为充电电流）。电容器的两极一个电子过剩另一个电子缺乏［见图6-5（b）］。例如，在一个10 μF的电容器上加上一个2V的电池，电流流动一直到20 μC的电荷聚集在电容器的金属板上为止。电流的大小与电路的电阻有关。实验证明电极-溶液界面的行为类似一个电容器，于是可以给出与一个电容器类似的界面区域模型。在给定的电势下，在金属电极表面上将带有电荷 q_M，在溶液一侧有电荷 q_S。相对于溶液，金属上的电荷是正或负，与跨界面的电势和溶液的组成有关。无论如何，$q_M = -q_S$（在实际的实验中有两个金属电极，因而不得不考虑有两个界面；我们仅集中在一个上，忽略另外一个上所发生的问题）。金属上的电荷 q_M 代表电子的过量或缺乏，仅存在于金属表面很薄的一层中（$<0.01nm$）。溶液中的电荷 q_S，由在电极表面附近的过量的阳离子或阴离子构成。电荷 q_M

和 q_s 与电极面积的比值，称为电荷密度。在金属-溶液界面上的荷电物质和偶极子的定向排列称为双电层，它的结构仅仅非常粗略地与两个荷电层相类似。

6.2.3　双电层

任何两个不同的物相接触都会在两相间产生电势，这是因电荷分离引起的。两相各有过剩的电荷，电量相等，正、负号相反，相互吸引，形成双电层（见图 6-6）。双电层的溶液一侧，被认为是由若干"层"所组成。最靠近电极的一层为内层（inner layer），它包含溶剂分子以及一些有时称为特性吸附的其它物质（离子或分子）。内层也称为紧密（compact）层、亥姆霍兹（Helmholtz）层或斯特恩（Stern）层。特性吸附离子中心的位置叫做内亥姆霍兹面（inner Helmholtz plane，IHP）。最近的溶剂化离子中心的位置称为外亥姆霍兹面（outer Helmholtz plane，OHP）。溶剂化离子与荷电金属的相互作用仅涉及长程静电力，它们的作用从本质上讲与离子的化学性质无关，这些离子因此被称为非特性吸附离子。由于溶液中的热扰动，非特性吸附离子分布在一个称为分散层（diffuse layer）的三维区间内，它的范围从 OHP 到本体溶液。

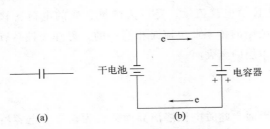

图 6-5　电容器（a）和由干电池给电容器充电（b）

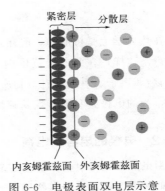

图 6-6　电极表面双电层示意

6.3　法拉第过程

相对于非法拉第过程，另一种情况是，电荷（例如电子）在金属-溶液界面上转移，电子转移引起氧化或还原反应发生。由于这些反应遵守法拉第定律（即因电流通过引起的化学反应的量与所通过的电量成正比），所以它们称为法拉第过程（Faradaic processes）。发生法拉第过程的电极有时称为电荷转移电极（charge transfer electrodes）。

6.3.1　原电池和电解池

有法拉第电流流过的电化学池可分为原电池（galvanic cell）和电解池（electrolytic cell）两种。原电池是这样一种电池，当与外部导体接通时，电极上的反应会自发地进行［见图 6-7（a）］。这类电池常用于将化学能转换成电能。商业上重要的原电池包括一次电池（不可再充电的电池，如 Leclanché Zn-MnO$_2$ 电池），二次电池（可再充电的电池，如可充电的 Pb-PbO$_2$

蓄电池）和燃料电池（如 H_2-O_2 电池）。电解池是这样一种电池，其反应是由于外加电势比电池的开路电势大而强制发生的［见图 6-7（b）］。电解池常常用于借助电能来完成所期望的化学反应。涉及电解池的商业过程包括电解合成（例如氯气和铝的生产）、电解精炼（如铜）和电镀（如银和金）。铅酸蓄电池充电时就是一个电解池。

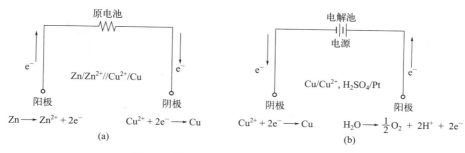

图 6-7　原电池（a）和电解池（b）示例

　　虽然区分原电池和电解池很方便，但人们最关心的是在其中一个电极上所发生的反应。这样把注意力在一个时候集中在电池的一半上，就会使处理简化。如果需要，可通过将单独半电池特性组合起来之后探索电池整体的行为。单个电极的行为及其反应性质与它作为一个原电池或电解池的一部分无关。例如，图 6-7 中所示的电池，如下反应的本质在两种电池中是相同的：$Cu^{2+}+2e^-\longrightarrow Cu$。如果需要镀铜，可以在一个原电池（采用一个具有较 Cu/Cu^{2+} 电势更负的半电池来组成一个原电池）中或者一个电解池（采用任何一个半电池并通过外加电源给铜电极提供电子构成电解池）中来实现。因此，电解（electrolysis）是一个较广泛的术语，包括伴有电解液中电极上法拉第反应的化学变化。对电池而言，人们称发生还原反应的电极为阴极（cathode），发生氧化反应的为阳极（anode）。电子穿过界面从电极到溶液中一种物质上所产生的电流称为阴极电流（cathodic current），电子从溶液中物质注入电极所产生的电流称为阳极电流（anodic current）。在一个电解池中，阴极相对于阳极较负，但在一个原电池中，阴极相对于阳极较正。

　　电化学行为的研究，包括维持电化学池的某些变量恒定并观察其他变量（通常指电流、电势或浓度）如何随受控变量的变化而变化。电化学池中的重要参数见图 6-8。例如，在电势法实验中，当 $i=0$ 时，E 可作为浓度 C 的函数来测量。因为在此实验中无电流流过，无净的法拉第反应发生，故电势经常由体系的热力学性质决定。许多变量（电极面积、物质传递、电极的几何形状）并不直接影响电势。

　　进行电化学实验的另外一种方法是使研究的体系对一个扰动发生响应。把电化学池看作是一个"黑匣子"，对这个"黑匣子"施加某个激发函数（例如一个电势阶跃），在体系的所有其他变量维持恒定的情况下，测量其特定的响应函数（例如电流随时间的变化）（见图 6-9）。实验的目的是通过观察激发函数和响应函数以及所了解的有关体系的合适模型，获得相关信息（热力学的、动力学的等）。这一点与许多其他类型的实验所采用的基本思想相同，例如电路测试或分光光谱分析。在分光光谱测定中，激发函数是不同波长的光；响应函数是该波长下体系的吸光度；体系的模型是比尔（Beer）定律或某种分子模型；信息的内容包含吸光物质的浓度，它们的吸光率或它们的跃迁能。

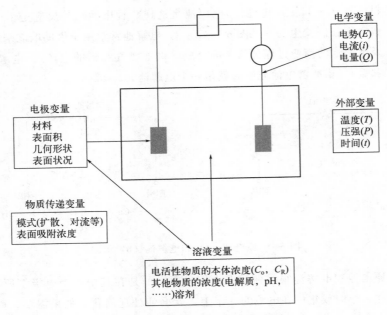

图 6-8　影响电极反应速率的变量

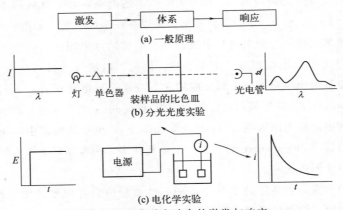

(a) 一般原理

(b) 分光光度实验

(c) 电化学实验

图 6-9　电化学实验中的激发与响应

（a）通过施加激发（或扰动）信号并观察响应来研究体系性质的一般原理；（b）在分光光度实验中，激发信号是不同波长（λ）的光，响应信号是吸光率曲线；（c）在电化学（电势阶跃）实验中，激发信号是所加的电势阶跃，响应信号是观察到的 i-t 曲线

以图 6-10 所示的体系为例，其开路电势为 0.64V，连接镉电极的铜丝比连接汞电极的铜丝电势更负。当外电源所加电压 E_{appl} 是 0.64V 时，电流 $i = 0$。当 E_{appl} 较大时（即 $E_{appl} >$ 0.64V，这样镉电极相对于 SCE 更负），此电化学池就变成了一个电解池，有电流流过。在镉电极上发生 $Cd^{2+} + 2e^- \longrightarrow Cd$，同时在 SCE 上汞被氧化成 Hg_2Cl_2。一个大家可能感兴趣的问题是：如果 $E_{appl} = 0.74V$（即假如使镉电极的电势相对于 SCE 为 $-0.74V$），将有多少电流流过？因为 i 表示每秒钟内同 Cd^{2+} 反应的电子数，或者每秒钟内流过的电量的库仑数，所以 "i 是多少？" 的问题，从本质上就是 "$Cd^{2+} + 2e^- \longrightarrow Cd$ 的反应速率是多少？" 的问题。下面的关系式说明法拉第电流与电解速率成正比关系。

$$i = Qt \qquad (6\text{-}10)$$

$$N = \frac{Q}{nF} \qquad (6\text{-}11)$$

式中，i 为法拉第电流，单位为 A；Q 为通过电极的电荷量，单位为 C；t 为通电时间，单位为 s；N 为电极上发生电极反应消耗的物质的量，单位为 mol；n 为参与电极反应的电子的化学计量数（例如，对于还原 Cd^{2+} 为 2）；F 为法拉第常数，常取 $F = 96485C \cdot mol^{-1}$。

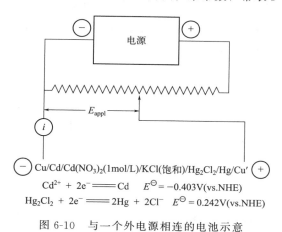

图 6-10　与一个外电源相连的电池示意

双斜线表明 KCl 溶液和 $Cd(NO_3)_2$ 溶液之间没有可检测到的液接界电势。常采用一个"盐桥"来达到此目的。

$$v_1 = \frac{dN}{dt} = \frac{i}{nF} \qquad (6\text{-}12)$$

式中，v_1 为均相电极反应速率，单位为 $mol \cdot s^{-1}$。

阐明一个电极反应速率往往比一个在溶液中或气相中的反应更复杂，后者称为均相反应（homogeneous reaction），因为均相反应在介质中的任何地方反应均以相同的速率进行。相反，电极过程是一个仅发生在电极/电解质界面的异相反应（heterogeneous reaction）。它的速率除受通常的动力学变量的影响之外，还与物质传递到电极的速率以及各种表面效应有关。由于电极反应是异相的，它们的反应速率公式如下：

$$v_2 = \frac{i}{nFA} = \frac{j}{nF} \qquad (6\text{-}13)$$

式中，v_2 为异相电极反应速率，$mol \cdot s^{-1} \cdot cm^{-2}$；$A$ 为电流通过的面积，cm^2；j 为电流密度，$A \cdot cm^{-2}$。

一个电极反应的信息通常是通过测量电流作为电势函数（i-E 曲线）而获得的。某些术语有时与曲线的特征有关。如果一个电化学池有一个确定的平衡电势，那么它是该体系的一个重要参考点。由于法拉第电流通过体系而使电极电势（或电化学池电势）偏离平衡电势的现象，称为极化（polarization）。极化的大小由过电势（overpotential）η 来表示。

$$\eta = E - E_{eq} \qquad (6\text{-}14)$$

式中，E 为当法拉第电流通过体系时的电极电势；E_{eq} 为平衡电势。

电流-电势曲线，特别是那些在稳态条件下得到的曲线，有时称为极化曲线（polarization curve）。当一个无限小的电流流过时，一个理想极化电极的电势将有很大的变化范围；这样理想极化性可由 i-E 曲线的一个水平区域来表征〔见图 6-11（a）〕。一种物质靠其被氧化或还原可使电极的电势较接近它的平衡值，这种物质称为去极剂（depolarizer）。一个理想非极化电极（ideal nonpolarized electrode）（或理想去极化电极，ideal depolarized electrode）是这样一种电极，它的电势不随通过的电流而变化，即它的电势是固定的。非极化性由 i-E 曲线上的垂直区域来表征〔见图 6-11（b）〕。在小电流情况下，由一个大的汞池与一个 SCE 所构成的电池应当接近理想非极化性。

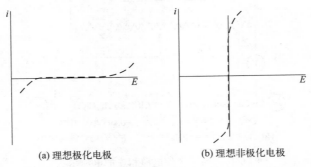

(a) 理想极化电极　　　　　　　　(b) 理想非极化电极

图 6-11　理想极化电极和理想非极化电极电流-电势曲线

虚线表示实际电极在有限的电流或电势区间接近于理想电极的行为

6.3.2　影响电极反应速率和电流的因素

考察一个总电极反应 $O+ne^- \rightleftharpoons R$，它包含一系列影响溶液中溶解的氧化物 O 转化为还原态形式 R 的步骤。一般来讲，电流（或电极反应速率）是由如下序列过程的速率所决定的，诸如：

① 物质传递（例如 O 从本体溶液到电极表面）。

② 电极表面上的电子转移。

③ 电子转移步骤的前置或后续化学反应。这些可以是均相过程（例如质子化或二聚作用）或电极表面的异相过程（例如催化分解）。

④ 其他的表面反应，如吸附、脱附或结晶（电沉积）。

其中有些过程（例如电极表面的电子转移或吸附过程）的速率常数与电势有关。

最简单的反应仅包括反应物向电极的物质传递、非吸附物质参与的异相电子转移和产物向溶液本体的物质传递。这类反应的一个例子是在非质子溶剂（例如，N,N-二甲基甲酰胺，DMF）中 9,10-二苯蒽（DPA）还原成自由基阴离子（DPA⁻）。更加复杂的反应常常涉及一系列的电子转移、质子化、副反应和电极表面的修饰。当得到一个稳态电流时，在此系列中所有的反应步骤的速率相同。这个电流的大小通常是由一个或多个慢的反应所限制的，它们称为速率决定步骤（rate-determining steps）。更多的反应由于其产物分解或生成反应物速率控制步骤的缓慢而无法达到最大反应速率。

每一个电流密度 j 值都是由一定的过电势 η 所驱动的。该过电势可认为是与各反应步骤相关的过电势值的总和：η_{mt}（物质传递过电势），η_{ct}（电荷转移过电势）和 $\eta_{r \times n}$（与前置反应相关的过电势）等。这样电极反应可用电阻 R 来表示，它包括代表不同步骤的一系列电阻（更准确地讲，是阻抗）：R_{mt}，R_{ct} 等（见图 6-12）。一个快速的反应可用一个低电阻（或阻抗）来表示，而一个慢反应可用一个高电阻来代表。然而，除了外加很小的电流或电势的情况外，这些阻抗与真实的电子元件不同，它们是 E（或 i）的函数。

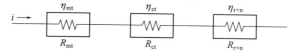

图 6-12　以电阻表示的电极反应过程

考虑由两个理想非极化电极所组成的一个电池，例如，两个 SCE 电极插入到氯化钾溶液中，SCE/KCl/SCE。这个电池的 i-E 曲线特征如图 6-13 所示，看起来应该像一个纯电阻，因为电流流动仅取决于溶液的电阻。实际上，这些条件（即一对非极化电极）是测量溶液电导率所需要的。对于任何实际用的电极（例如 SCE），在足够高的电流密度时，物质转移过电势和电荷转移过电势也就变得重要了。

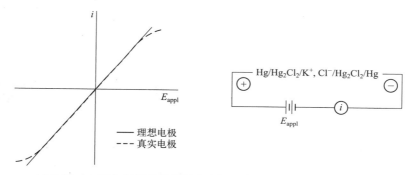

图 6-13　由两个近似理想非极化电极组成的电池的电流-电势曲线

当有电流通过时，相对于一个非极化参比电极来说，当测量一个电极的电势时，在测量值中总是包括一个等于 iR_s 的电压降。这里，R_s 是电极之间的溶液的电阻，它与在描述电极反应中物质传递和活化能的阻抗不同，在相当大的条件范围下与真实电阻元件相同。例如，再次考虑图 6-13 所示的电池。在开路（$i = 0$）时，镉电极的电势是其平衡值 E_{eq}（相对于 SCE 大约为 -0.64 V）。在 $E_{appl} = -0.64$ V（Cd vs. SCE）时，前面没有看到在安培计上有电流流过。当所加电势增加到 -0.80 V 时，有电流流动。额外所加的电压可分为两部分：第一部分，镉电极的电势 E_{Cd} 必须移到一个新值，即 -0.70 V（相对于 SCE），才能使电流流动；剩下的部分（在此例子中为 -0.10 V）代表由于电流在溶液中流动所产生的欧姆降。假设在一定的外加电流下，SCE 本质上是非极化的，它的电势不改变。这样通常有如下公式：

$$E_{appl}(\text{vs. SCE}) = E_{Cd}(\text{vs. SCE}) - iR_s = E_{eq,Cd}(\text{vs. SCE}) + \eta - iR_s \tag{6-15}$$

此公式的后两项与电流流动有关。当有阴极电流通过镉电极时，两者均为负。相反，对于阳极电流则均为正。对于阴极极化而言，E_{appl} 必须保持负过电势（$E_{Cd} - E_{eq}$，Cd）来维持相应于电流的电化学反应速率（在上述的例子中，$\eta = 0.06$ V）。另外 E_{appl} 中必须包括欧姆降，用于驱动溶液中的离子电流（相应于由镉电极到 SCE 通过的负电荷）。溶液中欧姆降不应该看作是一种过电势，因为它所反映的是本体溶液的性质，而不是电极反应的性质。它对实验测量的电极电势的贡献可以通过适当的电池设计和仪器方法来减小。

大多数情况下，人们仅对一个电极上所发生的反应感兴趣。实验用的电化学池包括的电极体系，一个称为工作（指示）电极；一个已知电势的电极，它的行为近似于理想非极化电极（如一个 SCE 和一个大面积的汞池），称为参比电极。如果所通过的电流不影响参比电极的电势，工作电极的电势可由式（6-15）给出。在 iR_s 很小的情况下（如小于 1～2 mV），图 6-14 所示的两电极系统可用于测量 i-E 曲线，电势可认为与所加电势（E_{appl}）相同或扣除了小的 iR_s。例如，在水相中进行经典的极谱实验时，经常采用两电极系统。在这些体系中，满足如下的条件：$i < 10 \mu A$ 和 $R_s < 100 \Omega$ 时，$iR_s < 1mV$，这在大多数的情况下是可忽略不计的。对于一些高阻抗的溶液，例如许多非水溶剂，如果采用两电极系统而又不产生溶液 iR_s 的影响，就必须采用一个非常小的电极（一个超微电极，an ultramicroelectrode）。采用这样的电极，电流通常在 1nA 左右；R_s 值即使在 MΩ 级的范围也是可以接受的。

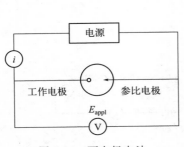

图 6-14　两电极电池

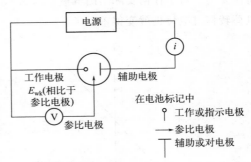

图 6-15　三电极电池和不同电极的命名

在实验中，当 iR_s 较大时（例如，采用大尺寸的电解池或原电池，或实验中涉及低电导率的非水溶剂），推荐采用三电极电池（系统）（three-electrode cell）（见图 6-15）。在此系统中，电流在工作电极和对（或辅助）电极（counter or auxillary electrode）之间流动。辅助电极可以是任何一种电极，因为它的电化学性质并不影响工作电极的行为。通常选择电解时不产生可到达工作电极表面并影响界面反应的物种的电极作为对电极。经常是将它与工作电极放置在用烧结的玻璃片或其他分离器分开的不同的室中。工作电极的电势由一个分开的参比电极来控制，参比电极尖端放置在工作电极附近。测量工作电极和参比电极之间电势差的装置输入阻抗很高，这样通过参比电极的电流就可忽略不计。所以，它的电势将保持不变，等于其开路电势值。在大多数电化学实验中都采用这样的三电极系统。

即使在这种系统中，通过电势测量装置所得到的数据也不能排除所有的欧姆降。考虑工作电极和辅助电极间溶液中的电势分布（在一个实际应用的电解池中电势分布与电极形状、几何构造、溶液的电导率等有关），电极之间的溶液可当作一个电势计（但并非必须是线性的）。除非参比电极放在工作电极表面上，在任何地方所测量的电势中总是包括一部分欧姆降（称为 iR_u 降，这里 R_u 是未补偿的电阻）。即使参比电极的尖端通过设计成一个所谓的 Luggin-Haber 毛细管与工作电极非常靠近时，一些未补偿的电阻通常仍存在。这些未补偿的电势降有时可以随后扣除，例如通过稳态测量的 R_u 来逐点扣除，但现代的电化学仪器通常

包括 iR_u 项的电子补偿线路。

屏蔽阻碍了溶液到达电极表面的流动，从而引起电极表面的电流密度分布不均匀。如果参比毛细管的直径为 d，它可以放置在离工作电极 $2d$ 处而不致引起显著的屏蔽误差。对于一个表面电流密度分布均匀的平板电极，有：

$$R_u = \frac{x}{\kappa A} \tag{6-16}$$

式中，x 为毛细管尖端到电极的距离；A 为电极的面积；κ 为溶液的电导率。对于像悬汞电极或滴汞电极这样的球形微电极，iR_u 降的影响特别严重。对于一个半径为 r_0 的球形电极，有：

$$R_u = \frac{1}{4\pi\kappa r_0}\left(\frac{x}{x + x_0}\right) \tag{6-17}$$

在这种情况下，电阻降主要发生在离电极很近的地方。对于参比电极的尖端放置在离工作电极仅一个电极半径远的地方（$x = r_0$）时，R_u 值已经等于它放置于离电极无限远处时的一半。任何来自于工作电极自身（例如，制备超微电极的细丝、半导体电极、电极表面上的电阻膜）的电阻也将反映在 R_u 上。

6.4 物质传递形式

物质传递，即物质在溶液中从一个地方迁移到另一个地方，是由两处电化学势或化学势的不同，或者一定体积的溶液扩散所引起的。在构成电极反应的各个分步步骤中，液相的传质步骤往往进行得比较慢，因而常形成控制整个电极反应速率的限制性步骤。例如，对于大多数涉及金属溶解和金属离子沉积的电极反应，以及那些反应粒子在得失电子前后结构基本不变的反应，或是在高效电化学催化剂影响下进行的反应，电化学步骤及其他表面步骤往往进行得比较快，几乎除了热力学限制外就总是由液相传质速度决定整个电极反应的进行速度。即使某些电极反应的电化学步骤在平衡电势附近进行得比较慢，只要加强电场对界面反应的活化作用一般就可以使这一步骤的反应活化能降低而速度大大加快，因而最后作为控制步骤剩下的往往仍然是液相中的传质步骤。液相中的传质过程可以由三种不同的原因引起：①对流；②浓差扩散；③电迁移。

6.4.1 对流

所谓对流传质，即物质的粒子随着流动的液体而移动。引起对流的原因可能是液体各部分之间存在由于浓度差或温度差所引起的密度差（自然对流），也可能是外加的搅拌作用（强制对流）。传质速度一般用单位时间内所研究物质通过单位截面积的量来表示，称为该物质的流量（J）。对流导致的 i 粒子的流量为：

$$J_{\text{对},i} = vc_i = (v_x + v_y + v_z)c_i \tag{6-18}$$

式中，$J_{\text{对},i}$ 和流速 v 均为向量，二者的指向相同；c_i 为 i 粒子的浓度；v_x、v_y 和 v_z 则为

三个坐标方向上的速度分向量。

6.4.2 浓差扩散

如果溶液中某一组分存在浓度梯度，那么，即使在静止液体中也会发生该组分自高浓度处向低浓度处转移的现象，称为扩散现象。由扩散传质过程而引起的流量为：

$$J_{扩,i} = -D\left[\left(\frac{\partial c_i}{\partial x}\right)i + \left(\frac{\partial c_i}{\partial y}\right)j + \left(\frac{\partial c_i}{\partial z}\right)k\right] \tag{6-19}$$

式中，i、j 和 k 分别为 i 粒子在 x、y 和 z 方向上的单位向量；D 为比例系数也称扩散系数；右方的负号表示扩散传质方向与浓度增大的方向正好相反。同样，如果只考虑 x 方向的扩散传质，则式（6-19）简化为：

$$J_{扩,i} = -D\frac{\partial c_i}{\partial x} \tag{6-20}$$

式（6-20）称为菲克（Fick）第一定律。

6.4.3 电迁移

如果 i 粒子带有电荷，则除了上述两种传质过程外，还可能发生由于液相中存在电场而引起的电迁传质过程。这一过程所引起的流量为：

$$J_{迁,i} = \pm EDU_i^0 c_i = \pm(E_x + E_y + E_z)DU_i^0 c_i \tag{6-21}$$

式中，正号用于荷正电粒子，而负号用于荷负电粒子；E 为电场向量，而 E_x，E_y 和 E_z 分别为 x、y 和 z 方向的场强；U_i^0 称为该荷电粒子的"淌度"，即该粒子在单位电场强度作用下的运动速度。若只考虑 x 方向的电迁过程，则有：

$$J_{迁,i} = \pm E_x DU_i^0 c_i \tag{6-22}$$

当上述三种传质方式同时作用时，则有：

$$J_i = J_{对,i} + J_{扩,i} + J_{迁,i} \tag{6-23}$$

注意式中右方三项均为向量，因此总流量 J 是这三项的向量和而不是代数和。若只考虑 x 方向的传质，则可用下式按代数和求总流量：

$$J_{x,i} = v_x c_i - D\left(\frac{dc_i}{dx}\right) \pm E_x DU_i^0 c_i \tag{6-24}$$

在电解池中，上述三种传质过程总是同时发生的。然而，在一定条件下起主要作用的往往只有其中的一种或两种。例如，即使不搅拌溶液，在离电极表面较远处由于自然对流而引起的液流速度 v 的数值也往往比 D 和 U^0 大几个数量级，因而扩散和电迁传质作用可以忽略不计。但是，在电极表面附近的薄层液体中，液流速度却一般很小，因而起主要作用的是扩散及电迁移过程。如果溶液中除参加电极反应的 i 粒子外还存在大量不参加电极反应的"惰性电解质"，则液相中的电场强度和粒子的电迁速度将大大减小。在这种情况下，可以认为电极表面附近薄层液体中仅存在扩散传质过程。

不难看到，由于远离电极表面处的对流传质速度要比电极表面附近液层中的扩散传质速度大得多，而这两种传质过程又是连续（串联）进行的，因此，只要液相中存在足够大量的惰性电解质，则液相中的传质速度主要是由电极表面附近液层中的扩散传质速度所决定的。在许多实际情况中，后一条件很好被满足，因而本章的重点在于讨论电极表面附近液层中的扩散过程。

6.5 化学电源材料

6.5.1 化学电源概述

电能作为一种清洁能源，已广泛用于生活与生产的方方面面，化学电源是实现电能的高效、便携式的存储与转换的设备。

6.5.1.1 化学电源的定义

顾名思义，化学电源是一种能将化学能直接转化成电能的装置，它通过化学反应，消耗某种化学物质，输出电能。从化学电源的应用角度而言，常使用"电池组"这个术语。电池组中最基本的电化学组成装置称为电池，电池组则是由两个或多个电池经过串联、并联或串并联等多种形式组合而成的。而在习惯上，化学电源一般简称为电池，它在国民经济、科学技术、军事和日常生活方面均得到广泛应用。化学电源的种类繁多，应用广泛，本文后续将以锂离子电池等为例进行重点介绍。

6.5.1.2 化学电源的特点

化学电源与其他类型的电源（如火力发电、水力发电、风能和太阳能发电等）相比，具有以下特点：

① 转换效率高。化学电源相比其他的发电形式，转换方式更为直接和简单，减少了许多中间过程中的能量损失，能量转换效率可达 80% 以上。

② 化学电源在工作时一般不产生有害物质，且无噪音产生，是一种环境友好的清洁能源。

③ 化学电源可将暂时不用的能量存储起来，且存储过程中的损失小，与其他的能源转换装置结合可组成大的能量存储系统。

④ 体积小，使用方便，易于携带，可用于多种场合。

⑤ 安全性高，易于维护。能在许多恶劣环境（如高低温、高速运动、高振动等）下使用。

6.5.1.3 化学电源的分类

化学电源按电解液的种类、电池特性、工作性质及储存方式等可分为不同类别，某一化学电源往往不是单一类型，而是可根据其性质和作用方式属于多种类别。

（1）根据电解液种类分

① 电解液为碱性水溶液的电池称为碱性电池。

② 电解液为酸性水溶液的电池称为酸性电池。

③ 电解液为中性水溶液的电池称为中性电池。

④ 电解液为有机溶液的电池称为有机电解质电池。

⑤ 电解液为固态电解质的电池称为固态电解质电池。

（2）根据电池特性分

① 高容量电池

② 密封电池

③ 免维护电池

④ 防爆电池等

（3）根据工作性质及储存方式分

① 一次电池　一次电池又称为原电池。即电池只可经过一次放电，不可再次充电使其复原的一类电池。这类电池在消耗完后只能被遗弃或回收，不能再次使用。这类电池不能再充电的原因或是电池内的化学反应本身不可逆，或是条件限制使得其逆过程难以进行。如：

锌锰干电池　　　　$Zn | NH_4Cl \cdot ZnCl_2 | MnO_2(C)$

锌银电池　　　　　$Zn | KOH | HgO$

镉汞电池　　　　　$Cd | KOH | HgO$

锂亚硫酰氯电池　　$Li | LiAlCl_4 \cdot SOCl_2 | (C)$

② 二次电池　二次电池又称为蓄电池。即电池可多次重复使用，放电后可通过充电使其复原的一类电池。这类电池在放电时化学能转化为电能，在充电时电能又可以通过转化为化学能储存起来。

③ 储备电池　储备电池又称为激活电池。即其正、负极活性物质和电解质在储存期不直接接触，使用前临时注入电解液或使用其他方法使电池激活的一类电池。由于电解液的隔离，所以这类电池的正负极活性物质的化学变质或自放电本质上被排除，使电池能长时间储存，如：

镁银电池　　　　　$Mg | MgCl_2 | AgCl$

铅高氯酸电池　　　$Pb | HClO_4 | PbO_2$

钙热电池　　　　　$Ca | LiCl \cdot KCl | CaCrO_4(Ni)$

④ 燃料电池　燃料电池，是只要将活性物质连续地注入电池，就能长期不断地进行放电的一类电池。它的特点是电池自身只是一个载体，可以把燃料电池看成一种需要将反应物从外部送入电池的一次电池。如：

氢氧燃料电池　　　$H_2 | KOH | O_2$

肼空气燃料电池　　$N_2H_4 | KOH | O_2(空气)$

6.5.1.4　化学电源的组成

化学电源的系列、品种繁多，规格形状不一，但就其主要组成而言有以下四个部分：电极、电解液、隔膜和外壳。此外，还有一些零件，如极柱等。

（1）电极

电极包括正极和负极，是电池的核心部件，它通常由活性物质、导电添加剂和黏结剂组成。活性物质是指电池放电时，通过化学反应能产生电能的材料，活性物质决定了电池的基本特性。活性物质多为固体，但是也有液体和气体。活性物质的基本要求是：①正极活性物质的电极电势尽可能正，负极活性物质的电极电势尽可能负，组成电池的电动势（或输出电压）就高；②电化学活性高，即自发进行反应的能力强，电化学活性和活性物质的结构、组成有很大关系；③质量比能量和体积比能量大；④在电解液中的化学稳定性好，其自溶速度应尽可能小；⑤具有高的电子导电性；⑥资源丰富，价格便宜；⑦环境友好。

要完全满足以上要求是很难做到的，必须要综合考虑。目前，广泛使用的正极活性物质大多是金属的氧化物，例如二氧化铅、二氧化锰、氧化镍等，还可以用空气中的氧气。而负极活性物质多数是一些较活泼的金属，例如锌、铅、镉、钙、锂、钠等。导电骨架的作用是能把活性物质与外线路接通，并使电流分布均匀，另外还起到支撑活性物质的作用。导电骨架要求机械强度好、化学稳定性好、电阻率低、易于加工。

（2）电解液

电解液也是化学电源的不可缺少的组成部分，它与电极构成电极体系。仅有电极、没有电解液，也不能进行电化学反应。电极材料选定之后，电解液有一定的选择余地，电解液不同，电极的性能也不同，有时甚至关系到电池能否成功供电。电解液保证正负极间的离子导电作用，有的电解液还参与成流反应。电池中的电解液应该满足：①化学稳定性好，使储存期间电解液与活性物质界面不发生速度可观的电化学反应，从而减小电池的自放电；②离子导电率高，则电池工作时溶液的欧姆电压降较小。不同的电池采用的电解液不同，一般选用导电能力强的酸、碱、盐的水溶液，在新型电源和特种电源中，还采用有机溶剂电解质、熔融盐电解质、固体电解质等。

（3）隔膜

隔膜，又称隔板，置于电池两极之间，主要作用是防止电池正极与负极接触而导致短路，同时使正、负极形成分隔的空间。由于采用隔膜，两个电极的距离可大大减小，电池结构紧凑，电池内阻也降低，比能量可以提高。隔膜的材料很多，对隔膜的具体要求是：①应是电子的良好绝缘体，以防止电池内部短路；②隔膜对电解质离子迁移的阻力小，则电池内阻就相应减小，电池在大电流放电时的能量损耗就减小；③应具有良好的化学稳定性，能够耐受电解液的腐蚀和电极活性物质的氧化与还原作用；④具有一定的机械强度及抗弯曲能力，并能阻挡枝晶的生长和防止活性物质微粒的穿透；⑤材料来源丰富，价格低廉。常用的隔膜有棉纸、浆纸层、微孔塑料、微孔橡胶、水化纤维素、尼龙布、玻璃纤维等。

（4）外壳

外壳是电池的容器，兼有保护电池的作用。在现代化学电源中，只有锌锰干电池是锌电极兼作外壳。其他各类化学电源均不用活性物质兼作容器，而是根据情况选择合适的材料作外壳。电池外壳应具有良好的机械强度、耐震动和耐冲击，并能耐受高低温环境的变化和电解液的腐蚀。因此，在设计及选择电池外壳的结构及材料时，应考虑上述要求。化学电源的外壳可采用各种橡胶、塑料及某些金属材料。

6.5.2 锂离子电池

6.5.2.1 锂离子电池概述

锂电池的研究历史可以追溯到 20 世纪 50 年代，于 70 年代进入实用化，因其具有比能量高、电池电压高、工作温度范围宽、使用寿命长等优点，已广泛应用于军事和民用电器中，如便携式计算机、照相机、电动工具等。锂离子电池则是在锂电池的基础上发展起来的一类新型电池。锂离子电池与锂电池在原理上的相同之处是：两种电池都采用了一种能使锂离子嵌入和脱出的金属氧化物或硫化物作为正极，采用一种有机溶剂-无机盐体系作为电解质。不同之处是：在锂离子电池中采用可使锂离子嵌入和脱出的碳材料代替纯锂作为负极。锂电池的负极（阳极）采用金属锂，在充电过程中，金属锂会在锂负极上沉积，产生锂枝晶。锂枝晶可能穿透隔膜，造成电池内部短路，以致发生爆炸。为克服锂电池的这种不足，提高电池的安全可靠性，于是锂离子电池应运而生。

纯粹意义上的锂离子电池研究始于 20 世纪 80 年代末，1990 年日本 Nagoura 等人研制成以石油焦为负极、以钴酸锂为正极的锂离子二次电池。锂离子电池自 20 世纪 90 年代问世以来迅猛发展，目前已在小型二次电池市场中占据了最大的份额，另外日本索尼公司和法国 SAFT 公司还开发了电动汽车用锂离子电池。

锂离子二次电池实际上是一种锂离子浓差电池，工作原理如图 6-16 所示，充电时，Li^+ 从正极脱出，经过电解质嵌入到负极，负极处于富锂状态，正极处于贫锂状态；同时电子的补偿电荷从外电路供给到负极，以确保电荷的平衡。放电时则相反，Li^+ 从负极脱出，经过电解液嵌入到正极材料中，正极处于富锂状态。在正常充放电情况下，锂离子在层状结构的碳材料和层状结构氧化物的层间嵌入和脱出，一般只引起材料的层面间距变化，不破坏其晶体结构；在充放电过程中，负极材料的化学结构基本不变。因此，从充放电反应的可逆性看，锂离子电池反应是一种理想的可逆反应。

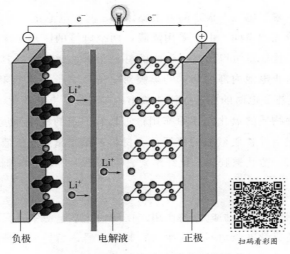

负极　　　电解液　　　正极

扫码看彩图

图 6-16　锂离子二次电池的工作示意

6.5.2.2 锂离子电池电极材料

锂离子电池电极材料是指 Li^+ 能在其中可逆的嵌入和脱嵌的正、负极材料。其正极一般采用插锂化合物，在电池中起到提供锂源的作用；负极一般采用商业化的石墨等。

（1）正极材料

① 层状 $LiMO_2$ 材料　正极材料组成式 $LiMO_2$（$M = Ni$、Co），为层状岩盐结构（α-$NaFeO_2$ 结构），属于 $R3m$ 群，如图 6-17 所示。它们都具有氧离子按 ABC 叠层立方密堆积排列的基本骨架，$LiNiO_2$ 和 $LiCoO_2$ 的阴离子数和阳离子数相等，其中的氧八面体间隙被阳离子占据，具有二维结构，Li^+ 和 M^{3+} 交替排列在立方结构的（111）面，并引起点阵畸变为六方对称，Li^+ 和 M^{3+} 分别位于（3a）和（3b）位置，O^{2-} 位于（6c）位置。以 $LiCoO_2$ 为例，由于 Li、Co 与 O 原子的相互作用而存在差异性，因此在…Li-O-Co-O-Li-O…层中，Co^{3+} 与 O^{2-} 之间存在着最强的化学键，O-Co-O 层之间通过 Li^+ 静电相互作用束缚在一起，从而整个晶胞结构稳定。相比而言，O 层更靠近 Co 层，其中（003）表面是它的最可几解理面。层状 $LiCoO_2$ 做锂离子电池正极材料时，CoO_2 框架结构能为锂原子的迁移提供二维隧道。电池充放电时，$LiCoO_2$ 中的 Li^+ 的迁移过程可用下式表示：

充电：
$$LiCoO_2 \longrightarrow x\,Li^+ + Li_{1-x}CoO_2 + x\,e^- \tag{6-25}$$

放电：
$$Li_{1-x}CoO_2 + y\,Li^+ + y\,e^- \longrightarrow Li_{1-x+y}CoO_2\,(0 \leqslant x \leqslant 1, 0 \leqslant y \leqslant x) \tag{6-26}$$

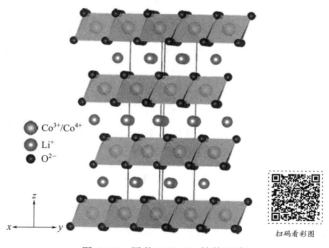

- Co^{3+}/Co^{4+}
- Li^+
- O^{2-}

扫码看彩图

图 6-17　层状 $LiCoO_2$ 结构示意

② 尖晶石型 $LiMn_2O_4$ 材料　Li-Mn-O 系形成的化合物较多，可作为正极材料的主要有 $LiMn_2O_4$、$LiMnO_2$、$Li_4Mn_5O_9$ 和 $Li_4Mn_5O_{12}$，这些化合物在合成和充放电过程中，容易发生结构转变，对材料的电化学性能产生不利的影响。尖晶石型的 $LiMn_2O_4$ 是由［Mn_2O_4］骨架构型组成，该骨架是四面体与八面体共面的三维网络，这种网络有利于其中的 Li 原子扩散，如图 6-18 所示。尖晶石型的 $LiMn_2O_4$ 属于 $Fd3m$ 空间群，锂占据四面体（8a）位置，锰占据八面体（16d）位置，氧占据面心立方（32e）位置。由于尖晶石结构的晶胞边长是普通面心

立方结构的两倍，因此一个尖晶石结构实际上可以认为是一个复杂的立方结构，包含了 8 个普通的面心立方晶胞。所以，一个尖晶石晶胞有 32 个氧原子，16 个锰原子占据 32 个八面体间隙位（16d）的一半，另一半八面体（16c）则空着，锂占据 64 个四面体间隙位（8a）的 1/8。可知，锂离子通过空着的相邻四面体和八面体间隙沿 8a-16c-8a 的通道在 Mn_2O_4 的三维网络中脱嵌。在该构型中，氧原子呈立方紧密堆积，75% 的 Mn 原子交替位于立方紧密堆积的氧层之间，余下的 25% 的 Mn 原子位于相邻层。因此，在脱锂状态下，有足够的 Mn 离子存在每层中，以保持氧原子理想的立方紧密堆积状态，锂离子可以直接嵌入由氧原子构成的四面体间隙位。

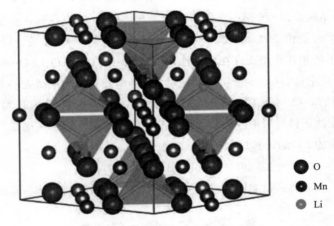

图 6-18　尖晶石型 $LiMn_2O_4$ 示意

在 $Li_xMn_2O_4$ 中，当锂嵌入或脱嵌的范围为 $0 < x < 1.0$ 时，发生如下反应：

$$LiMn_2O_4 \longrightarrow Li_{1-x}Mn_2O_4 + xLi^+ + xe^- \tag{6-27}$$

这时，Mn 的平均价态是 $+3.5 \sim +4.0$，姜-泰勒（Jahn-Teller）效应不是很明显，因而晶体仍旧保持其尖晶石结构，对应的 $Li/Li_{1-x}Mn_2O_4$ 输出电压约为 4.0V。而当 $1.0 < x < 2.0$ 时，放电过程中会发生过量锂离子的嵌入，反应方程式如下：

$$LiMn_2O_4 + ye^- + yLi^+ \longrightarrow Li_{1+y}Mn_2O_4 \tag{6-28}$$

充放电循环电位在 3V 左右，即 $1.0 < x < 2.0$ 时，锰的平均价态小于 $+3.5$（即锰离子主要以 $+3$ 价存在），这将导致严重的 Jahn-Teller 效应，使尖晶石晶体结构由立方相向四方相转变。这种结构上的变形破坏了尖晶石框架，当这种变化超出一定极限时，则会破坏三维离子迁移通道，锂脱嵌困难，导致宏观上材料的电化学循环性能变差。

③ 橄榄石型 $LiFePO_4$　$LiFePO_4$ 是一种具有低成本、多元素、同时又对环境友好的锂离子电池正极材料之一，其结构如图 6-19 所示。它在锂离子的电化学能量储存上起到了重要的作用。由其组装的电池放电电压达到了 3.4V，并且在几百个循环之后也看不到明显的容量衰减。另外该电池的容量达到了 $170mAh \cdot g^{-1}$，其性能要优于 $LiCoO_2$ 和 $LiNiO_2$。而且在充放电测试中该材料具有很好的稳定性。

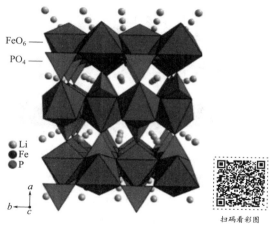

图 6-19　橄榄石型 $LiFePO_4$ 结构示意

　　$LiFePO_4$ 可以通过水溶液条件下的高温合成法或溶胶-凝胶法合成。不过,虽然橄榄石型 $LiFePO_4$ 在水溶液环境下仅仅几分钟就可以轻易合成,但其电化学性能却比较差。结构分析表明:将近 7% 的铁原子集中在锂离子周围,这使得晶体的点阵参数受到一定程度的影响,与有序排列的 $LiFePO_4$ 中 $a=1.0333nm$, $b=0.6011nm$, $c=0.4696nm$ 相比较,合成的橄榄石相材料的参数分别为 $a=1.0381nm$, $b=0.6013nm$, $c=0.4716nm$。其中的铁原子实质上阻碍了锂离子的传质扩散。因此采取相关措施使该材料中的锂离子和铁原子能有序地排列是非常关键的。

　　在室温下 $LiFePO_4$ 的电导率比较低,所以只有在非常小的电流密度或提高温度的条件下才能达到它的理论容量。其原因是界面上锂离子的扩散速度太慢。研究发现碳覆层能显著地提高该材料的电化学性能。

　　④ 富锂锰基正极材料　目前商业化使用的锂离子电池正极材料实际比容量均低于 $200mAh \cdot g^{-1}$,致使电池的能量密度难以满足下一代高容量高功率锂离子电池的需求。因此,开发新型高比容量的锂离子电池正极材料非常重要。富锂锰基正极材料 $xLi_2MnO_3 \cdot (1-x)LiMO_2$（M＝Ni、Co、Mn）因部分锂离子占据过渡金属层位置（图 6-20）,形成 Li-O-Li 构型,在充放电时使得其中阴离子（O^{2-}）具有氧化还原活性,能够提供高的比容量,这就突破了传统正极材料中以过渡金属元素的氧化还原提供容量的固有方式。因而富锂锰基材料具有高工作电压,高放电容量（$>250mAh \cdot g^{-1}$）以及高热稳定性等优点,而成为新一代锂离子电池候选正极材料之一。但是,这类材料具有很高的首次不可逆容量,低电子电导率和离子电导率又使它无法获得很好的倍率性能,同时,在充放电过程中材料会发生结构变化,导致功率密度显著降低,严重阻碍了它的实际应用。目前制备具有良好结晶性和纳米尺寸的富锂层状氧化物,优化富锂层状氧化物中各种化学组分的含量,掺杂改性和表面包覆改性等手段是改善该材料缺陷的有效途径。

　　（2）负极材料

　　目前,锂离子电池负极材料根据其反应机理主要可以分为嵌入型、合金化型和转化型三

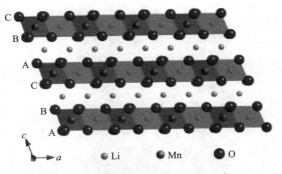

图 6-20　O3 型 Li_2MnO_3 结构示意

大类别，涵盖多种非金属材料与金属及其化合物材料，来源广泛。但考虑到目前锂离子电池负极材料的实际应用，此处主要介绍石墨和硅基材料。

① 石墨　锂离子电池负极材料分为碳材料和非碳材料两大类，其中碳材料又分为石墨和无定形碳，如天然石墨、人造石墨、中间相碳微球、软炭（如焦炭）和一些硬炭等；非碳负极材料有氮化物、硅基材料、锡基材料、钛基材料、合金材料等。负极材料将继续朝低成本、高比能量、高安全性的方向发展，石墨类材料（包括人造石墨、天然石墨及中间相碳微球）仍然是当前锂离子动力电池的主流选择。

石墨负极使得锂离子电池成功实现商业化，到目前为止，也是商业化负极材料的首选材料。石墨的结构如图 6-21 所示，其电化学活性来自于 Li^+ 在石墨层间的插入，每 6 个碳原子最多可以存储一个 Li 原子，故其理论容量为 $372mAh \cdot g^{-1}$。石墨具有低成本、储量丰富、低的脱锂电位、高的 Li^+ 扩散率、较高的导电性、较低的体积变化以及中等能量密度、功率密度和循环寿命等众多优点。

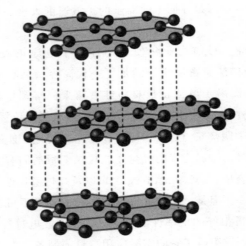

图 6-21　石墨结构

② 硅基材料　硅（Si）被认为是最有希望替代石墨的候选材料。因为它是地壳中第二丰富的元素，并具有超高的理论容量（$4200mAh \cdot g^{-1}$）。然而，硅在充放电过程中，其体积膨胀高达 400%，极易导致电极结构的破坏（图 6-22）；且硅单质的导电性极差，导致循环过程中容量快速衰减，严重阻碍了其进一步广泛的应用。目前主要有以下思路来解决上述问题：

通过制备纳米级别的硅材料可以有效地增加电极材料与电解液的接触，缓解体积膨胀过程带来的应力与应变，或者通过碳包覆和界面调控等策略保证电极材料的结构稳定性。

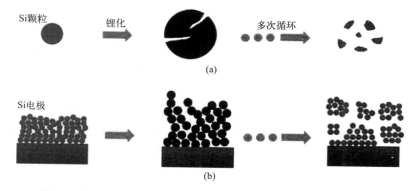

图 6-22　硅颗粒（a）和硅电极（b）充放电过程中结构失效示意

6.5.3　新型化学电池

虽然锂离子电池已经成功商业化并被应用到生活的各个领域，但由于社会的发展，对电池各项指标的要求越来越高，不仅要求电池有高的能量密度、功率密度，还要考虑其成本、安全性、高低温性能等多个方面。于是许多新型电池也被广泛研究，有望在某些领域能够取代锂离子电池。特别是由于锂元素在地球的储量较低，使得锂离子电池的原料成本急剧升高，加之近年来因锂离子电池热失控等原因引发的安全问题也愈发被重视。因而开发更便宜、更安全并能满足需求的新型电池成为当今热点。

（1）钠离子电池

钠离子电池顾名思义是以钠离子为载流子的二次电池。因为钠元素广泛分布于地壳和海洋中、地理分布均匀，并且负极可用价格低廉的铝集流体进一步降低成本，因而钠离子电池的成本低廉，经济效应高；同时钠离子电池也有着和锂离子电池相似的工作原理，因而被认为很有希望作为锂离子电池的替代选择。相较于其他电池，钠离子电池具有以下优势。

① 钠资源储量丰富，分布广泛，成本低廉；

② 钠与铝不发生合金化反应，钠离子电池正极和负极的集流体均可使用廉价的铝箔且无过放电问题；

③ 钠离子的溶剂化能比锂离子的小，具有更好的界面去溶剂化能力；

④ 钠离子的斯托克斯直径比锂离子的小，低浓度的钠盐电解质具有较高的电导率，故可以使用低盐浓度电解液；

⑤ 钠离子电池的高低温性能优越，并且在安全测试中不起火、不爆炸，安全性能好。

虽然钠离子电池相较锂离子电池有许多优势，但目前报道的钠离子电池材料的能量密度与功率密度都较锂离子电池更低。因为钠的标准氢电势（$-2.71V$）要高于锂（$-3.04V$），同时其半径更大（$1.02Å$ vs. $0.76Å$），需要开发更合适的电极材料。

目前钠离子电池的正极材料主要包括氧化物类、聚阴离子类、普鲁士蓝类和有机类等。与锂离子电池相似，几乎所有的钠离子电池正极材料都需要有可变价的过渡金属离子，氧化还原电势与过渡金属的种类及材料的结构均有关系，可转移的电子数等也不尽相同，因而不能简单地直接把锂离子电极材料里的锂替换为钠。

钠离子电池的负极材料主要包括碳基、钛基、有机类、合金及其他负极材料等。由于热力学的原因，钠离子难以嵌入石墨层间，不容易与碳形成稳定的插层化合物，因此钠离子电池难以将石墨作为负极材料。无序度较大的无定形碳基负极材料因具有较高的储钠比容量、较低的储钠点位和优异的循环稳定性，被认为是最有应用前景的钠离子电池负极材料。

钠离子电池的电解质可分为液体电解质和固体电解质，液体电解质一般称为电解液。目前钠离子电池使用最多的是有机溶剂的电解液，主要可以分为酯类溶剂和醚类溶剂。酯类溶剂中主要以环状和链状碳酸酯最为常用，具有高的离子电导率和抗氧化性好的特点，并且能较好地溶解钠盐。醚类溶剂较酯类溶剂黏度低、抗氧化能力差，且高压下易分解，实际应用中受到一定限制。但它在某些材料体系（如石墨）中能够与钠离子共嵌入并表现出好的可逆性。溶质一般为可溶于有机溶剂的 $NaClO_4$、$NaPF_6$、$NaCF_3SO_3$ 等钠盐。

（2）新型锂金属电池

锂金属电池由正极、负极和电解质（液态电解液需要隔膜、固态电解质）组成，正极主要是 Li_xMO_2（M 为 Ni、Co 和 Mn）、S 和 O_2，负极是金属锂。锂金属电池在正极一侧主要发生转换反应，在负极一侧金属锂负极不完全遵循转换型负极材料的反应机理，而是锂离子直接在金属锂或集流体表面还原成为锂原子。在锂-硫电池中，硫（S）直接被锂（Li）还原生成唯一的产物硫化锂（Li_2S），而在锂-氧气电池中，氧气（O_2）与锂（Li）反应生成过氧化锂（Li_2O_2），反应方程式如式（6-29）～式（6-31）所示。通过这样的转换反应，锂-硫和锂-氧气两个电极的理论容量至少比插层式电极高一个数量级，因此，锂金属电池有望成为"后锂时代"最有优势的储能电池。

负极 $$2Li \longrightarrow 2Li^+ + 2e^-$$ （6-29）

正极 $$S + 2Li^+ + 2e^- \longrightarrow Li_2S（锂-硫电池）$$ （6-30）

$$O_2 + 2Li^+ + 2e^- \longrightarrow Li_2O_2（锂-氧气电池）$$ （6-31）

在锂金属电池中，核心就是金属锂负极。作为锂电池负极材料的终极选择，金属锂负极具有极高的理论比容量（$3860mAh \cdot g^{-1}$），以及极低的电势（$-3.04V$，对标准氢电极）。金属锂的固有特性可以产生极高的能量密度，这也给这些系统带来了巨大的挑战，金属锂负极存在的问题一直制约着锂金属电池商业化生产的道路。

（3）其他新型电池

除了以上所列的几类电池外，目前还有多种新型电池处于研究之中，比如钾离子电池、镁离子电池、铝离子电池等。这些电池相比锂离子电池而言，普遍有着更高的元素丰度，更低廉的成本以及其他的优势所在。但要进一步应用和取代锂离子电池，它们各自也存在着明显的问题。比如在钾离子电池中，由于钾离子的半径更大，因而寻找合适的能存储钾离子的电极材料最为关键；而在像镁离子电池和铝离子电池等多价离子电池中，寻找合适的电解液来实现金属离子在金属表面的可逆溶解和沉积仍是关键难题。总之，如何去克服这些问题，达到实用标准并实现规模化生产将是一个漫长的过程。

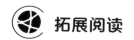
拓展阅读一：法拉第——电磁学和电化学的奠基人

迈克尔·法拉第是给 19 世纪的科学打上深刻印记的大科学家，在物理化学尤其是电化学方面，做出了杰出的贡献。他的发现奠定了电磁学的基础，是麦克斯韦（M）的先导。

法拉第 1791 年 9 月 22 日出生在英国的萨利，父亲詹姆斯·法拉第是一位手工工人，母亲照顾家务。由于家境贫寒，法拉第从未进过学校，他识字是自学的，从 11 岁当报童，一直当到 16 岁。1821 年以后，法拉第一直和戴维合作，研究气体的液化问题，他们成功地使 CO_2、SO_2、H_2O、NH_3、N_2O_3 等气体液化，还曾试图制取液态氧和液态氮，但这方面的研究没有取得成功。法拉第不仅确定了电磁感应定律，而且还做成了一种实验仪器，使磁针不停地绕着通电导线转动，从而确定了电动机的原理，但遗憾的是他没能把这一研究深入下去。

由于法拉第在科学上的重大发现，1824 年他被选为英国皇家学会会员。法拉第专心研究电化学的问题，经研究发现：当电流通过电解质溶液时，两极上会同时出现化学变化。法拉第通过对这一现象的定量研究，发现了电解定律。1833 年，法拉第提出了两条电解定律：（1）电解时，在电极上析出或溶解掉的物质的重量，与通过电极的电量成正比；（2）如通过的电量相同，则析出或溶解掉的不同物质的化学克当量数相同。电解 1 克当量的物质，所需用的电量叫 L 个"法拉第"，等于 96484C。人们为了纪念法拉第，把这两条电解定律称为"法拉第定律"。电解定律的发现，把电和化学统一起来了，这使法拉第成了世界知名的化学家。

拓展阅读二：诺贝尔化学奖获得者、"锂电之父"——古迪纳夫教授

古迪纳夫（Goodenough）老爷爷有一个"不够好"的童年：小时候孤独的他，一度患上了阅读障碍。18 岁"高考"前夕，古迪纳夫的父母离婚，但古迪纳夫还是咬牙考进了耶鲁。临出发前，父亲只给了他 35 美元（当时耶鲁的学费一年 900 美元）。后来，古迪纳夫靠给有钱人家的孩子当家教，再也没向家里要一分钱。大学期间，他充分探索了各种可能性，先后修了四个专业的课程，入学时读古典文学，毕业时拿的是数学学士学位，中途还转去过哲学系，化学只是其中两门选修课。毕业后赶上"二战"，古迪纳夫本想加入海军陆战队，但被数学老师阻止，到海岛上测量气象数据。战后想考物理研究生，被嗤之以鼻，"物理学里所有厉害的东西，人家在你这个年纪都已经搞完了，你现在才想着开始啊"？考物理研究生时，第一次没通过，又考了一次才过。古迪纳夫选择了凝聚态材料，终生没有再离开。拿着军方预算做了 24 年的磁性材料研究，做出了最初的 RAM 内存所用的材料，后因预算被砍，到处找下家，还差点去了革命前的伊朗。54 岁结下了电池之缘，迎来人生的重要转折点。1976 年，牛津大学化学系恰好出现了一个空缺，凭借在林肯实验室的出色工作，古迪纳夫得到了这个职位。在这里，他把研究领域转到了电池。57 岁找到了钴酸锂材料，解决了早期锂电池容易产生枝晶而爆炸的问题。由于之前的爆炸事故，没人愿意接这个领域，牛津甚至不愿帮忙申请专利，最终把专利送给了一个政府实验室。后来专利被索尼买走继续开发，成为了今

天各种便携设备电池的基础，而 Goodenough 教授没有拿到专利的钱。老爷爷本人对此事毫不在意："反正我做这个的时候也不知道会这么值钱（今天锂离子电池至少价值 350 亿美元）……我只知道这是件我应该做的事情。"因为牛津有 65 岁强制退休政策，所以他赶在 64 岁的时候去了得克萨斯，坚持科研直到今天。后来做出的锰酸锂电池在许多电动车里使用，75 岁的时候又做出了新的材料磷酸铁锂，比钴廉价得多也更加稳定，常用于电动工具。90 岁时，他又向液态电池的毒性污染发起了挑战，开始研究固态电池以提升容量和安全性，以及如何用更廉价易得的钠来取代锂。97 岁获得 2019 诺贝尔化学奖，成为有史以来年龄最大的诺奖得主。

拓展阅读三：储能芯片——一种新型的电化学储能器件

储能芯片是能够储存能量并持续为微型传感器件供能，支撑车联网、智能农业、医疗无线监控等技术发展的核心设备。传感器的微型化导致所匹配储能芯片的可用面积大幅降低，从而其可用容量也随之下降。面对迅猛发展的 5G 通讯、3C 电子等移动智能终端应用，储能芯片的面容量已难以满足需求。在储能芯片领域，武汉理工大学麦立强教授团队通过设计、构筑场效应储能芯片，实现了电化学工况下材料费米面梯度的原位调控和性能提升，提出了调制材料费米能级结构实现储能芯片性能倍增的新思路，使得电极材料离子迁移速率提高 10 倍，材料容量提高 3 倍以上；设计构筑了国际上第一个单根纳米线电化学储能器件（见下图)，实现了储能芯片电子输运及其电子结构的实时检测。

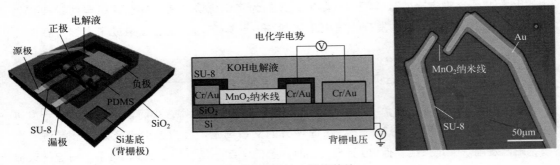

单根纳米线场效应储能芯片

思考题

1. 写出下列原电池的电极反应和电池反应：$Pt | H_2(p) | HCl(a) | AgCl(s) | Ag(s)$

2. 电化学分析法有哪些？

3. 试说明参比电极应具有的性能和用途。

扫码看答案

4. 291K 时下述电池：

Ag，AgCl | KCl（$0.05mol \cdot kg^{-1}$，$\gamma_\pm = 0.84$）‖ $AgNO_3$（$0.10mol \cdot kg^{-1}$，$\gamma_\pm = 0.72$）| Ag 电动势 $E = 0.4312V$，求 AgCl 的溶度积 K_{sp}。

5. 溶液中有哪几种传质方式，产生这些传质过程的原因是什么？

6. 什么是一次电池？一次的原因是什么？有何优点？

7. 试阐释一次电池和二次电池的区别。燃料电池和它们有什么不同？

8. 请写出石墨负极储锂的反应方程式。

参考文献

[1] 孙世刚，陈胜利. 电催化[M]. 北京：化学工业出版社，2013.

[2] 吴越，杨向光. 现代催化原理[M]. 北京：科学出版社，2005.

[3] 查全性. 电极过程动力学导论[M]. 北京：科学出版社，2002.

[4] Chorkendorff I, Niemantsverdriet J W. Concepts of modern catalysis and kinetics[M]. Weinheim：Wiley-VCH，2017.

[5] Bard A J, Faulkner L R. Electrochemical methods fundamentals and applications[M]. New York：John Wiley & Sons, Inc. ，2005.

[6] Bakker E, Bühlmann P, Pretsch E. Carrier-based ion-selective electrodes and bulk optodes. 1. General characteristics[J]. Chemical Reviews，1997，97(8)：3083-3132.

[7] Pungor E. Working mechanism of ionhselective electrodes[J]. Pure and applied chemistry，1992，64(4)：503-507.

[8] Sing K S W, Everett D H, Haul R A W, et al. Physical and biophysical chemistry division commission on colloid and surface chemistry including catalysis[J]. Pure and Applied Chemisrty，1985，57(4)：603-619.

[9] Faulkner L R. Understanding electrochemistry：some distinctive concepts[J]. Journal of Chemical Education，1983，60：262.

[10] Zhang X, Leddy J, Bard A J. Dependence of rate constants of heterogeneous electron transfer reactions on viscosity[J]. Journal of the American Chemical Society，1985，107(12)：3719-3721.

[11] Seo DH, Lee J, Urban A, et al. The structural and chemical origin of the oxygen redox activity in layered and cation-disordered Li-excess cathode materials[J]. Nature Chemistry，2016，8：692-697.

[12] Yan M, Wang P, Pan X, et al. Quadrupling the stored charge by extending the accessible density of states[J]. Chem，2022，8(9)：2410-2418.

第7章

材料制备原理

 教学要点

知识要点	掌握程度	相关知识
材料设计方法	熟悉材料化学制备的基本原理；了解材料化学设计的理论方法	经验法、半经验法、第一性原理法、分子动力学法、蒙特卡罗法、有限元法
固相化学反应	熟悉固相化学反应的分类和特点；掌握固相化学反应的过程及机理；了解固相化学反应的控制因素	固相反应热力学、固相反应动力学
液相化学反应	了解液相化学反应的分类和特点；掌握液相化学反应的过程及机理；熟悉液相化学反应的控制	化学共沉淀法、溶胶-凝胶法、水热合成法、微乳液法、热注入法等
气相化学反应	了解气相化学反应的分类和特点；掌握物理和化学气相反应的过程及机理	真空蒸镀、阴极溅射法、离子镀、化学气相沉积

　　新材料的发展，往往源于其他科学技术领域的需求，这促使材料化学与物理学、生物学、药物学等众多学科紧密结合。材料合成与加工技术的发展不断地对诸如生物技术、信息技术、纳米技术等新兴技术领域产生巨大影响。通过分子设计和特定的工艺，可以使材料具备各种特殊性质和功能，如高强度、特殊的光性能和电性能等，这些材料在现代技术中起着关键作用。例如，高速计算机芯片和固态激光器是一种复杂的三维复合材料，是运用各种合成手段、以微纳米尺度把不同性能的材料组合起来而得到的。本章着重阐述制备不同材料的基本原理和方法。

7.1 材料设计方法

7.1.1 材料设计方法概述

　　材料设计是材料科学中的一个新兴分支。20世纪50年代，苏联科学家在理论上提出了人工半导体超晶格概念，这是材料设计最早的设想。之后，材料科学虽有较大的发展，但研制新材料仍以传统的"炒菜"法为主，开发一种新材料，往往需要变换多种配方和工艺，制成许多样品，一一对其组成和性能进行测试，然后从中选出一种较合适的配方和制备工艺，这样导致实验工作量非常大，研制工作往往事倍功半，甚至事与愿违。为了提前预见实验结果，使实验工作更有针对性，日本科学家山岛良绩在1985年提出了"材料设计"的概念，将材料设计定义为利用现有材料、科学知识和实践经验，通过分析和综合，创造出满足特殊要求的新材料的一种活动过程，其目的是改进已有的配方和创造新材料。材料设计的目的，是按指定性能合成新材料，按生产要求设计最佳的制备和加工方法。因此，材料的组成与结构、性能及使用效能之间相互依赖关系的规律是材料化学研究的主要内容。

组成是指构成材料的物质的原子、分子的种类、数量及其分布；除主要组成以外，杂质及对材料结构与性能有重要影响的微量添加物亦不能忽略。

结构则指组成原子、分子在不同层次上彼此结合的形式、状态和空间分布，包括原子与电子结构、分子结构、晶体结构、相结构、晶粒结构、表面与晶界结构、缺陷结构等；在尺度上包括纳米、微米及更宏观的结构层次。材料的组成与结构是材料科学与工程的基本研究内容，它们指导材料的合成与制备，决定材料的性能和使用效能。

性能指材料固有的物理、化学等特性，也是确定材料用途的依据。广义地说，性能是材料在一定的条件下对外部作用的反应的定量表述。例如，对外力作用的反应为力学性能，对外电场作用的反应为电学性能，对光波作用的反应为光学性能等。

使用效能是材料以特定产品形式在使用条件下所表现的效能，它是材料的固有性能、产品设计、工程特性、使用环境和效益的综合表现，通常以寿命、效率、可靠性、效益及成本等指标衡量。因此与工程设计及生产制造过程密切相关，不仅有宏观的工程问题，还包括复杂的材料科学问题。例如，材料部件的损毁过程和可靠性往往涉及在特定的温度、气氛、应力和疲劳环境中材料的缺陷形成和裂纹扩展的微观机理。材料的使用效能是材料科学与工程所追求的最终目标，而且在很大程度上代表这一学科的发展水平。

7.1.2 材料设计的理论方法

材料化学设计主要指促使原子、分子结合而构成材料的化学与物理过程，既包括有关寻找新合成方法的科学问题，也包括以适当的数量和形态合成材料的技术问题；既包括新材料的合成，也包括已有材料的新合成方法（如溶胶凝胶法、微乳液法）及其新形态（如纤维、薄膜）的合成，还包括材料在宏观尺度上加工、处理、装配和制造等一系列过程，使之具有所需的性质和使用效能。合成与制备是提高材料性能、降低生产成本和提高经济效益的关键，也是开发新材料、新器件的首要环节。

（1）经验法

长期以来，材料研究通常采用配方法或常说的"炒菜"方式进行。该方法是根据大量的试验数据，对成分-组织-性能反复调整、试验，直到获得满意的材料为止。这种方法具有相当大的盲目性、费时、费力、经济损失大，已远远不能满足现代科技和社会的发展要求。此外，为了总结出材料的成分-组织-性能间的内在规律，常用统计学法对试验数据反复回归，得到一些回归方程，这些关系式对材料的研究、应用起到了一些积极作用。但是这些关系式都是在一定的生产条件下建立起来的，它仅适用于相应的生产条件；再者由于材料的制备过程是一个复杂的非线性系统，显然利用线性函数来考虑性能、组织和成分的这些关系式不是很理想的。

（2）半经验法

这种设计方法的基本原理是从已有的大量数据和经验事实出发，将材料的性能、组分等数据存放在数据库中，利用一些数学计算来完成材料设计。典型的材料数据库是日本工程中心自 1996 年开始建立的 LPF 数据库，该数据库涵盖了合金、金属间化合物、陶瓷、矿物等全部无机物材料的有关信息。在 LPF 数据库的基础上可建立一个知识-信息体系，通过计算有效地预测、开发新材料。要建立有效的知识体系，数学方法较为关键。常用的有热力学方法，即利用材料的一些特征数据（如自由能、扩散系数等）预测材料的性能；还可利用能带理论来设计一些合金元素在金属间化合物中的作用，以及利用量子力学理论计算合金的相结构等。

（3）第一性原理法

材料是由许多紧密排列的原子构成的，是一个复杂的多粒子体系。第一性原理法就是把由多粒子构成的体系理解为由电子和原子核组成的多粒子系统，并根据量子力学的基本原理最大限度地对问题实现"非经验性"处理。第一性原理的出发点是求解多粒子系统的量子力学薛定谔方程，在实际求解该方程时采用两个简化：一是绝热近似，即考虑电子运动时原子核是处于它们的瞬时位置上的，而考虑原子核的运动时不考虑电子密度分布的变化，将电子的量子行为与离子的经典行为视为相对独立；二是利用哈特利-福克自洽场近似地将多电子的薛定谔方程简化为单电子的有效势方程。事实上，基于第一原理的计算方法发展较快，如密度泛函理论（DFT）、准粒子方程（GW 近似）方法等。现在应用最广泛的是密度泛函理论，它是将多电子气系统简化成单电子系统，该理论认为系统基态物理性质是由其电子密度唯一确定的。在实际计算过程中，为了解决交换能与关联能的计算，常采用局域密度近似（LDA），即将非均匀电子气系统分割成一些小块，在这些小块中认为电子气是均匀的，这样，子块中的交换关联能只取决于该处的电子密度。虽然 LDA 取得了较好的计算效果，但也有不合理的计算结果，有待进一步完善。

（4）分子动力学法

分子动力学（molecular dynamic，MD）是从原子尺度上来研究体系的有关性质与时间和温度关系的模拟技术，它把多粒子体系抽象为多个相互作用的质点，通过对系统中的各质点的运动方程进行直接求解来得到某一时刻各质点的位置和速度，由此来确定粒子在相空间的运动轨迹，再利用统计计算方法来确定系统的静态特性和动态特性，从而得到系统的宏观性质。在计算中首先要确定势能函数，最简单的是双体势模型，一般就用兰纳-琼斯势（Lennard-Jones 势），即原子间作用势只与两个原子间距有关，而与其他原子无关。复杂的模型有镶嵌原子法（EAM），它是基于局域密度近似得到的多体势，势能函数不仅与两个原子间距有关，还与基体有关。各粒子的运动规律服从经典的牛顿力学，其内禀可用哈密顿量、拉格朗日量或牛顿运动方程来描述，在此基础上就可以计算原子的运动行为。这是一个反复迭代的过程，直到得到原子的运动轨迹，然后按照统计物理原理得出该系统相应的宏观物理特性。分子动力学模拟方法也较多，如恒压分子动力学方法、恒温分子动力学方法和现在应用较广泛的第一性原理分子动力学方法，后者不仅可以处理半导体问题和金属问题，还可用于处理有机物和化学反应。但是，分子动力学法模拟程序较复杂，计算量也较大。

（5）蒙特卡罗法

蒙特卡罗（Monte Carlo，MC）法也称随机抽样技术或统计试验方法，是以概率论和数理统计学为基础，通过统计试验来实现目标量的计算。蒙特卡罗法的基本思路是求解数学、物理化学问题时，将它抽象为一个概率模型或随机过程，使得待求解等于随机事件出现的概率值或随机事件的数学期望值。事实上，随机模型并没有改变多体问题的复杂本质，它只是提供了一种处理问题的有效方法，因此利用该方法研究粒子的瞬时分布和宏观量是很接近实际的。在统计物理学上，将宏观量看成是相应微观量在满足给定宏观条件下系统所有可能在微观状态上的平均值，因此它主要研究的是平衡体系的性质。此外，MC法的关键问题是抽样方法以及要有足够多的样本。虽然要进行多个抽样，但MC法具有程序简单、占用内存少、算法稳定等优点，因此用它来模拟晶体生长、碰撞、逾渗等问题。

（6）有限元法

有限元法是一种常规的数值解法，它是将连续介质采用物理上的离散与片分多项式插值来形成一个统一的数值化方程，非常方便计算机求解。该方法实质上是完成两个转变：从连续到离散和从解析到数值，因此可解决大多数力学问题，进行凝固模拟和晶体的塑性模拟等。有限元法与细观力学和材料科学相结合产生了有限元计算细观力学，它主要研究复合材料中组分材料间的相互作用力和定量描述细观结构与宏观性能间的关系。然而，有限元法由于是连续体的近似，它不能严格地包含单个晶格缺陷的真正动力学特性；而且在该尺度上，大多数的微观结构演化现象是高度非线性的。为克服这一困难，通常采用带有固态变量的状态量方法，该方法对于完成宏观和介观尺度上的模拟是非常有效的。

（7）机器学习方法

材料设计涉及材料的组分、工艺、性能之间的关系，但这些内在的规律往往不甚清楚，难于建立起精确的数学模型。对于材料设计，最关键的步骤是建立一个关联模型，该模型可以基于给定的材料-性质数据集，准确描述输入的特定于材料的特征（通常为结构特征）与感兴趣的特性之间的关系。经典模型的构建在很大程度上依赖于物理观点和机制，例如，使用守恒定律和热力学来从现有参考数据中导出参数（通常为线性或非线性）的数学公式。机器学习则采取了不同的途径：不再依赖原理或物理知识，而是仅根据现有的可用数据，就能以灵活且通常高度非线性的形式训练模型。若设计目标（如力学性能等）可用 $Y = [Y_1 \ Y_2 \cdots Y_m]^T$（$Y \in R^m$）表示，其相关因素（如化学成分、显微组织等）用 $X = [X_1 \ X_2 \cdots X_m]^T$（$X \in R^n$）表示，目的就是要找出一个从 R^n 到 R^m 的映射关系，使得 $Y = F(X)$。在材料科学中，材料的结构与感兴趣的性质之间通常存在复杂的关系，且使用传统的关联方法很难处理这些关系。而采用机器学习和相关算法模型，可以进行训练学习，并达到预测的目的，这是材料设计中其它方法难以比拟的。因此，机器学习方法已经成为预测材料性能、材料筛选和优化设计的重要工具。

7.2 固相化学反应

材料化学反应按反应物质状态，可分为固相化学反应、液相化学反应和气相化学反应。固相反应一般是指固体与固体间发生化学反应生成新的固相产物的过程。而在广义上，凡是有固相参与的化学反应都可称为固相反应，例如固体的热分解、氧化以及固体与固体、固体与液体之间的化学反应等都属于固相反应范畴之内。

7.2.1　固相化学反应的分类

固相反应按反应物质状态，可分为纯固相反应、有气体参与的反应（气固相反应）、有液相参与的反应（液固相反应）以及有气体和液体参与的三相反应（气液固相反应）。按反应机理划分，可分为扩散控制过程、化学反应速率控制过程、晶核成核速率控制过程和升华控制过程等。依反应性质划分，可分为氧化反应、还原反应、加成反应、置换反应和分解反应。

7.2.2　固相化学反应的特点

① 固相反应是固态直接参与化学反应。固态反应中，反应物可能转为气相或液相然后通过颗粒外部扩散到另一固相的非接触表面上进行反应。认为气相或液相也可能对固态反应过程起重要作用。

② 固相反应一般包括相界面上的反应和物质迁移两个过程。由于固体质点间作用力很大，扩散受到限制；而且反应组分局限在固体中，使反应只能在界面上进行。此时反应物浓度对反应的影响很小，均相反应动力学不适用。

③ 固相反应开始温度常远低于反应物的熔点或系统低共熔温度。这一温度与反应物内部开始出现明显扩散的温度相一致，常称为泰曼温度或烧结开始温度。不同物质的泰曼温度与其熔点（T_M）间存在一定的关系。例如，金属为（$0.3\sim0.4$）T_M；盐类和硅酸盐则分别为 $0.57T_M$ 和（$0.8\sim0.9$）T_M。当反应物之一存在多晶转变时，此转变温度也往往是反应开始变得显著的温度，这一规律常称为海德华定律。

7.2.3　固相化学反应的过程及机理

对于纯固相反应，其反应的熵变小到可认为忽略不计，即 $T\Delta S$ 趋于 0，因此 $\Delta G = \Delta H$。由于只有 $\Delta G < 0$ 反应才能进行，所以对纯固相反应来说，只有 $\Delta H < 0$，反应才能进行，换言之，能进行的纯固相反应总是放热反应。因此，从热力学观点看，没有气相或液相参与的固相反应，会随着放热反应而进行到底。但实际上，由于固体之间的反应主要是通过扩散进行，当反应物固体不能充分接触时，扩散受限，反应就不能进行到底，即反应会受到动力学因素的限制。固体混合物在室温下放置一段时间并没有可觉察的反应发生，为使反应以显著速度发生，通常必须将它们加热至高温，通常为 $1000\sim1500$℃。这表明热力学和动力学两种因素在固体反应中都极为重要：热力学因素判断反应能否发生，动力学因素则决定反应进行的速率。

（1）固相反应热力学

从化学热力学角度分析，固相反应总是在晶体物相中发生物质的局部传输时才发生的。因此固相化学反应就表现为组分原子或离子在化学势场或电化学势场中的扩散。离子化学势的局域变化便是固相反应的驱动力，扩散速率与驱动力成正比，比例常数就是扩散系数。此外，其它因素如温度、外电场、表面张力等也可以推动固相反应进行。例如，一个初始均匀的固溶体系在温度梯度的作用下，可以因热扩散作用发生分离现象；离子晶体中的离子在电场的作用下，可发生迁移或电解；烧结过程中固体趋向于表面积达到最小，因而使原子从表面曲率大的部位向曲率小的部位扩散等。

固相反应通常在较高温度下进行，对于一个固相反应 $a\mathrm{A}+b\mathrm{B}=c\mathrm{C}+d\mathrm{D}$ 在某一条件下反应是否可以进行，或在什么条件下才能进行，可用化学反应吉布斯自由能判据来判断。

$$\Delta_r G_m = 0，反应达到平衡；\Delta_r G_m < 0，反应自发进行 \tag{7-1}$$

若 $\Delta_r G_m > 0$，则反应不能在该条件下进行。但是可以通过反应耦合寻求新的合成反应途径使得固相反应得以进行。

（2）固相反应动力学

对于一个反应过程而言，反应发生的可能性及平衡转化率固然是很重要的因素，但有时反应速率的控制也是必须考虑的。如金刚石的密度为 $3.515\mathrm{g \cdot cm^{-3}}$，石墨的密度为 $2.260\mathrm{g \cdot cm^{-3}}$，由石墨转化为金刚石体积缩小，所以增加反应系统压力，对提高反应 C（石墨）→C（金刚石）的转化率有利。由热力学数据算出，298K 时将石墨转化为金刚石须在 15×10^8 Pa 以上的压力下才能进行，且在 298K 时转化太慢，无工业应用价值。实际人造金刚石合成是以 FeS、Ni、Cr、Fe、Mn 等金属为催化剂，在温度 1700K 和压力 6×10^8 Pa 下进行。

从动力学角度考虑，固相反应通常包含如下几个基本步骤：

① 吸附，包括吸附和解析；

② 在界面上或均相区内原子进行反应；

③ 在固体界面上或内部形成新物相的核，即形核反应；

④ 物质通过界面和相区的输运，包括扩散和迁移等；

⑤ 所形成的核的长大。

在各个步骤中，反应最慢的那个步骤就构成了整个过程的速度控制步骤。对于均相二元固相反应：

$$a\mathrm{A}+b\mathrm{B} \longrightarrow c\mathrm{C}+d\mathrm{D} \tag{7-2}$$

在实际研究时，往往将某种物质（如 B）的浓度过量很多，而另一种物质（如 A）浓度保持较低。这样在整个反应过程中，可近似认为 B 的浓度保持不变，然后将 A 的浓度成倍变化，测出反应进行一段时间 t 后 A 物质的浓度变化，即可求出 A 的反应级数，同理也可求出 B 物质的反应级数。

从上面的讨论可知，除了化学反应的标准吉布斯自由能不同外，影响固相反应的因素还有很多，除反应物本身的性质外，固相反应还与以下因素有关。

① 浓度的影响。一般增加反应物浓度会使反应向右进行得更彻底，从经济上考虑，若反

应物 A 较便宜，B 价格高，则可大量增加 A 的浓度，使 B 尽可能反应完全；若产物 C、D 中有一种为气态，则可以将其及时移走，使正向反应进行彻底。

② 反应温度的影响。温度升高有利于吸热反应进行，温度越高，反应转化率越高。对于放热反应，用冷水浴或冰浴使反应体系降温的办法可以把反应系统放出的热量不断地排出，有利于反应正向进行，提高产物的收率。但是反应温度降低，反应的速率随之降低，反应时间延长，降低了生产效率。

③ 接触界面大小。对于多相反应，反应速率取决于接触界面的大小，增加反应物表面积，可使反应速率大大加快。利用该原理，对于固相反应，可将固相反应物制成多孔状或将固体粉碎成粉末以增大接触面积，并采用压片、烧结、研磨、加温加压各种强制手段；对于液固反应还可持续搅拌来促使化学反应进行。即使这样，相对于液相和气相反应来说，固相反应的速率还是很低的。

以铁氧体晶体尖晶石类三元化合物的生成反应为例，其反应式如下：

$$MgO(s) + Al_2O_3(s) \longrightarrow MgAl_2O_4(s) \tag{7-3}$$

该反应属于反应物通过固相产物层扩散的加成反应。瓦格纳认为，尖晶石的形成是由两种正离子逆向经过两种氧化物界面扩散所决定的，氧离子不参与扩散迁移过程。为使电荷平衡，每 3 个 Mg^{2+} 扩散到右边界面，就有 2 个 Al^{3+} 扩散到左边界面，如图 7-1 所示。

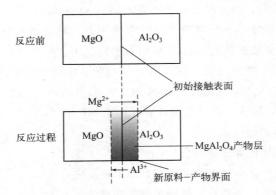

图 7-1　MgO 和 Al_2O_3 粉末固相反应合成 $MgAl_2O_4$ 示意

在理想情况下，两个界面上进行的反应可写成如下形式。

gO/$MgAl_2O_4$ 界面：　　　　$2Al^{3+} + 4MgO \longrightarrow MgAl_2O_4 + 3Mg^{2+}$ 　　　　(7-4)

$MgAl_2O_4$/MgO 界面：　　　　$3Mg^{3+} + 4Al_2O_3 \longrightarrow 3MgAl_2O_4 + 2Al^{3+}$ 　　　　(7-5)

④ 固体中的点阵缺陷。晶体越完整，反应性越小，缺乏完整性的地方（点阵缺陷）就是发生反应的部位。这种点阵缺陷包括原子级的点缺陷、位错、微晶点阵排列错乱、高角度晶界及微晶中位错网等。

⑤ 其他因素，如固体的活化状态、表面和界面特性等。对一些特殊的化学反应，外加的光、超声波、激光、放射线、电磁波都是影响反应速率的重要因素。

7.2.4 固相化学反应的控制因素

固相反应过程涉及相界面的化学反应和相内部或外部的物质扩散等若干环节，因此，除反应物的化学组成、特性和结构状态以及温度、压力等因素外，其他可能影响晶格活化、促进物质内外传输作用的因素均会对反应起影响作用。

（1）反应物化学组成与结构的影响

化学组成是影响固相反应的内因，是决定反应方向和速率的重要条件。从热力学角度看，在一定温度、压力条件下，反应可能进行的方向是自由能减小（$\Delta G < 0$）的过程，而且 ΔG 的负值愈大，该过程的推动力也愈大，沿该方向反应的概率也愈大。

另外，在同一反应系统中，固相反应速率还与各反应物间的比例有关。如颗粒相同的 A 和 B 反应生成 AB，若改变 A 与 B 的比例会改变产物层厚度、反应物表面积和扩散截面积的大小，从而影响反应速率。例如增加反应混合物中"遮盖"物的含量，则产物层厚度变薄，相应的反应速率也增加。

从结构的观点看，反应物的结构状态、质点间的化学键性质以及各种缺陷的多少都将对反应速率产生影响。如在实际应用中，可利用多晶转变、热分解、脱水反应等过程引起晶格效应来提高生产效率。

（2）反应物颗粒尺寸及分布的影响

在其他条件不变的情况下，反应速率受到颗粒尺寸大小的强烈影响。颗粒尺寸大小主要是通过以下途径对固相反应起影响的。

① 物料颗粒尺寸愈小，比表面积愈大，反应界面和扩散截面增大，反应产物层厚度减小，使反应速率增大。理论分析表明，反应速率常数值反比于颗粒半径的平方。表达式如下：

$$K \propto 1/R^2 \tag{7-6}$$

反应物料粒径的分布对反应速率的影响同样是重要的，由于平方反比关系，颗粒尺寸分布越是均一，对反应速率越是有利。因此缩小颗粒尺寸分布范围，以避免少量较大尺寸的颗粒存在而显著延缓反应进程，是在减小颗粒尺寸的同时应注意到的另一问题。

② 同一反应物系由于物料尺寸不同，反应速率可能会属于不同动力学范围控制。例如 $CaCO_3$ 与 MoO_3 反应，当取等分子比反应物并在较高温度（600℃）下反应时，若 $CaCO_3$ 颗粒大于 MoO_3，反应属扩散控制，反应速率主要随 $CaCO_3$ 颗粒减少而增大。倘若 $CaCO_3$ 与 MoO_3 分子比较大，$CaCO_3$ 颗粒度小于 MoO_3 时，由于产物层厚度减薄，扩散阻力很小，则反应将由 MoO_3 升华过程所控制，并随 MoO_3 粒径减小而加剧。

（3）反应温度、压力与气氛的影响

一般可以认为温度升高均有利于反应进行。这是由于温度升高，固体结构中质点热振动动能增大，反应能力和扩散能力均得到增强所致。

对于化学反应，其速率常数为：

$$k = A \exp\left(-\frac{E_a}{RT}\right) \tag{7-7}$$

对于扩散，其扩散系数为：

$$D = D_0 \exp\left(-\frac{Q}{RT}\right) \tag{7-8}$$

温度上升时，无论反应速率常数还是扩散系数都是增大的。但由于扩散活化能通常比反应活化能小，因此温度的变化对化学反应的影响远大于对扩散的影响。压力是影响固相反应的另一外部因素。对于纯固相反应，压力的提高可显著地改善粉料颗粒之间的接触状态，如缩短颗粒之间距离，增加接触面积等而提高固相反应速率。但对于有液相、气相参与的固相反应，扩散过程主要不是通过固相粒子直接接触进行的。因此提高压力有时并不表现出积极作用，甚至会适得其反。此外气氛对固相反应也有重要影响，它可以通过改变固体吸附特性而影响表面反应活性。对于一系列能形成非化学计量的化合物，如 ZnO、CuO 等，气氛可直接影响晶体表面缺陷的浓度、扩散机制和扩散速度。

（4）矿化剂及其他影响因素

在固相反应体系中加入少量非反应物质或由于某些可能存在于原料中的杂质，常会对反应产生特殊的作用，这些物质在反应过程中不与反应物或反应产物起化学反应，但它们以不同的方式和程度影响着反应的某些环节。矿化剂的作用主要有如下几方面：改变反应机制降低反应活化能，影响晶核的生成速率，影响结晶速率及晶格结构，降低体系共熔点，改善液相性质等。

例如，在 Na_2CO_3 和 Fe_2O_3 反应体系加入 $NaCl$，可使反应转化率提高 1.5～1.6 倍之多；在硅砖中加入 $1\% \sim 3\%$ ［$Fe_2O_3 + Ca(OH)_2$］作为矿化剂，能使其大部分 α-石英不断熔解析出 α-鳞石英，从而促使 α-石英向 α-鳞石英的转化。

7.3　液相化学反应

与固相化学反应不同，液相反应法特别适合制备组成均匀，且纯度高的复合氧化物超细粉。可以精确控制化学组成，并且超细粒子形状和尺寸也比较容易控制。液相合成的溶液由溶质和溶剂构成。一般来说，溶剂在反应中的作用主要有两个：一是提供反应场所，二是产生溶剂效应，即因溶剂的存在而使化学平衡或化学反应速率发生改变的效应。

7.3.1　液相化学反应的分类

液相合成方法有很多，如化学共沉淀法、溶胶-凝胶法、溶剂热合成法、微乳液法、热注入法等。

（1）化学共沉淀法

化学共沉淀法是溶液中含有两种或多种阳离子，以均相存在于溶液中，加入沉淀剂后，经过沉淀反应得到成分均一的沉淀。例如在制备纳米磁性四氧化三铁材料时，反应方程式为：

$$Fe^{2+} + 2Fe^{3+} + 8OH^- \longrightarrow Fe_3O_4 + 4H_2O \tag{7-9}$$

反应过程是：将六水合氯化铁与七水合硫酸亚铁按照一定比例混合后溶解，加入三颈烧瓶中，利用滴液漏斗在氮气氛围下加入一定浓度的氨水作为沉淀剂，使体系溶液的 pH≥10，剧烈搅拌，水浴恒温，用蒸馏水洗涤到中性，倾倒上层清液后干燥研磨，即可得到纳米四氧化三铁材料。化学共沉淀法一次可以同时获得几个组分，各个组分之间比例稳定，分布均匀。而且作为工业生产的方法来讲，具有制备工艺简单、成本低、制备条件易于控制、合成周期短等优点。沉淀物粒径均匀、易于控制，沉淀物通常是氢氧化物或水合氧化物，也可以是草酸盐、碳酸盐等。由于是水合反应，沉淀物的尺寸、粒径、均一性受到溶液体系的严格制约，因而在实际使用和制备的过程中需要严格控制沉淀剂的流量，反应体系的 pH 和温度。

（2）溶胶-凝胶法

溶胶-凝胶法就是用含高化学活性组分的化合物作前驱体，在液相下将原料均匀混合，进行水解、缩合后在溶液中形成溶胶体系，溶胶再经过陈化成为具有网状结构的凝胶，凝胶干燥后得到材料。多用于有机酯类化合物或金属醇盐以及部分硅烷材料的制备。例如利用溶胶-凝胶法制备二氧化硅增透膜时，将正硅酸乙酯、水、HCl 和无水乙醇按照一定比例依次加入到反应瓶中，反应 2 小时陈化 7 天后即可得到反应溶胶。之后将溶胶镀在基片表面，热处理后即可得到凝胶。反应方程式如下：

$$Si(OC_2H_5)_4 + 4H_2O \longrightarrow Si(OH)_4 + 4C_2H_5OH（水解） \tag{7-10}$$

$$nSi(OH)_4 \longrightarrow nSiO_2 + 2nH_2O（缩聚） \tag{7-11}$$

溶胶不同于传统的粉状原材料，反应物在液相环境下均匀，反应产物是稳定的溶胶体系，长时间放置后得到凝胶，利用蒸发脱水除去凝胶中的液相。反应的优点是温度低、反应过程易于控制、制品的均匀度和纯度高、化学计量准确、易于改性、工艺简单。但是也存在一定的缺点，例如反应原料多为有机化合物、成本较高、陈化时间较长、凝胶可能开裂；如果烧成不够完善，制品会残留细孔等缺陷。

（3）溶剂热合成法

溶剂热合成法是在密封的压力容器内，使粉体溶解于溶剂中继而再结晶制备材料的方法。将一定形式的前驱物放置在高压釜溶液中，在高温、高压条件下进行反应，再经分离、洗涤、干燥等后处理得到粉体。例如用水热法合成三聚氰酸的过程中，先煅烧三聚氰胺制备 g-C_3N_4，将制备的原料和稀硝酸按照一定比例加入到水热反应釜中，在高压 140℃下反应 2 小时，冷却至室温后旋转蒸发干净得到产物。溶剂热合成法的优点是在高温高压的环境下，反应活性高，可以制备固相反应难以制出的材料，能够合成熔点低，蒸气压高的物质，并且可以均匀掺杂。得到的粉末纯度高，晶型好。不足之处是需要高温高压，对设备要求较高，也制约着成本。

（4）微乳液法

微乳液法是利用互不相溶的溶剂在表面活性剂的作用下形成乳液，在微乳中成核、聚结、团聚。例如用微乳液法制备第二元金属氧化物 $MnFe_2O_4$ 时，将表面活性剂双（2-乙基己基）琥珀酸酯磺酸钠气溶胶溶解在乙二醇和去离子水的混合溶液中，对半分后一半加入硫酸亚铁乙酸锰，另一半加入草酸钠，之后两份溶液混合搅拌 12 小时后得到沉淀物，漂洗，煅烧后得到微晶。微乳液法的优点是在纳米颗粒表面覆盖着一层表面活性剂分子，使纳米粒子不容易聚集，而且可以通过不同的表面活性剂分子对纳米表面进行修饰来控制纳米粒子的大小，得到的纳米粉体粒径分布窄，形态规则，分散性好。

（5）热注入法

热注入法是采用快速注入方式在特定温度下将前驱体溶液注入到反应溶液中使纳米晶体快速成核并且生长。由于前驱体的注入使得溶液的过饱和度瞬间增大，发生均匀成核，随着成核的进行，反应终止。热注入法具有反应时间短、设备简单、条件温和、产物单分散性好、尺寸可控等优点，但是该方法可以制备的材料有限，还有待相关研究人员进一步研究。例如，热注入法合成钙钛矿量子点，注入前驱体后几秒钟就需要通过外部冷却使合成终止，从而获得高质量量子点，图 7-2 展示了热注入法的急冷过程。高温热注入法是广泛应用于多个领域的经典化学合成方法，该方法的特点之一是需要外部物理冷却来使系统热力学低于反应阈值从而快速终止化学合成。

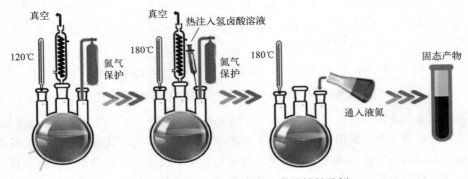

图 7-2　采用热注入法合成纳米晶材料示例

7.3.2　液相化学反应的特点

液相反应法是当前实验室和工业上广泛采用的合成高纯超细粉的方法。其主要优点为：

① 精确控制化学组成；

② 易于添加微量有效成分；

③ 超细粒子形状和尺寸也比较容易控制。

特别适合制备组成均匀且纯度高的复合氧化物超细粉。

7.3.3　液相化学反应的过程及机理

液相合成的溶液由溶质和溶剂构成。一般来说，溶剂在反应中的作用主要有两个：一是提供反应场所，二是产生溶剂效应，即因溶剂的存在而使化学平衡或化学反应速率发生改变的效应。溶剂的作用可以是物理的也可以是化学的。物理效应如溶剂化作用，是指在溶剂中反应物发生离解，这些离子又与溶剂作用成为溶剂化的离子，如 H^+ 在水中以溶剂化 H_3O^+ 的形式存在。其次，溶剂的黏度等动力性质直接影响传能传质速率，溶剂的介电性质对离子反应也有影响。溶剂的化学效应主要指溶剂分子的催化作用和溶剂分子作为反应物或产物参与化学反应。一般反应物与生成物在溶液中都能或多或少地形成溶剂化物。如溶剂分子与反应物的任何一种分子生成不稳定的溶剂化物，则一般使反应的活化能升高，从而降低反应速率。生成物与溶剂形成溶剂化物，对反应的进行是有利的。

如图7-3所示，图中A和B代表液相分子，在溶液反应中，溶剂是大量的，溶剂分子环绕在反应物分子周围，好像一个笼子把反应物围在中间，使同一笼中的反应物分子进行多次碰撞，其碰撞频率并不低于气相反应中的碰撞频率，因而发生反应的机会也较多，这种现象称为笼效应。对有效碰撞次数较小的反应，笼效应对其反应影响不大；对活化能很小的反应（如自由基反应），一次碰撞就有可能反应，笼效应会使这种反应速率变慢，此时分子的扩散为速率控制步骤。

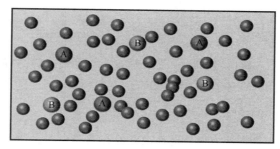

图 7-3　液相反应示意

反应物分子处于某一个溶剂笼中，发生连续重复的碰撞，称为一次遭遇，直至反应物分子被挤出溶剂笼，扩散到另一个溶剂笼中。在一次遭遇中，反应物分子有可能发生反应，也有可能不发生反应。每次遭遇在笼中停留的时间约为 $10^{-12} \sim 10^{-11}$ s，进行约 $100 \sim 1000$ 次碰撞，频率与气相反应近似。

溶剂对反应速率的影响是十分复杂的，主要有：

① 溶剂介电常数的影响。介电常数大的溶剂会降低离子间的引力，不利于离子间的化合反应。

② 溶剂极性的影响。如果生成物的极性比反应物大，则极性溶剂能加快反应速率，反之亦然。

③ 溶剂化的影响。反应物分子与溶剂分子形成的化合物较稳定，会降低反应速率；若溶剂能使活化配合物的能量降低，则降低活化能而使反应加快。

④ 离子强度的影响。离子强度会影响有离子参加的反应速率，使离子反应速率变大或变小，这就是原盐效应。

7.3.4　液相化学反应的控制

（1）生成物粒度分布的控制

在溶液反应中，要控制所生成沉淀粒子的大小、形貌、粒度分布等，才有可能制得符合要求的反应产物。如普通沉淀反应过程中，由于反应物浓度和pH值不断变化、反应物和溶剂局部不均匀，会导致生成的沉淀颗粒大小不均匀。为了获得均匀分布的沉淀颗粒，可采用均匀沉淀法。均匀沉淀法是采用尿素、硫代乙酰胺等作沉淀剂，在沉淀反应过程中沉淀通过化学反应缓慢而均匀地产生，从而使沉淀在整个溶液中均匀、缓慢发生。由于成核条件一致，因此可获得颗粒均匀、结晶较好、纯净且容易过滤的沉淀。

若控制溶液为酸性，随温度的升高，尿素水解生成 CO_2，可代替 H_2CO_3 作均匀沉淀剂，促使碳酸盐生成；若控制溶液为碱性，随温度的升高，尿素逐渐水解生成 CO_3^{2-} 和 NH_3，使溶液 pH 进一步增大，可代替 Na_2CO_3 作均匀沉淀剂，生成碳酸盐或金属氢氧化物；也可能形成混合沉淀。该均匀沉淀法可制备颗粒均匀分布的 ZnO 等粉末。

采用硫代乙酰胺作均匀沉淀剂时，在酸性溶液中水解反应如下：

$$CH_3CSNH_2 + H_2O \longrightarrow CH_3CONH_2 + H_2S \tag{7-12}$$

在碱性溶液中硫代乙酰胺的水解反应为：

$$CH_3CSNH_2 + 3OH^- \longrightarrow NH_3 + CH_3COO^- + S^{2-} + H_2O \tag{7-13}$$

在酸性或碱性溶液中，硫代乙酰胺可代替 H_2S 或 Na_2S 作硫化物的均匀沉淀剂，该均匀沉淀法可制备颗粒均匀分布的 ZnS、CdS 等粉末。

（2）生成物颗粒大小的控制

以油包水（W/O）型微乳液为例，这种微乳液往往是由水、油（有机溶剂）、表面活性剂和助表面活性剂组成的透明或半透明、各相同性的热力学稳定体系，由 W/O 型微乳液制备的粒子具有颗粒细小、大小均一、稳定性好的特点。微乳液中含有大量的表面活性剂和助表面活性剂，形成大量的胶束，其大小一般在几纳米到几十纳米之间，尺度小且彼此分离，是理想的微型反应器。当含有反应物 A、B 的两种微乳液混合后，由于胶团颗粒的碰撞，发生了水核内物质的相互交换或传递，各种化学反应（包括氧化-还原反应、沉淀反应、光引发反应等）就在水核内进行（成核和生长），已经在水核内生成的颗粒其物质的再交换将被控制。因为这种再交换需要胶团在相互碰撞时产生一个大的空洞，并且胶团的表面活性剂膜的曲率发生巨大的变化，从能量观点看，这种变化是难以实现的。一旦水核内的粒子长到最后尺寸（接近胶束大小），表面活性剂分子将附在粒子的表面，使粒子稳定并防止其进一步长大，因此最终得到的颗粒粒径受水核大小所制约。水核大小又可以通过改变微乳液组成（表面活性剂的种类、浓度等）而变化，因此在微乳液体系中可制备出单分散性好、尺寸可控的超细粉末。

（3）生成物颗粒形貌的控制

材料不仅具有一定组成和性能，还要求材料（特别是粉末）具有特定的形貌（形状）。如在食品、化工、冶金、制药等行业常常要求粉末颗粒为球形。为控制粉末球形度，可以在沉淀生成后，将沉淀洗涤，然后用喷雾干燥等方法获得球形粉末颗粒。喷雾干燥是利用雾化器将料液分散为细小的雾滴，并在热干燥介质中迅速蒸发溶剂形成干粉产品的过程，一般喷雾干燥包括四个阶段：料液雾化、雾滴与热干燥介质接触混合、雾滴的蒸发干燥、干燥产品与干燥介质分离。料液的形式可以是溶液、悬浮液、乳浊液等用泵可以输送的液体形式，雾滴在干燥的过程中由于表面张力的作用而球化，因此控制干燥工艺就可以得到球形度好的粉状产品。

7.4 气相化学反应

气相沉积技术是近30年来迅速发展的一种新技术，它是利用气相中发生的物理、化学过程，改变工件表面成分，在表面形成具有特殊性能（例如超硬耐磨或特殊的光学、电学性能）的金属或化合物涂层的新技术。气相沉积通常是在工件表面覆盖厚度约 $0.5\sim10\mu m$ 的一层过渡元素（钛、钒、铬、锆、钼、钽、铌及铪）与碳、氮、氧和硼的化合物。气相沉积是模具表面强化的新技术之一，已广泛应用于各类模具的表面硬化处理。

7.4.1 气相化学反应的分类

气相沉积法分为物理气相沉积法（physical vapor deposition，PVD）和化学气相沉积法（chemical vapor deposition，CVD），前者不发生化学反应，后者发生气相的化学反应。化学气相沉积过程中有化学反应，多种材料彼此反应，生成新的材料。物理气相沉积中没有化学反应，材料仅仅形状有改变。物理气相沉积技术优点是工艺进程简略、无污染、耗材少、成膜均匀致密、沉积材料与基体的结合力强，缺点是膜-基体结合力弱，镀膜不耐磨并有方向性，化学杂质难以去除。物理气相沉积技术可制作金属膜、非金属膜，又可按要求制作多成分的合金膜，成膜速度快，膜的绕射性好。

7.4.2 气相反应的特点

气相沉积法的特点如下：

① 沉积物种类多。可以沉积金属薄膜、非金属薄膜，也可以按要求制备多组分合金的薄膜，以及陶瓷或化合物层。

② CVD 反应在常压或低真空下进行，镀膜的绕射性好，对于形状复杂的表面或工件的深孔、细孔都能均匀镀覆。

③ 能得到纯度高、致密性好、残余应力小、结晶良好的薄膜镀层。

④ 由于薄膜生长的温度比膜材料的熔点低得多，因此可以得到纯度高、结晶完全的膜层，这是有些半导体膜层所必须的。

⑤ 通过调节沉积的参数，可以有效地控制覆层的化学成分、形貌、晶体结构和晶粒度等。

⑥ 设备简单、操作维修方便。

7.4.3 物理气相反应的过程及机理

物理气相沉积包括气相物质的产生、气相物质的输送、气相物质的沉积三个基本过程。根据机理主要有以下几种方法。

（1）真空蒸镀

真空蒸镀，或真空蒸发沉积（vacuum evaporation depostion），是在真空条件下通过加热蒸发某种物质使其沉积在固体表面。此技术最早由法拉第于1857年提出，现已成为常用镀膜技术之一，用于电容器、光学薄膜、塑料等的真空蒸镀、沉积膜等领域。例如光学镜头表面的减反增透膜一般用真空蒸镀法制造。蒸镀原理如图 7-4 所示，蒸发物质如金属、化合物等置于坩埚内或挂在热丝上作为蒸发源，待镀工件如金属、陶瓷、塑料等的基片置于坩埚前方。待系统抽至高真空后，加热坩埚使其中的物质蒸发。蒸发物质的原子或分子以冷凝方式沉积在基片表面，薄膜厚度可由数百埃至数微米。膜厚决定于蒸发源的蒸发速率和时间（或决定于装料量），并与源和基片的距离有关。对于大面积镀膜，常采用旋转基片或多蒸发源的方式以保证膜层厚度的均匀性。从蒸发源到基片的距离应小于蒸气分子在残余气体中的平均自由程，以免蒸气分子与残气体分子碰撞产生化学作用。

蒸发手段有三种类型。一是电阻加热，将难熔金属如钨、钽制成舟箔或丝状，通以电流，加热在它上方的或置于坩埚中的蒸发物质。电阻加热主要用于蒸发 Ca、Pb、Al、Cu、Cr、Au、Ni 等材料。二是用高频感应电流加热埚和蒸发物质。三是用电子束轰击材料使其蒸发，适用于蒸发温度较高（不低于 2000℃）的材料。蒸发镀膜与其他真空镀膜方法相比，具有较高的沉积速率，可镀制单质和不易热分解的化合物膜。使用多种金属作为蒸镀源可以得到合金膜，也可以直接利用合金作为单一蒸镀源，得到相应的合金膜。

（2）阴极溅射法

阴极溅射法（cathode sputtering）又称溅镀，它是利用高能粒子轰击固体（靶材）表面，使得靶材表面的原子或原子团获得能量并逸出表面，然后在基片（工件）的表面沉积形成与靶材成分相同的薄膜的方法，分为高频溅镀和磁控溅镀。常用的阴极溅射设备结构如图 7-5 所示。

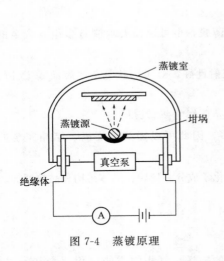

图 7-4　蒸镀原理

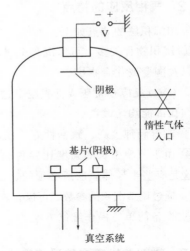

图 7-5　阴极溅射设备结构示意

通常将欲沉积的材料制成板材作为靶，固定在阴极上，待镀膜的工件置于正对靶面的阳极上，距靶几厘米。系统抽至高真空后充入 1～10 Pa 的惰性气体（通常为氩气）。在阴极和阳极间加几千伏电压，两极间即产生辉光放电。放电产生的正离子在电场作用下飞向阴极，与靶表面原子碰撞，受碰撞从靶面逸出的靶原子称为溅射原子，其能量在 1 电子伏特至几十电子伏特范围。溅射原子在工件表面沉积成膜。

阴极溅射法中，溅射的原子有大的能量，初始原子撞击基片表面即进入几个原子层深度，这有助于薄膜层与基片间的良好附着力。溅射法的另一个优点是可以改变靶材料产生多种溅射原子，并不破坏原有系统，因此可以形成多层薄膜。溅射法广泛应用在诸如由元素硅、钛、铌、钨、铝、金和银等形成的薄膜，碳化物、硼化物和氮化物在金属工具表面形成薄膜，以及形成软膜如硫化钼，还用于光学设备上的防太阳光氧化物薄膜等。相似的设备也可以用于非导电的有机高分子薄膜的制备。溅镀的缺点是靶材的制造受限制、析镀速率低等。

（3）离子镀

离子镀（ion plating）就是蒸发物质的分子被电子碰撞电离后以离子沉积在固体表面。它是真空蒸镀与阴极溅射技术的结合。离子镀系统的主要作用机理为：将基片台作为阴极，外壳作阳极，充入工作气体（氩气等惰性气体）以产生辉光放电。从蒸发源蒸发的分子通过等离子区时发生电离，正离子被基片台负电压加速打到基片表面，未电离的中性原子（约占蒸发料的95%）也沉积在基片或真空室壁表面。电场对离子化的蒸气分子的加速作用（离子能量几百至几千电子伏特）和氩离子对基片的溅射清洗作用，使膜层附着强度大大提高。离子镀工艺综合了蒸发（高沉积速率）与溅射（良好的膜层附着力）工艺的特点，并有很好的绕射性，可为形状复杂的工件镀膜。另外，离子镀还改善了其他方法所得到的薄膜在耐磨性、耐摩擦性、耐腐蚀性等方面的不足。

7.4.4　化学气相反应的过程及机理

化学气相沉积（CVD）是借助空间气相化学反应在基材表面上沉积固态薄膜的技术。化学气相沉积过程的基本步骤与物理气相沉积不同的是，沉积粒子来源于化合物的气相分解反应。通常 CVD 的反应温度范围约为 $900 \sim 2000 ℃$，取决于沉积物的特性。中温 CVD 的典型反应温度大约为 $500 \sim 800 ℃$，它通常是通过金属有机化合物在较低温度的分解来实现的，所以又称金属有机化合物 CVD（MOCVD）。MOCVD 的优点是可以在热敏感的基体上进行沉积；其缺点是沉积速率低、晶体缺陷密度高、膜中杂质多。用 MOCVD 可沉积氧化物、氮化物、碳化物和硅化物等镀层。此外等离子体增强 CVD（PECVD）以及激光 CVD（LCVD）中气相化学应由于等离子体的产生或激光的辐照得以激活，也可以把反应温度降低。

典型的化学气相沉积系统如图 7-6 所示。两种或两种以上的气态原材料导入反应沉积室内，然后气体之间发生化学反应，形成一种新的材料，沉积到基片表面上。气体的流动速率由质量流量控制器（mass flow controller，MFC）控制。

以 $TiCl_4$ 的气相沉积工艺为例，工艺参数对气相沉积的影响如下。

① 气体中的氧化性组分（如微量氧、水蒸气）对沉积过程有很大影响。有氧存在时，沉积物的晶粒剧烈长大，并有分层现象产生。故选用的气体不仅纯度要高（如氢气要求 99.9%以上），而且在通入反应室前必须经过净化，以除去其中的氧化性成分。

② 沉积过程的温度要控制适当。

③ 在沉积过程中还必须严格控制气体的流量以及含碳气体与金属卤化物的比例。

④ 沉积时间应由所需镀层厚度决定，沉积时间愈长，所得镀层愈厚，反之镀层愈薄。

⑤ 零件在镀前应进行清洗和脱脂，还应在高温气流中做还原处理。对于尺寸较大的零件，为脱除溶解在基体中的气体，增加镀层与基体的结合力，还必须进行真空脱气。

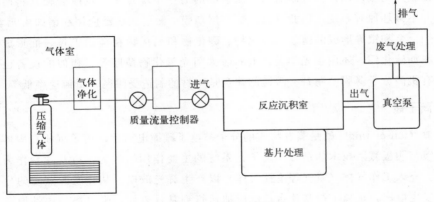

图 7-6　化学气相沉积系统

 拓展阅读

拓展阅读：金属玻璃

　　金属玻璃具有独特的无序原子结构，使其拥有优异的机械和物理化学特性，在能源、通信、航天、国防等高技术领域有广泛应用，是现代合金材料的重要组成部分。由于金属玻璃在接近玻璃化转变温度时会发生塑性流动，导致机械强度显著降低，严重限制了它们的高温应用。虽然目前已开发出玻璃化转变温度大于 1000K 的金属玻璃，但由于其过冷液相区（介于玻璃化转变温度和结晶温度之间的温度区间）很窄，导致其玻璃形成能力不足，难以形成大尺寸材料；且导致其热塑成形性能很差，难以进行零部件加工。上述问题的关键在于金属玻璃形成成分的合理设计，迄今为止发现的具有特定性能的金属玻璃还主要是反复试验和尝试的结果。

　　中国科学院物理研究所柳延辉研究组与合作者基于材料基因工程理念开发了具有高效性、无损性、易推广等特点的高通量实验方法，设计了一种 Ir-Ni-Ta-(B) 合金体系，获得了高温块体金属玻璃，其玻璃化转变温度高达 1162K。新研制的金属玻璃在高温下具有极高强度，1000K 时的强度高达 3700MPa，远远超出此前报道的块体金属玻璃和传统高温合金的强度。该金属玻璃的过冷液相区达 136K，宽于此前报道的大多数金属玻璃，其形成能力可达到 3mm，并使其可通过热塑成形获得在高温或恶劣环境中应用的小尺度部件。该研究开发的高通量实验方法具有很强的实用性，颠覆了金属玻璃领域 60 年来"炒菜式"的材料研发模式，证实了材料基因工程在新材料研发中的有效性和高效率，为解决金属玻璃新材料高效探索的难题开辟了新的途径，也为新型高温、高性能合金材料的设计提供了新的思路。

思考题

1. 简述材料的设计方法有哪些。
2. 固相反应受哪些因素影响，这些因素是如何影响固相反应的？
3. 从动力学考虑，固相反应通常包含哪几个基本步骤？
4. 请阐述液相反应的一般机理。
5. 液相反应可分为几类？简述液相反应的影响因素。
6. 气相反应中，对于电阻加热这一蒸发手段，电阻加热源主要用于蒸发哪些材料？
7. 请阐述阴极溅射法的反应过程。
8. 简述气相反应的分类和特点。
9. 对于气相沉积来说，工艺参数对它的影响有哪些？

扫码看答案

参考文献

[1] Luo P，Zhou S，Xia W，et al. Chemical vapor deposition of perovskites for photovoltaic application [J]. Advanced Materials Interfaces，2017，48：1600970.

[2] Jones A C，Hitchman M L. Chemical vapour deposition：precursors，processes and applications [M]. Royal Society of Chemistry，2009.

[3] Jones A C，O'Brien P. CVD of compound semiconductors[J]. VCH，Weinhemn，1997：22-23.

[4] Luo P，Liu Z，Xia W，et al. Uniform，stable，and efficient planar-heterojunction perovskite solar cells by facile low-pressure chemical vapor deposition under fully open-air conditions［J］. ACS Applied Materials & Interfaces，2015，7(4)：2708-2714.

[5] Chen J，Luo Z，Fu Y，et al. Tin(Ⅳ)-tolerant vapor-phase growth and photophysieal properties of aligned cesium tin halide perovskite (CsSnX$_3$；X＝Br，I) nanowires[J]. ACS Energy Letters，2019，4(5)：1045-1052.

[6] Han M，Sun J，Peng M，et al. Controllable growth of lead-free all-inorganic perovskite nanowire array with fast and stable near-infrared photodetection[J]. The Journal of Physical Chemistry C，2019，123(28)：17566-17573.

[7] Chen J，Fu Y P，Samad L，et al. Vapor-phase epitaxial growth of aligned nanowire networks of cesium lead halide perovskites (CsPbX$_3$，X＝Cl，Br，I)[J]. Nano Letters，2017，17(1)：460-466.

[8] 王德心. 固相有机合成原理及应用指南[M]. 北京：化学工业出版社，2004.

[9] 周旭光. 无机化学[M]. 北京：清华大学出版社，2012.

第8章

金属材料的制备

 教学要点

知识要点	掌握程度	相关知识
金属的热分解制备	熟练掌握热分解法的经典方程式；了解金属有机物热分解制备无机膜的工艺流程	金属氧化物热分解法、金属硫化物焙烧法、金属有机物热分解法、卤化物热分解法
金属的热还原制备	掌握不同压力状态下的经典反应方程式	金属氧化物的热还原、金属卤化物的热还原
金属的电解制备	掌握电解反应方程式	氯化钠、水的电解反应
铜的电解精炼	熟练掌握铜的电解反应方程式；了解电解过程中的杂质种类；了解铜的电解生产流程	铜的阴、阳极电解反应，杂质分类，电解精炼生产过程
合金的制备	掌握合金的基本类型；清楚区分各类型的特点及差异	低共熔混合物、金属固溶体、金属化合物

金属元素大多以化合物（如氧化物、硫化物、卤化物等）的形式存在于自然界中，而在工业加工中，通常需要将各种金属单质与其他物质（包括金、非金属）熔炼成具有特殊性质的合金用于实际的生产和生活，因此将金属元素从矿石中化合物的形式转变成金属单质的方法（金属提炼）非常重要。为了将金属从矿石中提炼出来，首先需要将所需的矿石富集起来，除去杂质，提高可提炼矿石的含量；其次，利用各种金属的制备方法（如金属的热还原、热分解、电解等方法）将矿石提炼成较高纯度的金属；最后再通过金属的熔炼合成合金。本章主要从金属本身的性质出发，介绍金属的精炼以及部分合金的制备。

8.1 金属材料概述

人类的发展和社会的进步离不开对金属材料的需求。根据考古发现，我国早在六千多年前已掌握自然金属如金、黄铜的锻打技术，在四千年前各种青铜器开始盛行，对于生铁的冶炼和使用也可追溯到两千五百多年前的春秋战国时期，我们的祖先在生产实践中就已根据铜、铁的性能随温度和压力的变化而变化这一特性，将白口铸铁的柔化处理工艺用于制造农具，这比欧洲要早一千八百多年。18世纪60年代的第一次工业革命，钢铁工业的发展开创了机器代替手工劳动的时代，成为产业革命的重要内容和物质基础。其中，英国金相学家Sorby在1864年制备了第一张金相照片，这在科学界具有重大意义。在19世纪中叶的第二次工业革命中，现代平炉和转炉镍管炼钢技术的出现，使人类真正进入了钢铁时代。与此同时，铜、铅、锌大量得到应用，铝、镁、钛等金属也相继问世并得到应用。直到20世纪，金属材料在材料工业中一直占有主导地位。21世纪人类更是将金属材料开发到了极致，各行各业都已经离不开金属材料的制备和发展。

金属材料是指有光泽，延展性好，容易导电、传热等性质的材料。一般分为黑色金属和有色金属两种。黑色金属又称钢铁材料，包括杂质总含量小于 0.2% 及含碳量不超过 0.0218% 的工业纯铁，含碳 0.0218%~2.11% 的钢，含碳大于 2.11% 的铸铁。广义的黑色金属还包括铬、锰及其合金。有色金属是指除铁、铬、锰以外的所有金属及其合金，通常分为轻金属、重金属、贵金属、半金属、稀有金属和稀土金属等。有色合金的强度和硬度一般比纯金属高，并且电阻大、电阻温度系数小。轻金属一般指密度小于 4.5g/cm^3 的有色金属，如铝、镁、钠、钾、钙、锶、钡等。重金属一般指密度大于 4.5g/cm^3 的有色金属，如铜、镍、铅、锌、钴、锡、汞、锡等。

8.2 金属的热分解制备

将金属氧化物、碘化物、羰基化合物、氢化物等进行高温加热使其分解可制得纯金属，这些方法统称为金属的热分解法。热分解法对不活泼金属的提炼十分有效，按电极电势划分，活性低于氢的某些不活泼金属氧化物仅通过加热就能制得纯金属。此外，热分解制备法不仅适用于金属单质，还可用于合金金属的制备。其制备流程是首先将所配制的金属盐溶液经过压缩空气雾化器雾化，然后通过载流气体的带动将雾体喷进放置有基板加热的容器中，雾体经过高温加热后去除多余溶剂，并进一步分解沉积在基板上而制得合金，该方法适用于制备多种合金薄膜。下面分别介绍几种常见的金属热分解制备方法。

（1）金属氧化物热分解法

一些不活泼金属（例如金、银、汞、铂和钯等）的氧化物，通常在大气压下具有较低的热分解温度，通过热分解法很容易将金属氧化物还原为金属单质。例如汞、银和钯的热分解反应式分别如下：

$$2HgO \xrightarrow{\triangle} 2Hg + O_2 \tag{8-1}$$

$$2Ag_2O \xrightarrow{\triangle} 4Ag + O_2 \tag{8-2}$$

$$2PdO \xrightarrow{\triangle} 2Pd + O_2 \tag{8-3}$$

（2）金属硫化物焙烧法

大部分的金属硫化物在空气中不能直接加热将其还原达到提炼金属的目的，只有少数金属硫化物（简写为 MeS），如银、汞以及铂族等金属的硫化物可以直接加热得到金属单质。其方程式如下：

$$MeS + O_2 \xrightarrow{\triangle} Me + SO_2 \tag{8-4}$$

根据热力学反应依据，上述金属对硫、氧的亲和力都很小，而硫和氧的亲和力较大，容易形成稳定的二氧化硫（SO_2），因此促进反应顺利向右进行。

一个典型的例子就是 HgS 的挥发焙烧，在加热条件下硫化汞与空气中的氧反应，生成 Hg 单质和 SO_2，其反应式如下：

$$HgS + O_2 \xrightarrow{\triangle} Hg + SO_2 \tag{8-5}$$

更明确的反应式为：

$$HgS + O_2 \longrightarrow Hg(l) + SO_2 \text{ 或 } Hg(g) + SO_2 \tag{8-6}$$

通过下列反应的热力学数据可以对比生成汞和氧化汞反应的标准自由能（下列式中 ΔG 单位为 J/mol）。

$$Hg(l) + \frac{1}{2}O_2 \longrightarrow HgO(s), \Delta G^\ominus = -90706 + 108.3T \tag{8-7}$$

$$Hg(g) + \frac{1}{2}O_2 \longrightarrow HgO(s), \Delta G^\ominus = -149644 - 108.3T \tag{8-8}$$

$$HgS(s) + O_2 \longrightarrow Hg(l) + SO_2, \Delta G^\ominus = -238260 - 35.9T \tag{8-9}$$

$$Hg(l) \longrightarrow Hg(g), \Delta G^\ominus = -53938 - 93.6T \tag{8-10}$$

$$HgS(s) + O_2 \longrightarrow Hg(g) + SO_2, \Delta G^\ominus = -100738 - 129.6T \tag{8-11}$$

以温度与吉布斯自由能为坐标，上述反应可表示为图 8-1 所示，随着温度的升高，生成 HgO 的 $\Delta G^\ominus$ 逐渐升高，而生成 Hg(l) 和 Hg(g) 的 $\Delta G^\ominus$ 与之相反。在 0℃ 以上生成汞单质气体或液体的标准自由能都比生成 HgO 的自由能更低。

除汞外，金属铅也可以通过焙烧法提炼。在 Pb-S-O 体系中，不仅有常见的硫酸铅、硫化铅和氧化铅，还存在另外三种碱式硫酸铅。从 Pb-S-O 系的稳定区图可以看出各相之间的平衡，如图 8-2 所示，可以看出，只有当平衡相的位置处于 P_{SO_2} 为 $10^3 \sim 10^5$ Pa 的区域附近时，金属铅才可以通过硫化铅（PbS）和碱式硫酸铅相互接触发生反应的方式得到。但是平衡图具有局限性，只是涉及铅和含铅的各种凝聚相，因此必须考虑温度对 PbS 的影响。PbS 在高温下具有较强的挥发性，气态下的 PbS 会与各种硫酸盐相互作用，且气态 PbS 即使在低气压下也可与硫酸盐发生反应。在上述情况下，该过程的反应可通过如下形式表示：

$$PbS(g) + 10(PbSO_4 \cdot PbO) \longrightarrow 7(PbSO_4 \cdot 2PbO) + 4SO_2 \tag{8-12}$$

$$2PbS(g) + (PbSO_4 \cdot 2PbO) \longrightarrow 5Pb(l) + 3SO_2 \tag{8-13}$$

$$3PbS(g) + (PbSO_4 \cdot 4PbO) \longrightarrow 8Pb(l) + 4SO_2 \tag{8-14}$$

为了计算方便，现将上述反应式（8-13）写成如下形式：

$$PbS(g) + \frac{1}{2}(PbSO_4 \cdot 2PbO) \longrightarrow \frac{5}{2}Pb(l) + \frac{3}{2}SO_2 \tag{8-15}$$

这样，可以认为反应式（8-15）是按 1mol O_2 计的下列反应式的综合。

$$PbS(s) + O_2 \longrightarrow Pb(l) + SO_2, \Delta G^\ominus = -204987 - 7.6T \qquad (8\text{-}16)$$

$$PbS(g) \longrightarrow PbS(s), \Delta G^\ominus = -232826 + 152.2T \qquad (8\text{-}17)$$

$$\frac{3}{2}Pb(l) + \frac{1}{2}SO_2 + O_2 \longrightarrow \frac{1}{2}(PbSO_4 \cdot 2PbO), \Delta G^\ominus = -536503 + 269.6T \qquad (8\text{-}18)$$

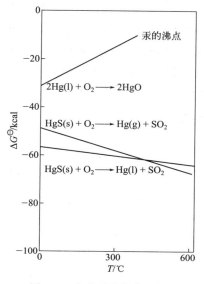

图 8-1　生成汞和氧化汞的
$\Delta G^\ominus$-T 关系

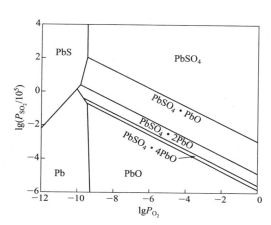

图 8-2　在 900℃下 Pb-S-O 体系的
$\lg(P_{SO_2}/10^5)$-$\lg P_{O_2}$ 关系

同理，将反应式（8-14）改写为：

$$PbS(g) + \frac{1}{3}(PbSO_4 \cdot 4PbO) \longrightarrow \frac{8}{3}Pb(l) + \frac{4}{3}SO_2 \qquad (8\text{-}19)$$

综合组成反应式（8-19）的各反应如下：

$$PbS(s) + O_2 \longrightarrow Pb(l) + SO_2, \Delta G^\ominus = -204987 - 7.6T \qquad (8\text{-}20)$$

$$PbS(g) \longrightarrow PbS(s), \Delta G^\ominus = -232826 + 152.2T \qquad (8\text{-}21)$$

$$\frac{5}{3}Pb(l) + \frac{1}{3}SO_2 + O_2 \longrightarrow \frac{1}{3}(PbSO_4 \cdot 4PbO), \Delta G^\ominus = -513722 + 262.1T \qquad (8\text{-}22)$$

其中，反应 $PbS(s) + O_2 \longrightarrow Pb(l) + SO_2$ 系由以下两个反应综合而来。

$$\frac{1}{2}S_2 + O_2 \longrightarrow SO_2, \Delta G^\ominus = -360316 + 72.1T \qquad (8\text{-}23)$$

$$Pb(l) + \frac{1}{2}S_2 \longrightarrow PbS(s), \Delta G^\ominus = -157084 + 80.0T \qquad (8\text{-}24)$$

只有当温度高于一定程度后，反应才能向右进行，可见温度对金属铅的还原起到非常重要的作用。

（3）金属有机化合物热分解法

金属有机化合物通常是由金属原子与有机部分的轻质元素（如 O、N、S 或 P）键合而成。通常金属有机化合物热分解制备无机膜的工艺流程会经历配料、涂敷、烘干、热解和退火五个步骤，如图 8-3 所示。首先将含有指定金属元素的有机化合物溶解在适合的溶剂中，金属有机化合物的量是以最终膜的阳离子的指定化学计量比为参考进行添加的，以形成一种均一的真溶液配料。然后，选择一种合适的湿膜涂覆技术将配料涂敷在衬底上，由于配料中的溶剂在常温下不挥发，因此需要通过加热衬底除去配料中的溶剂，持续加热将金属有机化合物热解以生成无机膜。由于溶剂的挥发会使膜的体积产生明显的变化，因此在第一次涂覆时无机膜的厚度无法精确控制，若沉积膜的厚度不够可通过将涂覆和热解步骤循环多次以达到理想的成膜厚度。最后，生成的无机膜通常还需要通过进一步的热处理来控制其化学计量比、粒径或择优取向等特征参数以满足实际的产品需求。

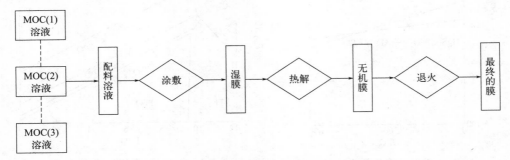

图 8-3　金属有机化合物热分解法的工艺流程

在较低温度条件下，金属有机化合物分解过程也可生成指定体系的平衡物相。通常，粒径极细的多晶膜可以利用低温过程产生。X 射线衍射分析表明最初形成的无机膜在多数情况下是无定型的，这意味着可以通过成膜后的热处理来精确控制薄膜的粒径。之所以低温能够达到平衡相主要是由于涂覆在衬底上的配料是真溶液，各组分的混合水平达到了分子级（或胶态分子团），这就意味着在热分解过程中生成的无机膜分子通过极短的扩散距离就可以达到热力学平衡态。对于制备致密的膜，这种良好的混合和高效的反应性是非常有利的。在大多数情况下通过这种方法制得的膜可以接近理论密度。由于分解在溶液时就开始，因此膜在大面积上也可以获得极其均匀的组分。此外还允许在质量分数为 10^{-6} 或 10^{-9} 量级上均匀地掺杂，适当地在不同的分解阶段加以控制可以制备高均一性和功能性的无机膜。

金属有机化合物热分解法在制备金属或金属氧化物薄膜时，金属化合物的选择对制备过程和最终产品具有非常大的影响，理想的原料应满足以下要求。

① 具有指定结构和分子式的纯金属有机化合物。这对于生产良好定义特性的无机膜是必不可少的。

② 易于合成和提纯。

③ 热分解过程不出现挥发、熔化或残留沉积碳。这对金属有机化合物热分解法至关重要，是与其他工艺的区别之处。例如化学气相沉积（CVD）需要化合物具有一定的挥发性，并且在低温时不分解，而在高温时在衬底上分解。

④ 较高的金属元素含量。可以减小金属有机化合物从涂覆在衬底上到生成无机膜过程中的体积变化。

⑤ 在一般溶剂中具有较高的溶解度。这一要求是从溶剂的挥发角度考虑，目的也是使从涂敷到无机膜成形这一过程中膜体积变化最小。但是在大多数情况下，这与要求④是不能完美兼得的。金属有机化合物的溶解主要是依靠有机端的轻元素，通常在有机溶剂中随着有机基的链长增加而溶解度增大，若提高化合物中的金属含量，则化合物中的有机基含量会相对减少，因此需要在要求④和⑤之间寻找一个平衡以达到最佳条件。

⑥ 在空气条件下稳定性好。也就是说化合物对空气中的正常组分如水蒸气、氧气或 CO_2 等不敏感。

⑦ 与配料中其它化合物相互稳定共存。调控多组分体系的组成是金属有机化合物热分解法主要的优点之一。因此，各个原料之间必须在化学性质上存在相似之处，使它们在配料时彼此之间不起反应。

⑧ 适当的分解温度。在一个给定的配方中，所有金属有机化合物的热分解温度应尽可能地接近。

⑨ 对人体或环境无毒无害以及在热分解过程不产生对环境有害的气体。

⑩ 生产的价格效应，原材料成本应尽可能低。

金属有机化合物的合成方法：常用的金属有机化合物很难从市场上直接购买，大部分金属有机化合物需要从原料做起。下面介绍一些常用的金属有机化合物的合成方法。

① 中和法　此方法是将金属的氢氧化物的醇溶液与 2-乙基己酸或新癸酸进行酸碱中和反应。金属有机产物如果是固体则通过过滤分离；如果是油状液体，则用溶剂如二甲苯或甲苯萃取。该方法可以根据需求制成 Li、Na 和 K 的皂盐（脂肪酸盐），但是皂盐的产率通常比较低，这是由于这些金属皂盐在水和醇中有较强的溶解性。其总反应方程式如下：

$$M(OH)_2 + 2RCOOH \longrightarrow M(ROO)_2 + 2H_2O \tag{8-25}$$

② 铵皂复分解法　异辛酸钇（即 2-乙基己酸钇）和异辛酸锆（即 2-乙基己酸锆）是氧化钇稳定氧化锆（YSZ，一种陶瓷材料）的前驱体，就异辛酸钇的制备来看，其反应式如下：

$$NH_4OH + C_2H_5COOH \longrightarrow C_2H_5COONH_4 + H_2O \tag{8-26}$$

$$Y_2O_3 + 6HCl \longrightarrow 2YCl_3 + 3H_2O \tag{8-27}$$

$$3C_2H_5COONH_4 + YCl_3 \longrightarrow 3NH_4Cl + (C_2H_5COO)_3Y \tag{8-28}$$

③ 胺皂金属盐复分解法　在与铵皂反应时，金属盐常常会生成不溶性配合物，此时可以通过三乙基胺取代氨水以中和有机酸。将三乙基胺和 2-乙基己酸或新癸酸加入到一个装有水的水浴槽中进行搅拌并混合均匀，然后加入含金属盐的水溶液。将反应混合物加热，反应结束后用有机溶剂萃取油状物。该制备方法适合于含 Fe、Ru、Rh、Ir 和 Pt 等金属元素的皂盐，其反应方程式为：

$$RCOOH + (C_2H_5)_3N \longrightarrow RCOO(C_2H_5)_3NH \tag{8-29}$$

$$MX_z + zRCOO(C_2H_5)_3NH \longrightarrow M(RCOO)_z + z[(C_2H_5)_3NHX] \tag{8-30}$$

④ 醋酸金属盐复分解法　将醋酸金属盐和 2-乙基己酸或新癸酸加入到一个盛有含醇或碳

氢化合物的溶剂的蒸发皿中，通过蒸汽浴加热反应液 2～3h，除去副产物醋酸和溶剂，然后加入新的溶剂直至反应结束为止。生成的金属有机化合物用碳氢化合物溶剂再次萃取以达到纯化的目的。此制备方法适用于含 Zn、Cu、Ni、Cr、Pd 和 La 等金属元素的皂盐。总反应式如下：

$$(CH_3COO)_zM + zRCOOH \longrightarrow (RCOO)_zM + zCH_3COOH \tag{8-31}$$

⑤ 金属醇盐复分解法　将金属醇盐和长烷基酸（如 2-乙基己酸或新癸酸）加入到含醇或碳氢化合物的溶剂中，加热将混合物回流 4～5h，通过减压蒸馏的方式除去溶剂和挥发性醇类副产物。此制备方法适用于含 Li、Na、K、Mg、Ba、Ti、Nb、Ta 和 Al 等金属元素的皂盐。总反应式如下：

$$M(OR)_z + aR'COOH \longrightarrow M(OR)_{z-a}(R'COO)_a + aROH \tag{8-32}$$

⑥ 羧基金属胺盐分解法　此法只适合于惰性金属金和少数情况下铂的热分解。

（4）金属卤化物热分解法

金属卤化物的稳定性随着原子序数增大而降低，即氟化物＞氯化物＞溴化物＞碘化物。大部分金属卤化物具有一定的挥发性，例如 $SnCl_4$、$TiCl_4$、$AlCl_3$，或者具有相对较低的湿膜分解温度，后者更适用于金属碘化物，例如：

$$ZrI_4 \longrightarrow Zr + 2I_2 \tag{8-33}$$

利用金属卤化物的挥发性不仅有利于分离某些金属卤化物，而且也为使用蒸馏法提纯提供了可能。

（5）金属氢化物热分解法

钛及钛粉的一个重要制备方法是利用 TiH_2 的热分解，该方法可用于粉末冶金中向合金粉末中提供钛源和金属-陶瓷的封接。其也可作为制备泡沫金属的良好发泡剂，分解温度从 400℃起开始，分解速率与温度有关，在真空中 600～800℃下可完全分解。

贵金属（铂族）和其他过渡金属的沉积还可用其气态配合物和复合物进行提炼，这里不再赘述。

8.3　金属的热还原制备

金属热还原是用金属 A（或其合金）作还原剂在高温下将另一种金属 B 的化合物还原以制取金属 B（或其合金）的一种方法。其原理是利用自由能低（通常物质的自由能越高越稳定）的金属还原自由焓相对较高的金属化合物。金属热还原通常是按还原剂来命名。例如，用铝作还原剂生产金属铬，称为铝热法。用硅铁作还原剂冶炼钒铁，称为硅热法。除金属可做还原剂外，CO、H_2 也可作为还原剂，但是还原能力有限，只能还原一部分氧化物，而用碳作为还原剂时在高温下可以还原更多的金属氧化物，然而在实际生产中高温制备却受到耐高温材料和能耗的限制。除金属氧化物外，硫化物、氯化物等也可以被金属单质还原。金属热还原法既可在常压下进行，也可在真空环境中进行。以下详细介绍金属热还原法在常压和真空下的反应原理，并通过实例说明该方法的应用。

8.3.1　常压下的金属热还原

常压下的金属热还原的原理：由氧化物的标准生成自由能变值（$\Delta G^{\ominus}$）可知 Al_2O_3、SiO_2 的自由能-温度曲线位置皆比 MnO_2、Cr_2O_3、Nb_2O_5 等低，因此可用铝、硅等单质还原剂来还原自由能较高的金属氧化物。

对被还原的 MeO：

$$2Me + O_2 \longrightarrow 2MeO \qquad\qquad (8\text{-}34)$$

对还原剂氧化物：

$$2Me' + O_2 \longrightarrow 2Me'O \qquad\qquad (8\text{-}35)$$

式（8-35）减去式（8-34）可得到金属热还原反应的反应式为：

$$2MeO + 2Me' \longrightarrow 2Me + 2Me'O \qquad\qquad (8\text{-}36)$$

若：

$$\Delta G^{\ominus}_{(8\text{-}36)} = \Delta G^{\ominus}_{(8\text{-}35)} - \Delta G^{\ominus}_{(8\text{-}34)} < 0 \qquad\qquad (8\text{-}37)$$

则说明该体系的金属热还原反应可自发地进行，其示意图如图 8-4 所示。

若被还原的 MeO 的自由能曲线与还原剂氧化物的曲线相交（见图 8-5），则出现两种情况，当温度在交点以下时 Me′可以还原 MeO，当温度高于交点时用 Me 可以还原 Me′O。

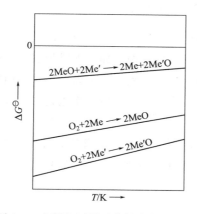

图 8-4　金属热还原反应的自由能示意

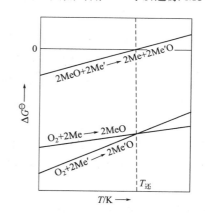

图 8-5　金属热还原反应的转变温度

下面用实例讨论常压下的金属热还原反应。

典型的金属热还原法可用于制备金属钛，如钠热还原法〔亨特（Hunter）法〕镁热还原法（Kroll 法）等。最早用来制取金属钛的方法是钠热还原法，其工艺过程与镁热还原法完全相同，只是用金属钠代替金属镁作还原剂。根据不同的还原工艺制程，钠热还原法又包括一段法和二段法。其总化学反应方程式可用式（8-38）表示。

$$TiCl_4(g) + 4Na(l) \longrightarrow Ti(s) + 4NaCl(l) \qquad\qquad (8\text{-}38)$$

在第一阶段时将熔融的钠和原料 $TiCl_4$ 放在反应罐中加热，大约在 200℃时可生成 $TiCl_2$，然后再加入足量的钠将混合物加热到 1000℃完成剩余反应。美国 RMI 公司对 Hunter 法进行了改进，在二段法的基础上发明了一段法。在实际生产中，由于金属钠的成本较高，因此亨特法的生产规模要比镁热还原法少很多。但是该方法制备的金属钛纯度很高，因此目前主要用来生产高纯度钛粉。

镁热还原法是用金属镁将钛氯化物还原为金属钛，用金属镁热还原法生产出的金属钛呈海绵状，其化学反应可用式（8-39）表示。

$$TiCl_4(g) + 2Mg(l) \longrightarrow Ti(s) + 2MgCl_2(l) \tag{8-39}$$

在 880～950℃下的氩气气氛中，精炼四氯化钛与金属镁经还原反应得到海绵状的金属钛和氯化镁，将氯化镁排除出还原炉，用真空蒸馏的方法除去海绵钛孔隙中残留的氯化镁和过剩的镁，从而获得海绵钛。镁热还原法的工艺是非连续的，在实际生产过程中必须反复对反应炉进行装料、高温加热以及卸料等操作。镁热还原法的反应机理如图 8-6 所示，还原剂镁和电中性的化学原料 $TiCl_4$ 通过扩散、物理接触发生反应，反应生成金属钛和副产物 $MgCl_2$，生成物会对原料和还原剂的反应起位阻作用。

还可以用其他金属来还原钛的卤化物，如锂、钙、锰、铝等。由于对锂和钙的纯度要求较高，加之其成本昂贵，因此难以在工业生产中得到应用。在液态锰还原气态 $TiCl_4$ 时可以产生气态的 $MnCl_2$ 和金属钛。

氟钽酸钾的钠热还原工艺中，采用氧化剂氟钽酸钾和还原剂钠为主要原料，通过稀释剂 NaCl 的不断稀释可以制备出具有高比容的电容器级钽粉，其主要反应机理如下：

$$K_2TaF_7 + 5Na \longrightarrow Ta + 5NaF + 2KF \tag{8-40}$$

在一定的温度和氩气保护下，液态金属钠与氟钽酸钾发生上述反应。该反应属于放热反应，当反应开始后，会自发的放出大量的热，无需额外的热源，如不加以控制，反应速度将过快，因此该反应对反应速度的控制非常重要。实际生产过程中，可以利用升温曲线来控制还原速率，最终控制钽粉性能。将得到的粗产物进行水洗和酸洗后再次进行热处理，然后通过镁还原脱氧最终获得高纯度钽粉。

金属热法生产高钨铁（FeW80）。合金中的钨来源于钨精矿，铁来自于钢屑，铁鳞既是发热剂又是铁的来源。原理是用硅、铝还原钨精矿中的氧化钨和铁鳞中的氧化铁，其主要反应如下。

用硅还原 WO_3 和 FeO 的反应：

$$2WO_3 + 3Si \longrightarrow 2W + 3SiO_2 \tag{8-41}$$

$$2FeO + Si \longrightarrow 2Fe + SiO_2 \tag{8-42}$$

用铝还原 WO_3 和 FeO 的反应：

$$WO_3 + 2Al \longrightarrow W + Al_2O_3 \tag{8-43}$$

$$3FeO + 2Al \longrightarrow 3Fe + Al_2O_3 \tag{8-44}$$

金属热法生产高钨铁工艺流程如图 8-7 所示。

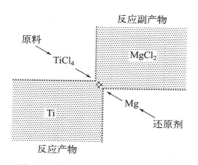

图 8-6　镁热还原法的反应机理

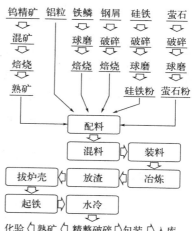

图 8-7　高钨铁工业热解生产工艺流程

　　铝粒、硅铁粉是还原剂，需要根据钨精矿、铁矿放出的氧量来计算还原剂的用量。配入量要足以保证 WO_3 充分还原，并得到致密的钨铁块。但也不要过量，以免使生产的合金中硅、铝含量增加。金属热法制备高钨铁由于反应是放热反应，因此只需要依靠炉料自身放出的化学热和炉料的显热就可以进行，反应进行非常快，冶炼时间短。

8.3.2　真空下的金属热还原

　　有色金属和稀有金属的生产主要是利用真空下的金属热还原反应。碱金属和碱土金属的氧化物可用铝、硅、钠、钙等金属作为还原剂还原得到易挥发的相应金属。真空热还原的一大特点就是还原得到的金属 Me 其沸点较低，在反应温度下可以蒸发为气态。其氧化物的 $\Delta G^{\ominus}\text{-}T$ 曲线将由 Me 的沸点开始向上转折、斜率加大。这样，即使在一般温度下氧化物生成自由焓比较大的金属，由于其斜率较小之故，也可在高温下用作还原剂（Me′）来还原前一种氧化物（MeO）。

　　由图 8-8 可见，当温度大于 $T_{沸}$ 时，反应 $2\text{Me(g)}+O_2\longrightarrow 2\text{MeO}$ 具有较大的斜率，由于反应 $2\text{Me}'+O_2\longrightarrow 2\text{Me}'O$ 的斜率不随温度变化而改变，因此当用 Me′ 作还原剂时该反应的曲线可与 MeO 的曲线相交，在交点温度时，总反应为：

$$\text{Me}'+\text{MeO}\longrightarrow \text{Me}'O+\text{Me} \tag{8-45}$$

　　上式的 $\Delta G^{\ominus}=0$，反应平衡（$p_{\text{Me}}=10^5\text{Pa}$），其交点为最低还原温度。温度高于此值时即可用 Me′ 还原 MeO。

　　如果采用真空的方法降低体系中产物 Me 的蒸气分压，还可以降低最低还原温度。对 $2\text{Me(g)}+O_2\longrightarrow 2\text{MeO}$ 有：

$$\Delta G=\Delta G^{\ominus}+RT\ln(p_{\text{Me}}^{-2}\cdot p_{O_2}^{-1}) \tag{8-46}$$

　　令 $p_{O_2}=10^5\text{Pa}$，由于 $\Delta G^{\ominus}=A+BT$，则

$$\begin{aligned}\Delta G &=A+BT-RT\ln(10^{-5}p_{\text{Me}}^2)\\ &=A+[B-2R\ln(10^{-5}p_{\text{Me}})]T\end{aligned} \tag{8-47}$$

其中 A、B 值可查阅有关手册得到，即当自由能曲线的截距相同时，斜率随着 p_{Me} 的增加而减小（p_{Me} 小于 10^5 Pa）。如图 8-9 所示，当改变 p_{Me} 值时，可以得到不同的 ΔG 直线。由图 8-9 可见，在 $T=0$K 时这些 ΔG 直线具有相同的截距，而各个直线与 $2Me(l)+O_2 \longrightarrow 2MeO$ 的 $\Delta G^{\ominus}\text{-}T$ 直线有多个交点，这些交点的温度即为不同 p_{Me} 时，$Me(l)=Me(g)$ 的平衡温度，p_{Me} 愈低，平衡温度也愈低。而随着 p_{Me} 的降低，各 ΔG 直线与还原剂氧化物的 $\Delta G^{\ominus}\text{-}T$ 直线的交点也降低。这些交点代表着不同 p_{Me} 值时的最低热还原温度。

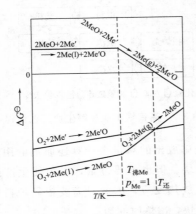

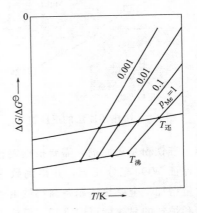

图 8-8　还原产物为气相的金属热还原　　图 8-9　压力对金属热还原温度的影响
图中的 0.001、0.01、0.1、1 均须乘以 10^5

下面将讨论真空热还原法的一些实例。

真空热还原法对沸点低且化学性质活泼的金属来说是一种很好的提炼方法。例如，金属锂的沸点为 1336℃，当采用真空热还原法制备时，还原剂和锂盐的选择对产物的产率和纯度具有很大影响。当用金属镁作为还原剂，还原氢氧化锂（LiOH）时可以制得含镁 50% 左右的金属锂；选用金属钙还原氯化锂（LiCl）时，可获得含 3%～4% 钙金属的金属锂。碳化钙可以还原锂的卤化物（包括 LiF 和 LiCl）、硫化物等，用碳做还原剂也可还原碳酸锂，这些方法获得的金属锂纯度都不高。此外，通过金属锆还原钴酸锂可以制得纯度很高的金属锂，只是该反应成本高且产率低，仅适用于小批量制备高纯度金属锂。

金属锂的真空热还原法分为两类，一类是硅、铝还原法，另一类是碳热还原法。选用硅、铝作为还原剂时可还原氧化锂、碳酸锂、氟化锂、氯化锂和锂辉石等，其中还原产出金属锂纯度较高的是以硅、铝硅合金为还原剂还原氧化锂。氧化锂和碳酸锂等还可以被碳、碳化钙等还原剂还原，虽然生产的金属锂纯度不高，但是其具有成本最低、产渣量少等优点，若对制备的金属锂纯度要求不高可选用此方法。

硅热还原法是以硅作为还原剂，在真空、高温下制备金属锂的方法。该工艺方法主要为：选用石灰与碳酸锂按质量比 3：2 进行配料后将其焙烧，然后在焙烧制得的氧化锂炉中加入过量 10%～15% 的 75♯硅铁，将其制成球团，最后在残压 43～1.3Pa 的真空及 1000℃ 条件下进行还原，每次反应装料 2.5kg，产出 175g 锂，回收率可达 80%，此方法生产的锂金属纯度可达 99%。

焙烧的反应机理为：

$$Li_2CO_3 \xrightarrow{CaO} CO_2 + Li_2O \tag{8-48}$$

还原过程的主体反应式为：

$$2Li_2O + Si \longrightarrow 4Li + SiO_2 \tag{8-49}$$

铝热还原法以铝作还原剂，在真空加热条件下进行金属锂的还原制备。该工艺主要步骤为：将铝氧土和碳酸锂按摩尔比 1∶1 进行配料后焙烧，将碳酸锂烧制成铝酸锂，然后用铝粉作还原剂，将真空度保持在 13～68 Pa 下，在 1150～1200℃ 高温条件下进行还原，此方法产出的锂回收率为 90%。

焙烧过程的反应机理为：

$$Li_2CO_3 + Al_2O_3 \longrightarrow CO_2 + Li_2O \cdot Al_2O_3 \tag{8-50}$$

还原步骤的反应式为：

$$Li_2O \cdot Al_2O_3 + \frac{2}{3}Al \longrightarrow 2Li + \frac{4}{3}Al_2O_3 \tag{8-51}$$

例：利用硅热法还原氧化镁（MgO）时，若将反应的压力由 10^5 Pa 调整到 5 Pa 时，该反应体系的最低还原温度将降低多少？

解：$2MgO + Si = 2Mg(g) + SiO_2$，$\Delta G^{\ominus} = 610280 - 258.3T$

当体系的压强为 10^5 Pa 时，

$$T_{\text{还}} = 610280/258.3 = 2326.7K$$

当体系的压强为 5 Pa 时，

$$\Delta G^{\ominus} = 610280 - 258.3T + 2RT\ln(5 \times 10^{-5})$$

$$T_{\text{还}} = \frac{610280}{[258.3 - 2 \times 4.576 \times 4.18\ln(5 \times 10^{-5})]} = 1430K$$

由此可知，真空还原法可以极大地降低反应体系的还原温度。

此外，若在体系中加入熔剂使氧化物与还原剂 Me' 形成溶液，此时体系中 Me'O 在渣中溶解度未达饱和，即溶解度 $\alpha_{Me'O} < 1$，反应的还原温度也可被降低。

当 Me'O 为纯物质时，反应 $2Me' + O_2 \longrightarrow 2Me'O$ 的 $\Delta G^{\ominus} = A + BT$，

当溶剂与副产物 Me'O 形成溶液且 $\alpha_{Me'O} < 1$ 时，

$$\Delta G = A + BT - RT\ln\alpha_{Me'O} = A + (B + 2R\ln\alpha_{Me'O})T$$

故随着 $\alpha_{Me'O}$ 的降低（$\alpha_{Me'O} < 1$），Me'O 直线的斜率也将降低，如图 8-10 所示。此时交点温度即最低还原温度也将随之降低。

还原剂氧化物还可与熔剂生成复杂的化合物，这也可达到降低还原温度的目的。

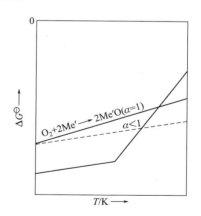

图 8-10 还原剂氧化物形成溶液对最低还原温度的影响

8.4 金属的电解制备

电解是将电流通过电解质溶液或熔融态电解质，在阴极和阳极上引起氧化还原反应的过程，电化学电池在外加直流电压下可发生电解过程。电解池如图8-11所示，阳极通过发生氧化反应产生电子，金属变为金属离子溶解在电解液中（$M \longrightarrow M^{n+} + ne^-$）。与之相反，阴极通过还原反应消耗电子，根据选择的电极可发生不同的还原现象，如析出气体、金属沉积、金属离子还原等。下面将举一些简单常见的电解实例帮助理解。

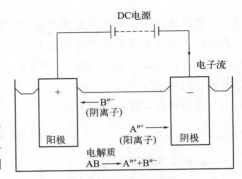

图 8-11　电解池示意

氯化钠在熔融状态（804℃）下电解时，只存在 Na^+ 和 Cl^- 两种离子。当添加其它氯化物时，可以将电解的温度降低到600℃，其基本反应过程不会受到加入的这些离子影响。在阴极的反应为：

$$Na^+ + e^- \longrightarrow Na \tag{8-52}$$

即还原反应，高温下生产出的钠为熔融态（熔点98℃）。

在阳极的反应为：

$$2Cl^- \longrightarrow Cl_2 + 2e^- \tag{8-53}$$

即氧化反应，产物为氯气。

在稀硫酸的电解过程中，不仅 H^+ 和 SO_4^{2-} 会参与反应，而且水中的 OH^- 也会参与其中。因此，在阴极只有氢离子按反应式 $2H^+ + 2e^- \longrightarrow H_2$ 进行，而在阳极附近存在 SO_4^{2-} 和 OH^- 两种离子，由于 SO_4^{2-} 的放电电位比 OH^- 高得多，因此后者更容易失去电子参与反应。由此阳极的反应式为：

$$OH^- \longrightarrow OH + e^- \tag{8-54}$$

OH^- 按平衡式：

$$H_2O \longrightarrow OH^- + H^+ \tag{8-55}$$

立刻被置换出。OH^- 是不稳定的，所以，阳极反应更精确的表达式为：

$$4OH^- \longrightarrow 4OH + 4e^- \tag{8-56}$$

接着：

$$4OH \longrightarrow 2H_2O + O_2 \tag{8-57}$$

或者写成总的反应：

$$4OH^- \longrightarrow 2H_2O + 4e^- + O_2 \tag{8-58}$$

氧气在阳极析出。所以，每4mol电子流经电路，就生成2mol氢和1mol氧，即稀硫酸的电解与水分解是等效的。

$$2H_2O \longrightarrow 2H_2 + O_2 \tag{8-59}$$

硫酸铜水溶液电解时，电离反应是：

$$CuSO_4 \longrightarrow Cu^{2+} + SO_4^{2-} \tag{8-60}$$

$$H_2O \longrightarrow OH^- + H^+ \tag{8-61}$$

在阴极上是铜离子与电子的沉积（$Cu^{2+} + 2e^- \longrightarrow Cu$），而阳极反应取决于阳极的电极材料。若阳极采用的是惰性电极，如铂或碳，则同电解质溶液情况下，由 OH^- 释放电子而析出氧气。若阳极采用的是铜，铜的电解比氢氧根离子放电更容易，因此阳极析出了铜离子（$Cu \longrightarrow Cu^{2+} + 2e^-$）。这也是铜电解精炼的原理。

电解质离子的浓度也会影响电极反应的性质。假设氯化钠（NaCl）水溶液的电离反应式为：

$$NaCl \longrightarrow Cl^- + Na^+ \tag{8-62}$$

$$H_2O \longrightarrow OH^- + H^+ \tag{8-63}$$

由于金属钠太活泼，因此在氯化钠水溶液中不能生成金属沉淀出来，所以在阴极参与反应的是氢离子，生成的氢气与电解质浓度无关。在阳极附近，由于氢氧根和氯离子同时存在，稀溶液主要以氧析出，同时带有痕量的氯，而在浓溶液中则氯离子容易失去电子，以氯气析出为主。

熔融盐电解金属提炼铝。如铜那样的电极电位较正的金属可用高电流效率从水溶液中电解析出，而电极电位较负的金属，如 Al、Mg 等不可能从水溶液中电解析出。像这样的情况，可考虑使用非水溶液的电解。例如，用液氨作为无机非水溶剂时，具有很大的意义。但如果以工业规模来处理这种溶液却并非易事，而熔融盐可以解决这个问题。

电解反应的理论分解电压可以通过以下热力学方程计算：

$$E^\ominus = -\frac{\Delta G^\ominus}{nF} \tag{8-64}$$

铝电解时，如采用活性焦炭作为阳极，其电解总反应式如下：

$$2Al_2O_3(s) + 3C(s) \longrightarrow 4Al(l) + 3CO_2(g) \tag{8-65}$$

在实际生产中可能会生成副产物 CO 气体，将副产物引入上式可得：

$$Al_2O_3(s) + xC(s) \longrightarrow 2Al(s) + yCO_2(g) + zCO(g) \tag{8-66}$$

设 N 为气体 CO_2 在阳极产生的摩尔分数，则

$$N = \frac{y}{z+y} \tag{8-67}$$

式（8-65）中的碳、氧为平衡反应，可得：

$$x = y + z$$

$$3 = 2y + z$$

联立上述 3 式可求出 x、y、z 与 N 的关系，带回式（8-65），即得：

$$Al_2O_3(s) + \frac{3}{1+N}C(s) \longrightarrow 2Al(s) + \frac{3N}{1+N}CO_2(g) + \frac{3N(1-N)}{1+N}CO(g) \quad (8-68)$$

由上式可得，当 N 值一定时即可确定反应中各组分的比值和含量。例如，当 CO_2 含量为70%时，可得总的电解反应式为：

$$Al_2O_3(s) + 1.77C(s) \longrightarrow 2Al(s) + 1.24CO_2(g) + 0.53CO(g) \quad (8-69)$$

式（8-65）和式（8-69）的 $\Delta G_T^{\ominus}$ 和 $E_T^{\ominus}$ 随温度变化的关系如表 8-1 所示。

表 8-1 式（8-65）和式（8-69）的 $\Delta G_T^{\ominus}$ 和 $E_T^{\ominus}$ 随温度变化的关系

反应	温度		$\Delta G_T^{\ominus}/J \cdot mol^{-1}$	$E_T^{\ominus}/V$
	T/K	$t/℃$		
式（8-65）	1000	727	−765919	1.32
	1100	827	−732560	1.27
	1200	927	−699435	1.21
	1300	1027	−666888	1.15
式（8-69）	1000	727	−762116	1.32
	1100	827	−725798	1.26
	1200	927	−688854	1.19
	1300	1027	−649984	1.13

若采用惰性电极时，电解反应式如下式所示：

$$Al_2O_3(s) \longrightarrow 2Al(l) + \frac{3}{2}O_2(g) \quad (8-70)$$

上式反应的 $\Delta G^{\ominus}$ 值要比式（8-69）的 $\Delta G^{\ominus}$ 值还大，因此所对应的分解电位 $E^{\ominus}$ 也较高。例如在727℃时，其标准理论 $E^{\ominus}$ 值为2.35V，而在1027℃高温时，则其分解电压为2.178V。以上结果均以 Al_2O_3 为固态为基础进行计算，取其活度（a）为1，通常 Al_2O_3 会溶于冰晶石熔液中，其实际活度不为1。Al_2O_3 的活度值可用于能斯特公式计算分解电压，然而由于熔盐体系的复杂性，很难确定某一组分的活度，这涉及目前尚不十分清楚的熔盐结构问题。在计算活度时，研究者们给出了各种不同的计算公式，虽然结果不尽相同，但是由于 $a_{Al_2O_3} < 1$，理论分解电压将增大，Al_2O_3 含量愈小，其活度愈低，校正值愈大，可达100mV。

由于在铝电解反应的电解质中加入了其它组分，如 AlF_3、LiF、CaF_2、$NaCl$、MgF_2 等，为判断其在电解铝过程中是否被电解，通过上述方法对这些添加剂的分解电压也进行了估算，通过计算先后得出反应的 $\Delta G^{\ominus}$ 和 $E^{\ominus}$，如表 8-2 所示。

表 8-2 铝电解质中其它组分的分解电压

反应	$\Delta G_{1300}^{\ominus}/J \cdot mol^{-1}$	$E_{100}^{\ominus}/V$	反应	$\Delta G_{1300}^{\ominus}/J \cdot mol^{-1}$	$E_{100}^{\ominus}/V$
$Al + 1.5F_2 \longrightarrow AlF_3$	1151437	3.98	$Mg + F_2 \longrightarrow MgF_2$	897426	4.60

反应	$\Delta G^{\ominus}_{1300}/J \cdot mol^{-1}$	$E^{\ominus}_{100}/V$	反应	$\Delta G^{\ominus}_{1300}/J \cdot mol^{-1}$	$E^{\ominus}_{100}/V$
$Na+0.5F_2 \longrightarrow NaF$	429278	4.45	$Li+0.5F_2 \longrightarrow LiF$	491913	5.10
$Ca+F_2 \longrightarrow CaF_2$	1003616	5.20	$Na+0.5Cl_2 \longrightarrow NaCl$	288893	3.00

从表中可看出，Al_2O_3 的分解电压 $E^{\ominus}$ 比各添加剂的都低，因此在电解 Al_2O_3 过程中这些物质不会提前分解。

8.5 金属的精炼

由火法精炼制备的金属粗品一般含有 0.2%~1% 的杂质，这些杂质会对其本身的物理性质（如延展性和导电性等）有很大影响，而无法将其用于电气工业。因此需要用电解精炼法将粗产物进一步提纯，以满足工业要求（通常纯度要达到 99.95% 以上）。电解精炼还可以回收粗产物中的其它微量金属，如金、银、铂、钴、镍、碲、硒等，这些金属通常具有重要的经济价值，是一种综合利用资源的好方法。以铜的电解精炼为例，其生产流程如图 8-12 所示。

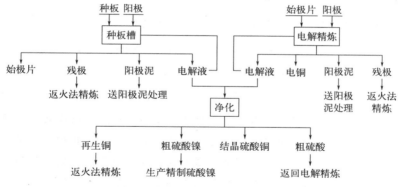

图 8-12　铜的电解精炼生产流程

铜电解精炼时的电化学体系为：阳极为待电解的粗铜，阴极为电解后的纯铜，硫酸铜和硫酸的混合溶液通常作为电解液。其总反应方程式如下：

$$Cu(粗) \longrightarrow Cu(纯) \tag{8-71}$$

（1）阳极反应

电解精炼的阳极选用的是火法精炼的铜浇铸成的阳极板，在此电极上进行的是铜和一些杂质的氧化反应，如下式所示：

$$Cu \longrightarrow Cu^{2+}+2e^- \qquad \varphi^{\ominus}=0.34V \tag{8-72}$$

$$M' \longrightarrow M'^{2+}+2e^- \qquad \varphi^{\ominus}<0.34V \tag{8-73}$$

$$Cu \longrightarrow Cu^++e^- \qquad \varphi^{\ominus}=0.51V \tag{8-74}$$

$$2H_2O \longrightarrow 4H^+ + O_2 + 4e^- \qquad \varphi^\ominus = 1.229V \qquad (8\text{-}75)$$

$$2SO_4^{2-} \longrightarrow 2SO_3 + O_2 + 4e^- \qquad \varphi^\ominus = 2.42V \qquad (8\text{-}76)$$

式中 M' 为电负性比铜更负的元素（如 Fe、Ni、Pb、As、Sb 等）。这些元素在铜中的含量较低，其电位更负，因此将优先溶解在电解液中。水和硫酸根离子的氧化电位比铜正得多，因此其反应很难进行。反应式（8-71）为铜的电解精炼主要过程，即铜失去两个电子变为铜离子溶解在电解液中。铜生成 Cu^+（式8-74）是次要反应，在溶液中存在 Cu^+ 和 Cu^{2+} 的动态平衡。

$$2Cu^+ \longrightarrow Cu^{2+} + Cu \qquad (8\text{-}77)$$

一价铜离子的浓度虽然很低，但同样可使反应效率降低，其引起的副反应如下：

① Cu^+ 的氧化，反应式为：

$$2Cu_2SO_4 + O_2 + 2H_2SO_4 \longrightarrow 4CuSO_4 + 2H_2O \qquad (8\text{-}78)$$

② 当温度及 Cu^{2+} 的浓度降低时，Cu^+ 会因过饱和而分解，反应式为：

$$Cu_2SO_4 \longrightarrow CuSO_4 + Cu \qquad (8\text{-}79)$$

生成的铜粉落入阳极泥中，造成损失。

（2）阴极反应

电解精炼时阴极上主要进行的是还原反应，即纯铜的析出。

$$Cu^{2+} + 2e^- \longrightarrow Cu \qquad \varphi^\ominus = 0.34V \qquad (8\text{-}80)$$

$$2H^+ + 2e^- \longrightarrow H_2 \qquad \varphi^\ominus = 0V \qquad (8\text{-}81)$$

$$M'^{2+} + 2e^- \longrightarrow M' \qquad \varphi^\ominus < 0.34V \qquad (8\text{-}82)$$

式（8-80）与式（8-72）是一对可逆的氧化还原反应。从上述反应式的电位可知，氢的标准电极电位比铜负，且在铜阴极上需要一定的过电位，使氢的电极电位更负，因此在正常电解过程中不会发生析氢反应。但当电解液中铜离子的浓度下降到一定程度后，二者的电位接近也可能发生铜和氢的共析出。电极电位比铜负的其它杂质元素也不能在阴极上析出。

（3）杂质的行为及分离杂质的原理

提纯金属并分离杂质是金属电解精炼的主要目的，而除杂的关键问题在于阳极中杂质的成分和行为。表 8-3 给出了粗铜中常见的杂质及其含量。

表 8-3　铜提炼前后杂质的含量

元素	阳极/%		阴极/%	
	国内	国外	国内	国外
Cu	99.2～99.7	99.4～99.8	99.95	99.99
S	0.0024～0.015	0.001～0.003	0.005	0.0004～0.0007
O	0.04～0.2	0.1～0.3	0.02	—
Ni	0.09～0.15	0～0.5	0.002	微量～0.0007
Fe	0.001	0.002～0.03	0.005	0.0002～0.0006

元素	阳极/%		阴极/%	
	国内	国外	国内	国外
Pb	0.01~0.04	0~0.1	0.005	0.0005
As	0.02~0.05	0~0.3	0.002	0.0001
Sb	0.018~0.3	0~0.3	0.002	微量~0.0003
Bi	0.0026	0~0.01	0.002	微量~0.0003
Se	0.017~0.025	0~0.02	—	0.0001
Te	—	0~0.001	—	微量~0.0001
Ag	0.058~0.1	微量~0.1	—	0.0005~0.001
Au	0.003~0.007	0~0.005	—	0~0.00001

可按其行为将这些杂质分为三类。

① 不发生电化学反应的杂质　包括比铜电极电位更正的金属和以化合物形式存在的杂质。金属如 Au、Ag、铂族元素；化合物如 Cu_2O、Cu_2S、Cu_2Se、Cu_2Te 等，它们将以极细微粒进入阳极泥中。

② 在电解液中形成不溶性化合物的杂质　包括铅和锡，铅在溶解时形成 $PbSO_4$ 沉淀，并可进一步氧化成 PbO_2 覆盖在阳极上，使槽电压升高。锡进入电解液后氧化成四价，四价的硫酸锡易水解成碱式硫酸锡进入阳极泥中，如下式所示。

$$2SnSO_4 + O_2 + 2H_2SO_4 \longrightarrow 2Sn(SO_4)_2 + 2H_2O \tag{8-83}$$

$$Sn(SO_4)_2 + 2H_2O \longrightarrow Sn(OH)_2SO_4 + H_2SO_4 \tag{8-84}$$

$Sn(OH)_2SO_4$ 沉淀时可吸附 As、Sb 的化合物，有利于电解，但过多会黏附在阴极上，降低阴极质量。

③ 发生电化学溶解的杂质包括电极电位比铜更负的金属杂质（如锌、铁、镍）以及与铜电位接近的金属杂质（如砷、锑、铋）。铁和锌溶于电解液中，镍可电化学溶解于电解液中，但有些不溶性的化合物，如 NiO 和镍云母等，易在阳极表面形成不溶性的薄膜，使电解槽电压升高，甚至会引起阳极钝化。因此长时间反应后需定期进行净化处理；后者危害程度最大，它们不仅会在铜沉积时与铜共析，影响阴极纯铜的质量，降低电流效率，而且还会造成循环管道结壳，产生"漂浮的阳极泥"，因此需要经常清洗。

通过上述讨论可知，在电解精炼铜金属时，其电化学原理主要利用了各金属元素的电化学电位的不同。电化学电位比铜低的可在阳极共溶却不可在阴极与铜共沉积；电化学电位比铜高的虽可在阴极共沉积却不可在阳极共溶。此外，杂质的电极电位对析出铜的纯度非常重要，尤其是电极电位与铜相似的杂质，它们既会与铜共溶，又可与铜在阴极共沉积，控制这些杂质在溶液中的浓度对提高铜的纯度具有重要作用。因此在电解过程中要时常对电解液进行净化处理，来减少这些杂质离子的含量。

8.6　合金制备

合金是由两种或两种以上的金属与金属或非金属经过特定的方法所合成的具有金属特性

的物质。一般通过熔合成均匀液体后凝固而得，具有比单一金属更优良的性能，其性质与化学组成和内部结构有密切关系。合金的结构比纯金属复杂，通常分为以下三种类型。

8.6.1 低共熔混合物

低共熔合金是两种金属的非均匀混合物，它的熔点通常比成分中任一纯金属的熔点要低。例如在 Bi-Cd 体系的相图中，其合金的熔点与组分的关系可用图 8-13 表示。Bi-Cd 合金在 140℃时达到最低熔化温度，也就是最低共熔温度，由该组分比例混合的合金称为低共熔混合物。

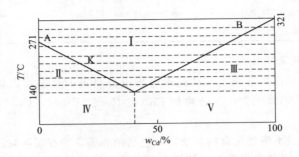

图 8-13　Bi-Cd 体系的相图

锡、铅可以形成低共熔合金——焊锡。纯锡、铅的熔点分别在 232℃ 和 327℃，在铅中加入质量百分含量 $w_{Sn} = 63\%$ 的锡后形成的低共熔混合物，熔点只有 181℃。

8.6.2 金属固溶体

所谓固溶体合金为两种或多种金属不仅在熔融时能够互相溶解，而且在凝固时也能保持互溶状态。固溶体合金在液态时为均匀的液相，其中含量多的金属称为溶剂金属，含量少的金属称为溶质金属。固溶体转变为固态后仍保持组织结构的均匀性，保持溶剂金属的晶格类型，溶质金属可以有限或无限地溶于溶剂金属的晶格中。

根据溶质原子在晶体中所处的位置，可将金属固溶体细分为三类，即缺位固溶体、置换固溶体和间隙固溶体。

在缺位固溶体中，晶胞中的原子数小于纯溶剂晶胞的原子数。这种固溶体作为溶剂的只能是化合物。当元素 B 溶在 A_mB_n 化合物中，B 仍占据化合物中的 B 位置，而属于 A 元素的部分位置空缺。

置换固溶体又名替代式固溶体，晶胞中的原子（或离子）数保持不变，和纯溶剂晶胞的原子数相同。它可以是一个元素代替另一个元素，如 Ag 溶在 Au 中；或是一个化合物置换另一个化合物，如 KCl 溶在 RbCl 中；也可以是一个元素置换一个化合物中的某一元素，如 Ir 或 Nb 溶在 IrNb 中。

间隙固溶体也叫填隙式固溶体，晶胞中的原子数大于纯溶剂晶胞的原子数。溶质原子分布在溶剂原子晶格的间隙中。填隙的原子通常是原子半径较小的非金属，如 H、C、N、B 等；填隙的原子可能是单原子也可能是原子对，例如碳溶于 γ-Fe 的奥氏体中。

8.6.3 金属化合物

当两种金属元素的电负性、电子层结构和原子半径差别较大时，则易形成金属化合物。它又分为两类："正常价"化合物和电子化合物。

"正常价"化合物其化学键介于离子键与金属键之间。由于键的这种性质，所以"正常价"化合物的导电性和导热性比各组分金属低。

大多数金属化合物是电子化合物。它们以金属键相结合，故不遵守化合价规则。其特征是化合物中价电子数与原子数之比有一定值，每一比值都对应一定的晶格类型。现以铜锌合金为例，如表 8-4 所示。

表 8-4 铜锌合金的晶体结构

价电子数/原子数	晶格类型	实例
3/2 或 21/14	体心立方晶体	CuZn
21/13	复杂立方晶体	Cu_3Zn_3
7/4 或 21/12	六方晶格	$CuZn_3$

除密度外，合金的性质并不是它各成分金属性质的总和。多数合金的熔点低于组成它的任何一种成分金属的熔点。合金的硬度一般比各成分金属的硬度都大，合金的导电性和导热性比纯金属低得多。

有些合金与组成它的纯金属的化学性质不同。例如铁和酸易反应，如果在普通钢里加入 25％的 Cr 和少量镍，就成了不易与酸反应的耐酸钢。

总之，使用不同的原料，改变这些原料的用量比例，控制合金的结晶条件，就可以制得具有各种特性的合金。

 拓展阅读

....

中国钽铌铍事业的领军者——中国工程院院士何季麟

很少有人知道，远在西北的宁夏有着世界领先的钽金属技术。而这一局面的取得，离不开中国工程院院士何季麟的贡献。1970 年，25 岁的何季麟从北京钢铁学院毕业后，积极响应国家"到最艰苦的地方建功立业"的号召，怀着赤子情怀主动申请来到贺兰山下三线建设军工配套的钽铌铍冶炼加工厂。1985 年以后，随着国家"军转民"政策的实施，企业面临着经费锐减和订单萎缩的残酷现实，科研技术人员流失了数百人。何季麟临危受命，担任主管科研和技术工作的副厂长，率领研发团队对氟钽酸钾钠还原工艺进行改革，创立了我国第一套搅拌钠还原工艺技术设备，使我国电容器级钽粉比容取得突破性进展。1992 年，宁夏钽粉开始打进国际市场，相继出口美国、英国、德国、日本等国家。钽粉的比电容值已从 3 万 mfV/g、5 万 mfV/g 升至 7 万 mfV/g，年出口量也从 5000 吨、2 万吨升至 10 万吨，连续 8 年以 45％的速度增长，成为国际市场上的抢手货。2006 年，何季麟离开了企业领导岗位，仍积极推进地方相关产业领域的科技创新进步。受聘于郑州大学后，何季麟为其建立两个国家级科研平台，继续率领团队研发世界稀有材料技术。2020 年他们研发的"氧化铟锡溅射靶"材料科技创新技术荣获国家科技发明二等奖。

思考题

1. 锡石（SnO_2）和赤铜矿（Cu_2O）通常是工业生产锡和铜的原材料，试写出用碳做还原剂时其各自的反应方程式。

2. 三氧化二铬是否可以用金属铝还原？若可以请写出反应方程式。

3. 金属有机物分解法在制备金属时，理想的原料需满足什么要求？

4. 常见的金属有机物的合成方法有哪些？

5. 电解精炼时常常会遇到各种杂质，这些杂质在电解时会表现出不同的电化学行为，试将这些杂质分类并举例。

扫码看答案

参考文献

［1］ 朱艳. 材料化学［M］. 西安：西安工业大学出版社，2018.

［2］ Shamsuddin M，TMS. Physical chemistry of metallurgical processes［M］. Wiley，TMS，2016.

［3］ 章四琪，黄劲松. 有色金属熔炼与铸锭［M］. 北京：北京工业出版社，2007.

［4］ Mittemeijer E J. Fundamentals of materials science［M］. Berlin：Springer，2010.

第 9 章

无机非金属材料的制备

 教学要点

知识要点	掌握程度	相关知识
无机非金属材料定义	了解无机非金属材料的类型	传统无机非金属材料、先进无机非金属材料
无机非金属材料粉体制备	熟悉粉体的制备方法	机械法、化学合成法、固相法、液相法、气相法
无机非金属材料的成型	掌握材料的成型方法及不同成型方法的过程	可塑成型、注浆成型、胶态成型、玻璃的熔制与成型
无机非金属材料的烧结	掌握烧结的定义、原理、过程以及分类	颗粒的黏附、物质的传递、固相烧结、液相烧结、加压烧结

9.1 无机非金属材料概述

　　无机非金属材料，是以某些元素的氧化物、碳化物、氮化物、卤素化合物、硼化物以及硅酸盐、氯酸盐、磷酸盐、硼酸盐等物质组成的材料。在晶体结构上，无机非金属的晶体结构远比金属复杂，并且没有自由的电子，具有比金属键和纯共价键更强的离子键和混合键。这种化学键所特有的高键能、高键强赋予这一大类材料以高熔点、高硬度、耐腐蚀、耐磨损、高强度和良好的抗氧化性等基本属性，以及宽广的导电性、隔热性、透光性和良好的铁电性、铁磁性和压电性。

　　无机非金属材料品种极其繁多，用途各异，还没有一个统一而完善的分类方法。通常把它们分为普通的（传统的）和先进的（新型的）无机非金属材料两大类（见图 9-1）。传统无机非金属材料主要是指硅酸盐材料，包括水泥、无机玻璃、传统陶瓷以及耐火材料等。传统的无机非金属材料是工业和

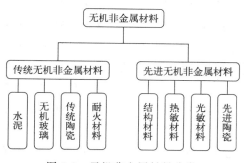

图 9-1　无机非金属材料分类

基本建设所必需的基础材料，如水泥是一种重要的建筑材料；耐火材料与高温技术，尤其与钢铁工业的发展关系密切；各种规格的平板玻璃、仪器玻璃和普通的光学玻璃以及日用陶瓷、卫生陶瓷、建筑陶瓷、化工陶瓷和电瓷等与人们的生产、生活息息相关，它们产量大、用途广。其他产品如搪瓷、磨料（碳化硅、氧化铝）、铸石（辉绿岩、玄武岩等）、碳素材料、非金属矿（石棉、云母、大理石等）也都属于传统的无机非金属材料。新型无机非金属材料是20世纪中期以后发展起来的，按其结构与功能特性可分为结构材料与功能材料，其中功能材料主要是指具有热敏、光敏以及声敏等特殊功能的材料。它们是现代新技术、新产业、传统工业技术改造、现代国防和生物医学所不可缺少的物质基础，主要有先进陶瓷、非晶态材料、人工晶体、无机涂层、无机纤维等。

9.2　无机非金属材料粉体的制备方法

　　无机非金属材料粉体是指物质的结构不发生改变的情况下，分散或细化得到的固态基本颗粒。粉体是小于一定粒径的颗粒的集合，不能忽视分子间的作用力。少量时主要体现粒子的微观特性，大量时共同体现出宏观特性。粉体的种类通常有原级、聚集体、凝胶体和絮凝体颗粒四种。粒径是粉体最重要的物理性能，对粉体的比表面积、可压缩性、流动性和工艺性能有重要影响。粉体的制备方法一般可分为机械法和化学合成法两种，也可以称为物理方法和化学方法。

9.2.1　机械法

　　传统的无机材料的粉体主要采用机械力使原料减小粒度的方法制备，在物料的破碎过程中会发生机械运动能量与化学能量的相互转换，这种转换称为机械力化学。机械力化学作用是指固体颗粒在机械力的作用下，因形变、缺陷与解离引起物质在结构、物理-化学性质以及化学反应性等方面的变化。

　　在机械粉碎过程中，由于机械力化学作用导致粉体表面活性增强的机理主要表现在以下四个方面。第一，粉体颗粒在机械力作用下粉碎生成新表面、粒度减小、比表面积增大、粉体表面自由能增大、活性增强。粉体尖角、棱边处的表面能量高，所以常被称为活化位或活化中心。第二，粉体颗粒在机械力作用下，表面层发生晶格畸变，贮存能量，从而使表面层能量升高，活化能降低，活性增强。在粉体颗粒破碎过程中，随着颗粒的细化，颗粒的破坏从脆性破坏转变成塑性变形，机械冲击力、剪切力、压力等都会造成晶体颗粒变形。塑性变形的实质是位错增殖与移动。颗粒发生塑性变形需消耗机械能，同时在位错中贮存能量，形成机械力化学的活性点，增强并改变了粉体颗粒的化学反应活性。在粉碎过程中，粉体颗粒与粉磨介质之间通过塑性变形、破碎、摩擦等诸多因素综合作用，使粉体颗粒晶格缺陷数增加，有利于提高物质的扩散速度，增进了自发和非均一过程，促进了粉体颗粒之间的相互作用。第三，粉体颗粒在机械力作用下，通过反复破碎，不断形成新表面，而表面层离子的极化变形与重排使表面晶格畸变，有序度降低。随着粒子的不断微细化，颗粒比表面积增大，表面结构的有序程度受到愈来愈强烈的扰乱，并不断向颗粒内部扩展，最终使粉体表面结构趋于无定形化。晶体在破碎至无定形化的过程中，内部贮存的能量远大于单纯位错贮存的能量，因而活性更高。第四，破碎过程中系统消耗能量的较大部分转化为热能，使粉体颗粒表面温度升高，这也在很大程度上提高了颗粒表面活性。图9-2是典型的球磨机工作原理示意图。

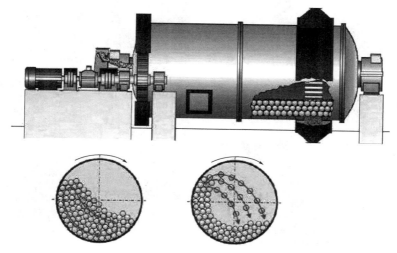

图9-2　球磨机工作原理

粉体颗粒经机械破碎后形成的微细颗粒，其表面性质不同于原始粗颗粒，机械力的作用使颗粒表面活性点增多，颗粒表面处于亚稳高能活性状态，易于发生化学或物理化学变化。而粉体颗粒表面能增大和活性提高，将导致：

①　颗粒表面结构自发重组，表面形成易溶于水的非晶态结构并降低表面张力；

②　颗粒相互黏附，引起团聚甚至重结晶；

③　外来分子，如气体、蒸气等在新生成的"自由"表面自发进行物理吸附或化学吸附，这些分子的吸附降低了表面能，可阻止颗粒的团聚和重结晶。

如图9-3，根据采用设备的不同，机械粉碎的破碎力包括压碎、冲击、研磨、劈碎以及刨削等几种，一般的粉碎机都具有一种或两种破碎功能。根据粉碎处理后粉体的粒度大小可以分为粗碎（直径小于或等于40～50mm）、中碎（直径小于或等于0.5mm）、细碎（直径小于或等于0.06mm），超细磨处理后得到的粉料直径一般在0.02mm以下。

9.2.2　化学合成法

9.2.2.1　固相法

固相法是一种传统的制粉工艺，虽然有其固有的缺点，如能耗大、效率低、粉体不够细、易混入杂质等，但由于该法制备的粉体颗粒无团聚、填充性好、成本低、产量大、制备工艺简单等优点，迄今仍是常用的方法。固相法通常具有以下特点：①固相反应一般包括物质在相界面上的反应和物质迁移两个过程；②一般需要在高温下进行；③固态物质间的反应活性较低；④整个固相反应速度由最慢的速度所控制；⑤固相反应的反应产物具阶段性：原料→

图 9-3　几种典型的粉体设备

（a）颚式破碎机；（b）圆锥破碎机；（c）反击式破碎机；（d）冲击式破碎机

最初产物→中间产物→最终产物。固相法按其加工工艺特点又可分为机械粉碎法和固相反应法两类。机械粉碎法是用破碎机将原料直接研磨成超细粉。固相反应法是把金属盐或金属氧化物按配方充分混合，经研磨后再进行煅烧，发生固相反应后直接得到或再研磨后得到超细粉。

　　固相反应是固体间发生化学反应生成新固体产物的过程。固相反应有着不同的分类方式，按反应机理不同，分为扩散控制过程、化学反应速度控制过程、晶核成核速率控制过程和升华控制过程等；按反应物状态不同，可分为纯固相反应、气固相反应（有气体参与的反应）、液固相反应（有液体参与的反应）及气液固相反应（有气体和液体参与的三相反应）；按反应性质不同，分为氧化反应、还原反应、加成反应、置换反应和分解反应。固相反应的原理为两种或两种以上的物质（质点）通过化学反应生成新的物质，其微观过程应该是：反应物分子或离子接触＋反应生成新物质（键的断裂和形成）。在溶液反应中，反应物分子或离子可以直接接触。在固相反应中，反应物一般以粉末形态混合，粉末的粒度大多在微米量级，反应物接触是很不充分的。实际上固相反应是反应物通过颗粒接触面在晶格中扩散进行的，扩散速率通常是固相反应速度和程度的决定因素。

9.2.2.2　液相法

　　液相法是选择一种或多种合适的可溶性金属盐类，按所制备的材料组成计量配制成溶液，使各元素呈离子或分子态，再选择一种合适的沉淀剂或用蒸发、升华、水解等操作，使金属离子均匀沉淀或结晶出来，最后将沉淀或结晶物脱水或者加热分解得到所需材料粉体。

根据制备过程的不同，液相法又可分成以下几种：沉淀法、水热法、溶胶-凝胶法、水解法、电解法、氧化法、还原法、喷雾法、冻结干燥法。其中较有应用前景的是前4种，现分述如下。

（1）沉淀法

该工艺主要包括沉淀的生成和固液分离，其中沉淀的生成是该工艺的关键步骤。沉淀法又可分为直接沉淀法、共沉淀法和均相沉淀法。

① 直接沉淀法。直接沉淀法是制备超细微粒广泛采用的一种方法，其原理是在金属盐溶液中加入沉淀剂，在一定条件下生成沉淀析出，沉淀经洗涤、热分解等工序处理后得到超细产物。不同的沉淀剂可以得到不同的沉淀产物，常见的沉淀剂为 $NH_3 \cdot H_2O$、$NaOH$、$(NH_4)_2CO_3$、Na_2CO_3、$(NH_4)_2C_2O_4$ 等。

以 $NH_4Al(SO_4)_2 \cdot 12H_2O$ 为原料，NH_4HCO_3 为沉淀剂，采用直接沉淀法制备了平均粒径约为 150nm 的 α-Al_2O_3 纳米粉体。反应式如下：

$$Al^{3+} + 3HCO_3^- \longrightarrow Al(OH)_3 \downarrow + 3CO_2 \uparrow \tag{9-1}$$

$$2Al(OH)_3 \xrightarrow{\triangle} Al_2O_3 + 3H_2O \tag{9-2}$$

系统研究了 α-Al_2O_3 籽晶和氟化物对 Al_2O_3 晶型转变及颗粒形貌的影响。研究结果表明，在生成的前驱体中加入的少量 α-Al_2O_3 籽晶能降低形核温度，有效地提高相转变速率，在较低的温度（约1100℃）下完成 α-Al_2O_3 的相转变。而在前驱体中添加 2％（质量分数）的 LiF、AlF_3，在 900℃煅烧即获得结晶性和分散性良好、平均粒径约为 $2\mu m$ 的 α-Al_2O_3 粉体。利用 Na_2CO_3 溶液在剧烈搅拌下与 $Zn(NO_3)_2$ 溶液反应获得碱式碳酸锌沉淀，所得的沉淀经水洗后，再用无水乙醇洗涤，100℃干燥后的滤饼于 250℃煅烧得到分散性好、平均晶粒尺寸仅为 10nm 的 ZnO 纳米粉体。反应如下：

$$2Zn(NO_3)_2 + 2Na_2CO_3 + H_2O \longrightarrow Zn_2(OH)_2CO_3 + 4NaNO_3 + CO_2 \uparrow \tag{9-3}$$

$$Zn_2(OH)_2CO_3 \xrightarrow{\triangle} 2ZnO + CO_2 \uparrow + H_2O \tag{9-4}$$

直接沉淀法操作简单易行，对设备、技术要求不高，不易引入杂质，产品纯度很高，有良好的化学计量性，成本较低。缺点是洗涤原溶液中的阴离子较难，得到的粒子粒径分布较宽，分散性较差。

② 共沉淀法。共沉淀法是将两个或两个以上组分同时沉淀的一种方法。向含多种阳离子的溶液中加入沉淀剂后，所有离子完全沉淀的方法称共沉淀法。其特点是一次可以同时获得几个组分，而且各个组分之间的比例较为恒定，分布也比较均匀。如果组分之间能够形成固溶体，那么分散度和均匀性则更为理想。共沉淀法的分散性和均匀性好，这是它较之于固相混合法等的最大优势。共沉淀法又可分成单相共沉淀和混合物共沉淀。

a.单相共沉淀。沉淀物为单一化合物或单一固溶体时，称为单相共沉淀，亦称化合物沉淀法。溶液中的金属离子是以具有与配比组成相等化学计量的化合物形式沉淀的。因而，当沉淀颗粒的金属元素之比就是产物化合物的金属元素之比时，沉淀物具有在原子尺度上的组成均匀性。但是，对于由两种以上金属元素组成的化合物，当金属元素之比按倍比法则，是简单的整数比时，保证组成均匀性是可以的，而当要定量地加入微量成分时，保证组成均匀性常常很困难。如果是利用形成固溶体的方法，就可以收到良好效果。不过，形成固溶体的系统是有限的，适用范围窄，仅对有限的草酸盐沉淀适用。

b. 混合物共沉淀（多相共沉淀）。沉淀产物为混合物时，称为混合物共沉淀。为了获得均匀的沉淀，通常是将含多种阳离子的盐溶液慢慢加到过量的沉淀剂中并进行搅拌，使所有沉淀离子的浓度大大超过沉淀的平衡浓度，尽量使各组分按比例同时沉淀出来，从而得到较均匀的沉淀物。但由于组分之间产生沉淀时的浓度及沉淀速度存在差异，故溶液的原始原子水平的均匀性可能部分地失去。沉淀通常是氢氧化物或水合氧化物，也可以是草酸盐、碳酸盐等。此法的关键在于如何使组成材料的多种离子同时沉淀，一般通过高速搅拌、加入过量沉淀剂以及调节 pH 值来得到较均匀的沉淀物。

③ 均相沉淀法。均相沉淀是在均相溶液中，借助于适当的化学反应，有控制地产生沉淀作用所需的离子，在整个溶液中缓慢地析出密实而较重的无定形沉淀或大颗粒晶态沉淀的过程。通常的沉淀操作是把一种合适的沉淀剂加到一个欲沉淀物质的溶液中，使之生成沉淀。这种沉淀方法，在相混的瞬间，在相混的地方，总不免有局部过浓现象，因此整个溶液不是处处均匀的。这种在不均匀溶液中进行沉淀所发生的局部过浓现象通常会带来不良后果。例如，它会引起溶液中其他物质的共沉淀，使沉淀污染；它会使晶态沉淀成为细小颗粒，给过滤和洗涤带来困难；无定形沉淀很蓬松，既难过滤洗涤，又很容易吸附杂质。按照所遵循化学反应机理的不同，可将均相沉淀法分成六类。

a. 控制溶液 pH 的均相沉淀。尿素水解法就属于这一类。尿素水解不但可用来制取紧密的、较重的无定形沉淀，也可用于沉淀草酸钙、铬酸钡等晶态沉淀，因为草酸钙可溶于酸性溶液中，借助于尿素水解缓慢升高 pH，草酸钙就生长为晶形良好的粗粒沉淀。这类方法也包括缓慢降低溶液 pH 的办法，例如借助于 β-羟乙基乙酸酯水解生成的乙酸，缓慢降低 pH，可以使 [Ag(NH$_3$)$_2$]Cl 分解，生成大颗粒的氯化银晶体沉淀。

b. 酯类或其他化合物水解产生所需的沉淀离子。这类方法所用的试剂种类很多，控制释出的离子有 PO$_4^{3-}$、Cl$^-$ 等，以及 8-羟基喹啉，N-苯甲酰胲等有机沉淀剂。所得的沉淀绝大部分属于晶态沉淀，只要控制好反应的速率，常能得到晶形良好的大颗粒晶体，从而减少了共沉淀现象，取得好的分离效果。

c. 配合物分解以释出待沉淀离子。1950 年中国学者顾翼东等使钨的氯配合物或草酸络合物缓慢分解，以析出密实沉重的钨酸沉淀。这是首次采用控制金属离子释出速率的办法进行均相沉淀。类似的方法还有利用乙二胺四乙酸（EDTA）络合金属离子，然后以过氧化氢氧化分解 EDTA，使其释出金属离子进行均相沉淀。配合物分解法通常能获得良好的沉淀，但由于反应过程中破坏了络合剂，有时候沉淀分离的选择性会受到影响。

d. 氧化还原反应产生所需的沉淀离子。例如，用 ClO$^-$ 氧化 I$^-$ 成 IO$_3^-$，使钍沉淀成为碘酸钍。IO$_3^-$ 也可由高碘酸还原而得。中国学者蔡淑莲在有 IO$_3^-$ 的硝酸溶液中，用过硫酸铵或溴酸钠作氧化剂，把 Ce(Ⅲ) 氧化为 Ce(Ⅳ)，这样所得的碘酸高铈，质地密实，便于过滤和洗涤，可使铈与其他稀土元素很好地分离，灼烧成氧化物后，适合作铈的定量分析。

e. 合成螯合沉淀剂法。除了让一种试剂分解产生所需的沉淀离子外，也可在溶液中让构造简单的试剂合成为结构复杂的螯合（见螯合作用）沉淀剂，以进行均相沉淀，即在能生成沉淀的介质条件下，直接合成有机试剂，使它边合成，边沉淀。例如，借助于亚硝酸钠与 β-萘酚反应合成 α-亚硝基-β-萘酚，可均相沉淀钴；借助于丁二酮与羟胺合成丁二酮肟，可均相沉淀镍和钯；用苯胺与亚硝酸钠合成 N-亚硝基苯胺，可均相沉淀铜、铁、钛、锆等。

f.酶化学反应。20 世纪 70 年代，酶化学反应也应用到均相沉淀中。例如，Mn(Ⅱ)和 8-羟基喹啉生成的螯合物在 pH 为 5 时并不沉淀。加入尿素，置于 35℃ 恒温水浴中，由于该温度下尿素基本不水解，故仍不起反应，溶液依然是澄清的。加入很少量的脲酶后，脲酶对尿素水解有催化作用，溶液的 pH 才缓慢上升，这样可得性能良好的 $Mn(C_9H_6ON)_2$ 沉淀。过滤洗净后，在 170℃ 烘干称重，即可测定锰。

均相沉淀不仅能改善沉淀的性质和沉淀分离的效能，而且是研究沉淀和共沉淀过程的很有效的工具。

（2）水热法

这是一种通过在高温高压水中的化学反应形成超细粉沉淀的方法。该方法可以大量获得在通常条件下得不到或难以得到的、粒径从几纳米到几百个纳米的金属氧化物、金属复合氧化物陶瓷粉末。

如图 9-4 所示，水热法是一种在密闭容器内完成的湿化学方法，与溶胶-凝胶法、共沉淀法等其他湿化学方法的主要区别在于温度和压力。水热法通常使用的温度在 130～250℃ 之间，相应的水的蒸汽压是 0.3～4MPa。与溶胶-凝胶法和共沉淀法相比，其最大优点是一般不需高温烧结即可直接得到结晶粉末，避免了可能形成的微粒硬团聚，也省去了研磨及由此带来的杂质。水热过程中通过调节反应条件可控制纳米微粒的晶体结构、结晶形态与晶粒纯度。既可以制备单组分微小单晶体，又可制备双组分或多组分的特殊化合物粉末。可制备金属、氧化物和复合氧化物等粉体材料。所得粉体材料的粒度范围通常为 $0.1\mu m$ 至几微米，有些可以达到几十纳米。水热与溶剂热法的反应物活性得到改变和提高，有可能代替固相反应，并可制备出固相反应难以制备出的材料，即克服某些高温制备不可克服的晶型转变、分解、挥发等问题。能够合成熔点低、蒸气压高、高温分解的物质。水热条件下中间态、介稳态以及特殊相易于生成，能合成介稳态或者其他特殊凝聚态的化合物、新化合物，并能进行均匀掺杂。相对于气相法和固相法，水热与溶剂热的低温、等压、溶液条件，有利于生长缺陷极少、取向好的晶体，且合成产物结晶度高、易于控制产物晶体的粒度。所得到的粉末纯度高、分

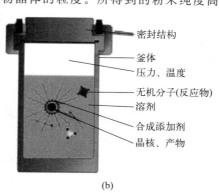

密封结构
釜体
压力、温度
无机分子(反应物)
溶剂
合成添加剂
晶核、产物

(a)　　　　　　　　　　　　(b)

图 9-4　水热反应釜实物图（a）和水热反应示意（b）

散性好、均匀、无团聚、晶型好、形状可控、利于环境净化等。

水热法一般只能制备氧化物粉体，关于晶核形成过程和晶体生长过程影响因素的控制等很多方面缺乏深入研究，还没有得到令人满意的结论。水热法需要高温高压，使其对生产设备的依赖性比较强，这也影响和阻碍了水热法的发展。因此，水热法有向低温低压发展的趋势，即温度低于100℃、压力接近1个标准大气压的水热条件。

（3）溶胶-凝胶法

如图9-5，该法是利用金属醇盐的分解或聚合反应制备金属氧化物或金属氢氧化物的均匀溶胶，再浓缩成透明凝胶，凝胶经干燥和热处理后可得到所需氧化物陶瓷粉体。

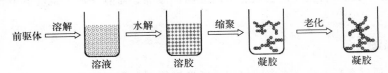

图9-5 溶胶-凝胶法流程

溶胶-凝胶法与其它方法相比具有许多独特的优点。

① 由于溶胶-凝胶法中所用的原料首先被分散到溶剂中而形成低黏度的溶液，因此，就可以在很短的时间内获得分子水平的均匀性，在形成凝胶时，反应物之间很可能是在分子水平上被均匀地混合；

② 由于经过溶液反应步骤，那么就很容易均匀定量地掺入一些微量元素，实现分子水平上的均匀掺杂；

③ 与固相反应相比，化学反应更容易进行，而且仅需要较低的合成温度。一般认为溶胶-凝胶体系中组分的扩散在纳米范围内，而固相反应时组分扩散是在微米范围内，因此前者反应容易进行，温度较低；

④ 选择合适的条件可以制备各种新型材料。

但是，溶胶-凝胶法也不可避免地存在一些问题，例如，原料金属醇盐成本较高；有机溶剂对人体有一定的危害性；整个溶胶-凝胶过程所需时间较长，常需要几天或好几周；存在残留小孔洞；存在残留的碳；在干燥过程中会逸出气体及有机物，并产生收缩。目前，有些问题已经得到解决，例如，在干燥介质临界温度和临界压力的条件下进行干燥可以避免物料在干燥过程中的收缩和碎裂，从而保持物料原有的结构与状态，防止初级纳米粒子的团聚和凝聚；将前驱体由金属醇盐改为金属无机盐，有效地降低了原料的成本；柠檬酸-硝酸盐法中利用自燃烧的方法可以减少反应时间和残留的碳含量等等。

（4）水解法

水解反应的产物通常是氢氧化物、水合物等沉淀，通过脱水可以得到纯度极高的陶瓷超细粉末。例如，可以向0.2～0.3mol·L^{-1}的高纯氧氯化锆溶液中加去离子水，并长时间煮沸氧氯化锆溶液，使水解生成的氯化氢不断蒸发除去，从而获得高纯超细二氧化锆，反应如下：

$$ZrOCl_2 + (3+n)H_2O \longrightarrow Zr(OH)_4 \cdot nH_2O + 2HCl\uparrow \qquad (9-5)$$

$$Zr(OH)_4 \cdot nH_2O \longrightarrow ZrO_2 + nH_2O \qquad (9-6)$$

9.2.2.3 气相法

气相法是直接利用气体或通过各类手段将物质变成气体，使之在气体状态下发生物理转变或化学反应，最后在冷却进程中凝聚长大形成粉体的方式。如图9-6，由气相生成粉体的方式有如下两种：一种是系统中不发生化学反应的蒸发凝聚法（PVD），另一种是气相化学反应法（CVD）。PVD法是将原料加热至高温（用电弧或等离子流等加热），使之气化，接着在电弧焰和等离子焰与冷却环境造成的较大温度梯度条件下急冷，凝聚成微粒状物料的方式。采用这种方式能制得颗粒直径较小的微粉，其纯度、粒度、晶型都较好，成核均匀；粒径散布窄，颗粒尺寸能够取得有效控制。这种方式适用于制备单一氧化物、复合氧化物、碳化物或金属的微粉。CVD法通常包括一定温度下的热分解、合成或其他化学反应，多数采用高挥发性金属卤化物、羰基化合物、烃化物、有机金属化合物、氧氯化合物和金属醇盐原料，有时还涉及使用氧、氢、氨、甲烷等一系列进行氧化还原反应的反应性气体。该法所用设备简单，反映条件易操纵，产物纯度高，粒径散布窄，专门适于规模生产。

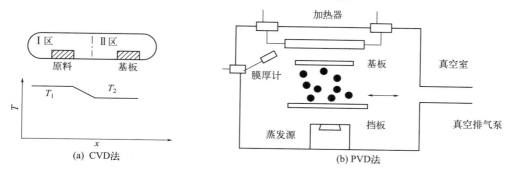

图 9-6　气相法原理

9.3 无机非金属材料的成型

9.3.1 可塑成型

可塑成型法是指用可塑泥料制成坯体的方法。在耐火材料中，软质黏土加水调和后具有可塑性。可塑性在一定范围内随水分的增加由弱变强，因此，用于可塑成型法的泥料应含相当数量的软质黏土（一般为40%以上）和一定的水分（一般为16%以上）。可塑成型法所用设备多为挤泥机和再压设备。有时用简单工具以手工进行，称为手工成型法。在用挤泥机生产时，将制备好的泥料放入挤泥机中，挤成泥条，然后切割，按所需尺寸制成毛坯，再将毛坯用压砖机压制，使坯体具有规定的尺寸和形状。坯料的含水量与原料性质、制品要求有关。水分可按坯料中软质黏土的多少及其可塑性强弱进行调整。挤泥机的临界压力与坯料的含水量有关，水分越大，挤泥机的临界压力便越低。采用手工成型时，坯料有时不含黏土，加镁砖及硅砖用卤水或石灰乳作为成型塑化介质，这时手工成型料的含水量较低，水分含量近于半干成型坯料含水量的上限。

可塑成型法是一种传统的成型方法，是用各种不同的外力对具有可塑性的坯料进行加工，迫使坯料在外力的作用下发生可塑变形而制成生坯的成型方法。如图9-7，我国古代采用的手工拉坯（景德镇古窑厂仍采用此方法）就是最原始的可塑成型法。

图 9-7   可塑成型法

（1）滚压成型

成型时盛放着泥料的石膏模型和滚压头分别绕自己的轴线以一定的速度同方向旋转，滚压头在旋转的同时逐渐靠近石膏模型，对泥料进行滚压成型。滚压成型的优点是坯体致密、组织结构均匀、表面质量高。阳模滚压（外滚压）：滚压头决定坯体形状和大小，模型决定内表面的花纹。阴模滚压（内滚压）：滚压头形成坯体的内表面。滚压成型的主要控制因素：①泥料，要求水分低、可塑性好；②滚压过程，需控制分压（轻）、压延（稳）、抬起（慢）阶段；③主轴转速和滚头转速，控制生产效率。

（2）塑压成型

将可塑泥料放在模型中在常温下压制成型的方法。成型压力与坯泥的含水量有关。坯体的致密度较旋坯法、滚压法都高。因此，需要提高模型强度，采用多孔性树脂模、多孔金属模。

此外，还有旋压成型、雕塑、印坯、拉坯等其他塑性方法。可塑成型法多用来生产大型或特别复杂形耐火制品。

9.3.2   注浆成型

注浆成型，是指选择适当的解胶剂（反絮凝剂）使粉状原料均匀地悬浮在溶液中，调成泥浆，然后浇注到有吸水性的模型（一般为石膏模）中吸去水分，按模型成型成坯体的方法。如图9-8所示，这种方法常用于制造形状复杂，精度要求不高的日用陶瓷和建筑陶瓷。注浆成型是广泛使用的一种成型方法。它有很多优点，主要是：能使陶瓷工艺雕塑品的坯胎造型比较规整，同时能较纯正地保持陶瓷雕塑造型的原样；雕塑胎壁轻薄而均匀，持拿移动轻便省力；成型操作技术较易掌握，有利于批量复制；成形周期较短，原材料消耗较少，成本较低。但也有不利之处，如胎壁质松易碎，不易成型较大和造型变化过于复杂的雕塑整体造型；

模具要求精度较高、翻制较繁等。这种成型方法不仅以其多种优点而被陶瓷工艺雕塑生产所普遍采用，尤以其有利"保持原样"这一点而为陶瓷工艺雕塑生产企业所看重。

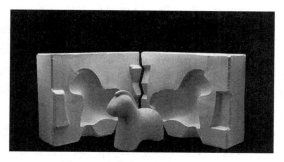

图 9-8　注浆成型制备工艺制品

一般的注浆成型是基于多孔石膏模吸收水分的特性，其注浆过程基本上可分为三个阶段。从泥浆注入石膏模后模壁吸水开始到形成薄泥层为第一阶段。此阶段的成型力为石膏模的毛细管力，即在石膏模毛细管力的作用下开始吸收泥浆中的水，使靠近模壁的泥浆中的水、溶于水中的溶质及小于微米级的坯料颗粒被吸入石膏模的毛细管中。由于水分被吸走，泥浆中的颗粒互相靠近，形成最初的薄壁层。薄壁层形成后，泥层逐渐增厚直到形成注件为第二阶段。在此阶段中，石膏模的毛细管力仍继续吸水，薄壁层继续脱水。同时，泥浆内水分向薄壁层扩散，通过泥层被吸入石膏模的毛细孔中，其扩散动力为水分的浓度差和压力差。此时泥层就像滤网，随着泥层逐渐增厚，水分扩散的阻力也逐渐增大。当泥层增厚到所要求的注件厚度时，将余浆倒出，形成了雏坯。从雏坯形成到脱模为收缩脱模阶段，即第三阶段。由于石膏模继续吸水和雏坯表面水分的蒸发，雏坯开始收缩，脱离模型形成生坯，当坯体具有一定强度后即可脱模。

9.3.3　胶态成型

胶态成型是采用物理、化学或物理化学方法使具有一定流动性的悬浮体料浆固化为结构均匀坯体的方法。传统的湿法成型都归属于胶态成型。胶态成型的陶瓷料是由陶瓷原料粉末和水、有机介质等组成的胶态体系，因此称作胶态成型。与干法成型相比，它通常在注模时为具有一定流动性的液态浆料，故可以更好地填充模具，从而制备出大尺寸、形状复杂的部件。并且体系中的各个组分分散得更为均匀，因此得到的显微组织结构也为均匀。

常见的胶态成型方法主要有注浆成型、电泳浇注成型、流延成型、挤压成型、注射成型、直接凝固成型、快速凝固成型、凝胶注模成型、胶态振动注模、温度诱导絮凝成型、水解辅助固化成型、溶胶-凝胶法成型等。不同的胶态成型工艺有不同的特点，主要的生产工艺过程如图 9-9 所示。不同的胶态成型所用的介质、有机分散体系、成型工艺、成型原理差别很大。

图 9-9　胶态成型工艺生产流程

9.3.4　玻璃的熔制与成型

玻璃的熔制：按照料方混合好的配合料，经过高温加热形成均匀、纯净、透明、无气泡（即把气泡、条纹和结石等减少到容许限度）并符合成型要求的玻璃液的过程，称为玻璃的熔制。玻璃的熔制是一个非常复杂的过程，它包括一系列物理的、化学的、物理化学的现象和反应。这些现象和反应的结果，使各种原料的机械混合物变成复杂的熔融物即玻璃液。各种配合料在加热形成玻璃过程中的物理的、化学的和物理化学的现象是基本相同的，它们在加热时所发生的变化大致如下。①物理过程。包括配合料的加热，吸附水分的蒸发、排除，某些单独组分的熔融，某些组分的多晶转变，个别组分的挥发等；②化学过程。包括固相反应，各种盐类的分解，水化物的分解，化学结合水的排除，组分间的相互反应及硅酸盐的生成；③物理化学过程。包括低共熔物的生成，组分或生成物间的相互溶解，玻璃液和炉气介质之间的相互作用，玻璃液和耐火材料的相互作用及玻璃液及其中夹杂气体的相互作用等。

玻璃的熔制过程大致分为五个阶段：硅酸盐形成阶段、玻璃液形成阶段、玻璃液澄清阶段、玻璃液均化阶段、玻璃液冷却阶段。如图 9-10 所示，这五个阶段各有特点。需要指出的是，玻璃熔制过程的五个阶段，在实际生产中是难以完全分开的，有时甚至是同步发生的。

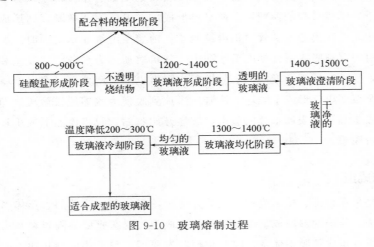

图 9-10　玻璃熔制过程

（1）硅酸盐形成阶段

配合料入窑后，在高温环境下发生硅酸盐生成反应，该反应很大程度上在固体状态下进行。配合料各组分在加热过程中经过一系列的物理变化和化学变化，主要的固相反应结束，大部分气态产物从配合料中逸出。在这一阶段结束时，配合料变成由硅酸盐和二氧化硅组成的不透明烧结物。制造普通钠钙硅酸盐玻璃时，硅酸盐形成阶段在 800～900℃基本完成。

（2）玻璃液形成阶段

硅酸盐形成阶段生成的硅酸钠、硅酸钙、硅酸铝等烧结物及反应剩余的大量 SiO₂，在温度继续升高时开始熔融，易熔的低共熔混合物首先开始融化，同时，硅酸盐烧结物和剩余的 SiO₂ 互相溶解和扩散，由不透明的半熔融烧结物转变为透明的玻璃液，不再含有未反应的配合料颗粒。但玻璃液中存在大量的气泡，化学组成和性质也不均匀，有许多条纹。平板玻璃液形成大约在 1200～1400℃ 完成。

（3）玻璃液澄清阶段

玻璃液继续加热，其黏度降低，并从中放出气态混杂物，即进行去除可见气泡的过程。熔制平板玻璃时澄清过程在 1400～1500℃ 结束，这时玻璃液黏度 $\eta = 10\mathrm{Pa \cdot s}$。

（4）玻璃液均化阶段

玻璃液的均化过程在玻璃形成时即已开始，在澄清过程后期，与澄清一起进行和完成。均化作用就是在玻璃液中消除条纹和其他不均体，是玻璃液各部分在化学组成上达到预期的均匀一致。玻璃液是否均一，可由测定不同部位玻璃的折射率和密度的一致程度来鉴定。熔制普通玻璃时，均化可在低于澄清温度下完成。

（5）玻璃液冷却阶段

为了使玻璃液的黏度增高到成形制度所需的范围，需进行玻璃液的冷却。冷却过程中玻璃液温度通常降低 200～300℃，冷却的玻璃液温度要求均匀一致，以有利于成型。

玻璃熔制的各个阶段，各有其特点，同时它们又是彼此互相密切联系和相互影响的。在实际熔制中，常常是同时进行或交错进行的。这主要决定于熔制的工艺制度和玻璃熔窑结构的特点。配合料经高温加热熔融最终转变为符合成型要求的玻璃液的过程是极其复杂的，所有与这一过程有关联的因素都将影响玻璃熔制的质量。例如玻璃液的组成、玻璃液的黏度、表面张力、原料及配合料的质量、熔化作业制度、加速玻璃熔化的辅助手段等因素。玻璃熔体的质量缺陷主要是指气泡、条纹和结石三大缺陷，他们分别是均匀玻璃液中的气态、玻璃态和固态夹杂物。这些缺陷的存在直接影响玻璃液的质量，关系到玻璃生产的成品率和生产成本。

玻璃的成型通常是指由熔化的质量符合要求的玻璃液来制成具有一定形状与尺寸的玻璃制品的过程。玻璃的成型分为平板玻璃的成型和日用玻璃的成型。

平板玻璃的现存的成型方法有：浮法、垂直引上法、平拉法、压延法。其中，浮法具有优质高产、易操作和易实现自动化等优点。除了压延法仍用于生产压花、夹丝玻璃外，其他方法现已被占主导地位的浮法所取代。浮法是指玻璃液流漂浮在熔融金属表面上生产平板玻璃的方法。该法由英国 Pilkington 公司于 1959 年研究成功。中国的第一条浮法玻璃生产线于 1981 年在洛阳通过鉴定，现有浮法线近百条，占世界 1/3 以上。

9.4 无机非金属材料的烧结

9.4.1 烧结的定义

烧结的目的是把粉状材料转变为块体材料，并赋予材料特有的性能。烧结得到的块体材料是一种多晶材料，其显微结构由晶体、玻璃体和气孔组成。烧结直接影响显微结构中晶粒尺寸的分布，气孔的大小、形状和分布以及晶界的体积分数等。从材料动力学角度看，烧结过程的进行，依赖于基本动力学过程——扩散，因为所有传质过程都依赖于质点的迁移。烧结中粉状物料间的种种变化，还会涉及相变、固相反应等动力学过程，尽管烧结的进行在某些情况下并不依赖于相变和固相反应的进行。由此可见，烧结是材料高温动力学中最复杂的动力学过程。

宏观定义：在高温下（不高于熔点），陶瓷生坯固体颗粒相互键联，晶粒长大，空隙（气孔）和晶界渐趋减少，通过物质的传递，其总体积收缩，密度增大，最后成为具有某种显微结构的致密多晶烧结体，这种现象称为烧结。

微观定义：固态中分子（或原子）间存在互相吸引，通过加热使质点获得足够的能量进行迁移，使粉末体产生颗粒黏结，产生强度并导致致密化和再结晶的过程称为烧结。

9.4.2 烧结的原理

既然烧结是基于颗粒间的接触和键合以及在表面张力推动下物质的传递完成的，那么颗粒间是怎样键合的？物质是经由什么途径传递的？这是涉及烧结机理的两个重要问题。

（1）颗粒的黏附作用

用两根新拉制的玻璃纤维相互叠放在一起，然后沿纤维长度方向轻轻地相互拉过，即可发现其运动是黏滞的，两根玻璃纤维会互相黏附一段时间，直到玻璃纤维弯曲时才被拉开，这说明两根玻璃纤维在接触处产生了黏附作用。许多其他实验也同样证明，只要两固体表面是新鲜或清洁的，而且其中一个是足够细或薄的，黏附现象总会发生。倘若用两根粗的玻璃棒做实验，则上述的黏附现象就难以被觉察。这是因为一般固体表面即使肉眼看来是足够光洁的，但从分子尺度看仍是很粗糙的，彼此间接触面积很小，因而黏附力比起两者的质量就显得很小。

由此可见，黏附是固体表面的普遍性质，它起因于固体表面力。当两个表面靠近到表面力场作用范围时，即发生键合而黏附。黏附力的大小直接取决于物质的表面能和接触面积，故粉状物料间的黏附作用特别显著。让两个表面均匀润湿一层水膜的球形粒子彼此接触，水膜将在水的表面张力作用下变形，使两颗粒迅速拉紧靠拢和聚结。在这个过程中水膜的总表面积减小了 δ_s，系统总表面能降低了 $y\delta_s$，在两个颗粒间形成了一个曲率半径为 ρ 的透镜状接触区（通常称颈部）。对于没有水膜的固体粒子，因固体的刚性使它不能像水膜那样迅速而明显地变形，然而相似的作用仍然会发生。因为当黏附力足以使固体粒子在接触点处产生微小塑性变形时，这种变形就会导致接触面积增大，而扩大了接触面，又会使黏附力进一步增加并获得更大的变形，依此循环和叠加就可能使固体粒子间产生黏附。如图 9-11，黏附作用是烧结初始阶段，导致粉体颗粒间产生键合、靠拢和重排，并开始形成接触区的一个原因。

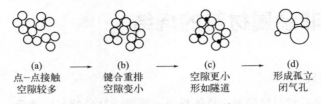

(a)　　　　　(b)　　　　　(c)　　　　　(d)
点-点接触　　键合重排　　空隙更小　　形成孤立
空隙较多　　空隙变小　　形如隧道　　闭气孔

图 9-11　粉体烧结过程示意

（2）物质的传递

在烧结过程中物质传递的途径是多样的，相应的机理也各不相同。但如上所述，它们都是以表面张力下降作为推动力的。

① 流动传质　是指在表面张力作用下通过变形、流动引起的物质迁移。属于这类机理的有黏性流动和塑性流动。在实际晶体中总是有缺陷的。在不同温度下，晶体中总存在一定数目的平衡空位。随温度升高，质点热振动变大，空位浓度增加，并可能发生依序向相邻空位位置的移动。由于空位是统计均匀分布的，故质点的这种迁移在整体上并不会有定向的物质流产生。但若存在着某种外力场，如表面张力作用时，则质点（或空位）就会优先沿此表面张力作用的方向移动（见图 9-12），并呈现相应的定向物质流，其迁移量是与表面张力大小成比例的，并服从如下黏性流动的关系：

$$\frac{F}{S} = \eta \frac{\partial V}{\partial x} \tag{9-7}$$

式中，F 为剪切应力；$\frac{\partial V}{\partial x}$ 为流动速度梯度；η 为黏度系数。

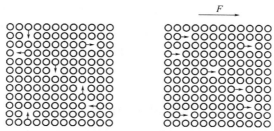

图 9-12　晶体中空位迁移与外力作用的关系

② 扩散传质　扩散传质是指质点（或空位）借助于浓度（或温度）梯度推动而迁移的传质过程。烧结初期由于黏附作用使粒子间的接触界面逐渐扩大，并形成具有负曲率的接触区。在颈部由于曲面特性所引起的毛细孔引力会使颈部表面的空位浓度过剩。在这个空位浓度差推动下，空位从颈部表面不断向颗粒的其他部分扩散，而固体质点则向颈部逆向扩散。在一定温度下空位浓度差是与表面张力成比例的，因此由扩散机理进行的烧结过程，其推动力也是表面张力。

③ 气相传质　由于颗粒表面各处的曲率不同，由下述开尔文公式［式（9-8）］可知，各处相应的蒸气压大小也不同。故质点容易从高能阶的凸处（如表面）蒸发，然后通过气相传递到低能阶的凹处（如颈部）凝结，使颗粒的接触面增大，颗粒和空隙形状改变而使成型体变成具有一定几何形状和性能的烧结体。这一过程也称蒸发-冷凝。

$$\ln \frac{P}{P_0} = \frac{2\gamma V_m}{rRT} \tag{9-8}$$

式中，P、P_0 分别为实际蒸气压与饱和蒸气压；γ 为表面张力；V_m 为液体的摩尔体积；r 为液滴的半径。

④ 溶解-沉淀　在有液相参与的烧结中，若液相能润湿和溶解固相，由于小颗粒的表面能较大，其溶解度也就比大颗粒的大。其间存在类似于下列关系：

$$\ln\frac{C}{C_0}=\frac{2\gamma_{sl}M}{\rho RTr} \qquad\qquad (9-9)$$

式中，C、C_0 分别为小颗粒与大颗粒的溶解度；r 为小颗粒半径；γ_{sl} 为固液相界面张力；ρ 为颗粒密度；M 为颗粒的摩尔质量。

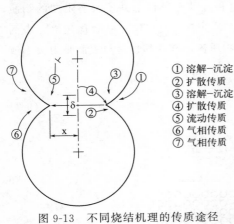

① 溶解-沉淀
② 扩散传质
③ 溶解-沉淀
④ 扩散传质
⑤ 流动传质
⑥ 气相传质
⑦ 气相传质

由上式可见，溶解度随颗粒半径减小而增大，故小颗粒将优先溶解，并通过液相不断向周围扩散，使液相中该物质的浓度随之增加。当达到较大颗粒的饱和浓度时，就会在其表面沉淀析出（见图9-13）。这就使粒界不断推移，大小颗粒间空隙逐渐被填充，从而使得烧结致密化。

综上所述，烧结的机理是复杂和多样的，但都是以表面张力为动力的。应该指出，对于不同物料和烧结条件，这些过程并不是并重的，往往是某一种或几种机理起主导作用。当条件改变时可能转变为另一种机理。

图 9-13　不同烧结机理的传质途径

9.4.3　烧结的分类

一般来讲，烧结可以分为两大类，不施加外压力的烧结和施加外压力的烧结，简称不加压烧结和加压烧结。不加压烧结分为固相烧结和液相烧结，加压烧结分为热压、热锻和热等静压。

固相烧结是指松散的粉末或经压制具有一定形状的粉末压坯，被置于不超过其熔点的设定温度中，在一定的气氛保护下，保温一段时间的操作过程。所设定的温度称为烧结温度，所用的气氛称为烧结气氛，所用的保温时间称为烧结时间。这样看来，不加压固相烧结似乎可以简单地定义为粉末压坯的（可控气氛）热处理过程。但有一点不同，致密材料在热处理过程中只发生一些固相转变，而粉末在烧结过程中还必须完成颗粒间接触由物理结合向化学结合的转变。

固相烧结按其组元多少可分为单元系固相烧结和多元系固相烧结两类。单元系固相烧结指纯金属、固定成分的化合物或均匀固溶体的松装粉末或压坯在熔点以下（一般为绝对熔点温度的 2/3～4/5）进行的粉末烧结。单元系固相烧结过程除发生粉末颗粒间黏结、致密化和纯金属的组织变化外，不存在组织间的溶解，也不出现新的组成物或新相，又称为粉末单相烧结。单元系的烧结性能主要由密度、强度、延性和导电性来衡量，影响这些性能的因素可以归纳为如下几个方面。①材料的性质，如材料的表面能、扩散系数、黏性系数、临界剪切应力、蒸气压和蒸发速率，这些因素都会影响到烧结驱动力和烧结颈的长大速度。②粉末性质，包括粉末颗粒大小、表面活性（表面活性与表面是否存在氧化膜以及表面的结构完善程度有关，当晶体表面存在大量位错和空位时，其活性很高）、晶格活性（晶格缺陷和晶格畸变）和外来物质（杂质、氧化物、吸附气体和烧结气氛）。

单元系固相烧结过程大致分三个阶段，如图9-14所示。

（1）低温阶段

$T_{烧}=0.25T_{熔}$，主要发生金属的回复、吸附气体和水分的挥发、压坯内成型剂的分解和排除。由于回复时消除了压制时的弹性应力，粉末颗粒间的接触面积反而相对减小，加上挥发物的排除，烧结体收缩不明显，甚至略有膨胀。此阶段内烧结体密度基本保持不变。

低温阶段

（2）中温阶段

$T_{烧}=(0.4\sim0.55)T_{熔}$，开始发生再结晶，粉末颗粒表面氧化物被完全还原，颗粒接触界面形成烧结颈，烧结体强度明显提高，而密度增加较慢。

中温阶段

（3）高温阶段

$T_{烧}=(0.5\sim0.85)T_{熔}$，这是单元系固相烧结的主要阶段。扩散和流动充分进行并接近完成，烧结体内的大量闭孔逐渐缩小，孔隙数量减少，烧结体密度明显增加。保温一定时间后，所有性能均达到稳定不变。

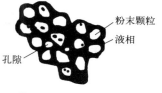
高温阶段　　粉末颗粒　液相　孔隙

图 9-14　单元系固相烧结过程

烧结温度一般是指高温烧结阶段的温度，其具体温度的确定要根据烧结零件的熔点高低、密度和孔隙度的要求以及力学性能和物理性能的要求。烧结温度越高，原子的扩散速度越大，结果对烧结颈的长大、烧结体的收缩、孔隙的球化越有利，烧结零件的性能也越好。

多元系固相烧结是指两种组元以上的粉末体系在其中低熔组元的熔点以下进行的粉末烧结。多元系固相烧结除发生单元系固相烧结所发生的现象外，还由于组元之间的相互影响和作用，发生一些其他现象。对于组元不相互固溶的多元系，其烧结行为主要由混合粉末中含量较多的粉末所决定。对于能形成固溶体或化合物的多元系，除发生同组元之间的烧结外，还发生异组元之间的互溶或化学反应。烧结体因组元体系不同有的发生收缩，有的出现膨胀。在决定烧结体性能的因素方面，多元素固相烧结时的粉末均匀化比烧结体的致密化更为重要。

液相烧结是二元系或多元系粉末烧结过程，烧结温度超过某一组元的熔点，因而形成液相。液相可能在一个较长时间内存在，称为长存液相烧结；也可能在一个相对较短的时间内存在，称为瞬时液相烧结。比如，存在着共晶成分的二元粉末系统，当烧结温度稍高于共晶温度时出现共晶液相，是一种典型的瞬时液相烧结过程。值得指出的是，活化烧结和液相烧结可以大大提高原子的扩散速率，加速烧结过程，因而出现了把它们统称为强化烧结的趋势。

液相烧结过程可分为四个阶段：预备烧结阶段、收缩阶段、液相烧结阶段、冷却阶段。在待烧结的陶瓷粉末中均匀混入熔点较低的适当填料，在烧结温度下，可使烧结的致密化速度和最终制品的密度提高。液相的生成是在烧结温度下制品中易熔成分熔化的结果。液相烧结速度较快，收缩显著，烧结后可以得到密度接近理论密度的制品。液相烧结时必须保证生成适当数量（15％～35％）的液相，液相对固相必须有良好的浸润性，且固相必须在液相中有一定的溶解度。有液相参与的烧结方法，其烧结温度较纯固相烧结的低。烧结物一般含多种成分，在最低共熔点附近进行烧结，烧结物中发生黏滞流动传质、溶解沉析传质，加快了烧结速度，从而可降低烧结温度。为此，在烧结纯化合物陶瓷时，常在粉料中加入少量助熔剂，使其在较低的温度下实现烧结。

液相烧结是否能够顺利完成主要取决于：

① 液相与固相颗粒表面的润湿性。通常润湿角小于 90°，最好是接近于零度。提高液相的对固相的润湿性可很好地提高液相烧结效果。

② 固相在液相中有一定的溶解度，而液相在固相中的溶解度很小，或者不溶解。

③ 液相数量有限。一般以在冷却时能填满固相颗粒间的间隙为限，通常以 20%～50%（体积分数）为宜。

致密化的过程大致可分为 3 个阶段。

（1）液相生成和颗粒重排

当液相生成后，因液相润湿固相，并渗入颗粒间隙，如果液相量足够，固相颗粒将完全被液相包围而近似于悬浮状态，在液相表面张力作用下发生位移、调整位置，从而达到最紧密的排列。在这一阶段，烧结体密度增加迅速。

（2）固相溶解和析出

由于固相颗粒大小不同、表面形状不规整、颗粒表面各部位的曲率不同，其溶解于液相的平衡浓度不相等，由浓差引起颗粒之间和颗粒不同部位之间的物质迁移也就不一致，小颗粒或颗粒表面曲率大的部位溶解较多；另一方面，溶解的物质又在大颗粒表面或其有负曲率的部位析出。结果是固相颗粒外形逐渐趋于球形或其他规则形状，小颗粒逐渐缩小或消失，大颗粒长大，颗粒更加靠拢。但因在此阶段充分进行之前，烧结体内气孔已基本消失，颗粒间距已很小，故致密化速度显著减慢。

（3）固相骨架形成

液相烧结经过上述两阶段后，固相颗粒相互靠拢，颗粒间彼此黏结形成骨架，剩余的液相充填于骨架的间隙。此时以固相烧结为主，致密化速度显著减慢，烧结体密度基本不变。

液相烧结工艺已广泛用来制造各种烧结合金零件、电接触材料、硬质合金和陶瓷等。根据液相烧结原理，粉末的致密化是通过高熔点颗粒在液相低熔点成分周围的排列实现的。

 拓展阅读

拓展阅读一：中国第一条浮法玻璃生产线

1971 年 9 月 23 日，中国第一条浮法玻璃生产线在洛阳玻璃厂（简称"洛玻"）建成投产，填补了中国科学技术和工业生产上的一项空白，在我国平板玻璃发展史上写下了光辉的一页。1981 年 4 月 30 日，前国家科委、计委和建筑材料工业部（简称"建材部"）召开技术鉴定会，将这种工艺命名为中国"洛阳浮法玻璃工艺"。同年 10 月，"洛阳浮法玻璃工艺"获国家发明奖二等奖，这是新中国成立后，继万吨轮、万吨水压机后第三个获国家发明奖的重大项目，获奖单位包括洛阳玻璃厂、秦皇岛玻璃研究所、杭州新型建筑材料设计院、株洲玻璃厂、建筑材料研究院、秦皇岛玻璃设计院。

第一条浮法玻璃生产线在洛阳玻璃厂建成投产

1971 年 9 月 23 日,中国第一条浮法玻璃生产线在洛阳玻璃厂建成投产,填补了中国科学技术和工业生产上的一项空白。1981 年 4 月 30 日,国家科委、计委和建筑材料工业部将其命名为中国"洛阳浮法玻璃工艺"。"洛阳浮法玻璃工艺"是我国拥有自主知识产权,在世界玻璃工业中与英国皮尔金顿浮法、美国匹兹堡浮法并驾齐驱的世界三大浮法工艺之一,主要发明单位包括洛阳玻璃厂、秦皇岛玻璃研究所、杭州新型建筑材料设计院、株洲玻璃厂、建筑材料研究院、秦皇岛玻璃设计院等。1981 年 10 月,"洛阳浮法玻璃工艺"获国家发明奖二等奖,这是新中国成立后,继万吨轮、万吨水压机后第三个获国家发明奖的重大项目。

1971 年

1971
新中国科技史上的
第一

拓展阅读二:传统无机非金属材料名家大师

1."混凝土院士"——唐明述

1995 年当选为中国工程院院士

唐明述院士长期从事有关混凝土工程的研究。他主持研究成功的"砂石碱快速试验法"不但是我国的标准试验法,还是法国的标准试验法,在国际混凝土界称为"中国法"。从初出茅庐到古稀之年,唐院士一直都在研究一个课题:碱集料反应。碱集料反应也被称为混凝土工程的"癌症"。20 世纪 80~90 年代,唐院士调查发现,京津地区混凝土建筑提早损坏的重要原因之一就是碱集料反应。他呼吁社会要像重视酸雨和气候性灾难一样重视混凝土"癌症",并得到国家计划委员会的广泛关注。1995 年 8 月,"重点工程混凝土安全性研究"被列为"九五"重大科研攻关项目中的优先项目批准立项并立即启动

2."石英玻璃院士"——顾真安

1997 年当选为中国工程院院士

顾真安院士长期从事特种玻璃和光导纤维研究。系统地研究了稀土元素在石英玻璃和光导纤维中的光谱和非线性光学特性,率先在我国开展化学气相沉积掺杂(DCVD)、溶液掺杂

和氢氧焰熔制——电熔拉管两步法工艺技术的研究工作，完成了 20 多项国家科研任务。研制成功了超低膨胀石英玻璃、耐辐照石英玻璃、掺铈石英玻璃、滤紫外石英玻璃、"三七"工程用石英玻璃和稀土石英光学纤维等一批具有国际先进水平的新材料，为激光、电子、兵器、航天等重点工程提供了关键材料，获得显著社会和经济效益。

3."功能陶瓷院士"——李龙土

1997 年当选为中国工程院院士

李龙土院士长期从事功能陶瓷材料及应用研究。主持并参与研制一系列具有优异性能的铁电、压电陶瓷材料，提出了对产业化有指导意义的技术路线，开拓了高性能铁电、压电陶瓷低温烧结的新途径，发明了低烧多层压电陶瓷变压器并推广应用。在弛豫铁电陶瓷、高性能压电陶瓷及器件、复合特性热敏电阻、纳米晶铁电陶瓷和高性能片式电子元件等方面取得了开创性成果。

4."钕玻璃院士"——姜中宏

1999 年当选为中国科学院院士

姜中宏院士长期从事光学材料领域研究。先后研制成功三种强激光用钕玻璃材料，分别为：高能激光系统用的硅酸盐钕玻璃、高功率激光系统"神光Ⅱ"和"神光Ⅲ"预研装置用的Ⅱ型和Ⅲ型磷酸盐钕玻璃。在理论研究中，根据混合键型玻璃形成特性，首次提出用相图热力学计算法，实现了玻璃形成区的半定量预测。采用连续相变方法推导出非对称不溶区。研究玻璃结构的相图模型，提出玻璃是由最邻近的同成分熔融化合物的混合物构成理论，可计算玻璃中的基团及硼配位数比例。将热力学反应判据用于清除白金机理研究，通过预测计算，找到了合适的工艺条件。

5."玻璃纤维院士"——张耀明

2001 年当选为中国工程院院士

张耀明院士长期从事非通信光纤和特种玻纤领域的研究。首创了代铂炉拉制高强度玻璃纤维及丝根针管风冷技术，成为新型特种玻纤拉丝工艺的技术基础。主抓的防热材料用立体织物和天线罩用玻璃纤维仿形织物的配套研制工作，成功应用于 TS 导弹等国防军工重要配套部件中。首创了 20 孔双坩埚拉丝工艺技术和特大双机头拉丝机、多排多孔共挤塑料光纤工艺等。研究成功的多组分玻璃光纤、塑料光纤、传像束等非通信光纤制造技术达世界先进水平，部分技术处于国际领先。发明了全自动跟踪太阳的采光装置，其关键技术处于世界前沿水平，推动了我国非通信光纤领域的产业化发展。

6."水泥院士"——徐德龙

2003 年当选为中国工程院院士

徐德龙院士是我国在硅酸盐工程领域的学术和技术带头人。在水泥悬浮预热预分解技术、粉体工程等方面取得多项重大成果。对以悬浮预热预分解技术为核心的新型水泥干法生产工艺进行了系统的理论研究，提出了许多重要而新颖的观点、概念、见解和建设性意见。开发了三个系列的 X·L 型技术，使国外引进的三种立筒预热器窑产量翻番，节能 30% 以上，水泥熟料质量显著提高，利用该系列技术改造了 120 多条生产线，创造了巨大的经济效益。创造性地提出了高固气比悬浮换热和反应理论，利用原创性的高固气比预热预分解技术建成 10 余条生产线，主要指标创同类型窑国际领先水平。主持设计了全世界最大的冶金工业渣水泥生产线，在 20 多家钢铁企业推广应用，各项指标居国际先进水平，实现了工业废渣的资源化。在悬浮态煤干馏制油、超细粉体制备、非磁性铁矿悬浮态磁化焙烧和循环经济等方面有突破性进展。

思考题

扫码看答案

1. 无机非金属材料的定义，举例说明传统的无机材料和新型无机材料。
2. 粉体的定义是什么？常用的粉体制备方法有哪些？
3. 粉体的化学合成法包括哪几种？其优势和缺点分别是什么？
4. 玻璃的熔制过程分为哪几个阶段，各有什么特点？
5. 什么是烧结？烧结可分为哪几种？

参考文献

[1] 张联盟，黄学辉，宋晓岚. 材料科学基础[M]. 武汉：武汉理工大学出版社，2008.
[2] 陆佩文. 无机材料科学基础[M]. 武汉：武汉理工大学出版社，2005.
[3] 林宗寿. 无机非金属材料工学[M]. 武汉：武汉理工大学出版社，2019.
[4] 李玉平. 无机非金属材料工学[M]. 北京：化学工业出版社，2011.
[5] 林建华，荆西平，王颖霞，等. 无机材料化学[M]. 北京：北京大学出版社，2018.

第 10 章

高分子材料的制备

 教学要点

知识要点	掌握程度	相关知识
聚合物的结构特征	掌握聚合物的基本概念和结构特征；了解聚合物的分子运动	高分子链、聚合度、分子量、构型、构象、立体异构现象
自由基聚合	掌握自由基聚合机理与聚合特征；了解自由基聚合引发剂的特点	链引发、链增长、链终止、偶氮类引发剂、有机过氧类引发剂，无机过氧类引发剂
离子聚合	掌握离子聚合机理；掌握阳离子聚合和阴离子聚合特征；了解离子聚合引发剂的特点	电子转移引发、阴/阳离子引发、阴/阳离子引发动力学、聚合增长速率常数
配位聚合	掌握配位聚合机理；了解配位聚合引发剂的特点	Ziegler-Natta 引发剂
逐步聚合	掌握逐步聚合机理；掌握缩聚中的副反应；了解逐步聚合的实施方法	缩合反应、缩聚反应、共缩聚、逐步特性、可逆平衡、消去反应、化学降解

10.1 高分子材料概述

自从 1953 年诺贝尔奖获得者赫尔曼·施陶丁格（H. Staudinger）提出大分子学说以来，高分子材料被认为是相当大数目的结构单元键合而成的长链状分子，其中一个结构单元相当于一个小分子。高分子相对于小分子，具有显著的特征。一是分子量大，一般在 10000 以上；二是分子量分布具有多分散性。高分子化合物和小分子不同，它在聚合的过程中变成了许多不同分子量大小的高聚物的混合物，本书所说的某一种高分子的分子量其实都是它的平均分子量。而小分子都是由确定分子量大小的分子组成的，分子量固定，这是高分子区别于小分子的一个典型特征。

通常合成高分子是由单体通过聚合反应连接而成的链状分子，称为高分子链。高分子链中重复结构单元的数目称为聚合度。高分子链的化学组成不同，聚合物的性能和用途也不同。分子主链全部由碳原子以共价键相连接的被称为碳链高分子。分子主链中除了含有碳以外，还含有氧、氮、硫等原子并以共价键相连接的被称为杂链高分子。主链中含有硅、磷、硼、铝、钛、砷等元素的高分子被称为元素高分子。其中又分成主链不含碳原子，由上述元素和氧元素组成，侧链含有机取代基的元素有机高分子和主链不含碳元素，也不含有机取代基，完全由其他元素组成的无机高分子。合成高分子主链由一种重复结构单元组成，称为均聚物；若高分子链由几种结构单元组成，则称为共聚物。与单体经聚合或共聚而成的高分子不同，天然高分子和生物高分子的结构更为复杂。

通常条件下，合成高分子多为线型。倘若线型高分子的两个末端分子联结，则形成环形聚合物分子。此外，还有分子主链不是一条单链而是像梯子一样的梯形聚合物。高分子链也可为支化或者交联结构。支化高分子根据支链的长短可以分为短支链支化和长支链支化两种类型。按照支链链接方式不同，支化高分子又可分为无规（树状）、梳形和星形高分子。不同长度的支链沿着主链无规分布，称为无规支化高分子或者树状高分子。一些线型链沿着主链以较短的间隔排列而成的高分子为树形高分子。从一个核伸出三个或者多个臂（支链）的高分子被称为星形高分子。高分子链之间通过化学键或者链段连接成的三维空间网状大分子即为交联高分子。三维交联网的结构（交联度）可以用网链长度、交联点的密度来表征。

高分子链具有沿着主链的微构象序列，从而导致整个分子链的构象，反映了高分子链在空间中的形状。高分子具有如此多不同构象的原因是高分子单键具有内旋转。然而，内旋转完全自由的单键是不存在的，当单键旋转到某一位置时，原子或基团间产生电子云斥力，使内旋转产生阻碍，因此，内旋转是不自由的。由于分子内旋转的影响，使得高分子具有柔顺性，在外力作用下，链可以伸展开来，外力去除后，又回到卷曲状态。

高分子化合物是由低分子单体通过聚合反应合成的。聚合反应有两种重要的分类方法，即按单体-聚合物结构变化分类和按聚合机理分类。按聚合机理与动力学，可将聚合反应分成自由基聚合、离子聚合、配位聚合、逐步聚合、连锁聚合等。

10.2　聚合物的结构特征

聚合物（polymer）是由成百或成千个原子组成的大分子，它是由一种或两种，有时是更多种的小分子一个接一个地连接成链状或网状的结构而形成。聚合物概念是 20 世纪化学上卓越的成就之一，它是在 20 世纪 20 年代的长期争论中形成的。聚合物概念的确定同 1953 年诺贝尔化学奖得主赫尔曼·施陶丁格的名字紧密联系在一起。这个概念很快传播到自然科学技术的许多领域。在生命科学领域中，通过对天然聚合物材料，如蛋白质、核酸和多糖的研究，促进了分子生物学的兴起。在工程技术方面，工业聚合物合成上的一系列成就确立了国际化学工业的一个新的分支，它们专门致力于生产及应用聚合物材料，特别是塑料、橡胶、纤维、涂料和黏合剂等。

10.2.1　结构特征概述

与低分子化合物相比，聚合物的结构非常复杂，其主要特征是：

① 大分子链都是由数目很大（一般大于 10^3）的结构单元，以共价键连接而成的；

② 大分子链的几何形状可为线形、支链型、梯形、网状和体型等；

③ 大分子链的单链若没有位阻时，可以内旋转，呈现出无数的构象，而且聚合物具有柔顺性；

④ 大分子链之间靠范德华力与氢键等聚集在一起，可以成为晶态、非晶态、取向态、液晶态或织态结构等。

由于聚合物结构层次的复杂性和多样性，故其研究也应当是由小到大、由简到繁、分层次地以下列次序进行。

① 聚合物的近程结构，包括链的化学组成、单体的键接次序、结构单元的空间构型等。

构成聚合物的最小单元是大分子链，而大分子链则是由数目众多的重复结构单元，以共价键形式连接而成的。单体在连接成聚合物时，既有一个连接顺序问题，也有一个结构单元在空间的基团排布问题——构型。聚合物的近程结构影响着聚合物的许多物理性质（如强度、弹性、结晶性等）和化学性质（如热稳定性、化学稳定性和化学反应的方式与产物等）。

研究大分子链的近程结构时，是要研究几十纳米尺寸范围内的微观结构，可以用化学的方法或物理的方法。前者是把聚合物经化学转化或降解后，分析其衍生物或降解产物；而后者则是更依赖于和有效的测试分析手段。在几十纳米尺寸范围内的研究中，常用的有效的近代测试方法有：红外光谱、质谱、核磁共振谱、裂解色谱（确定振动基团）、热分析技术等。

② 聚合物的远程结构，包括单链的键内旋转与大分子的构象、聚合物链的柔顺性等。

在聚合物链中，近邻原子上连有的各个基团，因单链的内旋转而造成的空间排列称为构象。构象与构型不同，它是随着时间而改变的。聚合物的长链结构决定了它具有数目很大的构象数，这是造成聚合物链的柔顺性和聚合物具有高弹性的根本原因。

聚合物链的结构（化学组成、化学键的类型），链上取代基的数目、位置和极性的大小，以及环境条件（如温度、溶剂分子的作用等）等对链的柔顺性有很大的影响。聚合物链的远程结构的研究范围，是从近程结构中的一个链节（约为 $10^{-4}\mu m$ 的尺寸）扩大到整个分子链（约为 $10^{-2}\mu m$ 的尺寸）。

③ 聚合物的聚集态结构，包括分子间的相互作用，聚合物的物态与相态。

聚合物的大分子间以次价键力（范德华力和氢键）聚集在一起，聚集态可分为非晶态、取向态、液晶态和晶态等。大分子间相互作用力的大小可用内聚能密度（CED，单位为 $J \cdot cm^{-3}$）来表征，它是指单位体积内的内聚能（ΔE）。

$$CED = \Delta E / V_m = (\Delta H_V - RT) / V_m \qquad (10\text{-}1)$$

式中，ΔH_V 为摩尔蒸发热；V_m 为摩尔体积。

描述晶态聚合物结构的模型常用的是折叠链模型（聚合物结晶体的有序性比低分子化合物结晶体差）。描述非晶态聚合物结构的模型常用无规线团模型（非晶态聚合物的结构比低分子化合物的非晶态要好）。液晶态是具有刚性链的聚合物从各向同性液体过渡到晶体的中间状态，它们大多数是溶致性结晶，并可制成高模量、高强度的材料。取向态则是指大分子链在一维或二维方向上有序的一种结构状态，它多数是聚合物被拉伸时形成的一种聚集态。聚合物取向对材料的力学、热学、光学等性能都有影响，其中对力学性能的影响尤为显著。聚合物的聚集态结构与链的近程和远程结构不同，后者是研究抽象的单个聚合物链，而前者却是研究聚合物材料的实体。其研究手段有小角激光光散射法（SALS）以及扫描电镜法（SEM）、透射电镜法（TEM）、偏光显微镜法或普通显微镜法直接观测。另外反气相色谱法（IGC）和差示扫描量热法（DSC）对于研究结晶过程和结晶程度也很有效。

10.2.2　聚合物的结构

聚合物的化学和物理性质主要取决于下述四个因素间的相互关系。即结构、分子量和分子量分布、分子间作用力、温度，前三者是内因，温度属于外因。作为高分子材料，为满足其加工和使用性能，还需加入许多助剂，如助燃剂、抗氧剂、稳定剂、增塑剂、颜料、增强剂等，这些助剂也会影响其化学和物理性质。

（1）一次结构（近程结构，链接结构）——构型

是大分子的结构单元的微观结构，即结构单元内的价键情况，结构单元的空间构型，链接的顺序，大多数链的空间形状。可见大分子的一次结构是指化学键的结构，即化学结构，表明了大分子的化学组成和构型，化学键受到破坏，结构形态也会发生改变。

（2）二次结构（链结构）——构象

单个高分子链在所处的条件下的形态，即高分子的构象。如定向拉伸时呈现伸展的形态，在稀溶液中呈现无规卷曲的形态。高分子具有如此多的不同形态原因是高分子单键具有内旋转，内旋转完全自由的单键不存在，单键旋转到某一位置原子或基团间产生电子云斥力，使内旋转产生阻碍，内旋转是不自由的。

分子的内旋转，导致了高分子的柔性，在外加作用下，链可以伸展开来，外力去除后，又回到卷曲状态。

（3）三次结构（聚集态结构、超分子结构）

描述高聚物中在分子间力作用下高分子链的排列情况。若排列有序则为结晶态，若排列只具有统计性则为无定形态。

（4）四次结构

描述更为高次的结构，如描述聚合物的混合物之间或它们的界面上的连接状态等。

10.2.3　聚合物的立体异构现象

低分子化合物有同分异构（结构异构）现象，高分子的异构更具多重性，除结构异构外，还有立体构型异构。这两种异构对聚合物性能都有显著的影响。结构异构是元素组成相同而原子或基团键接位置不同所引起的，例如聚乙烯醇和聚氧化乙烯、聚甲基丙烯酸甲酯和聚丙烯酸乙酯、聚酰胺-66 和聚酰胺-6 等互为结构异构体。

（1）构型异构

构型（configuration）异构是原子在大分子中不同空间排列所产生的异构现象，与绕 C—C 单键内旋转而产生的构象（conformation）有别。

构型异构有对映异构和顺反异构两种。对映异构又称手性异构，是由手性中心产生的光

学异构体，分右型和左型，如丙烯、环氧丙烷的聚合物。顺反异构是由双键引起的顺式（Z）和反式（E）的几何异构，两种构型不能互变，如聚异戊二烯。不论哪一类构型，立构规整大分子多以螺旋状构象存在。

① 乙烯衍生物。

丙烯、1-丁烯等 α-烯烃（$CH_2=CHR$）所形成的聚烯烃大分子含有多个手性中心碳原子（C^*），C^* 连有 C、R 和两个碳氢链段。紧邻手性碳的两个烷基链段不等长，但对旋光活性的影响甚微，并不显示光学活性，这种手性中心常称作假手性中心。

将 C—C 主链拉直成锯齿形，使之处在同一平面上，若取代基处于平面的同侧，或相邻手性中心的构型相同，就称为全同（或等规，isotactic）立构聚合物，如等规聚丙烯（it-PP）；若取代基交替地处在平面的两侧，或相邻手性中心的构型相反并交替排列，则称为间同（或间规，syndiotactic）立构聚合物，如间规聚丙烯（st-PP）；若取代基在平面两侧或手性中心的构型呈无规则排列，则为无规（atactic）聚合物，如无规聚丙烯（at-PP）；还有可能形成立构嵌段聚合物。全同、间同、无规聚丙烯的结构如图 10-1 所示。

② 聚环氧丙烷。

环氧丙烷分子本身含有手性碳原子。聚合后，手性碳原子仍留在聚环氧丙烷大分子中，连有 4 个不同的基团，属于真正的手性中心（图 10-2）。在特定条件下，可以显示出旋光性。

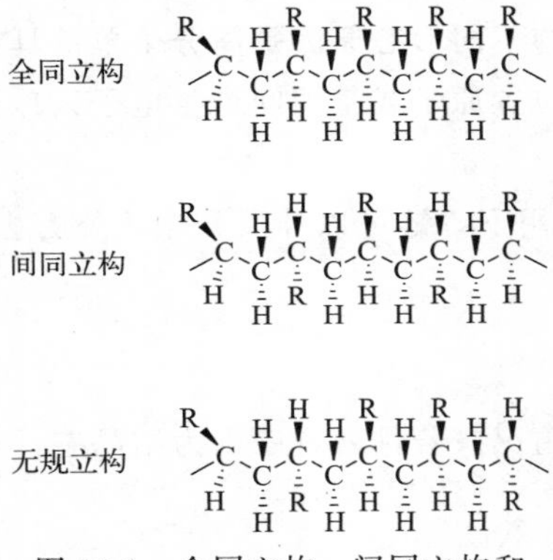

图 10-1 全同立构、间同立构和
无规立构聚丙烯示意

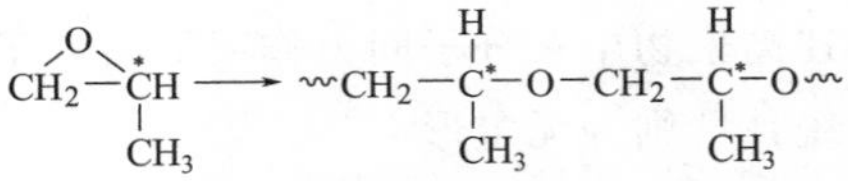

图 10-2 聚环氧丙烷旋光性

如果起始环氧丙烷是含有等量 R 和 S 对映体的外消旋混合物，所用引发剂（如氯化锌-甲醇体系）对两种对映体的聚合无选择性，R 和 S 对映体将等量进入大分子链，聚合产物也产生外消旋现象，不显示光学活性。纯的全同立构聚环氧丙烷具有旋光活性，而间同聚环氧丙烷的相邻手性中心间有内对称面，内补偿使旋光活性消失。

（2）构型规整聚合物的性能

聚合物的立构规整性首先影响大分子堆砌的紧密程度和结晶度，进而影响密度、熔点、溶解性、强度、高弹性等一系列宏观性能。

① 聚 α-烯烃。

聚丙烯为聚 α-烯烃的代表。无规聚丙烯熔点低（75℃），溶于烃类溶剂，强度差，用途有限。而等规聚丙烯却是熔点高（175℃）、耐溶剂、比强度（单位质量的强度）大的结晶性聚合物，广泛用作塑料和合成纤维（丙纶）。除1-丁烯外，等规聚 α-烯烃的熔点随取代基的增大而显著提高，如高密度聚乙烯的熔点为 120～130℃，全同聚丙烯熔点为 110℃，聚 3-甲基 1-丁烯熔点为 300℃，聚 4-甲基 1-戊烯熔点为 250℃等。因此，高品质的聚 α-烯烃可用于耐高温场合。

② 聚二烯烃。

立构规整性不同的聚二烯烃，其结晶度、密度、熔点、高弹性、机械强度等也有差异。全同和间同 1,2-聚二烯烃是熔点较高的塑料，顺-1,4-聚丁二烯和顺-1,4-聚异戊二烯都是 T_g 和 T_m 较低、不易结晶、高弹性能良好的橡胶，而反-1,4-聚二烯烃则是 T_g 和 T_m 相对较高、易结晶、弹性较差、硬度大的塑料。天然的巴西三叶胶是顺-1,4-异构体含量在 98％以上的聚异戊二烯，而产于中美洲和马来西亚的古塔胶和巴拉塔胶则主要是反-1,4-异构体。

③ 天然高分子。

许多天然高分子也具有立体规整性，且有立体异构现象。例如纤维素与淀粉互为异构体，纤维素的葡萄糖结构单元按反-1,4-键接，以伸直链的构象存在，分子堆砌紧密，结晶度较高，不溶于水，难水解，有较强的力学性能，可用作纤维材料。而淀粉中的葡萄糖单元则按顺-1,4-键接，以无规线团构象存在，能溶于水，易水解，是重要的食物来源。蛋白质是氨基酸的缩聚物，具有立构规整性。酶是具有高度定向能力的生化反应催化剂，在生物高分子合成中起着关键作用。

10.2.4 聚合物中的分子运动

聚合物结构和性能之间的关系是高分子物理学的基本内容。由于结构是决定分子运动的内在条件，而性能则是分子运动的宏观表现，所以了解分子运动的规律可以从本质上揭示不同聚合物纷繁复杂的结构与千变万化的性能之间的关系。由于聚合物相对分子质量很大，与小分子相比，它的分子运动及转变又有其特点。

聚合物热运动的特点从长链聚合物结构的角度来看，除了整个聚合物主链可以运动之外，链内各个部分还可以有多重运动，如分子链上的侧基、支链、链节、链段等都可以产生各种相应的运动。具体地说，聚合物的热运动包括以下五种类型。

① 整个分子链的平移运动。这是分子链质量中心的相对位移。

② 链段运动。这时聚合物区别于小分子的特殊运动形式，即在聚合物质量中心不变的情况下，一部分链段通过单链的键内旋转而相对于另一部分链段运动，使大分子可以伸展或卷曲。

③ 链节、支链、侧基等小尺寸单元的运动。

④ 原子在平衡位置附近的振动。

⑤ 晶区的运动。

运动单元可以同时运动，也可以是大的运动单元冻结，小的运动单元运动。温度越低，体系的能量越低，运动单元的运动越小。

在一定的温度和外场（力场、电场、磁场等）力的作用下，聚合物从一种平衡态通过分子运动过渡到另一种与外界条件相适应的新的平衡态总是需要时间的，这种现象即为聚合物分子运动对时间的依赖性。分子运动依赖于时间的原因在于整个分子链、链段、链节等运动单元的运动均需要克服内摩擦的阻力，也就是说，是不可能瞬时完成的。如果施加外力将橡皮筋拉长 Δx，然后除去外力，Δx 不能立即变为零。形变恢复过程开始时较快，以后越来越慢。橡皮筋被拉伸时聚合物链由卷曲状态逐渐变为伸直状态，即拉紧状态。除去外力，橡皮筋开始回缩，其中的聚合物链也由伸直状态逐渐过渡到卷曲状态即松弛状态，该过程简称松弛过程。一般说来，松弛时间的大小取决于材料固有的性质以及温度、外力等因素。因聚合物中每一根分子链所处的状态及构象不尽相同，再加上运动单元具有多重性，相对分子质量具有多分散性，所以聚合物松弛时间的变化范围是很宽的，短的 10^{-8} s，长的可达 $10^{-1} \sim 10^{4}$ s 甚至更长。这就是说松弛时间不是单一的值，而是一个较宽的时间分布，可称作松弛时间谱。实验表明，不同的聚合物材料有不同的松弛时间谱。

温度变化对于聚合物分子运动的影响非常显著。温度升高，一方面运动单元的热运动能量提高，另一方面由于体积膨胀分子间距离增加，运动单元活动空间增大，使松弛过程加快，松弛时间减小，可以在较短的时间内观察到分子的运动。反之，温度下降，松弛时间增大，则需要较长的时间才能观察到分子的运动。所以对于分子的运动或对于一个松弛过程，升高温度或延长观察时间具有等效性。

10.3 自由基聚合

10.3.1 自由基聚合概述

自由基聚合一般又称为加聚，是一类重要聚合反应，大多数加聚反应按连锁机理进行。烯类，包括单取代和 1，1-双取代的单烯类、共轭二烯类，是加聚的主要单体。烯类分子带有双键，与单键相比，双键较弱，容易断裂进行加聚反应，形成加聚物。但是，在一般条件下，大部分烯类并不能自动打开双键而聚合，而是有赖于引发剂或外加能。引发剂一般带有弱键，易分解，弱键有均裂和异裂两种倾向。均裂时，形成各带 1 个独电子的 2 个中性自由基（游离基）R·。异裂时，共价键上的一对电子全归属于某一基团，形成阴（负）离子，另一基团就成为缺电子的阳（正）离子。

自由基、阴离子、阳离子都可能成为活性种，打开烯类的双键，引发聚合，分别称为自由基聚合、阴离子聚合和阳离子聚合。配位聚合也属于离子聚合的范畴。

上述聚合反应都按连锁机理进行，自由基聚合可作为代表，其总反应由链引发、链增长、链转移、链终止等基元反应串、并联而成。引发剂分解成的初级自由基 R·打开烯类单体的双键加成，形成单体自由基 RM·，构成链引发。单体自由基持续迅速打开许多烯类分子的 π 键，连续加成，使链增长，活性中心始终处于活性链的末端（R〜〜·）。增长着的活性链 R〜〜·可将活性转移给单体、溶剂等，形成新的活性种 M·，而原链本身终止，构成链转移反应。活性链也可自身链终止成大分子。这些基元反应就构成了自由基聚合。

链引发 $I \longrightarrow 2R·$

链增长 $R· + M \longrightarrow RM·$

$$RM· + M \longrightarrow RM_2·$$

$$RM_2· + M \longrightarrow RM_3·$$

$$\vdots$$

$$RM_{n-1}· + M \longrightarrow RM_n· \qquad （活性链 R \sim\sim ·）$$

链转移 $RM_{n-1}· + M \longrightarrow RM_{n-1} + M·$

链终止 $RM_n· \longrightarrow 死聚合物$

离子聚合、配位聚合的基元反应与自由基聚合有所差别，但都属于连锁机理。不同种类的烯类单体对自由基聚合、阴离子聚合、阳离子聚合的选择性有所不同。后续各章节将依次介绍其机理及相互间的差异，特别要关注所用的引发剂和引发反应。

在连锁聚合中，自由基聚合的机理和动力学研究得最为成熟。从官能团间的缩聚到自由基加聚是有机化学和高分子化学的一大发展。另一方面，工业上自由基聚合物约占聚合物总产量的 $60\% \sim 70\%$，重要品种有高压聚乙烯、聚苯乙烯、聚氯乙烯、聚四氟乙烯、聚丙烯酸类、丁苯橡胶、氯丁橡胶、ABS 树脂等。

10.3.2 自由基聚合机理

聚合速率和分子量是自由基聚合需要研究的两项重要指标。要分析清楚影响这两项指标的因素和控制方法，首先应该探讨聚合机理，然后进一步研究聚合动力学。

（1）自由基的活性

自由基是带独电子的基团，其活性与分子结构有关。共轭效应和位阻效应对自由基均有稳定作用，活性波动范围甚广，一般有如下次序：

$$H \cdot > CH_3 \cdot > C_6H_5 \cdot > RCH_2 \cdot > R_2CH \cdot > Cl_3C \cdot > R_3C \cdot > Br_3C \cdot > RCHCOR$$
$$> RCHCN > RCHCOOR > CH_2 \!=\!\!=\! CHCH_2 \cdot > C_6H_5CH_2 \cdot > (C_6H_5)_2CH \cdot > (C_6H_5)_3C \cdot$$

$H \cdot$、$CH_3 \cdot$ 过于活泼，易引起爆聚，很少在自由基聚合中应用；最后则是稳定自由基，例如 $(C_6H_5)_3C \cdot$ 有三个苯环与独电子共轭，非常稳定，无引发能力，而成为阻聚剂。

自由基引发烯类单体加聚使链增长是自由基聚合的主反应，另有偶合和歧化终止、转移反应，还有氧化还原、消去等副反应，将在聚合机理中进行介绍。

（2）自由基聚合机理

自由基聚合机理，即由单体分子转变成大分子的微观历程，由链引发、链增长、链终止、链转移等基元反应而成，应该与宏观聚合过程相联系，但需加以区别。

① 链引发。

链引发是形成单体自由基（活性种）的反应，引发剂引发时，由以下两步反应组成。第一步：引发剂分解，形成初级自由基 $R \cdot$。第二步：初级自由基与单体加成，形成单体自由基。以烯类单体自由基的形成为例，链引发反应如下：

$$I \longrightarrow 2R\cdot$$

$$R\cdot + H_2C\!=\!\!CH \longrightarrow H_2C\!-\!CH\cdot$$
$$\quad\quad\quad | \quad\quad\quad\quad\quad | \quad\quad |$$
$$\quad\quad\quad X \quad\quad\quad\quad\quad X$$

第一步引发剂分解是吸热反应，活化能高，为 $105 \sim 150 kJ \cdot mol^{-1}$，反应速率小。第二步是放热反应，活化能低，反应速率大，与后续的链增长反应相当。但链引发必须包括这一步，因为一些副反应可能使初级自由基终止，无法引发单体形成单体自由基。

② 链增长。

单体自由基打开烯类分子的 π 键，加成形成新自由基。新自由基的活性并不衰减，继续与烯类单体连锁加成，形成结构单元更多的链自由基，即

$$H_2C-CH\cdot + H_2C=CH \longrightarrow H_2C-CH-CH_2-CH\cdot \longrightarrow \cdots \longrightarrow H_2C-CH+CH_2-CH+CH_2-CH\cdot$$
$$\quad\;\; | \qquad\quad\; | \qquad\qquad | \quad\; | \qquad\qquad\qquad | \quad\;\;\; | \quad\;\; |$$
$$\quad\;\; R \qquad\quad\; X \qquad\qquad R \quad\; X \qquad\qquad\qquad R \quad\;\;\; X_n \quad\;\; X$$

链增长反应有两个特征。一是强放热，常用烯类的聚合热为 $55\sim95$kJ·mol^{-1}；二是活化能低，为 $20\sim34$kJ·mol^{-1}，增长极快，在 10^{-1}s$\sim$10s 内就可使聚合度达到 $10^3\sim10^4$，速率难以控制，随机终止。因此，体系由单体和高聚物两部分组成，不存在聚合度递增的中间物种。

对于链增长反应，除速率外，还需考虑大分子微结构问题。在链增长中，两结构单元的键接以"头-尾"为主，间有"头-头"（或"尾-尾"）键接。即

$$\sim CH_2-CH\cdot + H_2C=CH \longrightarrow \begin{cases} \sim CH_2-CH-CH_2-CH\cdot \quad 头\text{-}尾 \\ \sim CH_2-CH-CH-CH_2\cdot \quad 头\text{-}头 \end{cases}$$

结构单元的键接方式受电子效应和位阻效应的影响。如苯乙烯聚合，容易头-尾链接。因为头—尾链接时，苯基与独电子接在同一碳原子上，形成共轭体系，对自由基有稳定作用；另一方面，亚甲基一端的位阻较小，也有利于头-尾键接。两种键接方式的活化能之差达 $30\sim42$kJ·mol^{-1}。相反，聚醋酸乙烯酯链自由基中取代基的共轭稳定作用比较弱，会出现较多的头-头键接。升高聚合温度，更使头-头键接增多。

③ 链终止。

自由基活性高，难以孤立存在，易相互作用而终止。双基终止有偶合和歧化两种方式。偶合终止是自由基的独电子共价结合的终止方式，出现头-头链接，大分子的聚合度是链自由基结构单元数的 2 倍，大分子两端均为引发剂残基。歧化终止是某自由基夺取另一自由基的氢原子或其他原子而终止的方式。歧化终止的结果，大分子的聚合度与链自由基的结构单元数相同，每个大分子只有一端是引发剂残基，另一端为饱和或不饱和，两者各半。根据这一特点，应用含有标记原子的引发剂，结合分子量测定，就可求出偶合终止和歧化终止所占的百分比。链终止方式与单体种类、聚合温度有关。例如烯类单体链聚合的偶合终止为：

$$R\sim CH_2-CH\cdot + R\sim CH_2-CH\cdot \longrightarrow R\sim CH_2-CH-CH-CH_2\sim R$$
$$\qquad\quad | \qquad\qquad\qquad\; | \qquad\qquad\qquad\qquad | \quad\; |$$
$$\qquad\quad X \qquad\qquad\qquad\; X \qquad\qquad\qquad\qquad X \quad\; X$$

④ 链转移。

链自由基还有可能从单体、引发剂、溶剂或大分子上夺取一个原子而终止，将电子转移给失去原子的分子而成为新自由基，继续新链的增长。自由基向某些低分子链转移后，如形成稳定自由基，就不能再引发单体聚合，最后失活终止，产生诱导期。这一现象称作阻聚作用，具有阻聚作用的化合物称作阻聚剂。链转移的反应式为：

$$R\sim CH_2-CH\cdot + YS \longrightarrow R\sim CH_2-CHY + S\cdot$$
$$\qquad\quad | \qquad\qquad\qquad\qquad\quad\; |$$
$$\qquad\quad X \qquad\qquad\qquad\qquad\quad\; X$$

综上所述，自由基聚合的微观机理特征可概括如下。

自由基聚合微观历程可明显地区分成链引发、链增长、链终止、链转移等基元反应，显示出慢引发、快增长、速终止的动力学特征，链引发是控制速率的关键步骤。只有链增长反应才使聚合度增加，增长极快，1s内就可使聚合度增长到成千上万，不能停留在中间阶段。因此反应产物中除少量引发剂外，仅由单体和聚合物组成。前后生成的聚合物分子量变化不大，随着聚合的进行，单体浓度逐渐降低，聚合物浓度相应增加。延长聚合时间主要是为了提高转化率。聚合过程体系黏度增加，将使速率和分子量同时增加，这属于与扩散有关的宏观动力学行为，已经偏离了微观机理。

10.3.3 自由基聚合引发剂

链引发是控制聚合速率和分子量的关键反应。本节专门介绍引发剂的种类及其对烯类单体的引发作用。

（1）引发剂的种类

自由基聚合的引发剂是易分解成自由基的化合物，结构上具有弱键，其离解能为 $100\sim170kJ\cdot mol^{-1}$，远低于 C—C 键能 $350kJ\cdot mol^{-1}$，高热或撞击可能引起爆炸。引发剂多数是偶氮类和过氧类化合物，也可另分成有机和无机或油溶和水溶两类。

① 偶氮类引发剂。

偶氮二异丁腈（AIBN）是最常用的偶氮类引发剂，多在 $45\sim80℃$ 使用，其分解反应呈一级反应，无诱导分解，只产生一种自由基，因此广泛用于聚合动力学研究。它的另一优点是比较稳定，储存安全，但 $80\sim90℃$ 下也会剧烈分解。AIBN 的分解方程式为：

$$H_3C-\underset{\underset{CN}{|}}{\overset{\overset{CH_3}{|}}{C}}-N=N-\underset{\underset{CN}{|}}{\overset{\overset{CH_3}{|}}{C}}-CH_3 \longrightarrow 2\,H_3C-\underset{\underset{CN}{|}}{\overset{\overset{CH_3}{|}}{C}}\cdot + N_2\uparrow$$

AIBN 分解成的 2-氰基丙基自由基中的氰基有共轭效应，甲基有超共轭效应，减弱了自由基的活性和脱氢能力，因此较少用作接枝聚合的引发剂。偶氮二异庚腈（ABVN）是在 AIBN 的基础上发展起来的活性较高的引发剂。偶氮类引发剂分解时有氮气产生，可利用氮气放出速率来测定其分解速率和计算半衰期。工业上还可用作泡沫塑料的发泡剂和光聚合的光引发剂。

② 有机过氧类引发剂。

过氧化氢是过氧化合物的母体。过氧化氢热分解将产生 2 个氢氧自由基，但其分解活化能较高（约 $220kJ\cdot mol^{-1}$），很少单独用作引发剂。过氧化氢分子中的 1 个氢原子被取代，成为氢过氧化物；2 个氢原子被取代，则成为过氧化物。这一类引发剂很多，其中过氧化二苯甲酰（BPO）最常用，其活性与 AIBN 相当。BPO 中 C—C 键的电子云密度大而相互排斥，容易断裂，用于 $60\sim80℃$ 下的聚合比较有效。BPO 按两步分解，第一步均裂成苯甲酸基自由基，有单体存在时，即能引发聚合；无单体时，容易进一步分解成苯基自由基，并析出 CO_2，分解不完全。

③ 无机过氧类引发剂。

过硫酸盐，如过硫酸钾和过硫酸铁，是这类引发剂的代表，具有水溶性，多用于乳液聚合和水溶液聚合。其分解产物是离子自由基 SO_4^-·或自由基离子。温度在 60℃ 以上，过硫酸盐才能比较有效地分解。在酸性介质（pH<3）中，分解加速。

（2）氧化-还原引发体系

有些氧化-还原体系可以产生自由基，活化能低，可在较低温度下引发单体聚合。这类体系的组分可以是无机或有机化合物，可以是水溶性或油溶性，根据聚合方法来选用。

① 水溶性氧化-还原引发体系。

该体系的氧化剂组分有过氧化氢、过硫酸盐、氢过氧化物等，还原剂则有无机还原剂和有机还原剂（醇、胺、草酸、葡萄糖等）。水溶性氧化-还原引发体系用于水溶液聚合和乳液聚合。四价盐和醇、酸、酮、胺等也可以组成氧化-还原引发体系，有效引发烯类单体聚合或接枝聚合。在淀粉接枝丙烯酯制备水溶性高分子时，常采用这一引发体系，葡萄糖单元中的醇羟基参与氧化-还原反应。

② 油溶性氧化-还原引发体系。

该体系的氧化剂有氢过氧化物、过氧化二烷基、过氧化二酰等，还原剂有叔胺、环烷酸盐、硫醇、有机金属化合物（如三乙基铝、三乙基铜等）。过氧化二苯甲酰/N，N-二甲基苯胺是常用体系，可用来引发甲基丙烯酸甲酯共聚合，制备齿科自凝树脂和骨水泥。萘酸盐（如萘酸亚铜）与过氧化二苯甲酰可以构成高活性油溶性氧化-还原引发体系，用于油漆干燥的催化剂。

10.3.4 其他引发作用

（1）热引发聚合

少数单体仅靠加热就能聚合，如苯乙烯，这可能与单体活性高有关。单凭热能打开乙烯基单体的双键生成自由基，约需 210kJ·mol^{-1} 以上的能量。苯乙烯热引发的机理尚未彻底清楚，存在着双分子和三分子反应或二级和三级引发的争议，并且各有实验作依据。

研究人员根据苯乙烯的聚合速率与单体浓度的 2.5 次方成正比的实验，推论热引发反应属于三级反应，比较容易接受的机理是：2 分子苯乙烯先经加成形成二聚体，再与 1 分子苯乙烯进行氢原子转移反应，生成 2 个自由基，而后引发单体聚合。欲使苯乙烯热聚合达到合理的速率，工业上多在 120℃ 以上进行，并且另加有半衰期适当的引发剂，与热共同引发。

（2）光引发聚合

在光的激发下，许多烯类单体能够形成自由基而聚合，称作光引发聚合。光引发聚合的关键是被单体吸收的光能必须大于 π 键能。光是电磁波，每一光量子的能量 E 与光的频率成正比，与波长成反比。各种烯类单体都有特定的吸收光区域，一般波长为 200～300nm，相当于紫外光区。常用的紫外光源是高压汞灯。光引发聚合有光直接引发、光引发剂引发和光敏剂间接引发三种。

① 光直接引发。

如果选用波长较短的紫外光，其能量大于丁二烯、苯乙烯、甲基丙烯酸甲酯、氯乙烯单体的化学键能，就可能直接引发聚合。单体吸收一定波长的光量子后，先形成激发态后再分解成自由基，引发聚合。

② 光引发剂引发。

光引发剂吸收光后，分解成初级自由基而后引发烯类单体聚合。AIBN、BPO 等热分解引发剂也是光引发剂，有利于 AIBN 分解的波长为 345～400nm，而过氧化物的光分解波长则较短，一般小于 320nm。甲基乙烯基酮、安息香等含羰基的化合物并非热引发剂，却是有效的光引发剂，先分解成自由基，而后引发单体聚合。

③ 光敏剂间接引发。

光敏剂，如二苯甲酮和荧光素、曙红等染料，吸收光能后，将光能传递给单体或引发剂，而后引发聚合。用 AIBN 光引发剂聚合最快，纯热聚合最慢。

（3）辐射引发聚合

以高能辐射线来引发的聚合，称作辐射引发聚合，简称辐射聚合。辐射线有 γ 射线（波长为 0.05～0.0001nm）、X 射线、电子流、α 射线、快速氦核流、中子射线等。其中以 γ 射线的能量最大，穿透力强，可使反应均匀，而且操作容易。因光能只有几个电子伏特，而辐射线常以百万（10^6，兆）电子伏特计。共价键的键能为 2.5～4eV，有机化合物的电离能为 9～11eV，当它吸收了辐射能后，除形成激发态外，还可能电离成自由基或阴、阳离子。烯类单体辐射聚合一般属于自由基机理，但有些单体的低温辐射溶液聚合或辐射固相聚合也可能属于离子机理。不同来源的辐射线对聚合物或单体的效应都相似。

辐射聚合与光引发聚合都可在较低温度下进行，温度对聚合速率和分子量的影响较小，聚合物中无引发剂残基。辐射聚合对吸收无选择性，穿透力强，可以进行固相聚合。

（4）等离子体引发聚合

等离子体是部分电离的气体，由电子、离子（正、负离子数相等）、自由基以及原子、分子等高能中性粒子组成。等离子体可以与气、液、固态并列，称作物质的第四态。

自然界中广泛存在着等离子体，太阳和地球的电离层都由等离子体组成，火焰、闪电、核爆炸、强烈辐射等都会产生等离子体。等离子体也可人工产生，高温、强电磁场、低气压是产生等离子体的基本条件。用于有机反应的是低温等离子体，多由 13.56MHz 射频低气压辉光放电产生，其能量为 2～5eV，恰好与有机化合物的键能相当。

（5）微波引发聚合

微波是频率为 3×10^2～3×10^5 MHz（相当于波长为 1m～1mm）的电磁波，属于无线电中波长最短的波段，亦称超高频。微波最常用的频率为（2450±50）MHz（相当于波长 120mm），该频率与化学基团的旋转振动频率接近，可以活化基团，促进化学反应。

微波具有热效应和非热效应双重作用。热效应是交变电场中介质的偶极子诱导转动滞后于频率变化而产生的，因分子转动摩擦而内加热，加热速度快，受热均匀。在高分子领域中，微波热效应曾用于橡胶硫化和环氧树脂固化，可缩短硫化或固化时间。微波可以加速化学反应，使聚合速率提高十到千倍不等。这不局限于热效应的影响，非热效应（电特性）起着更重要的作用。在微波作用下，苯乙烯、甲基丙烯酸类、丙烯酸、丙烯酰胺，甚至马来酸酐都曾（共）聚合成功，也可用于接枝共聚。无引发剂时，可激发聚合；有引发剂时，则加速聚合，并可降低引发剂用量和聚合温度。可微波引发聚合的单体如图 10-3 所示。

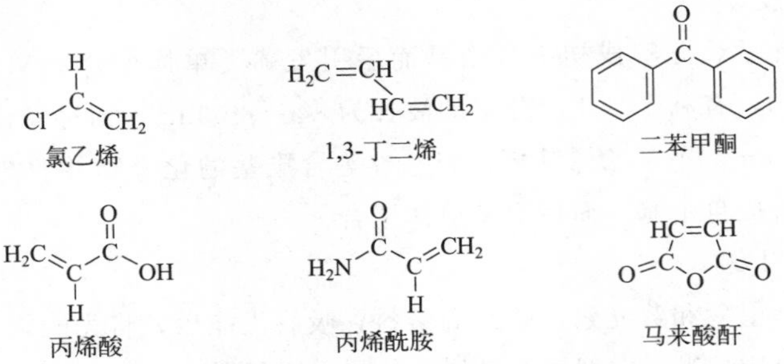

图 10-3　可微波引发聚合单体

10.4　离子聚合

离子聚合是由离子活性种引发的聚合反应。根据离子电荷性质的不同，又可分为阴（负）离子聚合和阳（正）离子聚合。配位聚合也可归属于离子聚合的范畴，但机理独特，故另列一节。离子聚合和配位聚合都属于连锁机理，但与自由基聚合有些差异。

大部分烯类单体都能进行自由基聚合，但离子聚合对单体却有较大的选择性。通常带有腈基、羰基等吸电子基团的烯类单体，如丙烯腈、甲基丙烯酸甲酯等，有利于阴离子聚合；带有烷基、烷氧基等供电子基团的烯类单体，如异丁烯、烷基乙烯基醚等，有利于阳离子聚合；带苯基、乙烯基等的共轭烯类单体，如苯乙烯、丁二烯等，则既能阴离子聚合，又能阳离子聚合，更是自由基聚合的常用单体。

烯类单体自由基聚合、阴离子聚合、阳离子聚合的活性链末端分别是碳自由基、碳阴离子、碳阳离子。三种活性种的分子结构不同，反应特性和聚合机理各异。离子聚合引发剂容易被水破坏，多采用溶液聚合方法。溶剂性质影响颇大，因此需考虑单体、引发剂、溶剂三组分对聚合速率、聚合度、聚合物立构规整性等的综合影响。顺丁橡胶、异戊橡胶、丁基橡胶、聚醚、聚甲醛等重要聚合物，由离子聚合来合成。有些常用单体，如丁二烯、苯乙烯，原可以采用价廉的自由基聚合来合成聚合物，但改用离子聚合或配位聚合后，却可控制结构、改进性能，可见离子聚合有其特殊作用。

10.4.1　阴离子聚合

阴离子聚合的常用单体有丁二烯类和丙烯酸酯类，常用引发剂有丁基锂，生产的聚合物有低顺 1,4-聚丁二烯、顺 1,4-聚异戊二烯、苯乙烯-丁二烯-苯乙烯（SBS）嵌段共聚物等。

阴离子活性种末端近旁往往伴有金属阳离子作为反离子形成离子对。20 世纪早期，碱催化环氧乙烷开环聚合和丁钠橡胶的合成都属于阴离子聚合，但当时并不知道机理。1956 年 Szwarc 根据苯乙烯-萘钠-四氢呋喃体系的聚合特征，首次提出活性阴离子聚合的概念。从此以后，这一领域迅速发展。

（1）阴离子聚合的烯类单体

阴离子聚合的单体可以分为烯类和杂环两大类，本节着重讨论烯类单体。具有吸电子基团的烯类原则上容易阴离子聚合。吸电子基团能使双键上的电子云密度减弱，有利于阴离子的进攻，并使所形成的碳阴离子的电子云密度分散而稳定。但研究人员进一步指出，带有吸电子基团并且是 π-π 共轭的烯类才能阴离子聚合，如丙烯腈、甲基丙烯酸甲酯等，共轭更有利于阴离子活性中心的稳定。

但 p-π 共轭而带吸电子基团的烯类单体，如氯乙烯，却难阴离子聚合，因为 p-π 共轭效应和诱导效应相反，削弱了双键电子云密度降低的程度，不利于阴离子的进攻。

（2）阴离子聚合的引发剂和引发反应

阴离子聚合的引发剂有碱金属、碱金属和碱土金属的有机化合物、三级胺等碱类、给电子体或亲核试剂。其中碱金属引发属于电子转移机理，而其他则属于阴离子直接引发机理。

① 碱金属——电子转移引发。

钠、钾等碱金属原子最外层只有一个电子，易转移给单体，形成阴离子后引发聚合。

a. 电子直接转移引发。20 世纪早期，钠细分散液引发丁二烯聚合，生产丁钠橡胶，是这一引发机理的例子。但丁钠橡胶性能差，引发剂效率低，该技术早已淘汰。现以苯乙烯为例来说明其引发机理。钠将外层电子直接转移给苯乙烯，生成单体自由基-阴离子，两分子的自由基末端偶合终止，转变成双阴离子，而后由两端阴离子引发单体双向增长而聚合。

b. 电子间接转移引发。苯乙烯-萘钠-四氢呋喃体系是典型的例子。钠和萘溶于四氢呋喃中，钠将外层电子转移给萘，形成萘钠自由基-阴离子，呈绿色。溶剂四氢呋喃中氧原子上的未共用电子对与钠离子形成络合阳离子，使萘钠结合疏松，更有利于萘自由基-阴离子的引发。加入苯乙烯，萘自由基-阴离子就将电子转移给苯乙烯，形成苯乙烯自由基-阴离子，呈红色。两自由基-阴离子的自由基端基偶合成苯乙烯双阴离子，而后双向引发苯乙烯聚合。最终结果与钠电子直接转移引发相似，只是萘成了电子转移的媒介，故称为电子间接转移引发，反应过程如下。

② 有机金属化合物——阴离子引发。

这类引发剂有金属的烃基化合物和烃氧基化合物、格氏试剂等亲核试剂。碱金属氨基化合物虽非有机金属化合物，却是典型的阴离子引发剂，且历史悠久，故一并介绍。

a. 碱金属氨基化合物——氨基钾。K 和 Na 金属性强，液氨介电常数大，溶剂化能力强，

KNH$_2$-液氨就构成了高活性的阴离子引发体系，氨基以游离的单阴离子存在，引发单体聚合，最后向氨转移而终止，即

$$2K + 2NH_3 \longrightarrow 2KNH_2 + H_2\uparrow$$

$$KNH_2 \Longleftrightarrow K^+ + {}^-NH_2$$

$$H_2N^- + CH_2\!=\!\underset{\underset{C_6H_5}{|}}{CH} \longrightarrow H_2N\!-\!CH_2\underset{\underset{C_6H_5}{|}}{CH^-} \xrightarrow{\ M\ } \cdots$$

这类阴离子引发剂研究得较早，聚合机理和动力学均有详细报道，但目前很少用。

b. 金属烃基化合物。许多金属都可以形成烃基化合物，但常用作阴离子聚合引发剂的却是丁基锂，其次是格氏试剂。例如采用丁基锂引发的聚合为：

$$C_4H_9^-Li^+ + CH_2\!=\!\underset{\underset{X}{|}}{CH} \longrightarrow C_4H_9\!-\!CH_2\underset{\underset{X}{|}}{CH^-}Li^+ \xrightarrow{\ M\ } C_4H_9\!-\!CH_2\underset{\underset{X}{|}}{CH} \cdots CH_2\underset{\underset{X}{|}}{CH^-}Li^+$$

③ 其他亲核试剂。

R$_3$N、R$_3$P、ROH、H$_2$O 等中性亲核试剂或给电子体，都有未共用的电子对。引发和增长过程中，生成电荷分离的两性离子，但其活性很弱，只能引发很活泼的单体聚合。如：

$$R_3N: + CH_2\!=\!\underset{\underset{X}{|}}{CH} \longrightarrow R_3N^+CH_2\underset{\underset{X}{|}}{CH^-} \longrightarrow \cdots \longrightarrow R_3N^+\!\!\left(CH_2\underset{\underset{X}{|}}{CH}\right)_{\!n}\!\!CH_2\underset{\underset{X}{|}}{CH^-}$$

（3）活性阴离子聚合动力学

根据活性阴离子聚合的快引发、慢增长、无终止、无转移的机理特征，动力学处理就比较简单。引发活化能低，与光引发相当。所谓慢增长，是与快引发相对而言的，实际上阴离子聚合的链增长速率比自由基聚合还要大，且深受溶剂极性的影响。

① 聚合速率　阴离子活性聚合的引发剂，如钠、萘钠、丁基锂等，有化学计量和瞬时离解的特性。聚合前，引发剂预先全部瞬时转变成阴离子活性种，然后同时以同一速率引发单体增长。在增长过程中，再无新的引发，活性种数不变。每一活性种所连接的单体数基本相等，聚合度就等于单体的物质的量除以引发剂的物质的量，而且比较均一，分布窄。如无杂质，则不终止，聚合将一直进行到单体耗尽。

② 聚合度和聚合度分布　根据阴离子聚合机理，所消耗的单体平均分配键接在每个活性端基上，活性聚合物的平均聚合度就等于单体浓度与活性端基浓度之比，因此可将活性聚合称作化学计量聚合。大分子具有活性末端，有再引发单体聚合的能力；聚合度与单体浓度与起始引发剂浓度的比值成正比；聚合物分子量随转化率线性增加；所有大分子链同时增长，增长链数不变，聚合物分子量分布窄。

（4）阴离子聚合增长速率常数及其影响因素

与自由基聚合相比，阴离子聚合速率常数的影响因素就要复杂得多。除了烯类单体本身取代基的电子效应有显著影响之外，溶剂和反离子以及环境因素也不容忽视。供电子的甲基对聚合的减弱作用，也是单体中基团的电子效应对阴离子聚合选择性的另一种反映。

现进一步说明溶剂、反离子、温度等因素对苯乙烯阴离子聚合速率常数 k_p 值的影响。

① 溶剂的影响　从非极性溶剂到极性溶剂，阴离子活性种与反离子所构成的离子对可以

处在多种形态，即可在极化共价键、紧密离子对（紧对）、疏松离子对（松对）、自由离子之间平衡变动。紧密离子对有利于单体的定向配位插入聚合，形成立构规整聚合物，但聚合速率较低。相反，疏松离子对和自由离子的聚合速率较高，却失去了定向能力。单体-引发剂-溶剂配合得当，才能兼顾聚合活性和定向能力两方面指标。

② 反离子的影响　以弱极性的二氧六环作溶剂时，速率常数 k_p 很低。从锂到铯，原子半径递增，k_p 从 0.04 渐增至 24.5，可见碱金属离子半径对速率常数颇有影响。较大的原子半径，扩展了两离子间的距离，使离子对"疏松"，有点类似溶剂化作用中的溶剂隔离作用，从而使 k_p 增加。

③ 温度的影响　温度对阴离子聚合的影响比较复杂，需从对增长速率常数的影响和对离解平衡的影响两方面来考虑。一方面，升高温度可使离子对和自由离子的增长速率常数增加，遵循 Arrhenius 指数关系。增长反应综合活化能一般是小的正值，速率随温度升高而略增，但并不敏感。另一方面，升高温度却使离解平衡常数 k_p 降低，自由离子浓度也相应降低，速率因而降低。两方面对速率的影响方向相反，但并不一定完全相互抵消，可能有多种综合结果。

10.4.2　阳离子聚合

阳离子聚合的研究工作和工业应用都有着悠久的历史。可供阳离子聚合的单体种类有限，主要是异丁烯；但引发剂种类却很多，从质子酸到 Lewis 酸。可选用的溶剂不多，一般选用卤代烃，如氯甲烷。主要聚合物商品有聚异丁烯、丁基橡胶等。烯烃阳离子聚合的活性种是碳阳离子 A^+，与反离子（或抗衡离子）B^- 形成离子对，单体插入离子对而引发聚合。

（1）阳离子聚合的烯类单体

除羰基化合物、杂环外，阳离子聚合的烯类单体主要是带有供电子基团的异丁烯、烃基乙烯基醚，以及有共轭结构的苯乙烯类、二烯烃等少数几种。供电子基团一方面使碳碳双键电子云密度增加，有利于阳离子活性种的进攻；另一方面又使生成的碳阳离子电子云分散而稳定，减弱副反应。

① 异丁烯和 α-烯烃　异丁烯几乎是单烯烃中唯一能阳离子聚合的单体，原因如下。

a. 乙烯无取代基，非极性，原有的电子云密度不足以被碳阳离子进攻，也就无法聚合。

b. 丙烯、丁烯等 α-烯烃只有 1 个烷基，供电不足，对质子或阳离子亲和力弱，聚合速率慢；另一方面，接受质子后的二级碳阳离子比较活泼，易重排成较稳定的三级碳阳离子，二级碳阳离子还可能进攻丁烯二聚体，形成位阻更大的三级碳阳离子，而后链转移终止。因此，丙烯、丁烯等 α-烯烃经阳离子聚合，最多只能得到低分子油状物，甚至二聚物，如图 10-4 所示。

c. 异丁烯有两个供电子甲基，使碳碳双键电子云密度增加很多，易受阳离子进攻而被引发，形成三级碳阳离子。链中—CH_2—上的氢受两边 4 个甲基的保护，不易被夺取，减少了转移、重排、支化等副反应，最终可增长成高分子量的线形聚异丁烯。

② 烷基乙烯基醚　烷基乙烯基醚是容易阳离子聚合的另一类单体。其中烷氧基的诱导效应使双键的电子云密度降低，但氧原子上未共用电子对与双键形成的 p-π 共轭效应，却使双

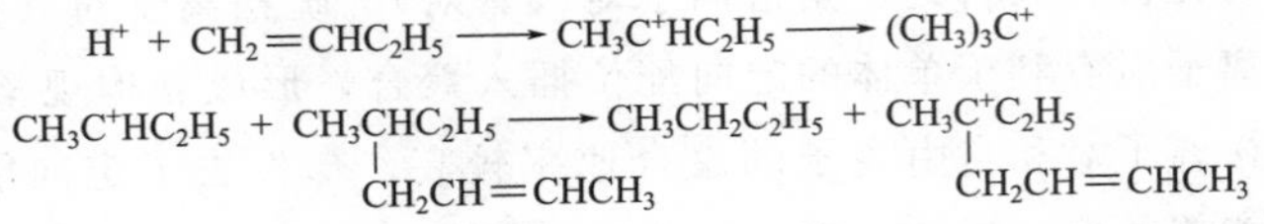

$$H^+ + CH_2{=}CHC_2H_5 \longrightarrow CH_3C^+HC_2H_5 \longrightarrow (CH_3)_3C^+$$

$$CH_3C^+HC_2H_5 + \underset{\underset{CH_2CH=CHCH_3}{|}}{CH_3CHC_2H_5} \longrightarrow CH_3CH_2C_2H_5 + \underset{\underset{CH_2CH=CHCH_3}{|}}{CH_3C^+C_2H_5}$$

图 10-4　丁烯聚合成二聚体

键电子云密度增加。相比之下，共轭效应占主导地位。因此，烷氧基的共振结构使形成的碳阳离子上的正电荷分散而稳定，使得烷基乙烯基醚更容易进行阳离子聚合。相反，乙烯基苯基醚阳离子聚合活性却很低，因为苯环与氧原子上的未共用电子对共轭稳定。

③ 共轭烯烃　苯乙烯、α-甲基苯乙烯、丁二烯、异戊二烯等共轭烯类，电子的活动性强，易诱导极化，因此能进行阴、阳离子聚合和自由基聚合。但其阳离子聚合活性远不及异丁烯和烷基乙烯基醚。共轭烯类很少用阳离子聚合来生产均聚物，仅选作共聚单体，如异丁烯与少量异戊二烯共聚，制备丁基橡胶。共聚时需考虑两单体的竞聚率。

（2）阳离子聚合的引发体系和引发作用

阳离子聚合的引发剂主要有质子酸和 Lewis 酸两大类，都属于亲电试剂。

① 质子酸　质子酸使烯烃质子化，有可能引发阳离子聚合。酸要有足够强度，保证质子化种的形成，但酸中阴离子的亲核性不应太强（如氢卤酸），以免与质子或阳离子共价结合而终止。

② Lewis 酸　Lewis 酸是最常用的阳离子聚合的引发剂，种类很多，主要有 BF_3、$AlCl_3$、$TiCl_4$、$SnCl_4$、$ZnCl_2$、$SbCl_5$ 等。聚合多在低温下进行，所得聚合物分子量可以很高（$10^5 \sim 10^6$）。

纯 Lewis 酸引发活性低，需添加微量共引发剂作为阳离子源，才能保证正常聚合。阳离子源有质子供体和碳阳离子供体两类，与 Lewis 酸配合的引发反应举例如下。

a. 质子供体，如 H_2O、ROH、$RCOOH$、HX 等，与 Lewis 酸先形成配合物和离子对，如三氟化硼-水体系，然后再引发异丁烯聚合。异丁烯插入离子对，按引发的相同模式，以极快的速率进行链增长，直至很高的聚合度。

b. 碳阳离子供体，如 RX、$RCOX$、$(RCO)_2O$ 等（R 为烃基），离子对的形成和引发反应与上述相似，如 $SnCl_4$-RCl 体系。

水或卤代烃提供质子或碳阳离子，理应是（主）引发剂，BF_3 或 $SiCl_4$ 为共引发剂。参照习惯，本书将 Lewis 酸称作阳离子引发剂，水或氯代烃称作共引发剂。引发剂和共引发剂的不同组合，活性差异很大，主要决定于向单体提供质子的能力。

③ 其他　其他阳离子引发剂还有碘、氧鎓离子以及比较稳定的阳离子盐，如高氯酸盐、三苯基甲基盐和环庚三烯盐等。这些比较稳定的阳离子盐只能引发 N-乙烯基咔唑、对甲氧基苯乙烯、乙烯基醚等高活性单体聚合，用于动力学机理研究有方便之处，但不能引发异丁烯或苯乙烯。此外，电解、电离辐射也曾用来引发阳离子聚合。

（3）阳离子聚合机理

阳离子聚合的机理特征可以概括为快引发、快增长、易转移、难终止，其中转移是终止的主要方式，是影响聚合度的主要因素。阳离子聚合的特点有：引发剂往往与共引发剂配合使用，引发体系离解度很低，较难达到活性聚合的要求。

① 链引发　一般情况下，Lewis酸先与质子供体或碳阳离子供体形成配合物离子对，小部分解离成质子（自由离子），两者构成平衡，而后引发单体。阳离子引发极快，几乎瞬间完成，引发活化能 E 与自由基聚合中的慢引发截然不同。

② 链增长　链引发生成的碳阳离子活性种与反离子形成离子对，单体分子不断插入其中而增长。阳离子聚合的链增长反应有下列特征。

a.增长速率快，活化能低，几乎与链引发同时瞬间完成，反映出"低温高速"的宏观特征。

b.阳离子聚合中，单体按头尾结构插入离子对而增长，对单体单元构型有一定控制能力，但远不及阴离子聚合和配位聚合，较难达到真正活性聚合的标准。

c.伴有分子内重排、转移、异构化等副反应。

③ 链转移　阳离子聚合的活性种很活泼，容易向单体或溶剂链转移，形成带不饱和端基的大分子，同时生成仍有引发能力的离子对，使动力学链不终止。

④ 链终止　阳离子聚合的活性种带有正电荷，同种电荷相斥，不能双基终止，也无凝胶效应，这是与自由基聚合显著不同之处。但也可能有以下几种终止方式。

a.自发终止。增长离子对重排，终止成聚合物，同时生成引发剂-共引发剂配合物，继续引发单体，保持动力学链不终止。自发终止比向单体或溶剂链转移终止要慢得多。

b.反离子加成。当反离子的亲核性足够强时，将与增长碳阳离子共价结合而终止。如三氟乙酸引发苯乙烯聚合，就有这种情况发生。

c.活性中心与反离子中的一部分结合而终止，不再引发。

以上阳离子聚合终止方式往往都难以顺利进行，因此有"难终止"之称，但未达到完全无终止的程度。实际上，阳离子聚合中经常添加水、醇、酸等来人为地终止。苯醌对自由基聚合和阳离子聚合都有阻聚作用，但阻聚机理不同，因此苯醌不能用来判别这两类聚合的归属。阳离子活性链将质子转移给醌分子，生成稳定的二价阳离子而终止。阳离子聚合中真正动力学链终止反应比较少，又不像阴离子聚合那样无终止而成为活性聚合。阳离子聚合的机理特征总结为快引发、快增长、易转移、难终止；动力学特征是低温高速、高分子量。

（4）阳离子聚合动力学

阳离子聚合动力学研究要比自由基聚合困难得多，这是因为阳离子聚合体系总伴有共引发剂，使引发反应复杂化，微量共引发剂和杂质对聚合速率影响很大；离子对和（少量）自由离子并存，两者影响难以分离；聚合速率极快，链引发和链增长几乎同步瞬时完成，数据重现性差；链转移反应显著，很难确定真正的链终止反应，稳态假定并不一定适用。

（5）影响阳离子聚合速率常数的因素

① 溶剂　阳离子聚合所用的溶剂受到许多限制：烃类非极性，离子对紧密，聚合速率过低；芳烃可能与碳阳离子发生亲电取代反应；四氢呋喃、醚、酮、酯等含氧化合物将使阳离子聚合终止。通常选用低极性卤代烃作溶剂，如氯甲烷、二氯甲烷、二氯乙烷、三氯甲烷、四氯化碳等。因此，阳离子聚合引发体系较少离解成自由离子，这与阴离子聚合选用烃类-四

氢呋喃作溶剂有别。溶剂的极性（介电常数）和溶剂化能力将有利于疏松离子对和自由离子的形成，因此也就影响到阳离子活性种的活性和增长速率常数。

　　② 反离子　反离子对阳离子聚合的影响很大：亲核性过强，将使链终止；反离子体积大，则离子对疏松，聚合速率较大。

　　③ 聚合温度　阳离子聚合通过离子对和自由离子引发，温度对引发速率影响较小，对聚合速率和聚合度的影响决定于温度对速率常数的影响。阳离子聚合链引发和链增长的活化能一般都很小，链终止活化能较大。因此，会出现聚合速率随温度降低而增加的现象。但不论活化能是正还是负，其绝对值都较小，温度对速率的影响比自由基聚合时要小得多。因此，常在 -100℃下合成丁基橡胶，减弱链转移反应，提高分子量。

10.5　配位聚合

　　从热力学上判断，乙烯、丙烯都应该是能够聚合的单体，但在很长一段时期内，它们却未能聚合成高分子聚合物，这主要是引发剂和动力学上的原因。1937—1939 年间，英国 ICI 公司在高温（180～200℃）、高压（150～300MPa）的苛刻条件下，以微量氧作引发剂，将乙烯按自由基机理聚合成聚乙烯。这种聚乙烯的结构性能特征是多支链 $[(8～40)$ 个支链/1000 碳原子]、低结晶度（50%～65%）、低熔点（105～110℃）和低密度（$0.91～0.93g \cdot cm^{-3}$），特称作低密度聚乙烯（LDPE），以代替旧名高压聚乙烯。LDPE 主要用来加工薄膜，但是在相似的条件下，那时还未能使丙烯聚合成聚丙烯。

　　1953 年，德国人 K. Ziegler 以四氯化钛-三乙基铝作引发剂，在温度（60～90℃）和压力（0.2～1.5MPa）温和的条件下，使乙烯聚合成高密度聚乙烯 HDPE（$0.94～0.96g \cdot cm^{-3}$），其特点是少支链 $[(1～3)$ 个支链/1000 碳原子]、高结晶度（约 90%）和高熔点（125～130℃）。1954 年，意大利人 G. Natta 进一步以 $TiCl_3$-$Al(C_2H_5)_3$ 作引发剂，使丙烯聚合成等规聚丙烯（熔点 175℃）。Ziegler 和 Natta 在这方面的成就，为高分子科学开拓了新的领域，因而获得了诺贝尔奖。随后，有人分别采用 $TiCl_4$-$Al(C_2H_5)_3$ 和烷基锂作引发剂，使异戊二烯聚合成高顺 1,4-聚异戊二烯（90%～97%）。采用钛、钴、镍或稀土络合引发体系，也合成了高顺 1,4-聚丁二烯（94%～97%）。

　　石油化工中的乙烯、丙烯、丁二烯是高分子的重要单体。Ziegler-Natta 引发剂的重大意义是，可使难以自由基聚合或离子聚合的烯类单体聚合，并形成立构规整聚合物，赋予其特殊性能，如高密度聚乙烯、线形低密度聚乙烯、等规聚丙烯、间规聚苯乙烯、等规聚 4-甲基-1-戊烯等合成树脂和塑料，以及顺-1,4-聚丁二烯、顺-1,4-聚异戊二烯、乙丙共聚物等合成橡胶。学习和研究配位聚合，需要了解立体异构现象，掌握配位聚合引发剂（催化剂）、聚合机理和动力学、定向机理等基本规律，并从烯烃扩展到二烯烃。

　　引发剂是影响聚合物立构规整程度的关键因素，溶剂和温度则是次要因素。配位聚合往往包括烃单体定向配位、络合活化、插入增长等过程，才形成立构规整（或定向）聚合物，因而有配位聚合、络合聚合、插入聚合、定向聚合等名称，本书称之为配位聚合。

目前配位阴离子聚合的引发体系有四类。第一类，Ziegler-Natta 引发体系，数量最多，可用于 α-烯烃、二烯烃、环烯烃的定向聚合。第二类，π-烯丙基镍，限用于共轭二烯烃聚合，不能使 α-烯烃聚合。第三类，烷基锂类，可引发共轭二烯烃和部分极性单体定向聚合。第四类，新近发展的茂金属引发剂，可用于多种烯类单体的聚合，包括氯乙烯。这些体系参与引发聚合以后，残基都进入大分子链，因此本书采用"引发剂"，代替习惯沿用的"催化剂"。

（1） Ziegler-Natta 引发剂的两个主要组分

最初 Ziegler-Natta 引发剂由 $TiCl_4$（或 $TiCl_3$）和 $Al(C_2H_5)_3$ 组合而成，而后发展成由 ⅣB～ⅧB 族过渡金属化合物和ⅠA-ⅢA 族金属有机化合物两大组分配合而成，组合系列难以数计。

① ⅣB～ⅧB 族过渡金属化合物。包括 Ti、V、Mo、Zr、Cr 的氯（或溴、碘）化物、氧氯化物、乙酰丙酮物、环戊二烯基金属氯化物等，这些组分主要用于 α-烯烃的配位聚合和专用于环烯烃的开环聚合；Co、Ni、Ru、Rh 等的卤化物或羧酸盐组分则主要用于二烯烃的定向聚合。

② ⅠA～ⅢA 族金属有机化合物。如 AlR_3、LiR、MgR_2、Zn 等，式中为烷基或环烷基。其中有机铝用得最多，最常用的有 $Al(C_2H_5)_3$、$Al(C_2H_5)_2Cl$ 等。

在以上两组分的基础上，进一步添加给电子体和负载，可以提高活性和等规度。

（2） Ziegler-Natta 引发剂的溶解性能

Ziegler-Natta 引发体系可分成不溶性（非均相）和可溶性（均相）两大类，溶解与否与过渡金属组分和反应条件有关。立构规整聚合物的合成一般与非均相引发体系有关。

① 非均相引发体系。钛系为主要代表。$TiCl_4$-AlR_3 在 −78℃ 下尚可溶于庚烷或甲苯，对乙烯聚合有活性，对丙烯聚合的活性很低。升高温度则转变成非均相，活性略有提高。低价氯化钛（或钒），如 $TiCl_3$、$TiCl_2$、VCl_4 等，本身就不溶于烃类，与 Al 或 AlR_2Cl 反应后，仍为（微）非均相，对丙烯聚合有较高的活性，并有定向作用。

② 均相引发体系。钒系为代表，如合成乙丙橡胶中的 $VOCl_3$/$AlEt_2Cl$ 或 $V(acac)_3$/$AlEt_2Cl$。卤化钒中的卤素部分或全部被 RO 或 acac 所取代，再与 Al 络合，也可成为可溶性引发剂，对乙烯聚合尚有活性，但对丙烯聚合的活性和定向能力就很差了。凡能使丙烯聚合的引发剂一般都能使乙烯聚合，但能使乙烯聚合的却未必能使丙烯聚合。

（3） Ziegler-Natta 引发剂的反应

以 $TiCl_4$-$Al(C_2H_5)_3$（或 AlR_3）为代表，剖析两组分的反应情况。$TiCl_4$ 是阳离子引发剂，$Al(C_2H_5)_3$ 是阴离子引发剂。两者单独使用时，都难使乙烯或丙烯聚合，但相互作用后，却易使乙烯聚合，$TiCl_4$-$Al(C_2H_5)_3$ 体系还能使丙烯定向聚合。

配制引发剂时需要一定的陈化时间，保证两组分适当反应。反应比较复杂，首先是两组分间基团交换或烷基化，形成钛-碳键。烷基氯化钛不稳定，进行还原性分解，在低价上形成空位，供单体配位之需，还原是产生活性不可或缺的反应。相反，高价的配位点全部与配体结合，就很难产生活性。分解产生的自由基双基终止，形成 C_2H_5Cl、n-C_4H_{10}、C_2H_5、H_2 等。

以 $TiCl_4$ 作主引发剂时，也发生类似反应。两组分比例不同，烷基化和还原的程度也有差异。上述只是部分反应，非均相体系还可能存在着更复杂的反应。研究 $TiCl_4$-$Al(C_2H_5)_3$ 可溶性引发剂时，发现所形成的蓝色结晶有一定熔点（126～130℃）和一定分子量。通过 X 射线衍射分析，确定结构为桥形配合物。估计氯化钛和烃基铝两组分反应，也可能形成类似的双金属桥形配合物或单金属配合物，成为烯烃配位聚合的活性种，但情况会更加复杂。

（4） Ziegler-Natta 引发体系的发展

引发剂是 α-烯烃配位聚合的核心问题，研究重点放在提高聚合活性、提高立构规整度、使聚合度分布和组成分布均一等目标上。关键措施有两个添加给电子体和负载。

① 给电子体（Lewis 碱）——第三组分的影响 $TiCl_3$ 配用 $AlEt_2Cl$ 引发丙烯配位聚合时，定向能力比配用 $Al(Et)_3$ 时高，聚合活性则稍有降低。如配用 $AlEtCl_2$，则活性和定向能力均接近于零，但加入含有 O、N、P、S 等的给电子体 B1（Lewis 碱）后，聚合活性有明显提高，分子量也增大。除了从化学反应角度对聚合活性和定向能力提高的机理作出解释外，更应该从晶型改变、物理分散等多方面来综合考虑。

② 负载的影响 在早期的 Ziegler-Natta 引发剂中，裸露在晶体表面、边缘或缺陷处而成为活性中心的 Ti 原子只占约 1%，这是活性较低的重要原因。如果将氯化钛充分分散在载体上，使大部分（如 90%）Ti 原子裸露而成为活性中心，则可大幅度提高活性。载体种类很多，如 $MgCl_2$、$Mg(OH)Cl$、$Mg(OR)_2$ 等。对于丙烯聚合，以 $MgCl_2$ 为最佳。常用的无水氯化镁多为 α-晶型，结构规整，钛负载量少，活性也低。负载时，如经给电子体活化，则可大幅度提高活性。

10.6 逐步聚合

按单体-聚合物组成结构变化，可将聚合反应分成缩聚、加聚、开环聚合三类；而按机理，又可分成逐步聚合和连锁聚合两类。"缩聚"和"逐步聚合"两词并非同义词，却易混用，原因是几乎全部缩聚都属于逐步聚合机理，而且逐步聚合的绝大部分也属于缩聚。因此，本节选取典型缩聚反应作为逐步聚合的代表来剖析其机理和共同规律，而后介绍重要缩聚物和逐步聚合物。

1907 年，世界上首次研制成功的第一种合成高分子（酚醛树脂和塑料）就是由缩聚反应合成的。二十世纪二三十年代，在 Staudinger 确立高分子学说和创建高分子学科的初期，Carothers 就对合成聚酯和聚酰胺的缩聚反应进行了系统研究，可以说从经典有机化学向高分子化学的发展也是从缩聚反应开始。目前缩聚反应在高分子合成中仍占重要地位，除酚酸树脂、脲醛树脂、醇酸树脂、环氧树脂、聚酯、聚酰胺等通用缩聚物外，聚碳酸酯、聚苯醚、聚苯硫醚、聚砜等工程塑料，以及芳族聚酰胺、聚酰亚胺、液晶高分子等高性能聚合物也由缩聚反应来合成。此外，聚硅氧烷、硅酸盐等半无机或无机高分子，纤维素、核酸、蛋白质等天然高分子，都可以看作缩聚物，可见缩聚涉及面甚广。

缩聚是基团间的反应，乙二醇和对苯二甲酸缩聚成涤纶聚酯，己二胺和己二酸缩聚成聚酰胺-66，都是典型的例子。此外，还有些非典型缩聚的逐步聚合，如合成聚氨酯的聚加成、制备聚苯醚的氧化偶合、己内酰胺经水催化合成尼龙的开环聚合、制备梯形聚合物的 Diels-Alder 加成反应等。这些聚合产物多数是杂链聚合物，与缩聚物相似。

缩聚是缩合聚合的简称，是官能团单体多次重复缩合而形成缩聚物的过程。进行缩合和缩聚反应的两种官能团（如羟基和羧基）可以分属于两种单体分子，如乙二醇和对苯二甲酸；也可能同在一种单体分子上，如羟基酸。缩合和缩聚反应的结果，除主产物外，还伴有副产物产生。

（1）缩合反应

醋酸与乙醇的酯化是典型的缩合反应，除主产物醋酸乙酯外，还有副产物水产生。

（2）缩聚反应

二元酸和二元醇的缩聚反应是缩合反应的发展。例如己二酸和己二醇进行酯化反应时，第一步缩合成羟基酸二聚体，以后相继形成的低聚物都含有羟端基和/或羧端基，可以继续缩聚，聚合度逐步增加，最后形成高分子量线形聚酯。同一分子若带有能相互反应的两种基团，如羟基酸，经自缩聚也能制得线形缩聚物。

（3）共缩聚

羟基酸或氨基酸一种单体的缩聚，可称作均缩聚或自缩聚；由二元酸和二元醇两种单体进行的缩聚是最普通的杂缩聚。从改进缩聚物结构性能角度考虑，还可以将自缩聚或杂缩聚加另一种或两种单体进行所谓"共缩聚"，例如以少量丁二醇与乙二醇、对苯二甲酸共缩聚，可以降低涤纶聚酯的结晶度和熔点，增加柔性，改善熔纺性能。

均缩聚和共缩聚的反应并无本质差异，但从改变聚合物组成结构、改进性能、扩大品种角度考虑，却很重要。因此，不必苛求区分这些名词，统称缩聚或逐步聚合即可。涤纶聚酯、聚酰胺-66、聚酰胺、聚碳酸酯、聚砜、聚苯醚等合成纤维和工程塑料都由线形缩聚或逐步聚合而成，反应规律相似。

分子量是影响聚合物性能的重要因素。不同缩聚物对分子量有着不同的要求，用作纤维和工程塑料的同种缩聚物对分子量的要求也有差异。因此，分子量的影响因素和控制就成为线形缩聚中的核心问题。

10.6.1　线形缩聚机理

线形缩聚具有典型的逐步聚合的机理特征，有些还可逆平衡。

（1）逐步特性

以二元酸和二元醇的缩聚为例，两者第一步缩聚，形成二聚体羟基酸。二聚体羟基酸的端烃基或端羧基可以与二元酸或二元醇反应，形成三聚体。二聚体也可以自缩聚，形成四聚体。含羟基的任何聚体和含羧基的任何聚体都可以相互缩聚，如此逐步进行下去，分子量逐渐增加，最后得到高分子量聚酯。

（2）可逆平衡

聚酯化和低分子酯化反应相似，都是可逆平衡反应，正反应是酯化，逆反应是水解。缩聚反应的可逆程度可由平衡常数来衡量。根据其大小，可将线形缩聚粗分为以下三类。

① 平衡常数小，如聚酯化反应，低分子副产物水的存在限制了分子量的提高，需在高度减压条件下脱除。

② 平衡常数中等，如聚酰胺化反应，$K=300\sim400$，水对分子量有所影响，聚合早期，可在水介质中进行；只是后期需在一定的减压条件下脱水，提高反应程度。

③ 平衡常数很大，$K>1000$，可以看作不可逆，如合成聚砜一类的逐步聚合。

逐步特性是所有缩聚反应所共有的，而各类缩聚反应的可逆平衡程度却有明显差别。

10.6.2　缩聚中的副反应

缩聚通常在较高的温度下进行，往往伴有消去反应、化学降解、链交换等副反应。

（1）消去反应

二元羧酸受热会脱羧，引起原料基团数量的变化，从而影响产物的分子量。因此常用比较稳定的羧酸酯来代替羧酸进行缩聚反应，避免羧基的脱除。二元胺有可能进行分子内或分子间的脱氨反应，进一步还可能导致支链或交联。

（2）化学降解

聚酯化和聚酰胺化是可逆反应，逆反应水解就是化学降解之一。合成缩聚物的单体往往就是缩聚物的降解剂，例如醇或酸可使聚酯类醇解或水解。化学降解将使聚合物分子量降低，聚合时应设法避免。但应用化学降解的原理可使废聚合物降解成单体或低聚物，回收利用。例如，废涤纶聚酯与过量乙二醇共热，可以醇解成对苯二甲酸乙二醇酯低聚物；酚醛树脂与过量苯酚共热，可以酚解成低分子酚醇。

（3）链交换反应

同种线形缩聚物受热时，通过链交换反应，将使分子量分布变窄。不同缩聚物（如聚酯与聚酰胺）共热，也可进行链交换反应，形成嵌段共聚物，如聚酯-聚酰胺嵌段共聚物。

10.6.3　逐步聚合的实施方法

实施逐步聚合有熔融聚合、溶液聚合、界面缩聚、固相缩聚四种方法，其中熔融聚合和溶液聚合最常用。

（1）熔融聚合

在单体和聚合物熔点以上进行的聚合，相当于本体聚合，只有单体和少量催化剂，产物纯净。聚合热不大，为了弥补热损失，尚需外加热。对于平衡缩聚，则需减压，及时脱除副产物。预聚阶段，产物分子量和黏度不高，混合和副产物的脱除并不困难。只在后期（反应程度＞97%～98%），对设备传热和传质才有更高的要求。根据聚合体系黏度的变化，在结构不同的聚合反应器内分段聚合，更为合理。熔融聚合法用得很广，如合成涤纶聚酯、酯交换法合成聚碳酸酯、合成聚酰胺等。

（2）溶液聚合

单体加催化剂在适当的溶剂中进行的聚合。所用的单体一般活性较高，聚合温度可以较低，副反应也较少。如属平衡缩聚，则可通过蒸馏或加碱成盐除去副产物。溶液聚合的缺点是需要回收溶剂，聚合物中残余溶剂的脱除也比较困难。聚砜合成采用溶液聚合法；尼龙-66的合成前期相当于水浆液缩聚，后期转为熔融缩聚。

（3）界面缩聚

将两种单体，如二元胺和二酰氯，分别溶于水和有机溶剂中，配成互不相溶的溶液，聚合就在界面处进行。界面缩聚限用活性高的单体，室温下就能聚合。水中需加碱来中和副产物氯化氢，防止氯化氢与胺结合成盐，减慢反应。碱量过多，又易使二酰氯水解成羧酸或单酰氯，使速率和分子量降低。界面缩聚属于扩散控制，应有足够的搅拌强度，保证单体及时传递。界面缩聚的优点有缩聚温度较低、不必严格基团数比、分子量较高等。但原料酰氯较贵，溶剂回收成本较高。光气法合成聚碳酸酯是界面缩聚的重要应用。

（4）固相缩聚

在玻璃化温度以上、熔点以下的固态所进行的缩聚。例如纤维用的涤纶聚酯（$T_g =$ 69℃，$T_m = 265$℃）用作工程塑料时，分子量偏低，强度不够，可在 220℃继续固相缩聚，进一步提高分子量。在减压或惰性气流条件下排除副产物乙二醇也是必要的条件。聚酰胺也可以进行固相缩聚来提高分子量。固相缩聚较少直接用单体来聚合，多数是上述三种方法的补充。

10.7 聚合物的老化与稳定

聚合物在使用过程中，由于受到空气里氧气、湿气、光及热等因素的长期作用而使其性能变坏的过程叫做老化。聚合物这种性能上的变化，是它的分子链发生了降解反应与交联反应的结果。降解反应导致分子链的断裂，使长链变短、相对分子质量降低，使聚合物变软、发黏并丧失机械强度；交联反应则使聚合物变脆而失去弹性等。因此研究聚合物的降解与交联反应，最终目的是为了控制其老化过程，延长聚合物的使用寿命，使聚合物的性能不断完善，这些统称为防老化。

（1）聚合物的老化

虽然聚合物的老化往往是各种因素综合作用的结果，但是不同的聚合物材料或不同的使用条件对各种作用因素有着不同的选择性。例如，聚氯乙烯的老化主要是脱 HCl 的裂解反应，对聚烯烃来说光氧化反应是主要的；而对加入炭黑的橡胶来讲，热氧化反应就比光氧化反应更重要。此外，暴露于室外使用的聚合物材料主要是受光氧化和雨水的作用，而作为航空航天的材料应当具有耐热、耐臭氧与耐辐射性能等。总之，对聚合物老化与防老化的研究必须考虑到聚合物本身结构及使用条件上的特点，才能采取有针对性的防老化措施，使聚合物材料经久耐用。

一般来讲，热固性塑料即支链聚合物耐各种老化的性能都比较好，而聚烯烃或聚二烯烃则比较差，特别是对光氧化与热氧化的稳定性最差。在聚烯烃中，聚乙烯对热氧化老化比较稳定，乙烯-丙烯共聚物次之，聚丙烯最差。如不加入抗氧剂，聚丙烯就不宜进行热加工及在稍高温度下于户外使用，这是因为它们每个重复单元都含有 C—H 弱键的缘故。聚烯烃耐老化性能的另一个特点是耐老化性能随着相对分子质量的增加而提高，随着相对分子质量分布变宽而降低。相对分子质量高，其结晶速率就慢，但结晶形状小而微晶多，结晶度高，故吸氧速率就低；相对分子质量分布宽，表明具有低的相对分子质量部分较多，且端基数目多，故氧分子就易渗透。

聚合物材料的老化概括起来有以下几种表现。

① 外观的变化。如表面变暗、变色、出现斑点、变黏、变形、裂纹、脆化、长霉等。

② 物理及化学性能的变化。如溶解性、熔融指数、玻璃化温度、流变性、耐热性及耐寒性、折射率、相对密度、羰基含量的变化等。

③ 机械性能的变化。如抗张强度、伸长率、抗冲击强度、疲劳强度、硬度的变化等。

④ 电性能的变化。如绝缘电阻、介电常数、击穿电压的变化等。

发生上述变化的原因多样，外界的作用可概括为物理因素（如光、热、应力、电场等）、化学因素（如氧、臭氧、重金属离子、化学介质等）及生物因素（如微生物、昆虫的破坏等）。内在的原因如聚合物材料的分子结构、加工时选用的助剂、助剂的用量以及加工的方法等。在外界作用的诸多因素当中，以光、氧、热三个因素最为重要。

（2）聚合物的稳定

为了延长聚合物材料的寿命，抑制或者延缓聚合物的氧化降解，通常使用抗氧剂。所谓抗氧剂是指能缓解聚合物材料自动氧化反应速度的物质（亦称防老剂）。抗氧剂除了用在塑料、橡胶中以外，也广泛地应用在石油及油脂方面。

一般来说，聚合物中使用的抗氧剂应当满足下列要求。

① 有优越的抗氧化性能；

② 与聚合物的相溶性好，并且在加工温度下稳定；

③ 不影响聚合物的其他性能，也不和其他化学助剂进行不利的反应；

④ 不变色，污染性小，并且无毒或低毒等。

 拓展阅读

科学之光照亮人生路——记中国科学院院士唐本忠

传统的发光分子在稀溶液里可以高效发光，但在浓溶液中或者聚集（即固态）状态下，发光能力就极大减弱甚至完全消失。这种现象被称为"聚集猝灭发光"，是发光材料设计和应用领域亟待解决的一大难题。2001 年，唐本忠和学生在实验中意外发现了一种截然相反的"怪现象"：有一类有机分子在溶液中不发光，而聚集后发光显著增强。唐本忠敏锐地捕捉到这个现象背后的意义，经过仔细研究和反复实验，他创造性地提出"聚集诱导发光（AIE）"概念，在发光材料研究领域取得重大原创性突破。

至今，唐本忠已发表学术论文 1000 多篇，一年的论文被引数就达到一万多次，平均每天全世界有 30 多名科研人员在引用他的文章。2016 年，《自然》杂志社将 AIE 材料的纳米聚集体列为支撑"未来纳米光革命"的四大材料体系之一。唐本忠也因为在 AIE 领域的原创和引领贡献获得 2017 年国家自然科学奖一等奖。"我要让我的科研成果在祖国大地开花结果"，唐本忠一直怀揣着这样的信念。AIE 最受关注的应用之一是在医疗健康领域，比如在癌症病人的肿瘤切除手术中，肿瘤本身识别不难，但在肿瘤附近分散的癌细胞却很难用肉眼识别，切多了把好细胞切掉了，切少了又留下病灶源，会引起复发。通过注入特殊的 AIE 材料，利用其"见到癌细胞就钻入其中闪闪发光"的功能，对癌细胞的分布、转移等进行可视化追踪，从而方便医生甄别，进行更为精准的操作，也可用于癌症的早期筛查工作，发现癌细胞存在的"蛛丝马迹"。

具有光致变色特效的 TPBT 的分子结构及其与不同聚阴离子大分子结合后的应用如下图所示。

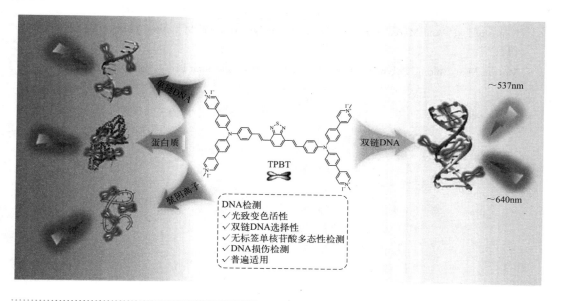

思考题

1. 为什么说传统自由基聚合的机理特征是慢引发、快增长、速终止？

2. 烯类单体加聚有下列规律：（1）单取代和 1,1-双取代烯类容易聚合，而 1,2-双取代烯类难聚合；（2）大部分烯类单体能自由基聚合，而能离子聚合的烯类单体却较少。试说明原因。

扫码看答案

3. 进行阴、阳离子聚合时，分别叙述控制聚合速率和聚合物分子量的主要方法。

4. 如何判断乙烯、丙烯在热力学上能够聚合。采用哪一类引发剂和工艺条件，才能聚合成功？

5. 简述逐步聚合和缩聚、缩合和缩聚的关系和区别。

参考文献

[1] 潘祖仁，于在章，焦书科. 高分子化学[M]. 北京：化学工业出版社，2003(第三版).

[2] George Odian. Principle of Polymerization[M]. New York：John Wiley&Sons, Inc., 2004.

[3] Allcock H. R., Lampe P. W. and J. E. Mark. Contemporary Polymer Chemistry[M]. Science Press and Pear-son North Asia Limited，2003.

[4] Billmeyer R. W.. Textbook of Polymer Science[M]. New York：Jchn Wiley&Sons, Inc. ，1984.

[5] Pirms，Irja. Emulsion Polymerization[M]. New York：Academic Press，1982.

[6] Kennedy J. P. and Marechal E.. Carbocationic Polymerization[M]. New York：Wiley-Interscience，1983.

[7] Morion M.. Anionic Polymerization[M]. New York：Academic Press，1983.

教学要点

知识要点	掌握程度	相关知识
复合材料概论	掌握复合材料的分类、特点及命名方法	复合材料定义、三大要素、特点和分类
聚合物基复合材料的制备	掌握聚合物基复合材料的基本特点；熟悉聚合物基复合材料的制备	预浸料/预混料的制备、成型工艺
金属基复合材料的制备	掌握金属基复合材料的特性；熟悉金属基复合材料的制备方法	固态法、液态法、沉积法、原位复合法
陶瓷基复合材料的制备	掌握陶瓷基复合材料的特性；熟悉陶瓷基复合材料的制备方法	粉末冶金法、浆体法（湿态法）、反应烧结法、液态浸渍法、直接氧化沉积法、化学气相沉积法、化学气相渗透法、溶胶-凝胶法、先驱体热解法
有机-无机杂化材料的制备	掌握有机-无机杂化材特性；熟悉制备方法	在无机材料中引入有机相、在有机材料中引入无机相、两相交联的有机-无机材料、溶胶-凝胶过程制备有机-无机材料

11.1 复合材料概述

复合材料（composite materials）是由两种或两种以上不同性质的材料，通过物理或化学原理结合在一起，组成具有新宏观性能的材料。复合材料可以在保持各个组分材料的某些原有性质的基础上产生协同效应，使材料之间取长补短，让复合材料的综合性能优于其中的任意一种组分材料，满足更全面的需求。复合材料可按照不同的需求进行材料设计，使选定组分的性能互相补充并产生关联，从而获得新的、具有优越性能、能在特定条件下使用的材料。复合材料的出现是材料科学的一个里程碑。

复合材料有三大要素，基体（matrix）、增强体（reinforcement）和两者之间的界面（interface）。通常，连续的相称为基体，基体的作用是黏结增强材料使其成固态整体，同时保护增强材料，传递荷载，阻止裂纹扩展，如聚酯树脂、乙烯基树脂等。相对的，以独立形态分布于基体中、具有显著增强作用的材料称为增强体，如玻璃纤维、晶须等。增强体和基体之间的界面则被称为复合材料的界面。因此，复合材料是由基体、增强体和界面组成的多相材料。复合材料发展至今产生了许多定义，但大体来讲复合材料应满足以下条件。

① 复合材料是人类为了某些需求制造的，而不是天然就存在的。尽管某些天然物质具备某些复合材料的形态和特征，但仍然不属于复合材料。

② 复合材料的组元及其相对含量是人们根据材料设计的原则和目的来进行选择的，其中至少包含两种物理或化学性能不同的独立组元。

③ 复合材料的性能取决于自身组元性能的结合，它的宏观性能应该优于各个独立组元的性能，特别体现在强度、刚度、韧性和耐高温能力等方面。

依据复合材料的定义，复合材料一般具有以下特点。

① 复合材料是由两种或两种以上不同性能的材料组元通过宏观或微观复合形成的一种新型材料，组元之间存在着明显的界面。

② 复合材料中各组元不但保持各自的固有特性，而且可最大限度地发挥各种材料组元的特性，并赋予单一材料组元所不具备的优良特殊性能。

③ 复合材料具有可设计性。可以根据使用条件要求进行设计和制造，以满足各种特殊用途，从而极大地提高工程结构的效能。

④ 组成复合材料的某些组分在复合后仍保持其固有的物理和化学性质（区别于化合物和合金）。

⑤ 复合材料的性能取决于各组成相性能的协同。复合材料具有新的、独特的性能，这种性能是单个组分材料所不及或不同的。

11.1.1 复合材料的分类

目前普遍认为材料可以分为金属材料、无机非金属材料、高分子材料和复合材料。按不同的标准和要求，复合材料通常有以下几种分类法。

① 按照性能高低进行分类：普通复合材料、先进复合材料。

② 按照基体材料的类型进行分类：聚合物基复合材料、金属基复合材料、无机非金属基复合材料、有机-无机杂化材料。

③ 按照用途进行分类：结构复合材料、功能复合材料，智能复合材料。

④ 按照增强材料类型进行分类：颗粒增强型复合材料、晶须增强型复合材料、纤维增强型复合材料。

⑤ 按照增强材料形状进行分类：零维（颗粒状）、一维（纤状）、二维（片状或平面织物）、三维（三向编织体）。

总体来讲，复合材料的分类可以由图11-1概括。

11.1.2 复合材料的命名

复合材料一般是根据增强材料和基体材料的名称来命名的。通常，将增强材料的名称放在前面，基体材料的名称放在后面，最后加上"复合材料"。例如，玻璃纤维和聚氨酯构成的复合材料称为"玻璃纤维聚氨酯复合材料"。为了书写方便，也可以仅写增强材料和基体材料

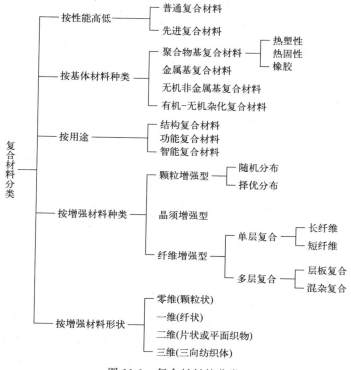

图 11-1　复合材料的分类

的缩写名称在中间加上一条斜线隔开，后面再加上"复合材料"，如上述的玻璃纤维与聚氨酯构成的复合材料，也可写作"玻璃/聚氨酯复合材料"。有时为了突出增强材料或基体材料，根据强调的组分不同，也可简称为"玻璃纤维复合材料"或"聚氨酯复合材料"。

11.2　聚合物基复合材料的制备

11.2.1　聚合物基复合材料概述

聚合物基复合材料（polymer matrix composite）按所用增强体不同，可以分为纤维增强、晶须增强、粒子增强三大类。聚合物基复合材料比强度、比模量大，通常为金属材料的 3 倍多；耐疲劳性好，疲劳强度极限最高可以达到抗张强度的 80%；过载时安全性好，聚合物基复合材料制成的构件不会突然失去承载能力；具有多种功能性，例如耐腐蚀性、耐摩擦性、电绝缘性、耐烧蚀，以及一些特殊的光学、电学、磁学特性。它的结构和性能具有广泛而灵活的关系，不同的制造工艺会形成不同的结构形态，从而获得目标性能。聚合物基复合材料的性能不仅仅由增强体和树脂体系来决定，同时还取决于成型工艺，而成型工艺常常会对聚合物基复合材料的性能有更大的影响。

11.2.2　预浸料/预混料的制备

聚合物基复合材料的制备一般分为两步，第一步是预浸料/预混料的制备，第二步则是选择适当的成型工艺，使半成品形成有形的成品。

预浸料是指定向排列的连续纤维（单向、织物）浸渍树脂后所形成的厚度均匀的薄片状半成品。预混料是指由不连续纤维浸渍树脂或与树脂混合后所形成的较厚的片状、团状或粒状半成品，包括片状模塑料、团状模塑料和注射模塑料。

（1）预浸料制造

预浸料通常分为热固性与热塑性两类，其制造工艺稍微有所区别。热固性预浸料的组成相对简单，通常仅由连续纤维或织物及树脂（包括固化剂等添加组分）组成，一般没有其他填料。根据浸渍设备或制造方式不同，热固性预浸料的制造分为轮鼓缠绕法和阵列排铺法，按浸渍树脂状态又分为湿法（溶液预浸）和干法（热熔体预浸）。热塑性预浸料的制造，根据树脂状态的不同，可分为预浸渍技术和后浸渍技术。预浸渍技术的特点是预浸料中树脂完全浸渍纤维，而后预浸技术的特点是树脂以粉末、纤维或包层等形式存在于预浸料中，对纤维的完全浸渍是后续成型过程中完成的。

（2）预混料制造

通常根据片状模塑料和团状模塑料、玻璃毡增强热塑性塑料、注射模塑料这三种不同形态的塑料来分别进行预混料的制造。片状模塑料和团状模塑料是一类可直接进行模压成型，不需要事先进行固化、干燥等其他工序的纤维增强热固性模塑料；玻璃毡增强热塑性塑料是一种类似于热固性片状模塑料的半成品，它的力学性能与热固性片状模塑料相似，甚至会更好，具有生产过程无污染、成型周期短、废品及制品可回收利用等优点；注射模塑料一般使用双螺杆挤出机制造，机器将连续纤维纱束与熔融态树脂基体混合后挤出，然后由切割机切成长度为 3～6mm 的颗粒，便于后期注射成型。

11.2.3 聚合物基复合材料的成型工艺

聚合物基复合材料的成型工艺有很多，大体可以由图 11-2 概括。

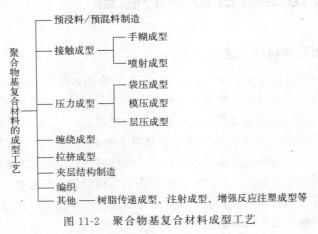

图 11-2 聚合物基复合材料成型工艺

其中较为重要的有手糊成型工艺、模压成型工艺、喷射成型工艺、拉挤成型工艺、树脂传递成型工艺。

（1）手糊成型工艺

将纤维（或纤维织物）和树脂胶液交互层铺，使其黏结在一起，经过固化、脱模、修边后就可以得到产物。

（2）模压成型工艺

将一定量的模压料（粉粒状、团状、片状等模压料）放入金属模具中，在一定的温度和压力下，使模压料熔化、流动充满模腔，固化成型得到产品。

（3）喷射成型工艺

将混有引发剂和促进剂的树脂分别从喷枪的两侧喷出，同时将切断的纤维粗纱由喷枪中心喷出，使纤维粗纱与树脂均匀混合，当沉积到一定厚度时，用辊轮压实，使树脂浸透纤维，排除气泡，固化后成制品。

（4）拉挤成型工艺

将浸渍树脂的连续纤维束、带或布等，在牵引力的作用下，通过挤压模具成型、固化，连续不断地生产长度不限的复合材料。

（5）树脂传递成型工艺

把热固性树脂在较低的压力下注入含有纤维预成型体的模腔中，树脂将模腔中的空气排出，同时浸润纤维，树脂在排气口出现时，即模腔充满，注射过程结束，树脂开始固化，树脂固化达到一定强度后开模，得到制品。

11.3 金属基复合材料的制备

11.3.1 金属基复合材料概述

金属基复合材料（metal matrix composite）是以金属及其合金为基体，与其他金属或非金属增强相进行复合的复合材料。金属基复合材料的发展与现代科学技术和高技术产业的发展密切相关，特别是航空、航天、电子、汽车以及先进武器系统的迅速发展，对金属基复合材料提出了更高的要求。金属基复合材料结合了金属与陶瓷的特性，既具有优良的力学性能，又具有导电、导热、耐磨损、不吸湿、不放气、尺寸稳定、不老化等一系列金属特性，是一种优异的结构材料。这些优良的性能决定了它从诞生之日起就成为了新材料家族中的重要一员，国内外对于金属基复合材料的研究日益活跃。

面对当前发展需求，设计和制造综合性能优异的金属基复合材料是一种趋势。近年来，金属基复合材料获得了快速的发展，在航空航天、机器人、核反应堆等高新技术领域起着无可取代的作用。碳化硅晶须增强铝基复合材料薄板可用于先进战斗机的外壳和机尾；钨纤维增强高温合金基复合材料可用于飞机的发动机；石墨/铝、石墨/镁复合材料具有很高的比刚度和抗热变形性，是卫星和宇宙飞行器的良好的结构材料。如何更好地制备更切合使用需要的金属基复合材料是当前的研究方向。金属基复合材料在生活中处处可见，种类繁多。金属基复合材料包含多种基体材料，例如铝基、镁基、钛基、镍基、金属间化合物基等。

制备金属基复合材料的工艺方法非常多，如扩散结合、粉末冶金、压铸、半固态复合铸造、喷射沉积、原位复合等。这些制备工艺大体上可归为固态法、液态法、沉积法、原位复合法四大类基本方法。

11.3.2 固态法

金属基复合材料的固态制备工艺主要为扩散结合和粉末冶金两种方法。

① 扩散结合（diffusion bonding）是一种制造连续纤维增强金属基复合材料的传统工艺方法。早期研究开发的硼纤维增强铝、碳纤增强铝、SiC 涂覆硼纤维增强钛基复合材料以及钨丝增强镍基高温合金等，都是采用扩散结合方法制备的。扩散结合法是传统金属材料的一种固态焊接技术，在一定温度和压力下，把新鲜清洁表面的相同或不同的金属，通过表面原子的互相扩散而连接在一起。

② 粉末冶金（powder metallurgy）技术制备金属基复合材料，是基于增强相共存下的金属粉体热熔焊接工艺，可用于连续纤维、短纤维、颗粒、晶须增强金属基复合材料的制备。其特点是制备温度低，界面反应可控；利于增强相与金属基体的均匀混合；组织致密、细化、均匀，内部缺陷明显改善；二次加工性能好，但工艺流程较长，成本较高。

11.3.3 液态法

液态法亦可称为熔铸法，其中包括压铸法、渗透法以及搅拌法等。液态法的特点是在制备复合材料的过程中金属处于熔融状态。与传统金属材料的成型工艺如铸造、压铸等方法相似，液态法制备成本低、易于批量生产，因此得到较快的发展。液态法是目前制备颗粒、晶须和短纤维增强金属基复合材料的主要工艺方法。

11.3.4 沉积法

沉积法可以分为喷涂沉积与喷射沉积，用它们制备金属基复合材料的工艺方法大多是由金属材料表面强化技术衍生而来的。

喷涂沉积主要应用于纤维增强金属基复合材料的预制层制备，也可用于制备复合层状材料的坯料。喷涂沉积主要是以等离子体或电弧加热金属基体形成高温金属气体，通过喷涂气体将其沉积到沉积基板上。

喷射沉积则主要用于制备颗粒增强金属基复合材料。该方法是将金属基体在坩埚中熔炼后，在压力作用下通过喷嘴送入雾化器，在高速惰性气体射流的作用下，液态金属被雾化为细小的金属液滴，同时通过一个或多个喷嘴向雾化金属液滴中喷射加入增强颗粒，使之与雾化金属液滴一起在基板（收集器）上沉积并快速凝固形成颗粒增强金属基复合材料。

喷涂沉积与喷射沉积的特点是对增强体与金属基体的润湿性要求低，增强体与熔融金属基体的接触时间短，界面反应量少，金属基体的选择范围广等。

11.3.5 原位复合法

增强材料与金属基体之间的相容性往往影响金属基复合材料在高温制备和高温应用中的

性能和稳定性，如果增强材料（纤维、颗粒或晶须）能在金属基体中直接（即原位）生成，则上述相容性问题可以得到较好的解决。原位生成的增强相与金属基体界面结合良好，生成相的热力学稳定性好，不存在基体与增强相之间润湿和界面反应等问题。这种方法已经在陶瓷基、金属基复合材料制备中得到应用。目前开发的原位复合或原位增强方法主要有直接金属氧化法和共晶合金定向凝固法。

直接金属氧化法是将纤维织物置于熔融金属上面，通过选择合适的金属种类、炉温和反应气体，使浸渍于纤维织物中的金属与气体发生反应而形成陶瓷基体沉积于纤维织物表面，形成含有少量残余金属的陶瓷基体。

共晶定向凝固法则是在铸型中建立特定方向的温度梯度，使熔融合金沿着热流相反方向，进行取向结晶、凝固铸造的工艺。它可以大幅度地提升高温合金的综合性能。

金属基复合材料的制备方法可由图11-3概括。

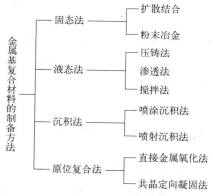

图11-3 金属基复合材料的制备方法

11.4 陶瓷基复合材料的制备

11.4.1 陶瓷基复合材料概述

陶瓷基复合材料是一种以陶瓷为基体，添加增强材料的重要的复合材料。一般来讲，陶瓷基复合材料具有强度高、硬度大、耐高温、抗氧化，高温下抗磨损性能好、耐化学腐蚀性优良，热膨胀系数和密度小等特点。

陶瓷基复合材料的制备工艺相较于其他复合材料来说更复杂，而且很多制备方法需要在高温条件下进行。目前，耐高温纤维材料的缺少，导致陶瓷基复合材料的发展相对缓慢。陶瓷基复合材料主要有以下几种制备方法。

11.4.2 粉末冶金法

粉末冶金法也称为粉体压制烧结或混合压制法，主要的工艺流程是将原料（陶瓷粉末、增强剂、黏结剂和助烧剂）通过球磨、超声等手段混合均匀，冷压成型，再进行烧结。烧结时可以加压，使复合材料更加致密。但烧结过程中会有体积收缩，易产生裂纹。该法适用于颗粒、晶须和短纤维增强陶瓷基复合材料。

11.4.3 浆体法（湿态法）

为了克服粉末冶金法中各组分材料混合不均匀的问题，可采用浆体（湿态）法制备颗粒、晶须和短纤维增强瓷基复合材料，其混合体为浆体形式。混合体中各组分材料为散凝状，在浆体中呈弥散分布。采用浆体浸渍法也可制备连续纤维增强陶瓷基复合材料。

11.4.4 反应烧结法

反应烧结法是将碾磨后的硅粉、聚合物黏结剂和有机溶剂混合制成稠度适中的混合物，之后轧制成硅布。将带有短效黏结剂的纤维缠绕制成纤维席，把纤维席和硅布按一定交错次序堆垛排列，加热去除黏结剂，放入钼模中，在氮气环境或真空下热压成可加工的预制件，最后将预制件放入 $1100\sim1140℃$ 的氮气炉中，使硅基材料转换成碳化硅。用这种方法制备的陶瓷基复合材料，增强材料的体积分数可以很高，但存在基体中气孔率较高的问题。

与液态聚合物浸渍法和液态金属渗透法相似，但陶瓷熔体的温度要比聚合物和金属高得多，且陶瓷熔体黏度较高，浸渍预制件操作困难。高温下陶瓷基体与增强材料之间会发生化学反应，使陶瓷基体与增强材料失配。因此，用液态浸渍法制备陶瓷基复合材料时，首先要考虑化学反应性、熔体黏度、熔体对增强材料的浸润性等问题。

11.4.5 直接氧化沉积法

直接氧化沉积法利用熔融金属直接与氧化剂发生氧化反应来制备陶瓷基复合材料。此工艺最早被用来制备 Al_2O_3/Al 复合材料，后推广于制备连续纤维陶瓷基复合材料。将连续纤维预成型坯件置于熔融金属上面，由于熔融金属中含有少量添加剂，并处于空气或其他氧化气氛中，浸渍到纤维预成型坯件中的熔融金属与气相氧化剂发生反应形成氧化物，该反应始终在熔融金属与气相氧化剂的界面处进行。反应产生的金属氧化物沉积在纤维的周围，形成含有少量残余金属的纤维增强陶瓷基复合材料。金属一般选择铝，添加剂一般采用镁和硅，氧化气氛为空气，反应温度为 $1200\sim1400℃$。通过控制熔体温度和掺杂成分，可以调节所生成的陶瓷基复合材料的性能。

11.4.6 化学气相沉积法

化学气相沉积法是在具有贯通间隙的增强体（如纤维、晶须或颗粒）坯件或纤维编织骨架中沉积陶瓷基体来制备陶瓷基复合材料的方法，其工艺为：纤维编织骨架或坯件置于化学气相沉积炉内，通入沉积反应的源气，使之在沉积温度下热解或发生反应，生成所需的陶瓷基体材料。化学气相沉积温度一般为 $1100\sim1500℃$，可用于制备 C/BN、SiC/C、Si_3N_4/B_4C 等体系的复合材料。碳纤维/碳化硅的化学气相沉积工艺过程原理示如图 11-4 所示。

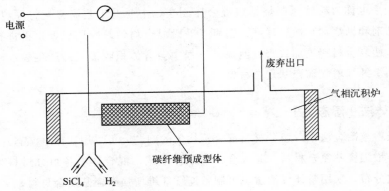

图 11-4　碳纤维/碳化硅的化学气相沉积工艺过程原理

11.4.7　化学气相渗透法

化学气相渗透法与化学气相沉积法相似，有均热法、温度梯度法、压力梯度法和脉冲法等。化学气相渗透法的工艺与化学气相沉积法不同的是：源气不仅热解和自身反应，而且还与坯件孔隙表面的元素发生化学反应，并在坯件孔隙中沉积形成反应物。化学气相渗透法的工艺原理如图 11-5。

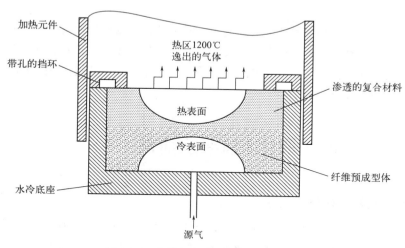

图 11-5　化学气相渗透法的工艺原理

将纤维预成型坯件置于底部处于冷态，其顶部处于热区的石墨坩埚中，预成型坯件的底部与顶部存在较大温度梯度。从底部导入反应物气体，当它通过预成型坯件的下部时，由于温度低而不与之发生反应，直至到达预成型坯件顶部，即热区（1200℃）时，才发生热分解或化学反应，产生的固态反应物沉积在热区的纤维周围形成基体。剩余的源气从开口挡环处排出，由于出口处保持低压，形成的压力梯度使反应物气体自下而上穿过坯件。随着坯件顶部沉积部分的密度和导热率增加，热区逐渐从顶部向下移动，反应物沉积区也不断向下移动，直至整个坯件中的孔隙几乎全部被填满，最终获得高致密性的复合材料。用这种方法制备的陶瓷基复合材料，其致密度可达到理论密度的 93%～94%。

11.4.8　溶胶-凝胶法

溶胶-凝胶法制备过程通常包括溶胶的制备、溶胶-凝胶的转化、凝胶的干燥等几个步骤。首先是溶胶的制备，有两种方法。一种方法是先将部分或全部组分用适当的沉淀剂沉淀出来，经过解凝，使原来团聚的沉淀颗粒分散成原始颗粒。这种原始颗粒的大小一般在溶胶体系中胶核的大小范围内，因而可制得溶胶。另一方法是通过对沉淀过程的控制，使先形成的颗粒不聚集成大颗粒产生沉淀，而是直接得到胶体溶液。然后是溶胶-凝胶的转化，由于溶胶的浓度小，因此体系中含有大量的水，胶凝化过程只是使体系失去流动性，而其体积并没有减小或只是略有减小。胶凝的结果是形成一种开放的骨架结构，大量的水被包裹其中。实现胶凝作用的途径有化学法和物理法，化学法是通过控制溶胶中的电解质浓度来实现胶凝作用；物理法是通过克服胶粒间斥力，迫使胶粒相互靠近，从而实现胶凝或凝结作用。最后是凝胶的干燥，在一定条件下，将凝胶加热，蒸发溶剂，即可得到粉体材料。

11.4.9　前驱体热解法

前驱体热解法最早用于制备三维 C/C 复合材料，当时采用沥青或酚醛树脂作前驱体。通常前驱体是单独合成的，通过加温调节其黏度，在高压或高压真空联合作用下使其浸渗并填满纤维编织坯件的孔隙，然后在高温下使前驱体热解。热解时低分子产物从坯件中逸出，留在孔隙间的产物即形成陶瓷基体。

前驱体热解法还可与料浆浸渍法联合使用，即先用料浆浸渍法制备纤维预成型坯件，此时料浆中除陶瓷基超细粉末外，还混有高聚物前驱体；将预成型坯件在常压下进行热解，使料浆中的高聚物前驱体热解，产物填充纤维组织坯件间隙，并包围料浆中的陶瓷超细粉末，与其一起构成陶瓷基复合材料。

11.5　有机-无机杂化材料的制备

11.5.1　有机-无机杂化材料概述

有机-无机杂化材料综合了有机材料和无机材料的优良特性，是一种均匀的多相材料，其中必须有一相的尺寸至少有一个维度在纳米级，纳米相与其他相间通过共价键、配位键与氢键等作用，在纳米水平乃至分子水平上复合。杂化材料特殊的纳米结构、构成及所具有的性能取决于其组元的化学性能，同时也受到组元间相互作用的影响。因此，有机-无机杂化材料的形态和性能可以在相当大的范围内调节，使材料的性能呈现多样化。除兼具玻璃和塑料性能的结构杂化材料外，该领域的一个重要发展趋势是功能杂化材料。对于功能杂化材料，力学性能处于次要地位，重点在于化学、电化学、生化活性以及磁、电、光及其他物理性能，或者这些性能的结合。

杂化材料通常可以根据其混合程度、聚合反应时间、两相间的界面特性、基体材料的种类和制备方法等分类。例如，根据有机-无机两组分间的结合方式和材料组分的不同，可将有机-无机杂化材料分为三类：无机包埋有机相、有机填充无机相、化学键结合的有机-无机相。

桑切斯（Sanchez）等将其简化为两大类：一类是有机分子或聚合物仅简单地嵌埋在无机基体中，此时无机/有机两组分间通过弱作用力（如范德华力、氢键、π-π 作用、静电作用或亲/疏水平衡）相互作用，大多数掺杂有机染料或酶等的凝胶属于此类；另一类是部分无机组分与有机组分之间存在强的化学键（如共价键、离子键或配位键），形成分子水平的杂化。

此外，也可以将有机-无机材料以插层化合物、无机固体的有机衍生物和溶胶-凝胶杂化材料这三种类别划分。有机-无机杂化材料的制备途径有很多，其本质区别在于无机相和有机相的混合尺度和联结方式，分为两相以溶胶态混合或以凝胶态混合两大类。在此，将从两相组分的形成次序和作用机制对有机-无机杂化材料的制备进行介绍。

11.5.2　在无机材料中引入有机相

这种方法通常是将小分子有机材料通过各种方法掺入无机材料中，常见的方法有以下几种。

（1）在无机凝胶中浸渍或嵌入有机小分子制备杂化材料

将一些有机小分子或功能分子如各种酶、蛋白质、卟啉和有机染剂（包括激光染剂、荧光染剂、光致变色染剂）等掺杂在溶胶-凝胶基质中，可以制备得到功能性溶胶-凝胶杂化材料。掺杂方法有预掺杂法和后掺杂法。预掺杂法是将有机功能组分加入溶胶中，通过凝胶化使其均匀地分散在无机网络中。后掺杂法是将多孔的无机干凝胶浸渍在功能组分溶液中，利用毛细管作用使功能组分均匀地分散在凝胶中。

（2）在多孔无机骨架中掺入有机单体并聚合

此种方法常用的无机骨架是多孔干凝胶。将多孔干凝胶浸渍在含聚合性单体和引发剂的溶液中，然后使其聚合，可得到杂化材料。通过调节干凝胶的孔隙率可以对各组分的含量进行大范围的调节，有利于杂化材料的性能调控。

（3）通过无机水解/聚合反应将有机相封闭在原位形成的无机材料中

对于可溶性高聚物，典型的方法是把聚合物与金属醇盐溶解在共溶剂中，通过无机水解/聚合反应将有机相封闭在原位形成的无机材料中。为了保证在形成凝胶和干燥处理过程中不发生宏观的相分离，选择合适的共溶剂非常重要。常用的共溶剂包括四氢呋喃、二甲基酰胺、二甘醇二甲醚、乙酸甲酯、甲酸、醇（甲醇、乙醇、异丙醇）和丙酮等。而对于不溶性的聚合物，则可以通过与可溶性聚合物前驱体进行杂化，进而转化得到杂化材料。采用此法将共轭聚合物如聚吡咯、聚对苯乙炔和聚苯胺等引入溶胶-凝胶基质中，将获得具有导电性或三阶非线性光学性质的杂化材料。

（4）在无机层状基体中插入有机分子或聚合物（插层有机-无机杂化材料）

在具有典型层状结构的无机化合物（如硅酸类黏土、磷酸盐类、石墨、金属氧化物、卤化物、二硫化物、三硫化磷配合物和氧氯化物等）中可以插入各种有机分子或聚合物。具体的制备方法包括直接浸渍有机相、离子交换、单（低）聚物原位聚合或在无机-有机混合胶体中制备生长无机晶相等。

11.5.3　在有机材料中引入无机相

（1）在有机聚合物基体中原位形成无机相

这种方法与上述通过无机水解/聚合反应将有机相封闭在原位形成的无机材料中类似，主要利用金属醇盐的水解/聚合反应在聚合物结构中原位形成无机相（填料），该无机相通常为超微粒子，填充在聚合物基质中，可以克服材料的不均匀性，改善聚合物的机械性能。

（2）在有机聚合物中包埋无机粒子

这类方法是以有机聚合物为主体进行复合的，一般会在溶液或悬浮液中进行，可分为两类。

① 原位悬浮聚合法。在聚合阶段将无机纳米粒子引入有机物的基体中，在液相状态和较均匀的介质中原位参与聚合物的生成，可大幅度避免无机纳米粒子在加工过程中的团聚。它

既可实现无机纳米粒子在高聚物中的均匀分散，同时又保持了无机纳米粒子的特性。

② 制备超细氧化物粉末。例如，首先将金属阳离子在柠檬酸水溶液中形成络合物，然后借助水溶性的单体（如丙烯酰胺）聚合形成凝胶，这样金属配位阴离子就包埋在聚丙烯酰胺凝胶的网络中。有机单体聚合时需加入自由基引发剂（如过硫酸盐和过氧化物）和基团转移剂（如四甲基乙二胺），形成的有机-无机杂化材料烧结后，得到超细的氧化物粉末，如莫来石、铝酸镧、超导材料等。

11.5.4 两相交联的有机-无机材料

如果有机相和无机相在凝胶的过程中同时形成，则可得到两相交联（结构贯穿）的有机-无机杂化材料。其中，分至少有一种初始组具有两种功能，而这个具有双功能性的起始组分可以是有机改性前驱体（有机改性醇盐）、无机官能化有机大分子或有机官能化无机纳米分子簇。接下来依照这三个类别来展开描述。

（1）有机改性前驱体合成两相交联的杂化材料

将有机基团引入无机 SiO_2 网络，常见的方法是采用有机硅烷前驱体 $R'_n Si(OR)_{4-n}$。有机硅烷前驱体 $R'_n Si(OR)_{4-n}$ 可以是二官能团或三官能团的有机取代烷氧硅烷，如图 11-6。有机取代基 R' 没有其他限定，可以为任一有机基团，它在杂化材料中的作用通常有两种：一是通过 Si—C 键连接在硅原子上，起网络修饰体作用；二是与自身发生反应，起网络形成体作用。

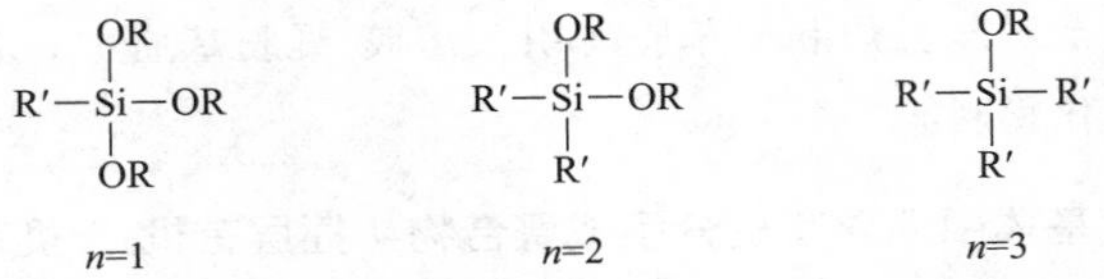

$$R'-Si(OR)_3 \quad n=1 \qquad R'_2-Si(OR)_2 \quad n=2 \qquad R'_3-Si-R' \quad n=3$$

R= —CH₃, —CH₂CH₃等

图 11-6 有机硅烷前驱体 $R'_n Si(OR)_{4-n}$ 结构示意

但是由于过渡金属 M—C 键的离子性较强，水解时容易断裂，所以 Si—C 的方法不适用于过渡金属。含过渡金属的有机-无机杂化材料的制备关键在于可聚合性配体的使用。目前这方面的研究较少，主要用到的可聚合性配体有不饱和羧酸（如肉桂酸、丙烯酸和甲基丙烯酸等）和可聚合的 β-二酮衍生物（乙烯基乙酰丙酮、烯丙基乙酰丙酮等）。

（2）官能化有机大分子合成两相交联的杂化材料

用于这种方法的有机大分子必须具有可与无机网络上羟基反应的官能团，这种官能团可以是大分子或低聚物本身所带的官能团；或用偶联剂 $R'Si(OR)_3$（R 为反应性基团）与大分子反应，使大分子官能化。不同的大分子采用不同的偶联剂，如三烷氧基硅烷、γ-异腈酸酯基烷基三烷氧基硅烷、γ-氨基烷基三烷氧基硅烷等。官能化有机大分子的官能团可与无机前驱体的水解中间体反应，从而形成相间有化学键作用的杂化材料。

（3）官能化的无机金属-氧分子簇合成的杂化材料

具有特定结构的 Si-O 分子簇可通过有机网络连接起来。例如，用乙烯基或 Si—H 使硅氧分子簇官能化，分子簇间的偶合是通过氢硅加成来实现的，如图 11-7。也有报道用烯丙基乙酰丙酮官能化的 Al（或 Zr)-氧-烷氧低聚物来偶合。通过控制化学反应的过程，就可获得确定结构的硅酸杂化材料。

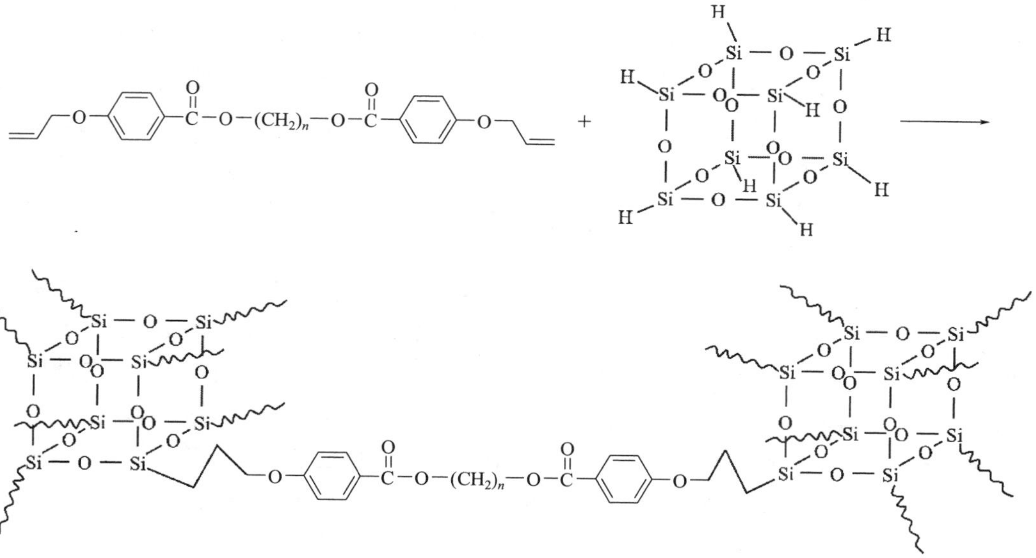

图 11-7　用乙烯基或 Si—H 使硅氧分子簇官能化

11.5.5　溶胶-凝胶过程制备有机-无机材料

溶胶-凝胶法制备的凝胶通常夹杂大量的溶剂、水分等，在加热过程中会产生体积收缩。为了防止体积收缩而造成的无机网络破坏和材料开裂，整个加热过程需要精确控制，且所需时间很长（长达数周甚至数月)，要制备体积较大的块体材料难度更大。Novac 等人开发了一种无收缩溶胶-凝胶过程，采用可聚合的醇 ROH（环烯醇或不饱和烷醇，R 为可聚合基团）与 SiCl$_4$ 反应得到特殊的 Si(OR)$_4$（R 为聚合的酰化基团)。这种硅醇盐具有两种不同的反应性，一是硅原子形成无机网络，二是脱出的醇可以通过加成反应聚合，形成材料的有机成分。这样就使无机 SiO$_2$ 和有机聚合物形成杂化互穿网络。此法避免了由于醇的脱除而造成的体积收缩，为制备大块有机-无机杂化材料提供了一条良好的途径。

 拓展阅读

··

拓展阅读一：杜善义院士开创中国复合材料之路

中国工程院院士、哈尔滨工业大学教授杜善义，用奋进与智慧书写了一位中国科学家的初心。

1959 年，杜善义考入中国科学技术大学。那时，中国科学技术大学刚成立不久，虽然招生规模小，但大师云集，钱学森、华罗庚、钱三强、严济慈等一批科学家亲临教学一线。聆听过钱学森开设的《星际航行概论》等课程，杜善义在心里种下了航天梦。

5 年的学习让杜善义的思想得到了前所未有的激荡，更坚定了科学报国梦。他几乎每天都泡在自习室和实验室，把一天掰成两天过，别人一个月看完的书，他一周就看完了。1964年，杜善义毕业后到哈工大任教。1980年，他以访问学者的身份到国外交流。一个偶然的机会，杜善义了解到复合材料已经应用到航空航天领域。他发觉，复合材料前景广阔，立即把研究方向从断裂力学转向复合材料。不久后，杜善义提出用力学理论和方法解决复合材料在研究和应用中的问题，也就是"力学+材料"，这一交叉融合的思路获得国内外一致好评。

1982年，杜善义毅然回国，并将复合材料作为自己的主攻方向。那时，我国航天事业正面临着材料更新换代的难题。杜善义提出，要想提升性能就必须使用复合材料，既能减轻重量，又能提高有效载荷。学校给他5000元科研经费，他走上了复合材料之路。1987年，哈工大成立我国首个航天学院，杜善义担任首任院长。他将与航天联系密切的学科、专业有机整合，并邀请航天领域专家担任兼职教授，指导学院发展及学生培养。在航天上，结构轻量化是永恒的主题，每减轻1克的重量，就会节省巨大成本。1989年，杜善义创办复合材料与结构研究所，带领团队解决了热防护材料与结构中的关键理论与技术问题，突破了材料超高温力学性能测试等多项技术，研发成功多种轻量化多功能复合材料，率先开展了智能复合材料与结构研究，在航空航天和基础设施领域进行了大量开拓性工作。杜善义说："对一个学科、一个团队而言，想要取得新突破，必须解放思想、敢于创新，以颠覆性技术创新为突破口。"在他看来，碳纤维增强复合材料是一个颇具颠覆性的关键材料。在杜善义的倡导和支持下，一批碳纤维企业蓬勃发展，既满足国防、航空航天需要，还辐射到能源、船舶、海洋等民用领域。大到飞船、大飞机，小到钓鱼竿、网球拍，新材料以轻盈之姿让人们的生活更美好。

拓展阅读二：国内首个3.35m直径复合材料液氧贮箱诞生

2021年1月22日，我国首个3.35m直径复合材料贮箱原理样机在火箭院诞生。该贮箱主要应用在液氧环境下，相比金属贮箱可减重30%，强度更高，能够大幅提高火箭的结构效率和运载能力，是一种新型轻质贮箱。复合材料贮箱原理样机的诞生，标志着我国打破国外垄断，成为全球少数几个具备复合材料贮箱设计制造能力的国家。

该项目是由火箭院总体设计部抓总，航天材料及工艺研究所与国内多个高校共同参与的典型"产、学、研"联合攻关项目，研究团队历时两年多，攻克了十大关键技术，如：复合材料液氧贮箱结构设计技术、低温复合材料细观损伤力学分析技术、多尺度复合材料渗漏抑制技术、低温液氧相容树脂体系制备技术、分瓣式可拆卸复合材料工装设计制造技术、复合

材料工装精确装配技术、高精度自动铺放技术、超薄预浸料制备技术、复合材料法兰密封技术、复合材料可靠粘接密封技术。

思考题

1.什么是复合材料？复合材料的一般特点有哪些？复合材料的三大要素是什么？

扫码看答案

2.简述复合材料的分类方法有哪些。

3.聚合物基复合材料的重要成型工艺有哪些？

4.金属基复合材料的制备方法有哪些？

5.陶瓷基复合材料的一般特点是什么？

6.简述粉末冶金法的主要工艺流程。

7.什么是有机-无机杂化材料？在无机材料中引入有机相的常用方法有哪些？

参考文献

[1]　Chawla K K. Ceramic Matrix Composites[M]. Chapman and Hall，1993：1-15.

[2]　Savage G. Carbon-Carbon Composites[M]. Chapman and Hall，1993：1-34.

[3]　倪礼忠，陈麟. 聚合物基复合材料[M]. 上海：华东理工大学出版社，2007.

[4]　吴培熙，沈健. 特种性能树脂基复合材料[M]. 北京：化学工业出版社，2003.

[5]　王荣国. 复合材料概论[M]. 哈尔滨：哈尔滨工业大学出版社，1999.

[6]　黄伯云，肖鹏，陈康华. 复合材料研究新进展（上）[J]. 金属世界，2007（2）：46-48.

[7]　何阳，袁秋红，罗岚，等. 镁基复合材料研究进展及新思路[J]. 航空材料学报，2018，38（4）：26-36.

[8]　鲁云. 先进复合材料[M]. 北京：机械工业出版社，2004.

[9]　于化顺. 金属基复合材料及其制备技术[M]，北京：化学工业出版社，2006.

第12章

前沿新材料

 教学要点

知识要点	掌握程度	相关知识
量子材料	掌握量子材料的定义、基本特点、分类;清楚量子材料的相关前沿应用	超导电性、强关联电子体系、莫特绝缘体、拓扑量子物理和材料、量子自旋霍尔效应、拓扑绝缘体、拓扑半金属
光子与光学材料	掌握常见光学材料的分类、特性;清楚光学材料的相关前沿应用	偏振量、光致发光效应、梯度折射率、激光、双折射现象、多重散射特性
金属有机框架材料	掌握金属有机框架材料的定义、常见种类、特性、合成方法;清楚金属有机框架材料的相关前沿应用	有机配体、配位键、共价键、孔隙率、单晶、结构导向剂、矿化剂、高通量合成方法
手性材料	掌握手性材料的定义、常见种类、合成方法;清楚手性材料的相关前沿应用	手性、对映异构体、旋光性、外消旋混合物、手性不对称合成
超材料	掌握超材料的定义、常见种类、特性;了解超材料设计与基因工程;清楚超材料的相关前沿应用	负介电常数、负磁导率、负折射、左手材料、光子频率禁带、热传导与热流方向、迈斯纳效应

　　材料既是人类社会进步的里程碑,又是高新技术发展和社会现代化的物质基础与先导。新材料的出现和使用往往会给技术进步、新产业的形成,乃至整个经济和社会的发展带来重大影响。同时,高技术的发展又给新材料的研制和开发创造了必要的条件和可能。现代科技发展史也充分说明:高新技术的发展紧密依赖于新材料的发展,没有半导体材料的发现和发展,就不可能有今天的计算机技术;没有高强度、耐高温、轻质的结构材料,现代航空航天技术不会这样发达。正是因为材料是一切科学技术的物质基础,是高新技术发展和社会现代化的先导,是一个国家科学技术和工业水平的反映和标志,也是改善人民生活质量、推进人类物质文明与精神文明进步的必要基础,世界上工业先进的国家都把材料作为优先发展的领域。早在1986年,我国制定了《高技术发展计划纲要》,被评选列入的七个技术群是生物技术、信息技术、激光技术、航天技术、自动化技术、新能源技术和新材料技术。

　　21世纪科技发展的主要方向之一是新材料的研制和应用。新材料的研究,是人类对物质性质认识和应用向更深层次的进军。本章以四大类材料(金属材料、无机非金属材料、高分子聚合物材料及复合材料）为主线将所选内容串起来，聚焦量子材料、光子与光学材料、金属有机框架材料、手性材料、超材料等前沿内容，涉及发展迅速的超导材料、量子通信、新能源材料与器件、疾病诊断与治疗等重点领域。从新材料体系的特性入手，拓展出与其相关的关键应用，认识代表性前沿新材料的发展态势、前沿热点及重要挑战。

12.1 量子材料

随着信息时代的发展，人们对信息的处理和储存提出了更高的要求，而且随着信息流传递速度和存储密度的日益增加，其所需要的能量也呈指数型增长，这就意味着我们需要更加节约能量的信息处理和存储方式。从这样的技术角度而言，量子材料的研究就是为了应对这些人类社会在信息时代中谋求进一步发展所需要解决的问题。实际上，目前大多数的物理学家就投身于相关的凝聚态物理和材料科学当中。目前量子材料的研究主要针对三个方面的问题：能源问题（例如光伏发电等），高效信息处理问题（例如量子计算）以及信息的存储问题（例如新的非易失存储等）。本节将从量子材料的概念到其前沿合成和应用进行讲解。

12.1.1 量子材料概述

量子材料是凝聚态物理学中的一个宽泛的术语，对凝聚态物质中所常见的"突现（emergence）"现象的研究现在已经超越了强关联电子体系，从而产生了更广泛的量子材料概念。它包含了具有强电子关联的材料和/或存在某种类型的电子序（超导，磁有序），或具有由不寻常的量子效应导致的电子特性的材料，如拓扑绝缘体，还有类似石墨烯的狄拉克电子体系，以及集体性质受真正量子行为控制的系统，如超冷原子、冷激子、极化激元等。

凝聚态物理是物理学中最大的领域，它的规模来源于它的广度：处在"凝聚"相中的系统的研究可以应用于几乎无限的问题，如磁性、超导性和超流性，在很多例子中暂且只提这三个。这里研究方法的基石是对称性破缺的概念，即凝聚相比未凝聚的对应物具有更低对称性（例如，固体具有比气体更低的对称性）。理解这些现象的框架是 Landau-Ginzburg 相变理论：通过确定反映系统基本对称性的合适序参数（例如材料的密度），可以精确定出出现该对称性所需的条件。

因此，20 世纪 60 年代和 70 年代凝聚态物理学的研究是不断寻求序（order）的过程。这些概念事实上也渗透到凝聚态物质之外的物理，物理学家们都专注于找出适应于他们选择的研究体系的相关的、（更为关键的是）可测量的序参数。不可避免地，工作往往集中在最难破解的问题上，通常是指那些没有可辨别的序参数的问题。

80 年代，对于这些问题的研究出现了两个关键的发展。首先，认识到 Landau-Ginzburg 范式存在例外，例如作为分数量子霍尔效应基础的拓扑序；其次，高温超导的发现引起了对所谓的强关联电子体系的兴趣。当然，自 Nevill Mott 时代就已经知道了多体问题，但是许多问题或多或少与超导电性直接相关，例如重费米子、量子临界和赝能隙的物理特性，再加上计算能力的快速增长，增加了正面探索这个问题的紧迫性。

虽然超导机制仍然难以捉摸，但强关联电子体系的时代带来了许多重大发展。其中最重要的可能不是严格意义上的科学发现，而是一种观点的改变，是对材料的非凡或"特异"电子特性的研究促进了对由强关联效应产生的各种突现现象（无法从单个电子的特性预测的合作行为）的认识。这些包括诸如磁单极子和斯格明子之类的突现激发，其描述在许多方面比产生它们的原始激发"真空"更简单。

对突现性质的这种研究恰好与拓扑绝缘体的实验发现相吻合，拓扑绝缘体是在用拓扑不变量来理解电子态中向前迈进的（拓扑不变量基本上是电子波函数的几何性质）。尽管人们对拓扑保护态的兴趣日益增加，但对拓扑绝缘体的兴趣则主要是由于它们特定的金属表面状态的鲁棒性，而且实现它们的要求也相对宽松，既不需要强电子-电子相互作用，也不需要低维度。而且，似乎为了使这一观点更加明确，这些发现几乎与石墨烯中的一系列观察同时发生，包括观察到分数量子霍尔效应。这是一个由 sp^2 电子组成的系统（几乎不是定义中的强关联材料），但它具有拓扑序的标志，包括无耗输运以及具有分数电荷和统计的突现粒子。

人们越来越清楚地认识到，对突现性质的研究不再局限于强关联电子体系，因此需要一种新的、更宽泛的描述，它就是"量子材料"。高温超导的研究在理论和实验两个方面都极大地推进了物理学家对强关联系统的认识，虽然高温超导的机制问题仍然悬而未决，但经历过强关联系统研究的物理学家迅速地开辟了很多新的研究领域并取得了突破。

凝聚态物理的发展历程如图 12-1 所示。

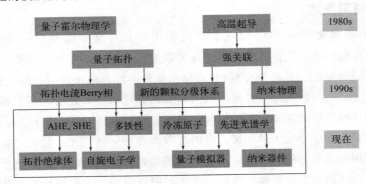

图 12-1　凝聚态物理的发展历程

12.1.2　超导电性和超导材料

1911 年 4 月 8 日，昂尼斯等试图研究金属在低温下的电阻行为，当他们把金属汞降温到 4.2K 时，发现其电阻值突然降到仪器测量范围的最小值（$10^{-5}\Omega$），即可认为电阻降为零，这种现象被称为超导现象。超导体除了零电阻特性外，还具有完全抗磁性，即超导体一旦进入超导态，材料内部的磁感应强度为零。利用零电阻的超导材料替代有电阻的常规金属材料，可以节约输电过程中的大量热损耗；可以组建超导发电机、变压器、储能环；可以在较小空间内实现强磁场，从而获得高分辨的核磁共振成像，进行极端条件下的物性研究，发展安全高速的磁悬浮列车等等。因而提高超导体进入超导态时的温度，即高温超导体（高温超导体均属于不能用传统常规超导体微观理论进行描述的非常规半导体）的研发成为了该类材料的重中之重。

（1）铜酸盐体系

位于瑞士苏黎世的 IBM 公司的两名工程师在 La-Ba-Cu-O 体系中发现可能存在 35K 的超导电性。随后美国休斯敦大学的朱经武、吴茂昆研究组和中国科学院物理研究所的赵忠贤研究团队分别发现，在 Y-Ba-Cu-O 体系中存在 90K 以上的临界温度，超导研究首次成功突破了液氮温区。由于铜氧化物超导体的临界温度远远突破了 40K 的麦克米兰极限，被人们统称为"高温超导体"。铜氧化物高温超导家族具有多个子成员，按元素划分有汞系、铊系、铋系、钇系、镧系等；按照载流子形式可以划分为空穴型和电子型两大类；按照晶体结构中含有的 Cu-O 面层数可以划分为单层、双层、三层和无限层等。

铜基超导的弱电应用近些年来发展迅速，已经成为超导应用的一大分支。利用铜基超导材料制备成的超导量子干涉仪是目前世界上最灵敏的磁探测仪器；Ti-Ba-Ca-Cu-O 制成的超导薄膜安装在通信装置上可以有效减少断线问题和避免信号干扰。

但本质为陶瓷材料的铜氧化物也有其局限性，首先其缺乏柔韧性和延展性，在力学性能上显得脆弱不堪，不可避免地提高了加工上的难度，同时其临界电流密度太小，容易在承载大电流时失去超导电性而迅速发热。物理学家和材料学家们从来都没有停止寻找更好超导材料的脚步，在铜氧化物高温超导材料以外，是否还存在其他类型的高温超导体系呢？

（2）铁基体系

2006 年，日本东京工业大学细野秀雄教授在探索透明导电材料时偶然发现了转变温度约为 4K 的材料 LaFeAsO，但是其转变温度过低，并没有引起人们的注意。两年后，他们又发现使用 5%～12% 浓度的氟（F）替换 LaFeAsO 中的 O 原子可以表现出 26K 的超导电性，这一发现打破了此前普遍认同的"磁性铁元素不利于超导"的观点，迅速在国际上引起了对高温超导材料探索的又一波浪潮。不久，中国科学家就相继报道了 $SmFeAsO_{0.85}F_{0.15}$（$Tc=43K$）、$CeFeAsO_{1-x}F_x$（$Tc=41K$）、$Gd_{1-x}Th_xFe\sim AsO$（$Tc=56K$）等一系列铁基超导体。短短数月，铁基材料的超导转变温度被不断刷新，随着再次突破麦克米兰极限，铁基超导成为继铜基超导后的第二个高温超导家族，登上历史舞台。相较于铜氧化物超导体，铁基材料有着良好的金属性，更易于加工成线、带材。2016 年，中国科学院电工研究所马衍伟团队成功制备出世界上首根百米量级的（Sr，K）Fe_2As_2 铁基超导线材，在高达 10 T 的磁场下临界电流密度超过 $1.2×10^4 A·cm^{-2}$，2018 年，他们又采用热压工艺将 $Ba_{0.6}K_{0.4}Fe_2As_2$ 带材的临界电流密度优化至 $1.5×10^5 A·cm^{-2}$。这是铁基线、带材在国际上报道的最高临界电流密度，充分展示出铁基超导材料迷人的应用前景。

铁基超导材料与铜基超导材料有着类似的层状结构，截至目前，已发现的典型的铁基超导母体主要有 11（FeSe）、111（LiFeAs）、122（$BaFe_2As_2$）、1111（LaFeAsO），它们都具有反氧化铅型的 FeSe 或 FeAs 并沿晶体学 c 轴堆叠，而电子运输和超导也都在此处发生。而且在铁基超导母体中都有 FeSe 或 FeAs 四面体，Fe 原子位于四面体中心，As 或 Se 原子分布在 Fe 层的两侧。通过对这些母体材料所有位置的原子进行不同浓度的掺杂来改变 Fe—As 或 Fe—Se 键角，几乎都可以表现出超导电性。

① 1111 型材料是铁基超导体中最早被研究的体系，铁基超导体转变温度的最高纪录也出现在该体系中。这种四元铁砷化合物的分子通式一般写为 LnFeAsO（Ln＝La，Pr，Nd，

Gd），属于 ZrCuSiAs 型四方晶系，常温下空间群为 $P4/mmm$。中国科学家敏锐地意识到该类型化合物可能存在氧缺位，使用高压技术得到 T_c 为 55K 左右的无 F 缺 O 电子型超导体。随后中国科学院闻海虎小组用 Sr^{2+} 部分替换正三价的 La 离子合成了世界上第一种空穴掺杂型的铁基超导体。然而，1111 型体系一般很难成长出较大的单晶，因此以多晶为主。

② 122 型铁基超导体属于 $ThCr_2Si_2$ 型四方晶系，空间群为 $I4/mmm$。有趣的是 122 型铁基超导体材料能够实现超高浓度的空穴掺杂，当 Ba 原子完全被 K 原子替换时，所得的 KFe_2As_2 仍然可以表现出 4K 左右的超导电性。由于材料的制备较为简单，易得到大体积、高质量的单晶，因此在铁基超导中对于 122 型体系的研究最为系统和深入。

③ 111 型体系通常包括 LiFeAs，NaFeAs 和 LiFeP。其中 LiFeAs 不具备长程反铁磁相变，而是材料本身就具有超导性，其转变温度约为 18K。NaFeAs 是继 LiFeAs 之后发现的又一 111 体系超导材料。其晶体结构和温度的变化密切相关，在 52K 时其晶体结构将会发生由四方到正交晶系的转变，41K 时将会表现出反铁磁相变，而在 9K 时发生超导转变。LiFeP 同样没有长程反铁磁序，其材料本身在 6K 时表现出超导电性。因为大尺寸的 LiFeP 单晶较难获得，因此该材料的物性还有待进一步研究。然而可以确定的是其本身晶体结构简单，不具有晶体结构相变，因此常被应用于角分辨光电子能谱（ARPES）和扫描隧道显微镜（STM）等表面实验技术研究中。

除了上述几种典型的铁基超导类型，还有一些新型结构的超导母体，如以 $KCa_2Fe_4As_4F_2$ 为代表的 12442 体系，以 $Sr_4V_2Fe_2As_2O_6$ 为代表的 42226 体系，以及以 $CaKFe_4A_4$ 为代表的 1144 体系等。

12.1.3 关联电子物理与材料

强关联电子体系是指体系中的各电子间产生强烈的交互作用且无法忽略的系统。在简单的固体理论中一般讨论的有两个模型，分别为近自由电子模型和紧束缚模型，这两个模型仅考虑到了电子和晶格之间的互相作用，固体中电子之间的静电相互作用被忽略了，所以体系内的各个电子被看成是独立的，不会相互产生较大的影响。低维强关联电子体系的研究一直是近三十年来凝聚态物理学的前沿领域之一，其代表性的系统有电荷密度波材料、巨磁阻材料以及前文刚刚提及的高温超导体等。同时，低维材料的制备和奇异物理性质的研究亦是当前物理学、化学与材料科学的交叉热点课题之一。这一类材料的典型特征就是各种有序的共存，包括电荷密度波有序、超导有序、磁有序、电荷有序、轨道有序等。这些不同的有序一般被认为是相互竞争的，而在竞争的同时也可以在体系中协调共存。

（1）莫特（Mott）绝缘体

根据能带理论，人们将物质分为了金属、半导体和绝缘体，这一理论在当时取得了巨大的成功。然而其在处理强关联电子系统时却产生了偏差，对于金属单氧化物，例如 CoO、MnO 及 NiO，由于给出了错误的基态，能带理论遭受了巨大挫折。以 CoO 为例说明这一点，其在包含一个 Co 原子和一个 O 原子的基元内表现为存在轻微畸变的岩盐 NaCl 结构。Co 原子的外壳层的电子组态为 $3d^7 4s^2$，O 原子的为 $2s^2 2p^4$，每个晶胞的满壳层粒子芯外部的电子数为 $9+6=15$，为奇数。根据能带理论，包含奇数个电子的晶体是金属，所以可预测 CoO 的基态为金属态。但是实验工作者发现这个结论是错的，实际上 CoO 是有很大能隙的绝缘体。这类根据能带理论预测应为金属态而实际为绝缘体的氧化物被称为莫特（Mott）绝缘体。

Hubbard 模型说明为什么过渡金属氧化物中同样有未满的 3d 壳层却有些是导体有些是绝缘体，关键是窄带中 3d 带中电子关联所起的作用。排斥势 U 将会造成原子能级分裂成 E 和 $E+U$，这个孤立的能级展宽成两个子能带。这两个子能带可以重叠或分开，这样就可以套用能带理论的结论，得出这些氧化物晶体是金属、半导体或绝缘体。子能带的重叠与否取决于 U 和子能带宽度 B 的相对大小。由于 U 是两个电子占据同一轨道需要克服的排斥势，因此对原子间距不敏感，而 B 对原子间距很敏感，当原子间距增大时，能带宽度 B 变窄，当成为孤立原子时，能带收缩成为能级，反之亦然。当 $B<U$ 时两个子能带出现间隙，发生 Mott 转变，金属转变为绝缘体。反之，原子靠近时，能级扩展成为能带，即 B 增大，当 $B>U$ 时，则绝缘体变为金属。Mott 绝缘体有两种类型，电子之间的库仑作用使 3d 带分裂成两个子带，与氧的 2p 带之间的相对排列，判断依据是根据 Hubbard 能（或能隙）U 与电荷转移能（或能隙）Δ 的相对大小。一是 2p 带在劈裂的两个 3d 子能带之下，即 $\Delta>U$ 的绝缘体称为 Mott-Hubbard（MH）型；二是 2p 带夹在两个 3d 子能带之间，2p 带可以与下面的 3d 子带有重叠，即 $U>\Delta$ 的绝缘体称为电荷转移型绝缘体（charge transfer，CT），如图 12-2 所示。

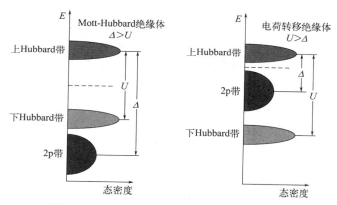

图 12-2　Hubbard 子带与氧 2p 带的相对位置

莫特绝缘体是电子关联效应的宏观表现，而目前前沿物理所涉及的高温超导、石墨烯等均具有 Mott 绝缘体特性。近 3 年，一种新型二维体系——"魔角"石墨烯成为一个新的研究热点。2010 年，英国曼彻斯特大学的 Andre Geim 和 Konstantin Novoselov 因对石墨烯的研究而获得诺贝尔物理学奖。自石墨烯被发现后，美国得克萨斯大学的 Allan Mac Donald 就立刻开始研究这种材料，利用量子数学和计算机建模研究双层石墨烯系统。2011 年，发表文章预测当石墨烯层间扭转 1.1°时，电子之间的库仑相互作用超过电子在晶格中运动的动能，电子的移动速度突然慢了 100 多倍，还把扭转的 1.1°称为"魔法"角度。在"魔角"附近电子速度的剧烈变化，体现出电子之间的强关联作用。尽管二者之间超导的原理并不完全相同，而且仍有相当多的物理问题需要解决，但都体现了电子关联在其中的意义和作用。这直接导致了关联绝缘态和非常规超导，也就是"魔角"双层石墨烯呈现出与 Mott 绝缘体类似的特性。实现层状石墨烯的精确位置扭转，当时被认为是无法实现的任务。但仍有一些实验人员注意到这个预测，并试图用实验来实现这个"魔角"。2018 年，麻省理工学院的物理学家首次创造出扭曲为 1.1°的层状石墨烯，证明通过微调栅压改变费米能级在扁平能带的位置，监测到电子之间库伦相互作用引起的绝缘相。并通过调节绝缘相载流子浓度实现了临界温度约 2K 的超导态，其超导行为与铜氧化合物材料中的高温超导行为相似。

（2）巨磁电阻

磁电阻效应就是磁场作用下电阻发生变化的效应。这个效应最早于 1857 年由著名的英国物理学家开尔文勋爵在铁磁性金属中所观测到，其变化率在 3%～5%。而巨磁电阻效应（GMR effect）就是变化率更大的磁电阻效应，这个效应是在人工微结构中发现的，磁场作用下人工微结构的电阻变化率可达 50% 以上。它产生于层状的磁性薄膜结构，这种结构是由铁磁材料和非铁磁材料薄层交替叠合而成。当铁磁层的磁矩相互平行时，载流子与自旋有关的散射最小，材料有最小的电阻。当铁磁层的磁矩为反平行时，与自旋有关的散射最强，材料的电阻最大。巨磁阻效应被成功地应用在硬盘生产上，具有重要的商业应用价值。

巨磁电阻效应最早于 1988 年发现，2007 年法国物理学家阿尔贝·费尔和德国物理学家彼得·格伦贝格凭此获得诺贝尔物理学奖。格伦贝格致力于研究铁磁性金属薄膜上表面和界面的磁有序状态。他采用精密的分子束外延（MBE）法，制备得到铁-铬-铁三层膜磁量子阱结构，其中薄膜是结构完整的单晶膜。他们发现，在铬层厚度为 8Å 的铁-铬-铁三明治磁量子阱结构中，在零磁场状态下，多层膜中相邻铁磁层由于受到交换耦合作用，磁矩取向互相反平行，由 "Mott 二流体模型" 可知，此时自旋向上和向下的电子在传输过程中会受到很强烈的自旋相关散射，此时整个体系呈现高电阻态。而当外磁场增大到某一程度时，铁磁层内的磁矩取向会发生变化，使相邻铁磁层的磁矩取向互相平行，此时，自旋方向平行于磁矩取向的电子在输运过程中受到的散射较小，自旋方向与磁矩取向反平行的电子在传输过程中会受到较强的散射，整体上两种自旋方向的电子受到的散射相对较小，所以，当外磁场很大时，多层膜体系处于低电阻态。

（3）多铁性和多铁性材料

1994 年瑞士的 Schmid 明确提出了多铁性这一概念，多铁性材料是指材料中包含两种及两种以上铁的基本性能。例如，通常来说铁电/压电材料是电绝缘的，而磁性材料是导电的，因而这两类材料一般情况下是不兼容的，分属两个不同的独立领域，多铁性材料则是将这两类不同的特性集于一身，呈现铁电、（反）铁磁、铁弹等两种或两种以上铁性有序共存的现象。更为重要的是，这类材料在一定的温度下同时存在自发极化和自发磁化，正是它们的同时存在引起的磁电耦合效应，使多铁材料具有某些特殊的物理性质，引发了若干新的、有意义的物理现象，如在磁场的作用下极化重新定向或者诱导铁电相变；在电场作用下磁化重新定向或者诱导铁磁相变；在居里（Curie）温度铁磁相变点附近产生介电常数的突变。

1894 年，Curie 通过对称性分析指出，在一些晶体中可能存在本征的磁电耦合效应。1961 年，美国科学家首先报道低温下在 Cr_2O_3 中观测到本征磁电效应，使早期磁电效应的研究在 20 世纪 70 年代达到一个小高潮，在一些硼酸盐、磷酸盐和锰酸盐晶体中观察到低温磁电效应。同时期，复合磁电的概念与材料也首次出现。但由于缺乏实际应用驱动、低温条件限制、所涉及的耦合机制复杂等缘故，所有相关研究随后步入近 30 年的低谷。直到 21 世纪初，多铁性磁电材料的研究才开始复兴（图 12-3）。

从材料组成的角度，多铁材料可以分为单相化合物和复合材料两类。在这两类材料中，磁电效应具有不同的起源。

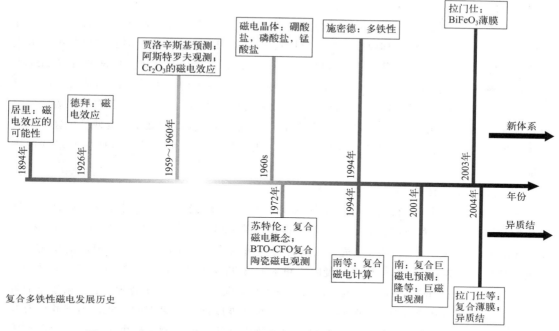

图 12-3　磁电效应、单相多铁性、复合多铁性磁电材料及理论的发展历史

① 单相多铁性材料。

单相多铁性材料是指同时表现出铁电性和铁磁性的单相化合物，而且铁电性与铁磁性之间存在磁电耦合效应，从而可能实现铁电性和铁磁性的相互调控。单相多铁性材料的晶体结构类型主要有：钙钛矿型化合物、六角结构化合物、方鹏石型化合物和 $BaMF_4$ 化合物等。

对于单相多铁性化合物，铁电与磁性共存的机制目前可归结为顺磁离子掺杂、结构各向异性、非对称孤对电子、几何和静电力驱动的铁电性、微观磁电相互作用等。a.顺磁离子掺杂。用顺磁离子部分取代外层电子排布如惰性气体的过渡金属离子，可能产生"传统"的铁电性和磁性。例如，在固溶体 $PbFe_{1/2}Nb_{1/2}O_3$ 和 $[PbFe_{2/3}W_{1/3}O_3]_{1-x}[PbMg_{1/2}W_{1/2}O_3]_x$ 中观测到的多铁性；b.结构各向异性。利用导致结构各向异性的因素可在顺磁离子中实现静电双势阱，如八面体对角顶点处由不同离子占据，$M_3B_7O_{13}X$ 类方硼石便是这种机制；c.非对称孤对电子。s孤对电子与空的 p 轨道杂化形成局域化的电子云而导致结构畸变引发铁电性，化合物 $BiRO_3$（R＝Fe，Mn，Cr）的铁电性即来源于此，B 位磁性离子贡献磁性；d.几何和静电力驱动的铁电性。在六方亚锰酸盐中由几何和静电力驱动产生铁电性；e.微观磁电相互作用。轨道有序、几何的磁性受抑、Jahn-Teller 形变、超交换和双交换作用可产生显著的电、磁、应力调制的微观磁电效应，如在 $TbMnO_3$ 和 $TbMn_2O_5$ 中的多铁性。

在单相多铁性材料研究中，最引人瞩目的是 $BiFeO_3$，其研究热潮的突发点是 2003 年美国 Ramesh 小组在 Science 上报道的用 PLD 在（001）$SrTiO_3$ 单晶基片上外延生长 $BiFeO_3$ 薄膜的研究，他们第一次观察到了显著的铁电性能，饱和电极化强度 $Ps＝50\sim60\mu C\cdot cm^{-2}$，

同时测得磁化强度 $M_s=150\text{emu}\cdot\text{cm}^{-3}$ （但磁化强度的结果有疑问），由此掀起了 $BiFeO_3$ 薄膜研究的热潮。此后，国内外许多研究小组对 $BiFeO_3$ 薄膜的生长控制、掺杂改性、$BiFeO_3$ 陶瓷与单晶的各个方面展开了广泛的研究，对 $BiFeO_3$ 的晶体结构、电畴结构、磁结构，以及宏观本征磁、电性能有了较为全面的认识。

尽管 $BiFeO_3$ 的带隙不宽（约 2.5eV），同时也易于出现氧空位及 Fe 离子变价而导致的漏电/半导体化，但通过严格控制材料质量，目前已能够在 $BiFeO_3$ 薄膜、陶瓷与单晶中获得优异的铁电性能，使之成为一种无铅铁电材料。另一方面，尽管已有许多工作试图打破 $BiFeO_3$ 中的反铁磁序使之变成铁磁，例如，通过调节 $BiFeO_3$ 薄膜中的应力状态来调整薄膜的磁结构，但至今仍未取得成功，$BiFeO_3$ 仍呈现室温反铁磁序或微弱的铁磁性。已有结果表明，只有在很薄的 $BiFeO_3$ 薄膜中才能观察到增强的磁性，但是薄膜厚度的减小又会使铁电性能因其电绝缘性降低、退极化场等因素的影响而变差，无法同时保持优良的铁电性能和增强的磁性能。

② 复合多铁性材料。

目前，在单相多铁性材料中仍然不能实现室温下明显的铁电-铁磁共存与强耦合。实际上，实现这种室温共存与耦合的一个直接途径是构造铁电材料与铁磁材料的复合。1972 年，荷兰 Philips 实验室的 Suchtelan 率先提出复合材料磁电耦合效应，并与同事很快就在实验中实现了这种磁电效应。他们采用定向凝固法制备了 $BaTiO_3\text{-}CoFe_2O_4$ 复合陶瓷，室温下观测到磁电电压系数达 $130\text{mV}\cdot\text{cm}^{-1}\cdot\text{Oe}^{-1}$，远大于单相多铁性化合物的耦合效应。但由于定向凝固法非常复杂，需要严格控制成分和工艺参数，并且难以避免高温下的杂相，因此并没有受到广泛关注。此后，受实验技术以及人们对磁电效应的认识的限制，磁电复合材料的研究陷入了 20 年的停滞。到 20 世纪 90 年代，俄罗斯和美国科学家又利用传统的固相烧结法制备了磁电复合陶瓷。相比于定向凝固法，陶瓷烧结技术更加简单和有效，并为选择多种相成分进行复合提供了可能。但是，由于陶瓷高温共烧的固有问题，如两陶瓷相之间共烧失配、原子互扩散与反应等，使得高温共烧复合陶瓷的磁电系数并没有定向凝固体系高，致使磁电复合材料的实验研究一直未取得进展。

12.1.4　拓扑量子物理和材料

数学和物理历来有着紧密的联系，翻开物理学的发展历史，每一次数学概念上的进步都带来了巨大的变革，随着拓扑学在各个层面上全面地进入物理学，所引入的拓扑性质的概念为其带来了新的物态理论和相应材料的研究成果，最为典型的莫过于拓扑绝缘体了。所谓拓扑学，简单而言，就是研究对象在连续变化下的不变量。而在通常的物理描述中，我们需要考虑时空的几何，因此需要引入度规来刻画时空的量度。但是我们总可以找到一些例子，使度规不再进入体系的作用量，而是被一些常数张量所代替，比如全反对称张量等，这时我们就完全不需要时空度量的信息，研究的性质也就是在时空扭曲、拉伸下的不变量，这就是物理学中的拓扑性质。拓扑量子物理和材料主要包括拓扑绝缘体和拓扑超导体、Dirac 半金属和 Weyl 半金属、Majorana 费米子、磁性拓扑绝缘体、拓扑异质结等材料。

（1）量子自旋霍尔效应

在霍尔效应被发现的百年之后，一种量子化的霍尔效应被人们所发现。即当磁场强度达到一定数值后，霍尔电导会出现一系列量子化的平台，每个平台均是 e^2/h 的整数倍，并且这些平台是稳定的，不受外界干扰，这种现象被称为整数量子霍尔效应。随后，崔琦等人发现在更强的磁场中还会出现分数平台，也就是分数量子霍尔效应。这两种效应被统称为量子霍尔效应，它们是最早被发现的具有拓扑非平庸性质的体系，其边界会出现不同于普通绝缘体的电子回旋运动，形成一条单方向的跳跃式边界态，如图 12-4（a）所示。因此，在量子霍尔效应体系中，绝缘的体态却具有导电的边界态，在固体能带理论中表现为连接价带和导带的无能隙表面态，如图 12-4（b）所示。

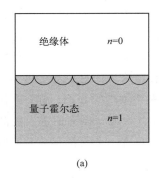 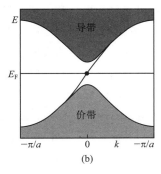

图 12-4　量子霍尔态边界的电子回旋运动（a）和量子霍尔态的能带结构模型（b）

然而，量子霍尔效应的实现需要较强的磁场，并且会破坏体系中的时间反演对称性。因此，科学家们开始极力探寻无需强磁场且在不破坏时间反演对称性的情况下如何实现非平庸的拓扑态。2005 年，Kane 等人提出了著名的 Kane-Mele 模型，在六角蜂窝结构的单层石墨烯模型中引入自旋轨道耦合（SOC）项后，四重简并的 Dirac 点会打开一个很小的能隙并且具有两条非平庸的边界态，从而实现了时间反演对称性下的拓扑非平庸性质，即量子自旋霍尔效应。但是石墨烯中碳原子的本征 SOC 相互作用相对较弱，打开的能隙十分有限，只有 10^{-3} me·V 数量级，因此我们几乎不可能在石墨烯体系中观测到量子自旋霍尔效应。

在 Kane-Mele 模型被提出后不久，张首晟等人报道的 HgTe/CdTe 量子阱体系第一次真正意义上实现了量子自旋霍尔效应。该体系具有较强的 SOC 强度，当量子阱中 HgTe 的厚度 d 大于临界厚度 d_c 时，s 型的 $\Gamma6$ 能带与 p 型的 $\Gamma8$ 能带发生翻转并保持一个较大的能隙，此时的 HgTe/CdTe 量子阱体系具有拓扑非平庸的性质。能够实现量子自旋霍尔效应的拓扑绝缘体在随后几年取得了巨大的发展。

（2）拓扑绝缘体

按照导电性质的不同，材料可分为导体和绝缘体两大类；而更进一步，根据电子态的拓扑性质的不同，绝缘体和导体还可以进行更细致的划分。拓扑绝缘体就是根据这样的新标准而划分的区别于其他普通绝缘体的一类绝缘体。拓扑绝缘体的体内与人们通常认识的绝缘体一样，是绝缘的，但是在它的边界或表面总是存在导电的边缘态，这是它有别于普通绝缘体的最独特的性质。这样的导电边缘态在保证一定对称性（比如时间反演对称性）的前提下是稳定存在的，而且不同自旋的导电电子的运动方向是相反的，所以信息可以通过电子的自旋传递，而不像传统材料通过电荷来传递。

在物理学意义上，拓扑绝缘体是以 Z_2 拓扑不变量来与普通绝缘体进行区分的。对具有时间反演对称的二维绝缘体来说，Z_2 不变量为偶即为普通绝缘体，为奇则为二维拓扑绝缘体，后者具有量子自旋霍尔效应。

拓扑绝缘体是一种内部绝缘、界面允许电荷移动的材料。在拓扑绝缘体的内部，电子能带结构和常规的绝缘体相似，其费米能级位于导带和价带之间。在拓扑绝缘体的表面存在一些特殊的量子态，这些量子态位于块体能带结构的带隙之中，从而允许导电。这些量子态可以用类似拓扑学中的亏格的整数表征，是拓扑序的一个特例。

在成功实现了二维拓扑绝缘体和量子自旋霍尔效应之后，拓扑量子材料研究领域的下一个突破来自三维拓扑绝缘体的提出和实现。付亮和首先预言了通过调节掺杂浓度，合金就会从半金属相变为三维拓扑绝缘体。之后 Z. Hasan 的实验小组通过角分辨光电子谱证实了 $Bi_{1-x}Sb_x$ 合金表面存在着狄拉克型的表面态，从而证实了三维拓扑绝缘体的存在性。虽然实现量子自旋霍尔效应的材料非常之少，但三维拓扑绝缘体的材料却层出不穷。其中最令人瞩目的是普林斯顿的 R. Cava 和 M. Hasan 领导的实验组发现的 Bi_2Se_3 材料。相比于 $Bi_{1-x}Sb_x$ 合金，Bi_2Se_3 有着两个明显的优点。首先，Bi_2Se_3 有着约为 0.3eV 的巨大能隙，因此它是一个室温下的拓扑绝缘体。其次，Bi_2Se_3 在费米面附近只有一个狄拉克锥的表面态，是理论上最简单的情形。而对于 $Bi_{1-x}Sb_x$ 合金则有着五个狄拉克锥，虽然根据的 Z_2 拓扑分类，拥有奇数个狄拉克锥表面态的绝缘体仍然是拓扑非平庸的，但它们无疑会增加输运实验的复杂程度。而且在一定的杂质或环境因素下，一对或两对狄拉克锥还会打开能隙，更增加了实验分析的难度。与此同时，中科院物理所的张海军等人通过第一性原理计算，预言了 Bi_2Te_3、Bi_2Se_3 和 Sb_2Te_3 这一类材料都是三维拓扑绝缘体。因此，目前关于三维拓扑绝缘体的实验和理论上的研究大都基于这类材料来展开。

近年来，又有许多不同类别的拓扑绝缘体被物理学家们发现，并且可以根据它们特殊的物理性质进行分类，例如拓扑晶体绝缘体、高阶（higher-order）拓扑绝缘体、拓扑 Kondo 绝缘体、拓扑 Mott 绝缘体等等。其中拓扑晶体绝缘体是一类不同于 Z_2 拓扑绝缘体的新型拓扑材料，它们的拓扑性质并不是由时间反演对称性保护，而是来自体系的晶格对称性。高阶拓扑绝缘体则是一类最近刚被发现的具有新颖导电特性的拓扑材料，不同于一阶拓扑绝缘体也就是常规的 Z_2 拓扑绝缘体，它们的体态和表面态都是绝缘的，但是却具有一维拓扑保护的金属棱态，并且这一导电边缘十分稳健不容易耗散。而拓扑 Kondo 绝缘体和拓扑 Mott 绝缘体顾名思义是具有非平庸拓扑性质的 Kondo 绝缘体和 Mott 绝缘体，它们与拓扑性质共存具有更加奇特的物理性质，如强关联作用、电子-电子相互作用、拓扑相变等等。

（3）拓扑半金属

根据拓扑理论可以将绝缘体分为普通绝缘体和拓扑绝缘体，若将这个理论推广至金属态，则产生了拓扑半金属这一概念，它们是一类不同于普通金属的具有新奇量子特性的拓扑电子材料。通常将拓扑半金属定义为在费米能级附近具有能带交叉点的一类金属态，并且这些交叉点是稳定的、不受微扰而破坏的。根据能带交叉点形貌的不同，我们又可以进一步细分为狄拉克（Dirac）半金属、外尔（Weyl）半金属、节线半金属等（如图 12-5 所示）。

狄拉克半金属的导带和价带只在费米能级附近相交，形成一个四重简并的狄拉克点，这与二维石墨烯不考虑 SOC 时的电子结构相类似，但不同的是狄拉克半金属并不会因为 SOC

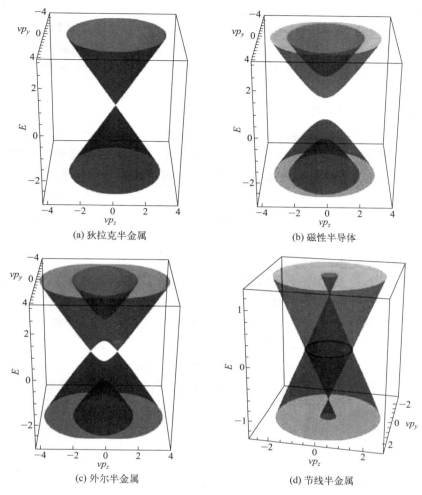

(a) 狄拉克半金属　　　　(b) 磁性半导体

(c) 外尔半金属　　　　(d) 节线半金属

图 12-5　拓扑半金属

微扰项的引入而使交叉点打开能隙。Na_3Bi 是最早被理论预言的一类狄拉克半金属，它受到特殊的对称性（三重旋转对称性 C_3）保护从而保持狄拉克点不会被湮灭。

当狄拉克半金属体系中的时间反演对称性或空间反演对称性被破缺时，四重简并的狄拉克点就会被劈裂成一对二重简并的外尔点，即得到外尔半金属。2011 年，万贤纲等人首先理论预言了烧绿石结构的铱氧化物 $Y_2Ir_2O_7$ 可能是一类磁性外尔半金属，这一体系引入了磁性而将时间反演对称性破缺，使得两个手性相反的外尔点不再重叠。随后，徐刚等人以相似的设计思路提出了铁磁尖晶石 $HgCr_2Se_4$ 也可能是外尔半金属。但是，由于磁性外尔半金属体系中带有复杂的磁畴，因而难以在实验上实现有效观测。直到 2014 年，翁红明等人提出了一类不具有磁性的通过破缺空间反演对称性实现的外尔半金属 TaAs 家族，通过理论计算发现这类材料在晶格动量空间中存在 12 对外尔费米子，在（001）面上的费米面上出现由不同手性的外尔点所连接的费米弧。很快，实验验证工作也取得了进展，TaAs 的费米弧通过 ARPES 被直接观测，并且还发现由于体系的手性异常而引起的负磁阻现象。

节线半金属具有与上述二者较为不同的交叉点形貌，它们会在晶格动量空间中形成一个完整的环路。目前，已经有许多节线半金属被理论预言，如三维石墨烯网格、Cu_3PdN、CaP_3 等，但仍缺乏实验上的观测验证。节线半金属通常需要特殊的对称性保护并且忽略 SOC 作用，而一旦对称性被破缺或引入 SOC 项后，交叉点形成的环路结构就会被破坏，并且根据体系中 SOC 强度的不同，环路会转变为狄拉克点、外尔点或是被完全打开能隙。

12.1.5　量子材料的制备方法

　　量子材料理论的研究大大推动了相应的半导体材料和器件的发展，而其所带来的巨大经济效益也催生出更加先进的制备方法来合成出纯度更高、控制更为精确的量子材料。作为原子级薄膜生长技术，除了分子束外延（MBE）、金属有机化合物化学气相沉淀（MOCVD）外，近年来又相继发展了化学束外延（CBE）、超高真空 CVD、快速辐射加热 CVD 等新方法。依靠这些先进的原子级薄膜生长技术，已经能成功地生长出具有所设计的势能轮廓和杂质分布、尺度接近于原子间距、界面没有位错的各种高质量结构，能够生长出厚度可与电子平均自由程相比拟的、具有量子尺寸效应的各种量子薄膜材料。

　　尤其是近几年来，一维量子线和零维量子点材料生长技术的研究也有很大进展。目前主要有两条途径：途径一是对二维材料通过电子束曝光、离子刻蚀、离子束注入等微细加工技术，形成一维、零维结构材料；另一途径则是采用 MBE 直接在台阶表面或 V 形槽表面生长。与此同时，又相应发展了"倾斜超晶格"和"分数层超晶格"生长技术。这种一维、零维量子结构材料的生长，为低维物理研究、新型低维器件开发提供了广阔的领域，具有十分重要的学术意义和实际价值。下面针对这些先进的量子材料制备方法进行阐述讲解。

（1）分子束外延（MBE）

　　MBE 是在超高真空条件下，对蒸发束源和衬底温度加以精密控制的薄膜蒸发技术。通常认为 MBE 材料生长机理与液相外延（LPE）和化学气相沉积（CVD）完全不同，是发生在远离热力学平衡条件下的表面动力学过程。但调制分子束质谱技术和反射式高能电子衍射（RHEED）研究表明，MBE 过程实际上是一个热力学和动力学同时并存、相互关联的过程，即只有在由分子束源产生的分子束（原子束）喷射到洁净衬底表面或吸附于表面或通过反射、脱附过程离开表面而在衬底表面与分子束之间建立一个准平衡区，使材料生长过程接近于热力学平衡条件，使每个结合到晶格中的原子都能选择到一个自由能最低格点位置，才能生长出高质量的 MBE 材料。

　　MBE 技术具有以下优点。

　　① 能够通过控制源挡板开关来完成束流的快速切换，以实现对薄膜厚度、多元化合物中的组分、特殊需求的掺杂量的精确控制。

　　② MBE 生长过程中，远离了热力学平衡态，是一种有效的低温外延技术，可以减少异质界面的相互扩散，实现界面的陡峭变化。

　　③ MBE 可以控制源束流比例，调节到二维或三维长模式，二维生长模式下外延层表面可以具有原子级的平整度。

　　④ MBE 可以制备其他的外延方法无法制备的某些非互熔材料。

　　⑤ MBE 能够配备反射式高能电子衍射仪（RHEED）、光学反射生长进程监控仪等原位

分析仪器，实现原位监测，随时反映样品表面形貌、生长速率等信息。

当然，MBE 也有一定的缺点和限制。①生长速率较慢；②设备成本和维护运行成本较高；③不能实现工业生产的量产化，最大只能一次放入一片 6in（1in＝2.54cm）的衬底。

（2）金属有机化合物化学气相沉积（MOCVD）

金属有机化合物化学气相沉积（metal organic chemical vapor deposition，MOCVD），也称为金属有机物气相外延生长（metal organic vapor phase epitaxy，MOVPE）技术，使用的材料源通常是金属有机化合物，国内外生产的 MOVPE 设备大多数都是使用气态源的运送方式，被载气携带进行输运过程，运送到反应腔之后，在生长区发生一系列反应以制备外延层。由于 MOVPE 可以使用的高纯金属有机化合物（简称 MO 源）的种类很多，所以该方法具有制备多种化合物和多元固熔体的灵活性。在 MOVPE 的生长系统中，生长过程中所需的金属源、非金属源以气相流入反应腔，通过控制气相源的流量大小和通入时间改变外延层的组分、膜厚、界面特性以及掺杂特性。一般情况下，金属源的流量变化与外延层的生长速率联系紧密，因此，可以任意控制生长速率的大小，即自由度更大。MOVPE 技术在制备薄层外延材料、超薄层外延材料、超晶格材料、量子阱材料等低维结构方面具有很大的优势，并且可以进行外延片的大规模制备，在商业应用方面具有很大的潜力。目前，使用 MOVPE 技术生产的外延片在半导体激光二极管、LED 灯、太阳能电池、功率电子器件、高速电子器件等器件的制备中的应用都已经商业化。但是，MOVPE 生长系统中制备材料所使用的 III 族源和 V 族源较昂贵；而且在生长过程中会产生一些对人体或环境有害的元素，故需做好密封处理及尾气处理，这些都会增加成本；另外，有些 MOVPE 设备的生长过程是由 PLC 程序控制的，在工艺开始之前需对程序中的参数进行细致的设置，还需确保程序的无误性，对操作人员的能力有较高要求，这些均是 MOVPE 技术的不足之处。MOVPE 技术在走向工业生产时主要集中于以下几个问题的研究。

① 探索合成低分解温度、低化学污染和低毒性的新金属有机化合物（MO）源。

② 用巨型计算机模拟计算并结合原位检测技术研究反应室内的流场、物质传输、气体成分以及化学反应等，从而研制更合理的反应容器和生长工艺，以进一步改进薄膜厚度、组分和掺杂均匀性，改善对异质界面的控制，提高片与片、批与批间的重复性并提高产量以满足器件需求。

③ 发展新的外延生长工艺，如 UV 增强 MOCVD、微波等离子体诱导 MOCVD、真空 CVD 以及图形化外延生长等。

（3）化学束外延（CBE）

CBE 是集 MBE 和 MOCVD 二者优点而发展起来的新一代外延生长技术，外延同样是在真空系统中进行的。预先已热裂解的 MO 源和非金属氢化物等气体反应剂通过几个喷口形成分子束流，进入真空生长室，并直接喷向加热的衬底表面，经过吸附、表面迁移、分解和脱附等一系列物理化学过程，组成外延膜的分子便在衬底上有序地排列起来形成单晶薄膜。在 CBE 中，使用气态源可精密控制束流，也可将几种 MO 源先混合后再形成分子束，以利于获得组分准确而又均匀的外延层，以及多片规模生产。CBE 使用挡板开关束流，易于获得超薄层和界面突变的异质结构材料（超晶格和量子阱材料）。CBE 的高真空生长环境不但易于获得清洁的衬底表面，提高外延层纯度，而且容易与晶体生长过程的原位测量技术（如RHEED等）和其他高真空薄膜加工工艺（如离子注入、电子束曝光和刻蚀等）相结合，从而有可能实现对材料生长动力学的深入研究，并对其形貌和异质结界面结构进行监控，为新型量子线、量子点材料的生长打下基础。此外，CBE可有效地控制两个以上的V族元素，便于生长InGaAsP等四元化合物材料。CBE使用半无限源可减少因填料造成的系统污染，无椭圆形缺陷有利于IC发展。

近几年来，CBE技术发展很快，在原子层厚度控制、界面粗糙度、外延层组分和电学均匀性、纯度以及多层生长技术等方面都取得很大进展，研制出了一批高质量的超薄层微结构材料，并成功地用于新一代的微电子和光电子器件研制。CBE作为一个正在发展中的新生长技术，尽管在微电子和光电子器件研制上很有吸引力，但CBE设备昂贵，有机化合物的使用可能在外延层中引入碳污染，另外，对CBE表面化学、反应动力学的理论研究也有待进一步深入。

（4）离子束外延（IBE）

在薄膜的真空沉积过程中，引入一定数量的荷电离子会有效地影响薄膜的沉积和材料的合成过程，从而在更广的范围内制备性能更好的薄膜材料。IBE就是基于这种原理而发展起来的一种对荷电粒子种类、能量、束流以及衬底温度加以精密控制的高真空沉积新技术。它与通常的等离子体技术不同，在该技术中，离子产生的区域和薄膜沉积区域是分开的。离子在离子源中产生后，被数千伏的加速电压拉出离子源，形成束流，经磁分析器进行质量分离以选出需要的离子种类，然后将其引入装有可精密监控薄膜表面性能仪器的超高真空室，在其中离子束被减速透镜将能量降低到十几到几百电子伏，最后在衬底上生长出薄膜。低能离子束沉积具有促进薄膜生长的作用，可在较低的衬底温度下生长单晶薄膜。用该技术可以得到在通常热平衡条件下难以生长的亚稳态结构的新材料。此外，IBE还具有原材料提纯与薄膜沉积在同一过程中完成的独特优点，可以使用较低纯度的原材料直接生长出高纯度的薄膜，从而扩大了可探索的新材料范围。

12.1.6　量子材料的应用

（1）超导体材料的应用

利用超导体线材绕制的电磁铁，能产生很强的磁场，在工业上的应用前景十分广阔，如超导磁悬浮、超导磁控核聚变反应（托卡马克）等，利用超导材料能进行无损耗电力传输，制备超导电子器件等。正是由于这些原因，超导电性的应用研究成为受人们重视的研究领域之一。

① 磁悬浮列车。分为常导磁吸式和超导磁斥式两类。

常导磁吸式（EMS）利用装在车辆两侧转向架上的常导电磁铁（悬浮电磁铁）和铺设在线路导轨上的磁铁，在磁场作用下产生的吸引力使车辆浮起。车辆和轨面之间的间隙与吸引力的大小成反比。为了保证这种悬浮的可靠性和列车运行的平稳，使直线电机有较高的功率，必须精确地控制电磁铁中的电流，使磁场保持稳定的强度和悬浮力，使车体与导轨之间保持大约10mm的间隙。通常采用测量间隙用的气隙传感器来进行系统的反馈控制。这种悬浮方式不需要设置专用的着地支撑装置和辅助的着地车轮，对控制系统的要求也可以稍低一些。

超导磁斥式（EDS）在车辆底部安装超导磁体（放在液态氦储存槽内），在轨道两侧铺设一系列铝环线圈。列车运行时，给车上线圈（超导磁体）通电流，产生强磁场，地上线圈（铝环）与之相切与车辆上超导磁体的磁场方向相反，两个磁场产生排斥力。当排斥力大于车辆重量时，车辆就浮起来。因此，超导磁斥式就是利用置于车辆上的超导磁体与铺设在轨道上的无源线圈之间的相对运动，来产生悬浮力将车体抬起来的。由于超导磁体的电阻为零，在运行中几乎不消耗能量，而且磁场强度很大。在超导体和导轨之间产生的强大排斥力，可使车辆浮起。当车辆向下位移时，超导磁体与悬浮线圈的间距减小电流增大，使悬浮力增加，又使车辆自动恢复到原来的悬浮位置。这个间隙与速度的大小有关，一般到 $100km \cdot h^{-1}$ 时车体才能悬浮。因此，必须在车辆上装设机械辅助支承装置，如辅助支持轮及相应的弹簧支承，以保证列车安全可靠地着地。控制系统应能实现起动和停车的精确控制。

② 受控热核聚变反应。受控热核聚变反应是公认的解决人类长期能源需求的一个十分重要的途径。

核聚变能是通过氢的两种同位素氘（D）和氚（T）在高温下发生聚变反应而产生的。氘在海水中的含量丰富，可以说是取之不尽、用之不竭；氚可以用成熟的技术途径进行生产。因此，受控核聚变一旦实现，将为人类提供丰富、经济、无环境污染的理想能源。为了进行受控热核反应，必须人为地造成一个温度约数千万度到上亿度的高温等离子体，在这样的高温下，一切固体材料早已熔化，因而，对这样的高温等离子体，用任何材料制成的容器来加以约束都是不现实的。目前提出的有希望用来约束和容纳热核反应高温等离子体的方法，主要有两种途径，即磁约束聚变（MCF）和惯性约束聚变（ICF）。惯性约束聚变是通过惯性，约束高温高密度DT等离子体发生聚变反应，激光聚变就是属于这个研究领域。磁约束聚变系统的关键装置是超导磁体。超导托卡马克装置，实质上就是一个受控热核聚变的原子炉，在其中要完成热核反应的点火、高温等离子体的约束和使热核反应稳定连续运行等任务；从结构上看，它的主要构成部分是一个巨大的环形超导磁体。

（2）巨磁电阻（GMR）材料的应用

① GMR 磁头。GMR 材料最早是在计算机硬盘读写磁头上实现商用的。IBM 公司在实验室里研制成功了首个基于 GMR 效应的硬盘读出磁头，并于 4 年后投入商用，使硬盘的磁记录密度达到了每平方英寸 10 亿位，与当时市场上的硬盘相比，磁记录密度提高了十几倍，为计算机存储领域带来了一场技术革命。在此之前，硬盘磁头都是基于 AMR 效应的，而 AMR 磁头的磁电阻变化率很低，导致其灵敏度较低，通常在 1% 以下。而基于 GMR 效应的磁头，其磁电阻变化率通常可以达到 6% 以上，灵敏度最大可以达到 8%。因此在 GMR 磁头成功实现商用之后，市场上的 AMR 磁头逐渐被 GMR 磁头替代。随着 GMR 材料的不断发展，基于 GMR 效应的磁头的性能也在不断的提升，2003 年时，基于 GMR 效应的磁头，其硬盘信息存储密度已经达到了每平方英寸 560 亿位，更高信息存储量的硬盘磁头的研究工作也在积极推进当中，存储密度为每平方英寸 4000 亿位的硬盘也很快推向市场。目前，基于 GMR 效应的磁头在全世界磁头市场上已经达到了 95% 的占比，年销售额达 400 亿美元以上。随着计算机产业的不断发展，GMR 磁头还将会有更广阔的市场前景。

② GMR 传感器。磁电阻传感器主要是利用半导体或者磁性材料的磁电阻效应来探测磁

场的强弱、方向、角度和变化等物理量。现阶段市面上的磁电阻传感器很多是基于霍尔（HALL）效应和各向异性磁电阻（AMR）效应的器件，已经广泛应用于自动化设备、安全监测、矿源探索、电流传感器和位移传感器等领域。但是，HALL 传感器的灵敏度较差且温度稳定性比较低，而 AMR 传感器的灵敏度虽然比较高，但是其功耗比较大且价格比较贵。GMR 材料与霍尔元件和 AMR 材料相比具有灵敏度高、磁电阻对磁场响应的电阻曲线线性度好和抗干扰能力强等优点，GMR 材料的磁电阻变化率远高于 AMR 材料，所以 GMR 传感器的灵敏度很高，集成化的 GMR 磁场传感器已经逐渐在替代当前市场上的霍尔元件、AMR 传感器以及磁通门计等器件，前景非常可观。表 12-1 为 GMR 传感器与传统的两种类型的传感器的性能参数对比。

表 12-1　GMR 传感器与 HALL、AMR 传感器的对比

类型	输出信号	灵敏度	温度特性	功耗	价格
HALL	小	低	差	低	低
AMR	中等	高	中等	高	高
GMR	大	高	好	低	低

③ 磁随机存储器（MRAM）。磁随机存储器也是 GMR 效应的一个重要应用领域。目前市场上的存储器主要包括动态和静态随机存储器（DRAM 和 SRAM），但是这两种存储器都有各自的缺点。DRAM 的存储量比较大，价格也相对较低，但是存储速度比较慢；而 SRAM 的存储速度很快，但是其价格较贵而且容量也比较小。为了解决这些问题，早在 20 世纪 70 年代，就有科研人员尝试使用 AMR 元件开发不易丢失的存储器件，但是由于 AMR 材料磁电阻变化率较低，导致制备出的存储器件的性能较差，在存储速度和容量方面远远低于市场上的传统存储器。而 GMR 效应的发现又给磁性存储器件的研究带了希望，人们认为 GMR 材料巨大的电阻变化率非常适合用来制备存储器件。1995 年，Pohm 和 Brown 等人就在不到 $1cm^2$ 的面积上成功研制出了存储容量为 16MB 的磁随机存储器，他们使用的是一种自旋阀结构的 GMR 元件，这种结构的元器件只存在两种电阻状态（低电阻状态和高电阻状态），而且该元器件非常灵敏，只需要很小的磁场就可以实现其电阻状态的变化。因此使用基于 GMR 自旋阀材料的 MRAM 的存储速度非常快，理论速度高于 SRAM，而且存储密度高于 DRAM。另外，与传统的存储器件相比，还具有抗辐射、功耗低和不易失的优点。

（3）多铁性材料的应用

① 多态存储器。对于铁电或铁磁材料，由于存在两种电极化或磁化状态，可以分别被用来作为铁电存储器和磁存储器储存二进制信息，集铁电性与铁磁性于一身的多铁性磁电材料就使在同一元件中实现四态存储成为可能。2007 年法国 Bibes 研究小组将同时具有铁磁性和铁电性的 $La_{0.1}Bi_{0.9}MnO_3$（LBMO）超薄（2nm）多铁性薄膜作为自旋隧道结的阻挡层，LSMO 和 Au 分别作为底电极和顶电极，在该隧道结观测到铁电性，以及因 LBMO 电极化状态改变而产生的可调电阻构成一种四阻态。但这只是在 3~4K 低温下才观察得到。2009 年美国 Tsymbal 与国内 Duan 等人利用第一性原理计算研究了复合多铁性隧道结（$SrRuO_3/BaTiO_3/SrRuO_3$），发现隧穿电阻在不同的铁电和铁磁组态下存在四个显著不同的值，在理论上显示了四态性质。

② 可调微波器件。在微波频段，电场诱导铁磁谐振峰的改变可以用来表征材料的逆磁电效应，这也使磁电复合材料具有用于电可调微波器件的可能。传统微波器件的铁磁谐振峰一般通过外加磁场来调节，而磁电复合材料则可以通过静电场来方便地控制铁磁共振行为，由此产生了基于磁电复合材料的电控可调微波器件，如滤波器、谐振器、移相器等。

③ 能量收集转换器。多铁性材料也可以用作能量收集和转换器件，将环境中通常被忽视的微弱能量收集转换为可以利用的电能。对于能量收集器件，无处不在的机械振动、生物运动以及环境中充斥的大量电磁波等都可作为能量源。压电效应作为一种将机械能转换为电能的有效方式，已经作为电源被设计集成在需要自供电的微系统中使用。磁致伸缩效应也为将磁场能转换为电场能提供了可行的途径，由压电相和磁致伸缩相组成的磁电复合材料具有两相各自的性能，可以通过压电效应将机械振动转换为电能；同时，又由于磁电耦合作用，可以将磁场能直接转换为电场能。因此，理论上磁电复合材料能够同时对机械振动和杂散电磁场敏感，在能量收集转换器件方面具有集成化的优势。

 拓展阅读

设计时速 620km·h^{-1}——世界首台高温超导高速磁浮列车

我国自主研发设计、自主制造，全碳纤维轻量化车体，低阻力头型、大载重高温超导磁浮等技术，有望创造陆地交通的速度新纪录。

2021 年 1 月 13 日，世界首台高温超导高速磁悬浮工程化样车及试验线在成都下线启用。这台重达 12t 的样车就像是漂浮在水面的一片叶子，仅用手就能轻松向前推动，其时速则高达 620km，是我国自主研发设计、自主制造的，标志着高温超导高速磁悬浮工程化研究实现从无到有的突破。磁悬浮列车跑得快的秘密之一，来源于"电流的磁效应"这个原理。1820年，丹麦物理学家奥斯特把一根很细的铂丝放在一个被玻璃罩罩着的小指南针上方，接通电流的一瞬间，指南针转动了一下，这正是他苦苦求证的电流磁效应。此后法国物理学家安培又通过大量的实验研究了电流间的相互作用，并且提出了著名的分子电流假说：磁性物质中每个分子都有一段微观电流，每个分子的圆电流会形成一个小磁体。

在磁性物质中，这些电流沿磁轴方向规律地排列，从而显现一种绕磁轴旋转的电流，如同螺线管电流一样。这就是电流间产生的相互作用力，它与两块磁铁间的"异性相吸、同性相斥"作用力类似。"同性相斥"时，两块磁铁中间有股看不见的力量，在极力"拒绝"两块磁铁相吸。

磁悬浮列车亦是如此。在悬浮列车运行过程中，车体与轨道会始终处于一种"若即若离"的状态，自悬浮、自稳定、自导向，是它最大的特点。列车底部安装有超导体，轨道则是永磁体，在液氮的作用下，两者产生了"若即若离、不离不弃"的"钉扎"特性。这一车辆采用的是自悬浮系统，不需要额外的控制或者电源，就靠其自身的常导材料跟永磁轨道，即可以实现自稳定的悬浮，强大的电磁效应将列车排斥离轨道，从而减小摩擦力，使列车可以具有很大的速度。

12.2 光子与光学材料

12.2.1 光学材料概述

人们的日常生活离不开光，光学材料在生产生活中具有广泛的应用。评价一种光学材料的指标是多方面的，并不只是光学性能，还有力学性能和热学性能等。从这些方面出发，可以将光学材料分为光学玻璃、光学晶体和光学塑料几个大类。光学玻璃由于易于生产和加工，是使用最早也是使用最广的光学材料。光学晶体由于其内部原子的有序排列，具有各向异性的光学性质。特别是其中部分晶体具有特殊的非线性光学的性质，比如电光晶体、声光晶体、磁光晶体、光子晶体等。因此，光学晶体在光电子学领域有广泛的应用。随着有机化学的蓬勃发展，光学塑料也进入了快速发展时期。光学塑料的特性是质轻、廉价、易于加工、柔韧性好，但热学性能较差。因此，光学塑料在光学薄膜和光纤领域有着得天独厚的优势。特别是光学薄膜已经形成了百亿级的市场。

12.2.2 感光材料

感光材料是在光照条件下，能吸收光中特定的波长，产生化学或物理变化的一类材料。最常用的感光材料是照相机中的底片、医学影像的胶片和打印机中的硒鼓。黑白相纸以及医学影像中的底片用的大多是卤化银材料。在使用过程中，卤化银的微晶和支持剂、补加剂以及其他化合物被制成感光乳剂，涂附在纸基底上。在曝光过程中，晶格中的感光中心吸收被光激发的电子而带上负电荷，此时的感光中心可以捕获晶格中自由运动的银离子，形成潜影。而洗胶片的过程为显影，其本质就是使被感光中心捕获的银离子还原成银单质，固定在基底上，未曝光区的银离子被去除。彩色胶片的曝光过程，与黑白胶片是相同的。不同的是，在显影过程中，彩色胶片中的卤化银被还原成银单质的同时，彩色显影剂被氧化。氧化后的显影剂与乳剂中的成色剂发生耦合，形成照片的彩色负片。再经过由负片到正片的曝光工艺，最终得到了彩色相片。一张平平无奇的彩色照片，需要经历很多复杂的过程，而这些，离不开感光化学的发展。相比于成像技术，人造视网膜则是依托感光化学的多学科交叉的前沿领域。2018年研究人员研发了一种半球形的氧化铝上包含了紧密排布的钙钛矿光敏纳米传感器，模仿人眼的视网膜（钙钛矿是一种颇具潜力的太阳能电池材料）。同时，他们还使用由液态金属制成的传导线将人工视网膜上的光学信号传导出来。由于人工视网膜中集成了大量的纳米传感器，这种视网膜理论上可以实现超过人眼的高分辨率。这是纳米科学技术、感光化学、神经科学多学科交叉的重要研究成果，其结果发表在《自然》上。

 拓展阅读

Nature: 比人眼更强大，港科大开发商密度人工视网膜，科幻人造眼成现实

扫码看材料

12.2.3 发光材料

发光材料是只能吸收某种形式的能量，将其转化为光辐射的材料。其中的某种形式的能量，可以是光能、电能、机械能、热能、辐射能等。从能量的角度，发光材料吸收外界能量后，处于激发态。而材料的激发态是一种亚稳态，物质由激发态回到基态，需要向外释放能量。其方式有两种，一种是光，另一种是热。如果物质的能量以电磁波的形式释放出来，并且具有一定的持续性，这个过程被称为辐射发光。光致发光过程如图 12-6 所示。发光材料的研究已经持续了近百年，形成了很多材料种类，其存在形态可以是粉末、单晶、薄膜以及非晶态的形式，应用场景也十分广泛。

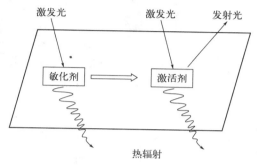

图 12-6　光致发光过程

发光材料通常由基质材料和激活剂组成。基质材料往往具有固定的能带和能级结构。在发光过程中基质吸收能量，形成空穴和电子，空穴可以沿晶格运动，并被束缚在各个发光中心上。也就是将这些电子固定在势阱中，并将光能传递给激活剂，激活剂在发光材料中起发光中心的作用。在发光过程中激活剂可以被直接激发，受激发的电子回到基态或与空穴结合即可发光。量子点发光材料是目前发光材料的研究热点。随着固体材料尺寸的减小，材料中原子的数量也在减少。原来连续的能带，就会逐渐变成分立的能级。这就为电子跃迁提供了更多的可能，从而获得更好的发光性能。半导体材料尺寸与能带结构的关系如图 12-7 所示。

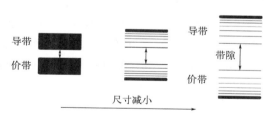

图 12-7　半导体材料尺寸与能带结构的关系

纳米材料科学家彭笑刚曾指出，"量子点是人类至今发现的最好的发光材料，量子点电致发光将是下一代显示技术最有力的竞争者"。他于 2014 年年底发表在《自然》上的量子点电致发光的论文，引领了量子点发光二极管（LED）显示领域。这种发光材料兼顾了有机和无机两种发光材料的优势，获得了更高的发光纯度且光谱连续可调，同时具有更好的材料稳定性。量子点发光材料如图 12-8 所示。

12.2.4　光学玻璃

　　玻璃是古代人类最早开始使用的几种材料之一，玻璃于公元前 3000 年诞生于美索不达米亚和古埃及地区，广泛传播于古罗马，后通过丝绸之路上的贸易交流传播至东方。

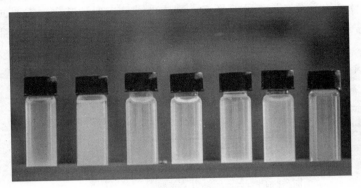

扫码看彩图

图 12-8　量子点发光材料

　　考古学家证明三千年前在埃及和我国（战国时代）人们已能制造玻璃。但是玻璃作为眼镜和镜子是 13 世纪在威尼斯开始的。此后由于天文学与航海学的发展需要，伽利略、牛顿、笛卡儿等也用玻璃制造了望远镜和显微镜。从 16 世纪开始玻璃已成为制造光学零件的主要材料。作为透镜的玻璃，如何消色差一直是其中心议题。所谓色差是指不同颜色的可见光在通过玻璃时，由于折射率不同或者玻璃内部成分不均一，不能汇聚在同一焦平面上，色散的可见光经过透镜汇聚后，不能完美还原，在图像的边缘形成明显的色彩条带，影响成像质量，见图 12-9。针对折射率的问题，赫尔在玻璃中加入了氧化铅，提高了玻璃的折射率，于 1729 年获得第一对消色差透镜，这样光学玻璃就被分为了冕牌和燧石玻璃两个大类。针对玻璃内部成分不均一的问题，其解决方法则比较简单。只需在玻璃的熔体阶段施加强力搅拌，即可以释放其中的微小气泡。随着光学和谱学的发展，人们接触的光线不再局限于可见光范围，透射问题、色散问题也随之而来，到了非可见光区。如果光学玻璃必须透射紫外光，最常用的材料是熔融二氧化硅和熔融石英。某些重火石光学玻璃，在深蓝波长区有低的透射比，具有微黄的外观。随着光学系统越发精密，在玻璃中本不应存在的双折射现象也被人们逐渐认识到。一般光学玻璃是各向同性的，由于机械和热应力会使之变成各向异性。这意味着光的 s 和 p 偏振分量有不同的折射率。高折射率的碱性硅酸铅玻璃（重火石玻璃）在小的应力作

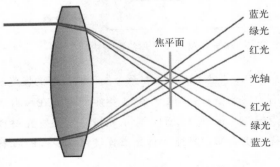

蓝光
绿光
红光
焦平面
光轴
红光
绿光
蓝光

扫码看彩图

图 12-9　透镜的波长色散现象

用下显示较大的双折射。硼硅酸盐玻璃（冕牌玻璃）对应力双折射不是非常敏感。如果光学系统传输偏振光，必须在整个系统或部分系统中保持偏振状态，则材料的选择是很重要的。

s 和 p 偏振分量：光线以非垂直角度穿透光学元件（如分光镜）的表面时，反射和透射特性均依赖于偏振现象。这种情况下，使用的坐标系是用含有输入和反射光束的那个平面定义的。如果光线的偏振矢量在这个平面内，则称为 p-偏振，如果偏振矢量垂直于该平面，则称为 s-偏振。任何一种输入偏振状态都可以表示为 s 和 p 分量的矢量和。

随着大型光学系统的发展，玻璃的化学稳定性、热膨胀系数以及自身的力学强度逐渐成为考量大型光学玻璃的重要指标。化学稳定玻璃抵抗环境和化学影响的特性包括：耐候性，主要是抵抗空气中水蒸气的影响；耐污染性，是指耐非气化弱酸性水的影响；与酸性水介质接触时的耐酸碱性。而玻璃的热膨胀系数则需要考量：光学玻璃的热膨胀和收缩特性应尽可能与透镜结构的热膨胀和收缩特性一致；光学系统可能必须无热化，也就是说，当透镜的形状和折射率由于温度变化而变化时，系统的光学特性保持不变；温度变化可能在光学玻璃中产生温度梯度，导致温度诱导的应力双折射。

12.2.4.1　微晶玻璃

微晶玻璃是指通过控制晶化过程得到的多晶固体。把适当的玻璃经过特定的热处理制度使其脱离亚稳态，随后成核进而结晶生长。经过处理的玻璃只保留少量的玻璃相结构。微晶玻璃综合了陶瓷和玻璃特性，是一种新型的建筑材料。具有比陶瓷亮度高，比玻璃韧性强的特点。微晶玻璃由于其良好的力学性能和耐化学腐蚀性，广泛应用于轴承中不同种金属间界面的润滑，用于生产各种耐腐蚀管道。图 12-10 为微晶玻璃用作复合材料和密封材料。

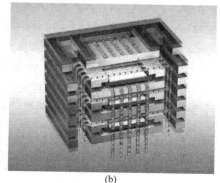

扫码看彩图

(a)　　　　　　　　　　(b)

图 12-10　微晶玻璃复合材料（a）和微晶玻璃用作密封材料（b）

12.2.4.2　梯度折射率玻璃

梯度折射率玻璃是一种新型光学材料。相比于普通的均质玻璃，其折射率是梯度变化的。由于具有特殊的结构，光线在这种材料中沿曲线传播。轴向梯度折射率透镜可以用于校正透镜的球差，因为玻璃材料能够耐受更高的激光功率，特别适合于激光系统，而不需要使用其他像差校正的光学元件。径向梯度折射率玻璃可以用来简化复杂的光学系统，在新型的光通信领域正在发挥越来越重要的作用。在通信系统中，相比于阶跃型光纤具有脉冲畸变小、频带宽和信息容量大的特点。梯度折射率玻璃的形成，依赖于其中的阳离子浓度梯度。玻璃中的 Li^+、Pb^{2+}、Cs^+ 等金属阳离子，会使玻璃具有较高的折射率。相反，K^+ 和 Na^+ 等金属阳离子，会使玻璃的折射率降低。通过一定的手段，如离子交换法、溶胶凝胶法等形成这些金属阳离子的浓度梯度即可形成梯度折射率玻璃。

12.2.5　光学晶体

对于一些光学介质材料，当光线斜照在表面时总是被折射；而当光线垂直照射在表面上时，将不被折射地笔直穿过。但是在这类透明体中，也存在着垂直穿过的斜射光线及被折射的垂直光线。

早在 17 世纪，惠更斯在其光学著作《光论》中就讨论了冰洲石特殊的折射现象。三百多年后的今天，光学晶体早已发展成为一个庞大的学科，其成果也应用在了生活的方方面面。

12.2.5.1　激光晶体

激光在高通量通信和先进制造中发挥着越来越重要的作用。激光晶体是激光技术发展的核心和基础，是《国家中长期科学与技术发展规划》（2006—2020 年）中的八个前沿技术之一。激光晶体一般分为高功率激光晶体、中低功率激光晶体、中红外激光晶体、可见光激光晶体和复合功能激光晶体等。高功率激光晶体中，最常见的有掺杂钕的钇铝石榴石（Nd∶YAG）、掺钕钆镓石榴石（Nd∶GGG）、掺镱钇铝石榴（Yb∶YAG）等。其中，掺杂钕的钇铝石榴石的应用最为成熟。这些晶体除具有比较好的光学性能之外，还具有较高的机械强度、硬度、热导率和较宽的光谱窗口。

高频紫外激光器的一般组成部件包括：前端可编程种子源、光隔离系统、再生放大器（RA）、光束整形器、主放大系统（MA）、谐波转换单元等。在量子光学、非线性光学测量、微纳加工、激光预处理等领域，高功率紫外激光器具有广阔的应用前景。例如，通过调控 Nd∶YAG 激光器放大后基频激光脉冲的空间分布和时间波形，提高了激光脉冲的时空填充系数和精确的时空调制，使激光脉冲在空间时间上任何一点的功率密度保持相同，最终在重频皮秒固态激光器中实现了高达 76% 的三倍频转换效率，脉冲能量稳定性在三小时优于 1.07%。

12.2.5.2　光学窗口材料、波片与双折射

光学仪器通常情况下都具有一个或者若干个光学窗口，每个光学窗口最重要的就是窗口片。窗口片主要是利用其特定波段的光谱特性，即传输在两个不同环境中的特定光线，同时阻止其他环境物质的干扰传输。因此不同用途的光学窗口片的材料也大不相同，但是共同点都是尽量不会改变光线的波长分布，传输波前特性，也不会造成光的散射。

光学窗口材料中，硅具有高热导性和低密度，其窗口片的透光范围为 $1.5\sim8\mu m$，通常用于红外反射镜、透镜、分光光度计中的反射镜等，也经常用于激光反射镜。高纯锗单晶具有较高的折射系数，不可透过紫外线和可见光，对红外线透明，因此常作为专透红外线的透镜、棱镜等光学窗口，用于热电材料和辐射探测器。但是其对光有较强的吸收能力，并且这种能力随着温度的升高而加强，当温度达到 100℃ 以上时就会对透光率产生质的影响，最终影响光学系统的正常性能。硫化锌具有宽透光波段、高透光率、低吸收，且耐酸碱腐蚀、化学稳

定性好，常应用于透过远红外波段的光学晶体。硒化锌是一种黄色透明多晶材料，透光范围在 $0.5 \sim 15 \mu m$，对 $10.6 \mu m$ 波长光吸收很小且对热冲击具有较强的承受能力，在其表面镀减反膜后可获得高透过率，因此成为了高功率 CO_2 激光器系统中最佳的光学材料。蓝宝石片同样具有耐高温、耐磨、耐腐蚀、硬度高等优异的物理化学性能，其晶体材料透光范围广（$170 \sim 6000 nm$），具有良好的透光性，温度几乎不会对透光率产生影响，最高工作温度高达 1900℃，常用于高精密仪器仪表，如军用夜视红外装备，航海、航天、航空设备，低温实验室观察口等。

有一类特殊的光学窗口材料—波片，其可以利用部分光学晶体的双折射现象，调整入射光的光学特性。2021 年研究学者报道了一种内嵌 $CsPbBr_3$ 纳米晶的 Cs_4PbBr_6 晶体在 $532 \sim 800 nm$ 宽波段内实现了消色差的偏振调制，具有消色差 $1/4$ 波片特性。这种折射率调制特性为人工晶体光学的发展提供了新的思路。通过调控晶体微观结构，有望突破传统光学材料的枷锁，创造出具有特殊光学特性的新型材料，为光学系统的优化设计、集成化发展指明了新的方向。

12.2.5.3 光子晶体

由于多重散射特性，光子晶体（PC）是一种禁止在特定的频率范围（也称光子带隙）传播光的周期性结构化光学晶体材料。单分散胶体颗粒可以通过自组装结晶为面心立方胶体光子晶体（CPC）。胶体晶体通常是不透明的，没有三维的或者完整的光子带隙，一般情况下具有沿（111）方向的伪光子带隙或者显示反射颜色的光学阻滞，因此胶体光子晶体可显示出结构颜色。这种特殊的光学特性使 CPC 被广泛应用，例如：反射显示器、刺激响应传感器、智能窗户、发光增强、光收集、光波导等。

12.2.6 光学塑料

塑料的热膨胀系数较高，大约是玻璃的 10 倍。通常情况下，光学塑料的热膨胀系数和折射率的温度变化依赖性限制了光学塑料材料的选择与应用。但幸运的是，光学塑料的折射率随温度的升高而减小，与玻璃恰好相反且变化量远远高于玻璃。因此，高质量的光学系统可以用玻璃和塑料透镜的组合来实现设计，以扩展透镜的使用环境。

塑料质轻，但是强度太差，不能单独应用在大型光学系统上。但是由此带来的优点是易于加工。目前的主流应用是眼镜镜片和对信号要求不高的光纤。对于形状特殊的透镜系统，光学塑料也发挥着重要作用，比如菲涅尔透镜（图 12-11）。菲涅尔透镜镜片表面一面为光面，另一面刻上由小到大的同心圆，它的纹理是根据光的干涉及扰射以及相对灵敏度和接收角度要求来设计的。得益于这种特殊的结构，菲涅尔透镜可以在很薄的尺寸上获得短焦距。因此，在对精度要求不高的领域，如激光电视或投影电视的幕布上有着广泛的应用。

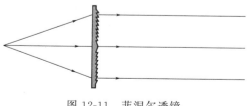

图 12-11　菲涅尔透镜

12.2.7　光学膜材料

光学膜材料是一个正在快速发展的领域，其应用场景也在不断扩展。1827 年，夫琅和费制成了第一批减反射膜。1886 年，瑞利发现"失泽"的冕玻璃平板，其反射比刚抛光更低，原因是玻璃形成了薄薄的一层膜。1891 年，丹尼斯·泰勒发现"失泽"现象增加了物镜的透射率。20 世纪 30 年代，德国的鲍尔和美国的斯特朗先后用真空蒸发方法制备了单层减反射膜。20 世纪中期，由于薄膜设备的改进与镀膜产品种类的增加以及质量的提高，形成了典型的减反射、高反射、滤光片等光学薄膜器件。20 世纪末至 21 世纪初，光电子技术飞速发展，光学薄膜器件向性能要求和技术难度更高、应用范围和知识领域更广、器件种类和需求数量更多的方向迅速发展。

12.2.8　前沿光学材料的应用

在众多光学材料中，光学玻璃是应用最早、最广的光学材料，通常是指日常生活中见到的无色透明玻璃。品种繁多、性能各异的光学玻璃的出现为光学仪器、光电技术产业的发展奠定了基础，是其中的关键性技术元件。为保证光学玻璃的种类、性能和质量都可以满足生产生活的需要，光学玻璃原料的选择、熔炼、成型、退火、检验都具有严格的工艺参数、技术手段，从而达到高光学均匀性，宽光谱透过率，无肉眼可见条纹、气泡和机械夹杂物。

光学晶体材料顾名思义就是用于光介质的晶体材料，一般以高透过率的单晶为主。光学晶体具有优良的力学、物理性能，可被加工成各种特殊元件，在新技术的发展上起到了关键性作用，比如：在光学技术上，被制造成透镜、棱镜、分光镜等；在电子技术上，成为了功能器件和检测器件；在原子技术上，被加工成探测放射性的闪烁计数器元件；在信息处理技术上，可用于制造信息储存器；在光电子系统中，绝大部分光源、倍频、调制、偏转以至存储、显示需要的器件都是由晶体材料制成的。

光学塑料材料具有不易破损、耐冲击性能好、成型简便、质量轻、成本小等多种优点，早在 20 世纪三四十年代就已出现，当时用聚甲基丙烯酸甲酯和聚苯乙烯生产的军用光学仪器很好地弥补了光学玻璃不足的缺口。但是从目前来看，光学塑料的品种、性能还远远不足以满足光学技术的要求。

12.2.8.1　光电子材料——利用光学材料对光进行调制和解调

（1）电光效应

电光效应是晶体折射率随外加电场而发生变化的现象，即当光在晶体中传播时，光频电场和外加电场的共同作用会引起晶体的折射率发生变化。材料的折射率 n 有关系：$n = n^0 + aE_0 + bE_0^2 + \cdots$。式中：$n^0$ 是没有加电场 E_0 时介质的折射率；a、b 是常数。其中折射率 n 与外电场 E_0 的一次方成正比的变化称为线型电光效应或者普克尔效应；与外电场 E_0 的二次方成正比的变化称为二次光电效应或者克尔效应。人们合理利用电、光交互效应推动了光电信息技术的发展，如光通信、激光测距、高速电光开关、信息处理及传感器等。

（2）声光效应

机械波的传播会对介质造成扰动，改变其折射率，当光穿过受到扰动介质时会发生衍射、散射现象，这种现象统称为声光效应。声光效应是声光学中研究光和声相互作用的一种重要的物理效应。由于机械波是周期性变化的，因此声光效应造成的衍射、散射现象也是周期性变化的。声光效应材料及器件被广泛应用在激光技术、网络通信、雷达波谱分析仪等领域，制造了声光调制器、声光偏转器等。

（3）磁光效应

与电光效应和声光效应类似，磁光效应是指强磁场对光的作用产生影响的各种光学现象。随着磁场和光学的快速发展，磁光效应也受到了广泛关注。目前磁光器件中主要采用的是磁光玻璃、磁性液体等；不同的磁性材料产生的磁光效应也有强弱之分，传统的磁性材料一般只有难以调节的较弱磁光效应。尽管如此，磁光传感器、隔离器、环形器，磁光存储、测距等依然被广泛应用。另外，当电、磁场同一时间作用在同一晶体上时，磁光效应还可以和电光效应相互配合，相互弥补。例如，磁光效应使光透射率变小的同时电光效应可以扩大光透射强度，同理，磁光效应增加光透射率的同时电光效应可以减小光透射强度。

12.2.8.2 光镊

在日常生活中，遇到尺寸比较大的物体，用机械方法即可实现抓取。但对于微纳尺度的物体，比如直径只有头发百分之一甚至更小的物体，则无法使用机械方法。这时就需要另辟蹊径，1970年，美国物理学家阿瑟·阿什金（Arthur Ashkin）提出用光来抓取微小物体的方法。

从光镊首次提出至今已有50余年，尽管该领域已经涌现出不少成果，但是，光镊此前要依赖显微镜系统来产生光力，设备比较庞大，操作也不方便。因此，科学家萌生了在芯片上做光镊的想法。但在当前的片上光镊方案中，还只能将微小物体吸附在芯片表面，并没有实现真正的悬浮。针对这一问题，虞绍良提出了一款新型片上光镊方案，能在芯片上操控光力，将一个微小物体悬浮在芯片上。

12.2.8.3 光栅

中国科学院上海光学精密机械研究所在可重构矩形光学滤波器研究方面取得进展，基于高精度光栅局域温度控制技术，实现了滤波带宽、中心波长可调的矩形光学滤波器的研制。该技术有望克服传统光学滤波器滤波带宽、中心波长、矩形度难以满足光通信系统的限制，有效满足微波光子学、精密光通信等领域对滤波带宽、中心波长可调的高性能矩形光学滤波器的需求。近年来，随着微波光子信道化领域的迅速发展，高性能光学滤波器广泛应用于载波激光的精细化信道选择，其中，滤波器的性能直接决定了系统的信噪比和最大通信容量。

为此，研究团队通过高精度光栅局域温度的控制和调谐，实现光纤光栅栅区局域相移的精细调控，最终基于多相移光纤光栅矩形滤波响应，实现了窄带宽矩形光学滤波器的研制；通过局域相移位置和相移位置的精细调谐，实现了滤波器带宽 $70 \sim 1050\text{MHz}$、中心波长 22GHz 范围的调谐。该研究有望有效推动光纤光栅滤波器在微波光子学领域的实际应用。

12.2.8.4 光的反射与吸收——世界上最黑与最白的材料

美国普渡大学机械工程系研究团队研发了一种硫酸钡超反光漆，这种油漆可以反射

98.1％ 的太阳辐射，成为新的吉尼斯世界纪录中"最白"的油漆。太阳光波段的反射率高意味着几乎不吸收光波的能量，也就不会转换成物质的内能。如果将其涂在建筑物的表面，可以在一定程度上保持建筑物内部的凉爽，从而实现节能，涂有超反光材料与普通材料的热成像对比如图 12-12 所示。从材料的角度来说，这种太阳光波段的高反射率依赖于材料较大的禁带宽度。大的禁带宽度意味着光子的能量不足以使材料发生电子跃迁，也就不存在光吸收。

扫码看彩图

图 12-12　涂有超反光材料与普通材料的热成像对比

2019 年，麻省理工学院的工程师报道了一种新的高可见光吸收率的材料，其吸光率超过了之前的最黑材料的世界纪录保持者——Vantablack 材料，被认为是目前世界上最"黑"的人工合成材料，据悉，可以吸收 99.96％ 的入射可见光。喷涂这种材料的物体完全看不到其表面形貌，因为光线几乎完全被吸收，跟一个黑色的平面看起来没什么区别，图 12-13 所示为涂有高可见光吸收率材料的雕像。这个材料实际上有很多可能的应用，比如涂在光学镜头的侧面可以有效减轻炫光；涂在大型折射或者反射望远镜的镜身可以有效降低散射光，提高望远镜的成像质量。该材料可能会取代 Aeroglaze（哈勃望远镜采用的黑色涂料）被下一代太空望远镜选用。

12.2.8.5　荧光纳米测温

对于科学研究，温度是最基本的重要参数之一。荧光纳米测温就是一种利用具有温度敏感的荧光特性材料实现高灵敏度、亚微尺度分辨率的非接触式温度测量技术，可以实时在线获取微/纳尺度的局部温度分布，对生物、医药和微/纳流体学等领域具有重要意义。

2021 年，中科院化学所研究团队研发了一种基于上转换纳米胶束的三线态-三线态湮灭（TTA）比率型荧光纳米测温技术。这种技术由于装载了光敏剂/湮灭剂双染料体系的上转换纳米胶束，自身就具备上/下转换同时发光的能力，满足了荧光测温探针内源型双发射功能的需求；同时双染料体系既解决了上转化分子在生物应用 TTA 中的水溶性差及发光易被氧气淬灭的问题，还为体系提供了温敏响应性，从而成功实现了比率型荧光测温技术对温度的精确响应。

图 12-13　涂有高可见光吸收率材料的雕像

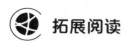 **拓展阅读**

中国激光之父——邓锡铭

　　邓锡铭（1930.10.29—1997.12.20），中国科学院院士，光学、激光专家。广东东莞人。1952 年毕业于北京大学物理系。中国科学院上海光学精密机械研究所研究员、高功率激光物理国家实验室主任。20 世纪 60 年代在国内首先提出开拓激光科技新领域，组织并参与研制成功我国第一台红宝石激光器，主持研制成功我国第一台氦氖气体激光器，独立提出激光器 Q 开关原理，发明了"列阵透镜"，提出了"光流体模型"。为实现王淦昌院士独立提出的激光核聚变设想，30 多年领导一个科研集体开拓、发展高功率激光驱动器，建成了我国最大的"神光"激光装置，利用神光装置在惯性约束聚变、X 光激光等高科技前沿领域取得了一系列重大研究成果。1993 年当选为中国科学院院士（学部委员）。

12.3　金属有机框架（MOFs）材料

　　金属有机框架材料（MOFs）作为一类新型多孔晶体材料，在最近几十年间引起了人们的极大兴趣，已被广泛应用于众多前沿领域中。20 世纪 90 年代末，美国的 Yaghi 研究组和日本的 Kitagawa 研究组首次合成了稳定孔结构的 MOFs 材料，开启了新型 MOFs 材料开发与应用的大门。目前，通过改变金属离子/团簇和有机配体的种类，超过 20000 种的新型 MOFs 材料已被研究者成功开发。由于其独特的结构，MOFs 材料具有超高的孔隙率（约 90% 自由体积）和比表面积（高达 $6000 \text{m}^2 \cdot \text{g}^{-1}$）、均匀且可调控的孔隙、充分暴露的活性位点、可调节的形貌和丰富的组分，在许多应用中具有重要意义。例如，通过合理调节孔隙的大小和亲和力，MOFs 被用作气体分离的选择性分子筛，允许特定的分子通过，而不允许其他分子通过。此外，选择特定的金属离子和/或功能化有机基团赋予 MOFs 材料独特的性质，如基于活性金属离子和/或有机基团的催化 MOFs、基于光收集有机配体的光敏 MOFs、基于磁性金属离子的磁性 MOFs、基于生物分子有机配体的仿生 MOFs 以及基于导电有机配体的导电 MOFs。这些功能性 MOFs 在催化、气体分离与储存、超级电容器和药物输送等领域显示出巨大的潜力。此外，由于 MOFs 本身具有较低的化学稳定性和较差的电导率，大多数 MOFs 也被选择作为前驱体或模板来合成各种碳基结构，用于电化学能量存储与转换。因此，MOFs 材料已成为新材料领域的研究热点与前沿之一。

与传统的多孔材料（如活性炭、多孔有机聚合物和沸石等）相比，MOFs 材料是有机配体通过配位键与金属离子或金属团簇架桥而成（图 12-14）的。有机配体通常是羧酸盐、膦酸盐、磺酸盐和杂环化合物，可以是双、三或四配位的形式。金属离子或簇合物作为二级结构单元，主要包括过渡金属、主族金属、碱金属、碱土金属、镧系金属和锕系金属。此外，这些结构单元中的金属原子数量从 1 个到 8 个或更多。结合不同的有机配体和不同的金属离子或结构单元，所生成的 MOFs 具有广泛的框架拓扑结构和丰富的种类（超过 20000 种）。

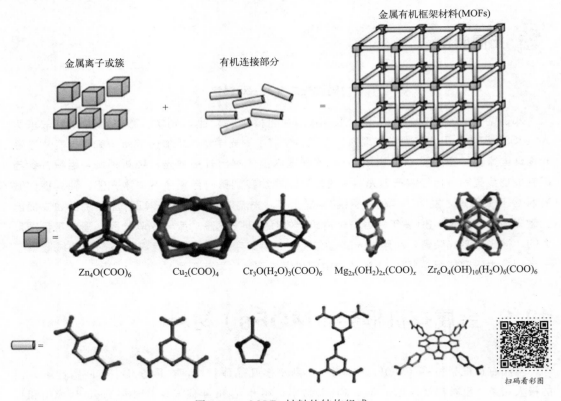

图 12-14　MOFs 材料的结构组成

12.3.1　MOFs 材料的结构特点

① 可调控的种类和结构。利用不同的金属离子/团簇和有机配体，通过明确的配位反应，

可以得到一系列具有丰富种类和精确结构的 MOFs 材料。此外，有机配体中丰富的官能团通过溶液中的弱相互作用，促进了 MOFs 材料在其他核心材料上的异质成核和生长，进一步增加了 MOFs 材料的功能性应用。

② 孔径均匀可控。由于其结晶性，MOFs 材料同时包含均匀和周期性的孔洞分布在其三维基体中。例如，典型的 MOF-5 是通过 Zn_4O 四面体与 1,4-苯二甲酸配体之间的共价键组装而成的，具有直径为 12Å 孔结构的三维立体网络。通过简单地将有机配体由 1,4-苯二甲酸转变为 2-甲基咪唑，相应的 MOF 产物由于连接方式的不同而由 MOF-5 转变为 ZIF-8。ZIF-8 为扩展的三维开放框架结构，其拓扑结构与无机沸石相似，大孔径为 11.6Å，小孔径为 3.4Å。另一方面，将次级结构单元从 Zn_4O 调制到 Cr_3O，可以形成 MIL-101，该框架具有沸石型立方结构和直径约为 30～34Å 的超大孔径结构。因此，气孔尺寸的原子级均匀性、可调性和精确性使得 MOFs 材料在实际应用中具有精确的控制能力。

③ 超高表面积。通过改变有机连接剂和金属离子/团簇，MOFs 的表面积一般在 1000～10000$m^2 \cdot g^{-1}$ 之间，远超传统的无机纳米材料。具有代表性的 MOF-5、ZIF-8 和 MIL-101 的表面积值分别约为 3800、1947 和 5900$m^2 \cdot g^{-1}$。此外，MOFs 材料也能有效地赋予 MOFs 基复合材料较高的比表面积。

④ 多功能、暴露活性部位丰富。根据前面的讨论，通过调节功能金属离子/团簇和/或有机连接剂，可以获得具有催化选择性和活性、光活性、导电性和磁性等多功能性的 MOF 涂层。此外，MOFs 材料的多孔结构有利于反应物和产物通过 MOF 通道扩散，使其成为高效暴露催化活性位点的理想平台。

12.3.2 MOFs 材料的种类

(1) IRMOF 系列材料

IRMOF（isoreticular MOF）系列材料，是由 $[Zn_4O]^{6+}$ 次级结构单元和一系列芳香羧酸有机配体，通过八面体配位形式组装成有序孔状的立方晶体材料，图 12-15（a）展示了几种 IRMOF 系列材料的不同配体。由美国的 Yaghi 研究组首次报道。以最典型的 IRMOF-1 为例，采用六水合硝酸锌与对苯二甲酸为原料，通过溶剂热法配位自组装而成。IRMOF-1 具有非常稳定的立方结构、规则的孔道和较大的孔容，在气体储存方面展现出巨大的应用价值。

在 IRMOF-1 的研究基础上，以八面体构型的 Zn—O—C 团簇为次级结构单元，通过调控有机配体的结构，所制备的 IRMOF 系列材料的三维孔道结构可通过—Br、—NH_2、—OC_3H_7、—OC_5H_{11}、—C_2H_4 和—C_4H_4 有机基团的引入而官能团化，且其孔径尺寸可借助联苯、四氢芘、芘和三苯基的长链有机配体而进一步增大。如图 12-15（b）所示，为 12 种具有相同框架拓扑结构的高结晶材料，其开放空间占晶体体积的 91.1%，具有可从 3.8Å 到 28.8Å 递增的均匀周期性孔隙。IRMOF-6 展示了高容量的甲烷存储（在 36 标准大气压和环境温度下存储高达 240$cm^3 \cdot g^{-1}$），远高于传统无机沸石材料。此外，IRMOF-10、IRMOF-12、IRMOF-14 和 IRMOF-16 在室温下具有低于 0.4$g \cdot cm^{-3}$ 的晶体密度。IRMOF 系列材料的优异本征特性和精准可调性，使其在诸多前沿领域中展现出巨大的应用潜力。

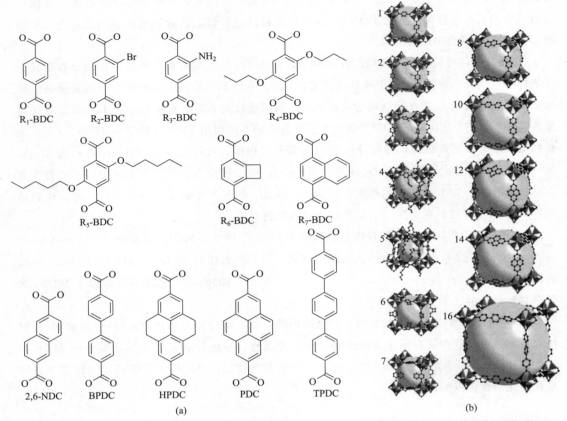

(a)   (b)

图 12-15   IRMOF 系列材料的不同配体（a）和由不同配体组装而成的
IRMOF-n（n 为 1~8，10，12，14，16）系列材料的单晶结构（b）
其中黄色的大圆球代表可放进腔中且不接触框架结构的最大范德华圆球

扫码看彩图

不同于 IRMOF 系列材料，香港科技大学 Williams 研究组报道了一种具有"孔笼-孔道"
结构的新型 MOF 材料 $[Cu_3(TMA)_2\text{-}(H_2O)_3]_n$（HKUST-1，也称 Cu-BTC）。该材料的合成
过程，采用硝酸铜和 1,3,5-均苯三甲酸为原料，溶解在乙醇/水混合溶液中，在 180℃ 条件下
溶剂热反应 12h。如图 12-16（a）所示，HKUST-1 具有面心立方结构，具有内连接的三维正
方形孔道，其尺寸约为 9Å×9Å。该三维框架结构是电中性的，其中来自两个 1,3,5-均苯
三甲酸配体的 12 个羧酸氧分子单元与三个 Cu^{2+} 各有四个配位。HKUST-1 的关键结构次级单
元是由六个 Cu—Cu 二聚体为顶点的八面体结构 [图 12-16（b）]。N_2 吸脱附等温线测试结果
表明 HKUST-1 的 BET 比表面积为 $692.2m^2 \cdot g^{-1}$，通过加热真空处理除去结构中的水分子，
可进一步提高 HKUST-1 的比表面积。HKUST-1 作为 MOFs 系列材料中的一员，已被广泛
研究。例如，HKUST-1 结构通常处于电中性和饱和状态，其中的金属活性位点与相互作用
处于饱和状态，但经过活化后，其结构中与金属活性位点相作用的易离去的小分子或有机配
体离子，使得活性位点暴露，实现不饱和金属活性位点催化反应。此外，通过改变不同的有
机配体，可获得多种具有不同"孔笼-孔道"结构的 MOF 材料。每个金属簇单元与四个有机

配体连接，每个有机配体单元与三个金属簇单元连接，形成具有八面体结构的孔笼，孔笼相互连接组装成含有空腔的晶体结构。

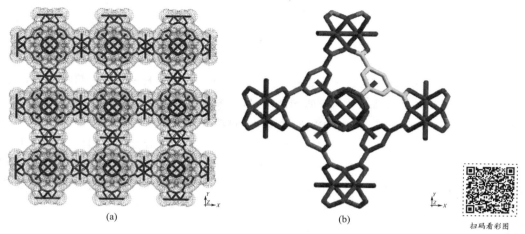

图 12-16　沿［100］方向的 HKUST-1 晶体结构（a），展示出四方对称的纳米孔和沿［100］方向 HKUST-1 的次级结构单元（b），其中 Cu-Cu 二聚体链接其他的类似结构单元

（2）MIL 系列材料

MIL（materials of institute lavoisier）系列材料始于 MIL-53（Cr）。MIL-53（Cr）的三维框架由共角 $CrO_4(OH)_2$ 八面体的无限反链组成，并通过与 1,4-苯二甲酸基团相互连接，形成一维菱形隧道。来自法国凡尔赛大学拉瓦锡研究所（Lavoisier Institute of Versailles University）的 Férey 研究组合成了 MIL 系列材料。2002 年，该研究组首次报道合成了 MIL-53(Cr)，通过 $Cr(NO_3)_2$ 和对苯二甲酸有机配体在溶剂热条件下配位组装而成。MIL-53(Cr) 在中性和酸性溶液中具有优异稳定性和抗水解能力，优于其他类型 MOFs 材料。此外，MIL-53(Cr) 区别于其他类型 MOFs 的主要特征是吸附-解吸过程中的结构转变能力，展现出巨大的柔韧性，及吸附过程中在大孔和窄孔两种不同构型间发生的"呼吸"效应，使其体积的差异高达 40%。图 12-17 展示了 MIL-53(Cr) 材料在水合和脱水条件下的结构演变。在水合条件下，MIL-53(Cr) 的孔尺寸约为 7.85Å×19.69Å；当升高温度脱去水分子后，其孔尺寸变为 13.04Å×16.83Å。

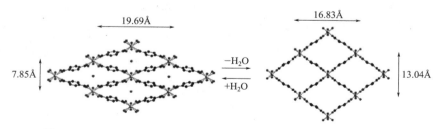

图 12-17　MIL-53(Cr) 材料在水合和脱水条件下的结构演变示意图

到目前为止，MIL 系列材料已引起了研究者的广泛关注。通过改变不同过渡金属元素（如三价的 Cr、V、Al 和 Fe 等）和琥珀酸、戊二酸等二羧酸有机配体，制备了一系列新型

MIL 材料。除了水分子外，在其他外界因素（客体分子吸附、温度、压力等）刺激作用下，MIL 材料均会出现"呼吸"现象（即大孔和窄孔两种状态间的可逆转变）。这种具有独特性能的 MIL 系列材料被广泛用于气体处理、溶液相吸附和分离及催化等领域。

（3）ZIF 系列材料

类沸石咪唑酯骨架结构材料（zeolitic imidazolate framework，ZIF），通常由 Zn、Co 过渡金属离子与咪唑类有机配体通过配位键相互作用组装而成。ZIF 材料中 T—咪唑酯—T 的角度是 145°，与硅铝分子筛沸石骨架中的 Si—O—Si 键角接近，其中有机咪唑酯连接到过渡金属上，形成一种四面体框架。如图 12-18 所示，通过改变金属离子和有机配体的种类，可以成功制备多种 ZIF 系列材料。除了 ZIF-5 由 Zn(Ⅱ) 和 In(Ⅲ) 混合金属分别以四面体节点和八面体节点形式组装成 garnet 结构外，其他 ZIF 系列材料均以四面体节点连接。ZIF 系列材料结合了无机沸石的高稳定性与 MOFs 的高孔隙率，其密度要比无机硅铝分子筛低得多。ZIF-8 和 ZIF-11 两种材料具有固定的孔道结构、高达 $1800m^2 \cdot g^{-1}$ 的比表面积和高热稳定性（可稳定到 $550℃$）。此外，ZIF 系列材料具有高的结晶度、可设计的骨架、可调节孔隙率及结构多样性，已成为催化、储能、化学分离、传感器和气体吸附等领域的研究热点。例如，ZIFs 材料的笼状结构可选择性地高效捕获和存储二氧化碳，再加上其稳定性和合成方法的简便性，使得 ZIFs 成为在减少二氧化碳排放的相关技术中的理想候选材料。

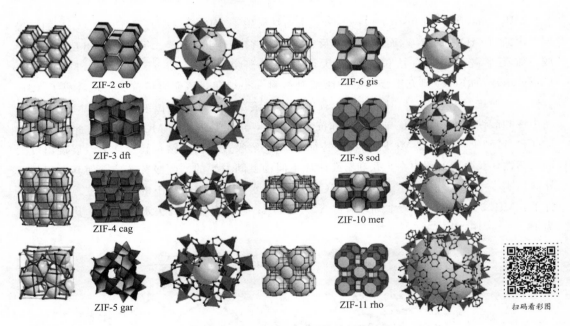

ZIF-2 crb　　　　ZIF-6 gis

ZIF-3 dft　　　　ZIF-8 sod

ZIF-4 cag　　　　ZIF-10 mer

ZIF-5 gar　　　　ZIF-11 rho　　　扫码看彩图

图 12-18　ZIF 系列材料的单晶拓扑结构

（4）PCN 系列材料

PCN（porous coordination network）系列材料含有多个立方八面体纳米孔笼，并在空间上形成孔笼-孔道状拓扑结构。美国得克萨斯州农工大学周宏才课题组首次合成了 PCN 系列材料。例如，PCN-14 可以采用水合硝酸铜与蒽醌衍生物配体 5,5′-(9,10-蒽)二间苯二甲酸

（H$_4$adip）在酸性环境和 75℃溶剂热条件下配位形成。如图 12-19（a）所示，PCN-14 由双铜桨轮次级结构单元与 adip 配体组成。每 12 个 adip 配体连接 6 个桨轮次级结构形成一个压扁的立方八面体笼，进而在空间上扩展形成类似 Cu-BTC 孔笼-孔道拓扑结构。另一种观察笼的方式是将所有异酞苯环的中心连接起来，由 18 个顶点、20 个面和 30 条边组成的多边形，如图 12-19（b）所示。PCN-14 材料拥有高达 2176m^2·g^{-1} 的比表面积和 0.87cm^3·g^{-1} 的孔体积，在 290K、3.5MPa 条件下展现出优异的甲烷存储能力（体积比高达 230）。

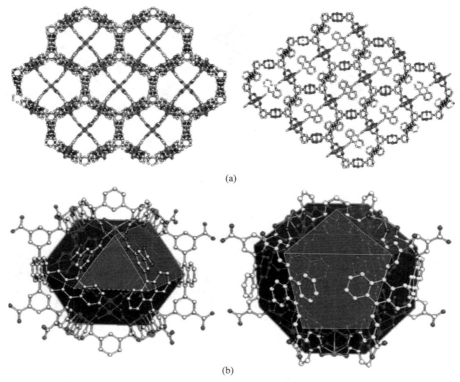

(a)

(b)

图 12-19　PCN-14 的结构
（a）从 [211] 和 [100] 方向观察的 PCN-14 三维框架结构；（b）压扁的十四面体笼和
具有 18 个顶点、30 个边和 20 个面的纳米笼结构

（5）UiO 系列材料

UiO 材料是由 Zr^{4+} 与二羧酸配体构建的三维多孔材料，包括 UiO-66、UiO-67 和 UiO-68（图 12-20）。UiO 系列材料由挪威奥斯陆大学（University of Oslo）Lillerud 研究组于 2008 年首次报道。其中，UiO-66 结构最为典型，由含 Zr 的正八面体 [Zr$_6$O$_4$(OH)$_4$] 与 12 个对苯二酸有机配体相连接，形成八面体中心孔笼（约 11Å）和八个四面体角笼（约 8Å）的三维微孔结构。UiO-66 材料具有高的比表面积（1187m^2·g^{-1}）、高的热稳定性（超过 500℃）和超强的化学稳定性。在水、DMF、苯、丙酮、甲醇等多种溶剂中展现出优异的结构稳定性，甚至在 pH=1 的强酸性溶液中仍保持稳定。此外，通过直接采用官能化的配体、后合成修饰或者置换的方法，可在 UiO 系列材料骨架结构上简便易行地引入官能团，且最终产物的拓扑结构保持不变并具有更多独特的性质。UiO-66 也展现出优异的机械加工性能，在 10000kg·

cm^{-2} 压力下，仍保持完整的结晶度。因此，UiO-66 是目前稳定性最优异的 MOFs 材料之一。UiO-67 和 UiO-68 因其更长的配体尺寸，具有更大的孔径和比表面积，可容纳更大和更多的客体分子。这些结构特性使得 UiO 系列材料在气体分离、CO$_2$ 捕获和催化等领域具有极大的应用潜力。

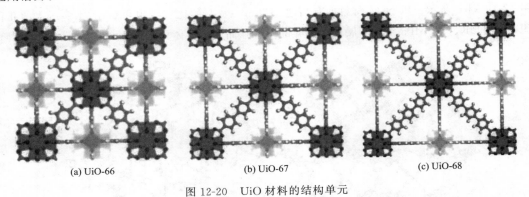

(a) UiO-66   (b) UiO-67   (c) UiO-68

图 12-20　UiO 材料的结构单元

12.3.3　MOFs 材料的制备方法

MOFs 的合成方法已经得到了广泛探索，可大致分为三个发展阶段。首先是传统均相法或扩散法，即在溶液体系中随着溶液缓慢蒸发或扩散达到过饱和，获得较大尺寸的 MOFs 晶体。其次是溶剂热或水热法，在高温高压的反应环境下溶液中反应物达到过饱和而结晶。该合成方法能够显著加快反应动力学而缩短反应时间，也可很好地控制 MOFs 材料的尺寸、形貌和结晶度等。最后是电化学合成法、微波辅助法、溶胶-凝胶法、离子热合成法、固相合成法、超声处理法和机械研磨法等新型合成方法，可进一步加快速合成 MOFs 材料的速度。在 MOFs 材料的合成过程中，合成参数和条件的调控也对 MOFs 的尺寸和形貌有着极大的影响，包括溶剂种类、结构导向剂、矿化剂、反应浓度、温度等。

此外，除了传统的分步方法，新型高通量合成方法也被广泛研究。高通量溶剂热合成方法是加速新化合物发现的有力工具，并优化合成过程。高通量合成方法具有自动化、并行化和小型化等特点。例如，并行反应堆通常基于 96 平行板形式，已被广泛采用，其反应体系可以是从几微升到几毫升的混合物。为了促进合成过程，在以不同比例处理少量起始原料及产品快速表征方面也非常需要一定程度的自动化和高通量。

MOFs 材料的合成方法、反应温度和反应产物总括如图 12-21 所示。

12.3.4　MOFs 材料的应用

（1）能源存储与转换

MOFs 材料具有比表面积高、孔隙结构可调、有机连接体和金属节点种类多、合成简单、可包含一个或多个功能组分等优点，已广泛应用于各种能量储存和转换系统中，包括锂离子电池、超级电容器、电催化和光催化。目前，高性能储能电池对电子产品的高度普及和"碳中和"目标的实现起着非常重要的作用。

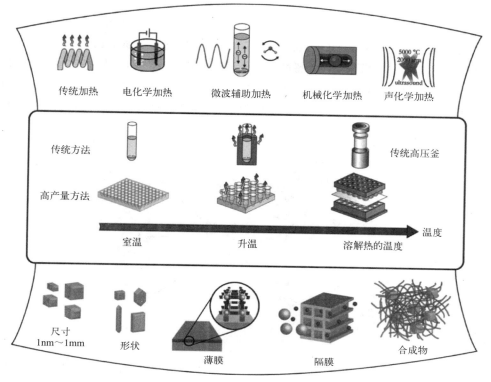

图 12-21　MOFs 材料合成方法、反应温度和最终反应产物总括

近些年，MOFs 材料在提升电池性能方面引起了广泛关注。例如，一种具有核壳结构的四氧化三铁和 MOFs 复合材料（Fe_3O_4@HKUST-1）有利于电解质的渗透，并在电池循环过程中表现出优异的容量保持能力。HKUST-1 涂层不仅有利于电解质的渗透，而且其对共轭苯环和羧基使整个电极具有良好的导电性。相对于纯 Fe_3O_4 材料，Fe_3O_4@HKUST-1 复合材料展现出显著增强的倍率性能和优异的循环稳定性。对于锂硫电池，在有机电解质中充放电时，中间产物多硫化物的溶解导致硫正极容量快速衰减和循环寿命缩短。为了解决这个问题，研究者开发了带有 HKUST-1 涂层的氧化石墨烯隔膜，可以选择性地透过锂离子，同时阻断多硫化物。所选的 HKUST-1 具有三维通道和高度有序的 9Å 微孔，适合阻断多硫化锂。为了制备出柔性且牢固的复合隔膜，HKUST-1 层原位生长在氧化石墨烯层上，并通过平行排列形成紧密黏附的膜。基于 HKUST-1@GO 隔膜的锂硫电池具有高的库仑效率和优异的循环稳定性。由于其固有特性，如具有丰富的孔隙率、充分暴露的功能基团和高比表面积，包括 ZIF-8、MIL-53（Al）、MIL-101（Cr）、PCN-224 和 MOF-5 等的 MOF 材料均具有较强的物理限制和化学吸附，可有效抑制多硫化物穿梭，提升锂硫电池的电化学性能。此外，MOF 材料在钠离子电池、钾离子电池、锌离子电池和铝离子电池中均有应用。

超级电容器也是下一代高性能能源存储最有前途的设备之一，可以瞬间提供比电池更高的功率密度。与传统电极材料相比，MOFs 材料作为一种新兴的电极材料得到了广泛的研究。虽然纯 MOFs 可以提供丰富的活性位点，从而促进离子快速扩散，但其本身较差的导电性在很大程度上降低了超级电容器的性能。通常采取两种策略来解决这一问题，即与导电材料形成复合材料和合成导电 MOFs。如图 12-22 所示，研究者设计了在碳布上生长的导电聚苯胺（PANI）上涂覆 ZIF-67（PANI-ZIF-67-CC）。MOFs 粒子与导电聚苯胺相互交织后，得到了明显的电化学双电层，这是由于 MOFs 表面同时存在离子和电子。因此，PANI-ZIF-67-CC 复合材料展现出前所未有的高面积电容，超过了此前报道的基于石墨烯、导电聚合物、金属氧化物等的超级电容器。直接在基底上涂敷导电 MOFs 也可以获得较高的超级电容器性能，例如研究者报道了一种二维导电 $Ni_3(HITP)_2$ 纳米片泡沫镍基板，展现出优异的超级电容器性能，经过 10 万次循环后，仍具有 84% 的容量保持率。

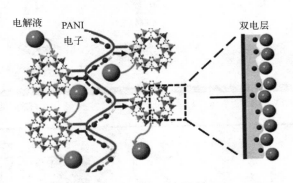

图 12-22 聚苯胺-MOFs 复合材料交织网络示意

由于其可调节的多孔结构、超高的比表面积、晶体框架内的单分散活性中心以及可结合异相催化剂和分子催化剂的优点，MOFs 材料在析氢/析氧反应、氧还原反应、CO_2 还原反应等重要电催化反应中得到了越来越多的关注。为了充分发挥 MOFs 材料的电催化性能，通常将 MOFs 材料与金属泡沫、石墨烯、MXene（一类二维无机化合物，由几个原子层厚度的过渡金属碳化物、氮化物或碳氮化物构成）等导电材料合理复合。例如，麦立强等人报道了一种简易、普适的低压气相超组装策略，实现了在多种氧化物表面原位生长薄 MOFs 涂层。经过热处理，制备了具有几纳米厚碳涂层的金属基复合材料。通过控制热处理过程，所制备的碳包覆 CoNi 纳米线阵列具有可调的析氢和析氧电催化性能。

在化学中，光催化是在催化剂存在的情况下加速光反应，包括为形成电子和空穴而吸收光，以及由分离的电子驱动的催化反应。一般来说，光催化剂对特定反应的催化效率有很大的影响。相比 TiO_2 等传统半导体光催化材料，MOFs 材料因其独特性展现出优异的太阳能-化学能转换反应性能，在水分解、CO_2 还原和有机光合成方面有很大的前景。一方面，在分子水平上丰富的、可调节的催化活性金属位点和/或功能性有机配体赋予目标 MOFs 可定制的物理和化学功能；另一方面，大的比表面积、独特的微孔/中孔和相互连接的通道为光敏剂和催化基团提供了理想的宿主。因此，根据 MOFs 的特性和功能不同，在光催化体系中 MOFs 材料可分别用作光催化剂、助催化剂和宿主材料。具体来说，当 MOFs 直接用作光催化剂时，它们的有机桥接配体在光照射下吸收光产生光生载流子，用于后续的光氧化还原反应。当 MOFs 用作助催化剂时，其他光吸收元件（例如染料和半导体）在光照射下形成电子和空穴，而 MOFs 有效地促进了这两种电荷的形成、分离和催化反应。对于 MOFs 宿主，非活性的 MOFs 被用来固定光诱导反应的活性剂和催化剂。

（2）气体分离

气体分离是许多领域中分离化学混合物组分的一种关键产业型和能源密集型工艺，特别是性质相似的气体混合物很难被分离。虽然近年来取得了很大的进展，但高性能气体分离材料和更好的加工/制造技术仍是实现高分离效率和低成本所迫切需要的。对于微孔无机材料（如碳分子筛、沸石等），很难同时实现高渗透性和高选择性地分离具有挑战性的气体混合物，极大地限制了其分离效率。此外，沸石的晶体结构和碳分子筛的非晶态孔隙结构的数量也使其难以推广。MOFs 在气体分离方面的优势在于：①孔隙结构可通过改变无机金属离子和有机连接剂来合理控制；②孔表面结构可通过多种方法被丰富的官能团修饰。通常情况下，MOFs 用于气体分离是基于气体混合物中不同分子的大小和形状，或它们与 MOFs 中特定金属和有机连接分子的相互作用（如氢键相互作用、范德华相互作用、分子相互作用）。

在已经探索过的膜材料中，沸石咪唑酯骨架（ZIF），特别是 ZIF-8 和 ZIF-67，对于分离重要的工业混合物（如丙烯/丙烷）具有很好的效果，被认为是目前使用的蒸馏分离方法难以达到的。最近，研究者报道了一种全气相沉积技术制备的高质量 ZIF-8 薄膜。首先，通过原子层沉积技术在多孔载体中生长氧化锌，然后通过 2-甲基咪唑配体-蒸汽处理法将氧化锌原位转化为 ZIF-8 薄膜。在原子层沉积之后，所获得的纳米复合材料表现出低丙烯通量和差的选择性，表明氧化锌沉积层使丙烯在衬底中完全阻滞。然而，经过配体-蒸气处理之后，丙烯渗透性和丙烯/丙烷选择性分别提高了 3 个和 2 个数量级。

为了权衡气体渗透性/气体选择性的问题，研究者设计并构建了一种新型核壳多孔晶体结构（MOF@ZIF），由于其固有的结构，通过孔隙工程得到的核壳结构表现出了增强的协同优势：①大孔隙的 UiO-66-NH$_2$ 核为分子提供便利的运输途径；②小孔隙 ZIF 和核壳不相称的孔隙重叠产生的小孔隙大大改善了分子筛的筛分性能。二氧化碳和氮气分子的动力学直径分别为 0.33nm 和 0.364nm，表明这两个分子的动力学半径差小于 10%，导致它们很难分离。优化的 MOF@ZIF 薄膜展现出了高的二氧化碳渗透率和高二氧化碳/氮气选择性。因此，将双通道核壳 MOF@ZIF 作为填料，实现了复合膜的透气性和 CO$_2$/N$_2$ 选择性的同时提高。此外，这种具有协同渗透率/选择性特性的核-壳设计策略可以应用于解决其他具有挑战性的分离问题。

（3）气体吸附与存储

由于具有极高的表面积和结构多样性，MOFs 在气体（如氢气、二氧化碳、甲烷和惰性气体）吸附和储存方面引起了人们的极大兴趣。在过去的十年中，研究者们致力于制定有效的策略来改善其相对弱的物理吸附力。一种典型的方法是通过孔径改性和引入配位不饱和金属位来探索和构建独特的功能 MOFs 材料。然而，由于其固有的和有限的物理吸附力，纯MOFs 材料用于气体的吸附和储存效果仍不理想。另一种有效和有前途的策略是构造独特的金属纳米材料/MOFs 复合结构，结合了金属纳米材料的强吸附能力和 MOFs 的高表面积。

（4）加氢反应

催化加氢一般是指氢与催化剂上的不饱和底物之间的化学反应，在工业生产中具有很大的潜力。目前，金属纳米粒子，特别是贵金属纳米粒子，由于具有发达的表面和高内在活性，已成为加氢反应用催化剂的研究热点。MOFs 和金属纳米粒子复合可以赋予核壳纳米复合材料的优点为：①MOFs 的支持和保护，可防止金属纳米颗粒聚合和稳定催化加氢过程；②MOFs 涂层作为分子筛，由于其可调节的孔隙率，可在沸石与介孔材料之间架起桥梁，对催化加氢具有较高的选择性；③MOFs 由于不饱和金属离子/簇合物和功能性有机连接物的存在，与金属纳米颗粒协同作用，提高了复合催化加氢性能。独特的功能金属纳米颗粒/MOFs 复合材料作为多相催化剂，已广泛用于不同不饱和分子底物（如 α-酮酯、苯酚、乙炔、1-辛烯、1-己烯、1-氯-2-硝基苯、苯乙烯、硝基苯和苯甲醛）的加氢反应。

（5）传感器

由于其可调的结构和功能化特性，MOFs 在化学传感器方面也显示出巨大的潜力。通过修饰有机配体或金属离子/簇，功能化 MOFs 可以针对特定的传感器进行调制。例如，在 MOFs 结构中引入镧系金属离子的发光 MOFs 通常用于光学传感器。为了实现高效和特异的信号识别，功能纳米材料与 MOFs 复合也用于光学、电化学、机械和光电化学等传感器。

合理设计新型半导体@MOF 核壳异质结构是实现高选择性传感器的有效途径。例如，为了将纳米结构金属氧化物的高灵敏度与 MOFs 的高选择性和催化活性相结合，研究者首次设计并将其构建了一种均匀疏水和催化 ZIF-CoZn 涂层材料包覆在氧化锌纳米线阵列上，并将其应用于化学电阻气体传感器。在溶液合成过程中，以直径为 $50\sim100nm$ 的氧化锌纳米线为自模板，在其表面诱导非均相成核和生长 ZIF-CoZn 薄膜，形成核壳结构。通过调节反应参数，可以容易地控制目标壳层的厚度。氧化锌纳米线作为活性材料吸附氧种与界面分析物之间的氧化反应，从而导致氧化锌电导率的变化。另一方面，采用 ZIF-CoZn 壳作为分子筛，选择性地允许目标分析物通过，使核壳复合材料对气体传感器具有较高的选择性。此外，ZIF-CoZn 壳层中的二价钴离子具有良好的催化性能，增强了集成传感器的响应和反馈行为。

（6）药物输运/细胞保护

MOFs 也是一种有前途的药物输运/细胞保护的候选宿主材料。首先，通过调节金属离子/簇和有机配体，所制备的功能 MOFs 多种形态、可调尺寸和丰富的成分，从而赋予了它们特定的物理/化学特性。合成化学还可以用于获得定义良好的复合材料，将 MOFs 与目标药物/细胞结合，实现高效生物应用程序。其次，与传统的无机材料相比，MOFs 具有超高的比表面积和孔隙率，使得 MOFs 载体具有高的载药量，特别是对于小分子药物。再次，MOFs 的弱配位键实现了其易于生物降解的目标药物/细胞释放。刺激响应型 MOFs 可以通过不同的环境条件（如 pH、磁场、离子、温度、光和压力）来控制药物释放。

为了提高功能性生物大分子在生物技术中的稳定性，研究者们发展了一种新的仿生矿化方法，将生物大分子（如蛋白质、酶和 DNA）包裹在 MOFs 中（图 12-23）。在矿化合成过程中，各种生物分子在其表面诱导 MOFs 形成，并在生理条件下控制合成的 MOFs 形态。所产生的生物复合材料在通常可以分解许多生物大分子的条件下是稳定的。例如，脲酶和辣根过氧化物酶被保护在 MOFs 壳内，发现其在 80℃处理和二甲基甲酰胺（153℃）煮沸后仍然保持生物活性。这种快速、低成本的仿生矿化过程为生物大分子的开发提供了新的可能。此外，为了解决活细胞在环境条件下（如紫外线辐射、营养不良、脱水和高温）的固有脆弱性，稳定的生物相容性 MOFs 涂层在细胞保护方面受到了广泛关注。例如可以通过为活细胞制备

MOFs 保护涂层，保护它们免受外部环境的损伤和细胞活性的丧失。

本节介绍了 MOFs 材料的基本化学性质、分类、功能特点，简要概述了 MOFs 材料的合成方法，尤其重点强调了新型高通量合成方法。基于其结构特征，MOFs 材料及其功能复合材料在许多前沿应用中显示出巨大的潜力，包括电池、超级电容器、电催化、气体分离、气体吸附和存储、传感器、光催化、加氢和药物输运/细胞保护。虽然近十年来 MOFs 材料取得了很大的进展，但在实际应用和新兴应用方面仍有很长的路要走。为了进一步研究 MOFs 材料，一些重要的方向和机遇如下：①深入理解 MOFs 材料及其复合材料的结构-性能关系，精确控制功能性 MOFs 材料的可调成分、孔隙率、结构、尺寸和/或形貌，以满足高性能应用；②与 MOFs 材料相结合的新型功能材料的探索；③MOFs 及其复合材料的合成新策略；④将 MOFs 及其复合材料引入新的跨学科领域（如高分子材料、纳米科学、计算模拟、生物医学等）；⑤面向大规模实际应用的低成本和高产出量技术。

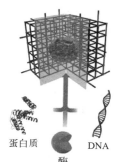

图 12-23　多种生物大分子封装在 MOFs 中

 拓展阅读

金属有机框架材料之父——奥马尔·亚基（Omar M. Yaghi）

1965 年，Yaghi 教授出生于约旦的一个难民家庭。他 15 岁时赴美求学，先是在哈得逊谷社区学院 (Hudson Valley Community College) 上课，后来转学到纽约州立大学奥尔巴尼分校 (University at Albany, State University of New York)。刚到美国的 Yaghi 基本不会英语，但凭借刻苦的努力，他顺利完成了所有大学课程，并在 20 岁时就拿到了学士学位。Yaghi 随后进入伊利诺伊大学香槟分校，师从 Walter G. Klemperer 教授，于 1990 年获得了博士学位。随后在哈佛大学作为博士后工作了两年，师从 Richard H. Holm。之后又作为助理教授在亚利桑那州立大学开始科学研究，后又陆续就职于密歇根大学 (1999—2006) 和加州大学洛杉矶分校 (2007—2012)。2012 年至今任职于加州大学伯克利分校。独立工作以后的 Yaghi 教授获得了数不清的荣誉，他也是目前论文被引用次数最多的科学家之一。从难民到著名科学家，Yaghi 教授的成长轨迹充满了正能量。

"我爱上了化学。爱好是你享受和放松的事情——而对我来说，我的爱好就是化学。" Yaghi 幼时看到了分子结构式的图画，当时并不知道它们是什么，但却本能地爱上了。他认为分子式和晶体结构等是化学的一些美好方面，对化学结构及其功能非常感兴趣。Yaghi 认为有机金属骨架材料是有史以来最漂亮的化合物，它们错综复杂的结构和多样性的结构模式让他非常着迷。他喜欢研究分子结构和周期表，以及如何将其转化为化合物、化学反应、新材料和新的化学理论。Yaghi 也一直对新化合物感兴趣，认为它们揭示了大自然在试图告诉我们的东西，它们往往是解开更大难题的钥匙。比如，可能人们一直在研究某个机理方面的课题，一旦获得了某个化合物的晶体结构，这一课题可能就迎刃而解了。通过合成新的化合物并研究它们的性质，是可以解决许多社会性问题的！

Yaghi 认为科学是我们所有人都能说的世界通用语言，它是一种超越人与人之间人为障碍的方法。其团队在过去的 10 年中，已帮助其他国家的科学家和科研机构建立了研究基础设施。同时，他也为化学研究变得同质化或者说循规蹈矩了而感觉到忧虑。研究者们都遵循某种蓝本去学习某些做事方式，而只有少数人对此有不同意见。Yaghi 鼓励并引导学生勇于冒险、大胆尝试，只有这样才能超越已有的知识。鼓励在不寻常的领域进行创造性研究，不能陷入所有人都遵循的模式，而忘却了初心和激情。

同时，Yaghi 试图改变世人对化学家们的片面印象。一名典型的化学家往往被认为只是从事实验室工作的人——这是一种非常传统的思维方式，即化学家只是使用试管和圆底烧瓶而不操心外界的情况。Yaghi 认为，要改变这样的观点，我们还有很多要做。

Yaghi 为研究者们开拓了一番广袤的天地，数万种美丽的分子结构相继被研发出来，在多个领域展现出可观的应用前景。Yaghi 教授将 MOFs 用于从干燥空气中（类似沙漠地区的空气）获取水分，仅依靠太阳能即可获得清洁的饮用水。如果成功实施，MOFs 可以改善缺乏清洁水的地区数百万人的生活，帮助提高用水独立性并提高生活质量。他向世人证明，化学是美丽的，化学也在造福人类社会。

12.4 手性材料

12.4.1 手性材料概述

手性（chirality）一词，源于古希腊语"手"（cheir），是一个物体与其镜像不存在几何对称性，并且不能通过平移或旋转等对称操作使物体与其镜像相重合的特性，是物体的各个组分在三维空间紧密排列的相关结构性质。如同人的左手和互成镜像的右手，看起来完全相同，但是不能重叠，如图 12-24 所示。1815 年，让·巴蒂斯特·毕奥（Jean-Baptiste Biot）首次发现云母独特的光学性质。1904 年 Kelvin 首次定义了手性：任何立体构象，如果本身与其镜像不能重合，则它就是手性的。手性用于表达分子结构的不对称性，互为镜像关系的立体异构体称为对映异构体。对映异构体都具有旋光性，因此又称为旋光异构体，其结构相似，在相同条件下具有相同的物理性质。手性材料可以由手性分子构成，也可以由非手性分子构成。具有手性结构的材料，仅通过单纯的平移和旋转不可能同变形前的结构完全重合，必须通过镜像操作才能使其重合，所以手性对称性也叫镜像反射对称性。简单来说，一个物体和它在镜子中的像在手性上刚好相反。判断物质有无手性的可靠方法是看有没有对称面和对称中心。

手性是自然界的基本属性。手性现象在自然界和人造材料中也广泛存在，并与我们的生活休戚相关。大至星系旋臂、行星自转、大气气旋，小到动植物、矿物晶体、有机分子、纳米材料等，自然界和生命体中手性形貌的材料和结构比比皆是，例如，蜗牛、贝类动物螺旋线的壳、藤本植物的茎、人的发旋、葡萄糖分子、化学中具有螺旋结构的高分子化合物和 DNA

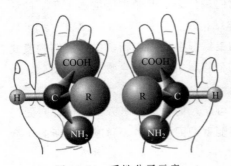

图 12-24　手性分子示意

分子等，如图 12-25 所示。此外，手性作为一个几何操作量，在生产螺丝、螺纹、弹簧和高尔夫球杆等产品中被广泛应用。

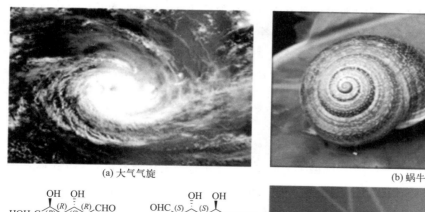

(a) 大气气旋

(b) 蜗牛

(c) 左旋和右旋葡萄糖

(d) 脱氧核糖核酸(DNA)

图 12-25　自然界中的手性结构

分子手性是化学和生物学的主要课题。在漫长的生命形成和演变过程中，手性物质往往只有一种构型受到偏爱。例如，自然界中的糖都是 D 构型，氨基酸都是 L 构型，DNA 的双螺旋结构都是右手螺旋。正因为如此，自人类诞生以来，手性物质及材料就已经融入了我们的生命和生活，影响着我们的健康。今天我们所使用的药物多数是手性药物。此外，手性材料也得到了广泛应用。例如，手性液晶材料为我们提供了更加清晰的视屏；手性传感材料、手性仿生材料等为我们带来了许多憧憬。

经过 100 多年的不懈努力，手性研究已从过去的少数专家的学术研究发展成为大面积科学研究，在一些领域中已经带来了巨大的经济效益。材料的手性已经变成越来越需要考虑的问题。现如今，化学家们已经逐渐了解了手性物质及材料创造的规律。从采用手性源的不对称合成到酶催化不对称合成，从手性有机金属催化不对称合成到手性有机小分子催化不对称合成，化学家们已经发展了许多的手性试剂、手性催化剂、不对称合成新反应和新方法，并创造出了很多的手性物质，其中包括手性药物、手性农药、手性液晶材料等，极大地推动了手性材料的发展。目前，手性材料已与生命科学、环境科学、信息科学、材料科学、空间科学等深度交叉融合，并将在认识自然、诠释生命起源、呵护人类健康、保护环境等方面发挥越来越重要的作用。

12.4.2　手性材料的合成

手性材料的创造与转化，以及手性材料的表征和性能等研究已经形成一门新兴的化学学科——手性化学。往往采用手性原料、手性催化剂等，通过不对称反应、不对称催化反应及手性拆分等方法合成和构筑手性材料。在手性材料研究中，合成和构筑手性物质是指得到单一对映异构体或者一种对映异构体过量的具有光学活性的手性材料。由此可见，手性材料的合成和构筑除了注重传统合成化学关注的合成效率和选择性（化学选择性、区域选择性、立体选择性等）外，更注重获得单一对映异构体的产物。因此，手性材料的创造难度更大。为了避免"无效"对映异构体的产生，手性材料的合成和构筑更加追求精准和环境友好，它代表了合成化学未来的发展趋势。

（1）天然产物的提取

天然产物的提取及半合成是指从天然存在的光活性化合物中获得，或以价廉易得的天然手性化合物氨基酸、萜烯、糖类、生物碱等为原料，经构型保留、构型转化或手性转换等反应，方便地合成新的手性化合物。天然存在的手性化合物通常只含一种对映体，用它们作起始原料，经化学改造制备其他手性化合物，无需经过繁复的对映体拆分，利用其原有的手性中心，在分子的适当部位引进新的活性功能团，就可以制成许多有用的手性化合物。如，用乳酸合成(*R*)-苯氧基丙酸类除草剂；从紫彬树树皮中发现和提取具有极强抗癌活性的紫彬醇（图 12-26）。

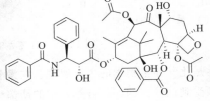

扫码看彩图

图 12-26　紫彬树和紫彬醇

（2）外消旋化合物的拆分

手性化合物的拆分就是给外消旋混合物制造了一个不对称的环境，使两个对映异构体能够分离开来。手性拆分技术可分为晶体拆分、物理拆分、化学拆分和生物拆分。最早实现消旋体拆分的是巴斯德（Pasteur），他用晶体拆分法得到了酒石酸对映体。虽然这种直接结晶法拆分较方便、经济，但其应用范围有限，不能大规模应用。利用手性柱色谱对手性产物进行物理分离操作简单，操作费低，被认为是研制对映体药物的首选方法，但绝大多数报道只是将此方法作为实验室手段，进行手性化合物的分离、分析和纯度测定。

化学拆分法是最常用和最基本的有效方法，利用手性化学试剂根据两种非对映体异构体的物理性质差别，分离两个对映体。首先将等量左旋和右旋体所组成的外消旋体与另一种纯的光学异构体（左旋体或者右旋体）作用，生成两个理化性质有所不同的非对映体，然后利用其溶解性的不同，一种溶解另一种结晶，过滤将其分开，再用结晶-重结晶手段将其提纯，最后去掉所用的纯的光学异构体，就能得到纯的左旋体或右旋体。由于工艺复杂、试剂昂贵、光学纯度不高等缺点，目前只有个别产品可用该法生产。

生物拆分法是指用微生物（或酶）催化剂拆分外消旋体。生物催化拆分具有以下显著优点：选择性强、催化效率高、反应条件温和、生产安全性高、应用范围广、副反应少、产率高、产品分离提纯简单，且生物催化剂无毒、易降解，对环境友好，适于工业化大规模生产。目前，绝大多数氨基酸（包括非天然氨基酸）都能用酶法拆分得到高纯度对映体，许多常见氨基酸已能大规模生产，脂肪酶、酯酶、蛋白酶、转氨酶等诸多酶类已能用于外消旋体的拆分。图 12-27 为利用左旋内脂水解酶拆分泛内酯。酶的固定化、多相反应器等新技术的日趋成熟，大大促进了生物拆分技术的发展。

OH
O
O
泛内酯
左旋内酯水解酶
L-泛内酯
+
COOH
D-泛解酸
D-泛内酯
消旋化
内酯化

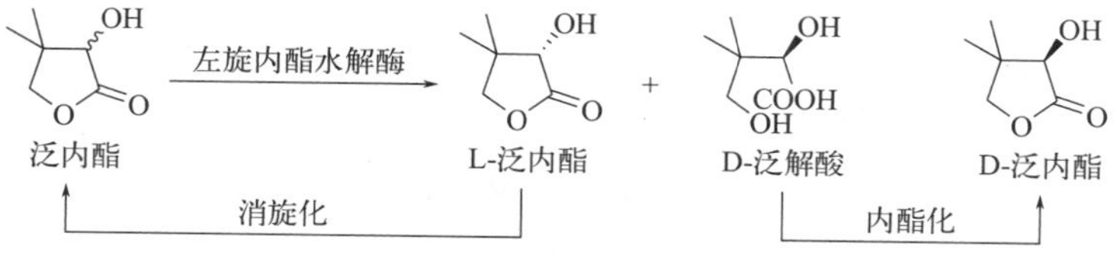

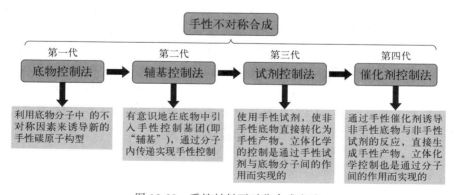

图 12-27 利用左旋内脂水解酶拆分泛内脂

（3）手性不对称合成

自然界创造的手性物质是有限的，无法满足人类社会发展的需求。因此，化学家们尝试采用人工合成的方法创造新的手性物质。手性不对称合成，是指在反应物分子体系中的一个非手性单元被一个反应试剂转化成为一个手性单元，而产生不等量的立体异构体产物的有机合成。这里所说的“反应试剂”可以是化学试剂、溶剂、催化剂或物理因素（如圆偏振光）。可以看出，手性不对称合成是根据其反应过程所具有的不对称性这一特征而定义的。从 Fischer 首次提出不对称诱导的概念并实现首例手性化合物转化，和 Marckwald 首次由非手性化合物制备光学活性化合物的不对称合成，到 Knowles 等首次实现不对称催化氢化反应及其在手性药物生产上的应用，手性材料的合成经历了从探索与实践到为人类社会发展服务的飞跃。

按照手性基团或试剂在手性合成过程中的影响方式，手性不对称合成可分为底物控制法、辅基控制法、试剂控制法、催化剂控制法 4 种方法，如图 12-28 所示。

手性不对称合成
第一代
底物控制法
利用底物分子中 的不对称因素来诱导新的手性碳原子构型
第二代
辅基控制法
有意识地在底物中引入手性控制基团(即“辅基”)，通过分子内传递实现手性控制
第三代
试剂控制法
使用手性试剂，使非手性底物直接转化为手性产物。立体化学的控制是通过手性试剂与底物分子间的作用而实现的
第四代
催化剂控制法
通过手性催化剂诱导非手性底物与非手性试剂的反应，直接生成手性产物。立体化学控制也是通过分子间的作用而实现的

图 12-28 手性材料不对称合成方法

底物控制法：第一代手性不对称合成。其特征是利用底物分子中的不对称因素来诱导新的手性碳原子的构型。在底物中，新的手性单元常常通过与非手性试剂反应而产生，此时临近的手性单元对反应试剂进攻的途径（非对映选择性）产生影响，从而生成以某一种构型为主的新的手性单元。

辅基控制法：又称第二代手性不对称合成。这一方法与第一代在不对称诱导方式上相似，手性控制仍然是利用底物中已经存在的手性基团，通过分子内传递而实现的，其不同点是手性控制基团（即"辅基"）是有意识引入的，以便对反应进行控制，完成任务后可以被容易地除去。

试剂控制法：被认为是第三代手性不对称合成。该方法使用手性试剂，使非手性底物直接转化为手性产物。可以克服第二代方法中因手性辅基引入和除去而增加额外步骤的缺点。这里立体化学的控制是通过手性试剂与底物分子间的作用而实现的。

催化剂控制法：在前三类手性不对称合成方法中，都要使用化学计量的光学纯化合物，尽管在某些情况下可以通过回收重新使用，但显然是不符合原子经济性原则的。因此，发展用手性催化剂控制反应的合成方法，即第四代手性不对称合成，成为化学家追求的目标。通过手性催化剂诱导非手性底物与非手性试剂的反应，直接生成手性产物。这里的立体化学控制也是通过分子间的作用而实现的。利用手性催化剂而进行的不对称合成，是实现手性增殖的最有效的方法，因为手性催化剂在反应过程中不被消耗，一个高效率的催化剂分子可以产生成百上千，乃至上百万个光学活性产物分子，是最有工业应用前景手性合成技术。在催化剂控制的手性不对称合成中，催化剂可以是酶或人工合成的手性分子。酶催化的手性合成具有高反应活性和高度立体选择性的特点，但由于自然界手性的均一性，通常难以获得另外一种绝对构型的产物。人工合成的手性催化剂，则可以克服上述缺点，因此二者可以互为补充。人工合成的手性催化剂，通常是由手性配体与金属离子形成的配合物，金属离子是催化反应的活性中心，配体的手性控制反应的立体选择性。最近的研究还发现，有机小分子在一些不对称反应中，也能起到类似于酶的催化作用。这样可以避免使用金属离子而带来的污染问题，因此这方面的研究工作正成为不对称催化研究的一个热点。

20 世纪 60 年代，威廉·诺尔斯（William S. Knowles）、野依良治（Ryoji Noyori）和巴里·夏普莱斯（K. Barry Sharpless）三位科学家使用金属催化剂成功实现了不对称催化，利用化学反应的动力学和热力学不对称性进行单一对映体的合成，他们也因此在 2001 年获得了诺贝尔化学奖，这是对手性物质合成为人类社会做出巨大贡献的高度认可和褒奖。这一突破广泛应用于治疗治疗帕金森病的左旋多巴（L-DOPA）的工业化生产。合成 L-DOPA 的关键步骤如图 12-29 所示。2021 年诺贝尔化学奖授予德国化学家本杰明·利斯特（Benjamin List）和美国化学家大卫·麦克米兰（David W. C. MacMillan），以表彰他们在"不对称有机催化"研究中做出的突出贡献。他们开发了一种精确的分子构建新工具——"有机小分子催化"，这对药物研究产生了巨大的影响，使化学和药物合成更环保。

12.4.3　手性材料的应用

手性分子、手性微结构所对应的对称性，使得手性材料具有很多光学、电学和力学性能。在高分子和生物材料以及合成材料中，几何形貌的对称性对其物理性质以及功能有着显著影

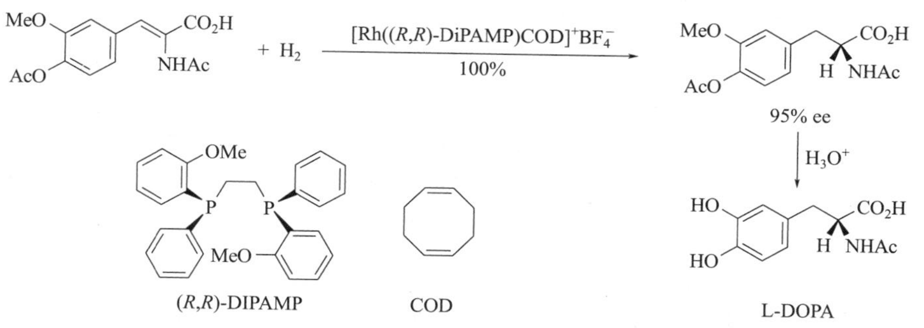

图 12-29　合成左旋多巴（L-DOPA）路线中的关键步骤

响。例如，手性形貌使金属、半导体和聚合物纳米螺旋带具有超弹性和独特的光电性能。因此，控制材料的手性形貌成为调控纳米材料性能甚至功能的有效手段。由于其特殊的几何形状和丰富的电、光和力学性能，这些具有手性形貌的材料在微纳机电系统、生物、医学等重要领域具有很好的应用前景。

（1）在光电领域的应用

手性材料在光电子学和自旋电子学领域具有非常大的潜力。根据纽曼-居里（Neumann-Curie）原则，手性材料由于自身的结构对称性破缺，具有一些本征的特殊性质：圆二色性、线偏光偏转、倍频、压电、热释电、铁电和拓扑量子性能等。其中，圆二色性是指手性材料可以选择性地吸收或者发射左旋圆偏振光和右旋圆偏振光，这也是手性材料独有的性质。与传统依赖于光学元件的圆偏振光探测和圆偏振光源相比，手性材料不依赖于额外的光学元件，可以直接用来探测圆偏振光，并且可以作为圆偏振光光源，有利于实现更加集成、便携式的柔性光电器件。在显示领域，需要用防眩光过滤器来降低外界光源（如太阳光、日光灯）的干扰，但是会损失一半的亮度。然而，基于手性发光材料的显示器，其发出的圆偏振光可以直接通过过滤器，而没有能量损失。最近，基于手性材料的圆偏振发光二极管，其电致荧光的不对称因子（gEL）已经达到1，接近完全圆偏振的光源（不对称因子为2）。此外，手性材料还可以用于生物成像、防伪、三维显示、量子计算和自旋电子学等领域。但是总体上讲，目前手性材料在光电方面的研究还相对较少，离实际应用还有比较大的距离。其中最主要的原因，就是常规手性材料的手性还相对较弱，对圆偏光的选择性还不够好。因此，要想实现手性光电材料最终的实用化，必须发展新型的、低成本的、可溶液处理的，兼具良好光学、电学和自旋性能的多功能强手性光电材料。

金属卤化物钙钛矿纳米材料因其丰富的化学结构和优异的光电性能，已成为一种极具应用前景的半导体材料。在钙钛矿无机框架中引入有机手性分子后，能够比较容易地得到手性钙钛矿纳米材料，从而可以极大地推动智能光电材料和自旋电子器件的快速发展。其中，手性有机-无机杂化钙钛矿结合了手性和钙钛矿材料优异的光学、电学和自旋性能，近期获得了广泛关注，在自旋调控、自旋滤波和手性自旋阀，非线性手性光电子学、铁电和圆偏振探测器等领域已经得到了初步的研究。研究人员通过将手性引入到有机-无机杂化钙钛矿体系中获得了具有优异圆二色性的非线性光学材料。基于手性依赖的二阶非线性光学效应（SHG-CD）打破了传统圆偏振光探测使用手性半导体的局限性，可以将探测区域拓展到近红外区。这一发现不但拓展了手性有机-无机杂化钙钛矿材料在非线性光学领域的应用，还提供了一种新的区分近红外左右旋偏振光的方法。

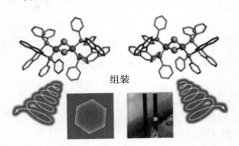
图 12-30　手性膦-碘化铜杂化簇
六角形小片状微晶和高度取向的结晶薄膜

手性发色团及其有序组装对于产生圆偏振发光（CPL）和探索内在结构-发光关系很有吸引力。研究人员制备出手性膦-碘化铜杂化簇及其结晶状态的层状组件，用于放大的 CPL。分子间相互作用赋予团簇组装成手性结晶 CPL 材料，包括六角形小片状微晶和高度取向的结晶薄膜，如图 12-30 所示。由于薄膜的高结晶特性，得到了一种具有明亮电致发光的电致发光器件。该工作是基于手性 CuI-膦杂化团簇组装材料而实现理想的 CPL 特性和光电性能的第一个例子，这意味着在从手性杂化团簇构建 CPL 材料和器件方面取得了开创性进展。

考虑到手性分子通过自组装在超分子层次上可以形成有序的手性组装结构，往往表现出相对于单分子状态更强的手性。因此，分子组装体系在构筑强手性光电材料方面具有更加显著的优势。借助自组装体系中的手性传递和超分子的智能响应性，研究人员设计了一种光敏肉桂酸共价连接的谷氨酸衍生物分子，实现了自组装系统中的手性多级次转移和手性信息的可逆转换。肉桂酸衍生物在甲醇中自组装形成具有螺旋纤维结构的超分子凝胶，在紫外光照下凝胶转化为溶胶，同时组装结构转变为纳米串珠。圆二色光谱表明，这两种纳米结构显示出相反的超分子手性，并且通过光、热的交替刺激可实现多级次的智能响应：溶胶-凝胶的相态转变、螺旋结构-串珠结构的切换及手性光谱信号的正负切换（图 12-31）。结合分子模拟数据阐明，肉桂酸衍生物的拓扑光二聚导致了其组装体系的智能响应。此外，该手性纳米结构

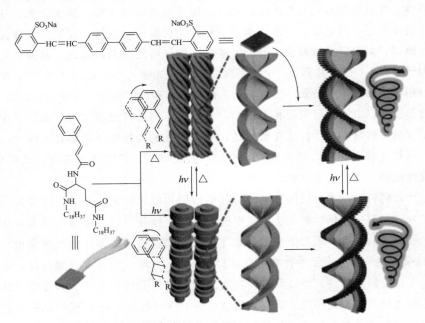
图 12-31　肉桂酸衍生物的自组装和其与手性荧光分子（CBS）的共组装
由交替的紫外线照射和加热/冷却触发形成纳米结构的手性和圆偏振发光（CPL）反转

可进一步传递其手性信息到非手性荧光分子，并产生诱导圆偏振发光。值得注意的是，非手性分子的CPL信号遵循手性纳米结构的手性而不是分子的固有手性。这些发现为深刻理解分子固有手性和手性纳米结构之间的关系提供了一个很好的例证，并将有助于开发新的智能响应性CPL材料。

（2）在电化学传感器领域的应用

在生命体中，手性物质的两个外消旋体存在的量不同，生命系统只有一种构型是朝着有利于生命的正向发展，生命体能够辨别不同构型的生物分子产生的不同代谢作用。例如，L-色氨酸作为天然存在的氨基酸，是人体必需的八种氨基酸之一，无法通过自身合成，只能从食物中摄取，对人体的生长发育及新陈代谢起着重要的作用；D-色氨酸主要存在于植物或者微生物中，对人体既无毒也不起促进作用。自然界的这种属性，使得生命活动的生物大分子或者其基本组成单元，如酶、蛋白质、多糖以及受体和离子通道等具有手性，当手性物质与他们作用时，只能选择与一种构象的手性小分子作用，这种在手性环境中的选择性识别叫做手性识别。简而言之，手性识别就是通过两个对映体与手性选择试剂之间作用能力的差异实现识别。随着学者对于手性识别的研究，目前的识别方法主要有色谱法、光谱法、质谱法和传感器法。传感器法中的电化学手性传感器法以识别迅速、价格低廉、操作简单等优点成为手性识别的研究热点。对于电化学手性传感器法最重要的步骤是制备电化学手性平台，因此如何选取高效的手性材料是人们一直面临的问题。

电化学手性传感器的基础是构建导电性良好的手性界面，识别不同手性物质时，需选择适当的手性识别材料，常用的手性识别材料有蛋白质、DNA、氨基酸及其衍生物、人工高分子聚合物、手性超分子化合物以及手性金属络合物。如图12-32所示，研究人员利用聚乙烯亚胺阻止海藻酸钠的团聚以及使海藻酸钠质子化，添加Cu^{2+}使其通过配位作用形成"海藻酸钠-铜"电化学手性平台，实现对色氨酸不同异构体的有效识别。海藻酸钠本身就具有一定的识别效果，但是识别能力较弱，加入Cu^{2+}后，电化学信号增强，对于氨基酸的识别能力增强。Cu^{2+}与海藻酸钠中的羧基配位形成氢键，增加了复合材料的导电能力，金属离子与氨基

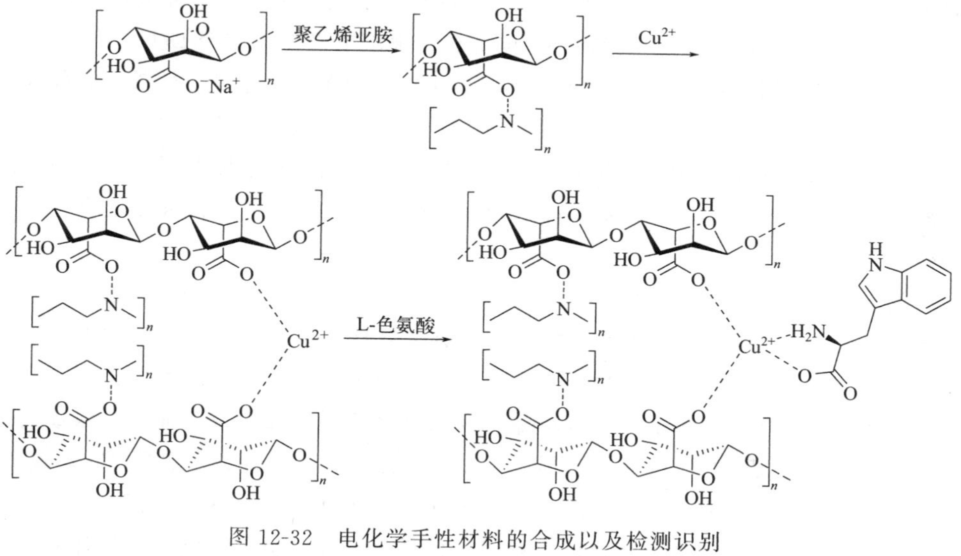

图12-32 电化学手性材料的合成以及检测识别

酸形成氢键，使识别能力增加，实现对色氨酸的精确识别。

① 蛋白质电化学手性传感器。

蛋白质是以氨基酸为基本单元构成的生物大分子，它结构复杂，具有一级、二级、三级和四级结构。不同的蛋白质在选择性方面差异很大，识别机理也十分复杂。在手性识别过程中，一般来说，是三级结构的疏水作用以及静电作用，使蛋白质和手性物质形成非对映异构体进行识别。蛋白质作为手性识别材料在电化学传感器中已广泛应用。作为手性识别材料的蛋白质主要有 γ-球蛋白、人血清蛋白（HSA）和牛血清蛋白（BSA）。例如，研究人员将 BSA 作为手性选择试剂，将其滴涂在甲苯胺蓝-石墨烯（TBO@rGO）修饰的玻碳电极上构建电化学手性界面识别萘普生（Nap）异构体。识别过程中，除了疏水作用，Nap 上的基团能够和 BSA 上残留的氨基通过静电作用或氢键作用产生识别。

② 脱氧核糖核酸（DNA）电化学手性传感器。

DNA 具有一级、二级和三级结构。一级结构是指构成核酸的 4 种基本组成单位；二级结构是指 2 条脱氧多核苷酸链反向平行盘绕所形成的双螺旋结构；三级结构是指 DNA 中单链与双链、双链之间的相互作用形成的三链或四链结构。用于手性识别的是一级结构上的活性基团和二级结构的双螺旋结构，如氨基和羧基，可以通过氢键作用和疏水作用等和手性物质结合，用于电化学手性识别。

DNA 上的磷酸基团，具有孤对电子，可以与带正电的碳纳米材料复合。研究人员将带正电的亚甲基（MB）复合在带负电的多壁碳纳米管（MWNTs）表面，再通过 MB 与 DNA 之间的静电引力将 DNA 缠绕在管状多壁碳纳米管上，可以有效识别奎宁（QN）和奎尼丁（QD）。将手性识别材料通过作用力和导电碳材料复合制备的传感器，相比于在电极上直接滴涂的方法，提高了电化学传感器的稳定性。

③ 人工高分子聚合物电化学手性传感器。

人工手性高分子聚合物主要有聚氨基酸、聚甲基丙烯酸以及聚氨酯类。它们的手性主要由它们小分子的手性造成，最终导致这些合成聚合物呈螺旋构型，如聚氨基酸及其衍生物具有特有的 α-螺旋构型，是电化学手性传感器中常用的识别材料。例如，研究人员用循环伏安法将 L-赖氨酸（L-Lys）或 D-赖氨酸（D-Lys）电沉积在玻碳电极上形成聚 L/D-赖氨酸薄膜用于识别多巴（DOPA）异构体。这种电化学传感器制法非常简单，没有碳基材料，但可以识别多巴异构体，这是因为多聚赖氨酸能导电，可以通过电流的差异实现识别。又例如，研究人员用电沉积的方法将 L-半胱氨酸聚合在碳基材料 MWNTs 修饰的玻碳电极上形成手性纳米薄膜识别色氨酸异构体，聚 L-Cys 和 MWNTs 都可导电，相比将手性识别材料直接聚合在 GCE 上，其识别效果更好。

另一类人工手性高分子聚合物为分子印记聚合物（MIP）。分子印记聚合物是通过分子印迹技术合成的对特定目标分子及其结构类似物具有特异性识别和选择性吸附的聚合物。分子印记技术是使要分离的目标分子与功能单体产生特定的作用而形成复合物。分子印迹是通过以下方法实现的：a. 使印迹分子与功能单体之间通过共价键或 π 键以及非共价键结合，形成主客体配合物；b. 在配合物中加入交联剂，通过引发剂引发进行热或光聚合，在印迹分子-单体配合物周围产生聚合反应；c. 将聚合物中的印迹分子通过适当的方法解析出来，形成具有识别印迹分子的结合位点。这个结合位点可以与模板分子及其类似物结合，即对手性模板分子及其类似物进行有效识别。基于这些原理，分子印记技术已广泛应用于电化学手性识别。

④ 超分子化合物电化学手性传感器。

手性超分子化合物也是一类常用的手性识别材料。这类手性选择试剂主要有环糊精、冠醚以及杯芳烃。手性超分子发生手性识别时通常需要满足三个要求：第一，对映异构体要与这类超分子的空穴形成包合物；第二，被分析物的疏水部分的体积要与手性超分子化合物的空穴大小匹配，这样被分析物就能稳定装入空穴内；第三，被分析物要具有柔软性，以便自身较容易进入空穴。

环糊精是电化学手性传感器中应用较多的手性识别材料，发生手性识别作用时，手性分子从大口径和小口径进入的识别结果不同。将 β-环糊精（β-CD）、铂纳米粒子（PtNPs）以及石墨烯纳米粒子（GNs）复合成纳米化合物（β-CD-PtNPs/GNs），将其修饰在玻碳电极上用于识别色氨酸异构体，这个过程中，色氨酸异构体主要从 β-环糊精大的口径进入，对 L-色氨酸识别效果更明显。研究人员用 Cu^{2+} 和环糊精较大口径边缘的羟基形成双核氢桥 $[Cu(OH)_2Cu]$，双核氢桥作为一个盖子阻止高能水分子从大口径逸出，将环糊精与 Cu^{2+} 配位之后的 Cu_2-β-CD 自组装在聚谷氨酸修饰的电极上，可以作为手性电化学传感器识别色氨酸异构体，当将其大口径封掉之后，色氨酸只能从小口径进入，结果表明，其对 D-色氨酸识别更明显。这两个识别结果表明，同一手性分子从大口径进入与小口径进入识别结果相反，可以利用其优势，验证识别结果。

⑤ 金属配合物电化学手性传感器。

近年来，由于电化学手性传感器的快速发展，配体交换的原理已逐渐应用于电化学手性识别。例如，研究人员将手性选择试剂键合到手性分析物上，通过引入 Cu^{2+} 形成 Cu^{2+} 配合物，建立了手性配体交换原理在色谱分析中的基础。在配体交换手性识别中，通常有 1 个金属离子，能够生成多齿配体，这些金属离子通常是 Cu^{2+}、Zn^{2+}。1 个金属离子能够结合 1 个对映体分子和 1 个手性选择试剂，形成具有金属配合物的非对映异构体，利用两者的热力学稳定性实现分离。

由于手性电化学传感器具有检测灵敏、快速和价格低廉等优点，在医药、医疗临床、农药、食品以及材料领域具有广阔的应用前景和市场需求。构建电化学手性传感器时，复合材料的稳定性、导电性、生物相容性以及结构引起了广泛的关注，手性识别材料也得到了广泛的发展，种类也越来越多。但是不同手性识别材料的识别机理尚不明确，在手性识别中受到了极大的限制。未来研究重点是通过共价接枝、电聚合以及电沉积等方法优化复合材料的性能，满足手性识别的市场需求。

（3）在吸波领域的应用

手性隐身材料是在 20 世纪 80 年代才开始研究的一种新型吸波涂料，众多的研究结果表明，手性材料能够减少入射电磁波的反射并能吸收电磁波，是一种具有螺旋构造的各向同性电磁材料，其特点是在电磁场的作用下会产生电场磁场的交叉极化，从而具有更好的吸波性能。与普通吸波材料相比，有两个优势：①调整手性参数比调整介电参数和磁导率容易，可以在较宽的频带上满足无反射要求；②手性材料的频率敏感性比介电常数和磁导率小，容易实现宽频吸收。因此手性材料在扩展吸波频带和低频吸波方面有很大的潜能，其在隐身飞机上的应用见图 12-33。1989 年 Jaggard 等从理论上证明在一定条件下可以将手性介质制备成无发射吸波材料，表明手征吸波材料具有吸波频率高和吸收占带宽的特点，这引起了广泛的兴趣，近年来世界各国都有开展此项研究的课题。1994 年 V. Varadan 等人测定了手性复合材料在 8～40GHz 频段范围内的手性参数和电磁参数。国内学者开展了手征吸波材料的研究工作，其涂层在 8mm 波段的吸波效果较好。现在研究得最多的手性微体主要有金属手性微体、微螺旋碳纤维以及手性导电聚合物。但由于手性吸波涂料的研究还处于起步阶段，在实际应用中还有许多问题（如成本高等）有待解决。

图 12-33　手性材料应用在隐身飞机上以吸收掉雷达的能量

手性导电高聚物又称手性合成金属，具有良好的导电性能，是在导电高分子和手性高分子的基础之上发展起来的。研究表明导电聚合物的电导率在 $10^{-2}～10^{2}S\cdot m^{-1}$ 时具有良好的吸波性能。手性聚合物是指聚合物本身或构象的不对称性而具有旋光性的高分子，因带有不对称或含有带手性原子的基团而具有构型上的特异性，从而形成相对稳定的螺旋链高聚物。1985 年 Elsenbaumer 等合成出具有导电能力的手征聚吡咯、聚乙炔，提出了共轭高聚物的手征特性。

手性导电高聚物的合成一般分为两种类型，一是非手性单体在聚合过程中加入手性诱导剂来实现其空间螺旋结构，手性导电聚苯胺的合成就是利用这样的方法，1994 年 Wallace 利用手性诱导剂 L（D）-樟脑磺酸制备出单一螺旋构型的导电聚苯胺膜。另一种类型是利用手性单体在一定的反应条件、适合的催化剂作用下，直接聚合成具有螺旋结构的导电聚合物，手性导电聚噻吩、聚吡咯等一般采用此法。Schiff 碱是一种导电吸波材料，美国卡耐基梅隆大学最早研制出一种视黄基席夫碱材料，具有制作简单、效果好、成本低等特点，其对雷达波的衰减可达 80% 以上。

手性导电高聚物相较于手性金属微体和螺旋炭纤维具有质地均匀、易加工成型、密度小、制作过程相对简单、性能稳定等特点，更适合在实际应用中广泛使用。较于一般的导电高聚物，其吸波频带更宽，通过官能团修饰和反应条件改变，可以获得不同的手性参数，最终获得需要的吸波效果。吸波材料在军工和民用上都有广泛应用，手性吸波材料性能优良，将是未来吸波材料的重点发展方向之一。手性材料需要克服的困难与其优势一样明显。金属手性微体制作相对简单、取材广泛，但难以大量获得。微螺旋碳纤维性能优良，但其生产成本较高、工艺较复杂，从而限制了它们的推广应用。手性导电高聚物相对金属手性微体和微螺旋碳纤维来说，具有制作简单、易加工、质轻等特点，是手性吸波材料发展的重要方向。然而在实际操作中也面临螺旋结构和导电率的控制等问题。

经历了跨世纪的探索和发展，手性材料研究已经进入了一个崭新的发展阶段，人类已经能够通过人工合成的手性催化剂，实现手性材料的精准创造。创造出的手性药物、手性农药、手性液晶材料等已经造福于人类社会。2021 年 10 月 6 日，瑞典皇家科学院宣布，将 2021 年诺贝尔化学奖授予德国化学家本杰明·利斯特和美国化学家大卫·麦克米兰，以表彰他们在开发"不对称有机催化"研究中做出的突出贡献。"不对称有机催化"可在合成时，诱导其中有益的一个对映体使其含量增加，使不需要的另一个对映体含量降低至最少，极大提高了合成效率。利用这样的反应，可以有效合成药物。瑞典皇家科学院在官网颁奖声明中写道："构建分子是一门困难的艺术。本杰明·利斯特和大卫·麦克米兰因开发了一种精确的分子构建新工具——'不对称有机催化'而被授予 2021 年诺贝尔化学奖，这对药物研究产生了巨大的影响，使化学和药物合成更环保。"

而今，手性物质化学的研究对象已经从小分子层次拓展到大分子、超分子层次。手性材料的性能研究更加受重视，在液晶显示、吸波、电化学传感、生物传感、信息存储等方面已经展现出良好的应用前景。更加精准、高效、可持续地创造手性材料，研究手性材料在生命科学、环境科学、信息科学、材料科学、空间科学等学科领域的应用，以及探索手性材料的高效检测手段和分析方法等正在成为手性材料研究的前沿和热点。

更加精准地创造手性物质已经成为手性材料学科的发展趋势。经历了一个多世纪特别是最近几十年的发展，手性物质创造已经有了许多方法。现在，几乎任何手性化合物的单一对映异构体都能够合成出来，一些手性化合物的合成不但精准，而且高效，并在工业生产上得到了实际应用。然而，这样的精准反应和方法还非常有限，许多手性化合物的单一对映异构体虽然能够合成出来，但是效率还很低，没有实际应用价值。很多手性药物仍然采用手性拆分方法，而不是用不对称催化方法来生产；很多手性农药仍然在以消旋体形式生产。对于手性材料的构筑，目前还处于初期研究阶段，要实现精准创造还很遥远。总之，无论是手性药物、手性农药等手性分子的合成，还是手性材料的组装与构筑，都需要精准，社会可持续发展也要求物质创造的精准化。诺贝尔化学奖获得者 Noyori 曾提出："未来的合成化学必须是经济的、安全的、环境友好的，以及节省资源和能源的化学，化学家需要为实现'完美的反应化学'而努力，即以 100％的选择性和 100％的产率只生成需要的产物而没有废物产生。"因此，注重发展更加高效、高选择性的手性试剂和催化剂，不对称合成新反应、新方法、新概念及新策略，实现手性物质的精准创造是手性材料学科发展的必然趋势。

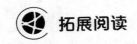

2021年诺贝尔化学奖"回归"传统化学：有机催化，巧妙改变我们的生活

2021年10月6日，2021年诺贝尔化学奖授予德国科学家本杰明·利斯特和美国科学家大卫·麦克米兰，以表彰他们对"不对称有机催化"的发展做出的贡献。

诺奖委员会指出，两位科学家为合成分子提供了一种巧妙的工具，可以利用这种不同于传统的全新的工具来创造新的有机分子，他们的工作对药物研究产生了巨大影响，并使化学更加符合绿色发展的趋势。

诺贝尔化学奖曾一度被戏称为"理科综合奖"，因它奖励过化学与生物、物理等交叉领域的成果。"这次的诺贝尔化学奖和以往相比，可以说是更纯粹的诺贝尔化学奖。"浙江大学有机与药物化学研究所所长陆展说，"这次诺奖回归传统化学，对我们化学领域的科研工作者来说是极大的激励。"

工业制造中往往会涉及一系列繁复的化学反应，为了提高生产效率，我们往往会采用"催化"来提高转化效率、减少工业废物，而催化剂是反应进行的导火索和助推器。正因为这些催化剂，人们才可以生产出例如药品、塑料、香水等日常生活所需的数千种不同物质。事实上，据估计，全球GDP总量的35%都以某种方式与化学催化有关。

陆展告诉记者，不对称催化往往可以分为不对称金属催化、不对称酶催化以及不对称有机催化。事实上，早在2001年，三位科学家凭借"手性催化氢化及氧化反应"而获得诺贝尔化学奖。2018年，又有三位科学家凭借"酶的定向演化以及用于多肽和抗体的噬菌体展示技术"也获得了诺贝尔化学奖。可以说，这次本杰明·利斯特和大卫·麦克米兰的获奖也是在"情理之中"。

2000年，大卫·麦克米兰在思考金属不对称催化难以进行工业应用的问题时，发现那些敏感金属使用起来实在是太麻烦、太贵了。于是，他选择了结构简单且廉价易设计的有机分子，在测试中，他发现有机分子发挥了优秀的催化作用，其中一些有机分子在不对称催化方面也表现出色。为了研究方便，大卫·麦克米兰用"有机催化（organocatalysis）"这一术语来描述该方法。

另一位诺奖得主本杰明·利斯特在研究催化抗体（catalytic antibodies）期间开始思考酶的实际工作原理。在没有任何预期的情况下，他测试了脯氨酸是否可以催化羟醛反应，这个简单尝试的结果出乎意料的好。通过实验，本杰明·利斯特不仅证明了脯氨酸是一种有效的催化剂，而且证明了这种氨基酸可以驱动不对称催化。2000年2月，他发表了这一发现，并将有机分子参与的不对称催化描述为一个充满机会的新概念，"对这些催化剂的设计和筛选是我们未来的目标之一"。

有机催化剂使用的迅速扩大主要是由于其驱动不对称催化的能力。当分子形成时，通常会出现两种不同的分子形成的情况，就像人的左右手一样，互为镜像。然而在工业生产，特别是药物生产时，通常只需要其中的一种，仅"左手"或者"右手"。不对称有机催化中的"不对称"意味着可识别，也就是能够识别"左手"或者"右手"，即可以选择需要的分子；

而"有机催化"则意味着有机分子成为了催化剂，利用有机分子有选择地对分子进行催化反应。

那么，不对称有机催化有何独特之处呢？陆展解释道，在药物分子合成的过程中，往往会使用高效的不对称金属催化，尽管作为催化剂的金属用量很少，但仍存在一定的贵金属残留，为此，药厂往往还需要花费高额代价对药物进行提纯。而采用有机催化时，不含有金属，也就不存在这一问题。因此，区别于金属和酶催化，有机催化具有低毒性、对人体和环境友好的特性。"除此之外，有机催化还有使用、存储及放大的技术难度较低，且可依据催化机理将反应的普适类型做迭代设计，具有较高的可预测性等优势。当然，它在催化活性和工作效率方面还有提升的空间。"陆展说。

揭晓现场，诺贝尔化学委员会主席约翰·奥克维斯特说："催化的概念既简单又巧妙，事实上，许多人都想知道为什么我们没有更早地想到它。"其实，催化一直都在巧妙地改变着我们的生活，正如科学家们探索的步伐，将一个个"催化反应"为己所用，"催化"着科学技术不断向前。

12.5 超材料

超材料是指具有天然材料所不具备的超常物理性质的人工复合结构或复合材料，广义的超材料包括光子晶体、左手材料、超磁材料等。光子晶体（photonic crystal，PC）是具有光子带隙特性的人造周期性电介质结构。左手材料（left-handed materials，LHM）是一类在一定频段下同时具有负磁导率和负介电常数的材料。超磁材料是利用软磁铁氧体的高磁化强度和硬磁铁氧体的高矫顽场特性的相互作用和耦合，进而获得具有高磁能积的磁性材料。除此之外，其他一些具有特殊人工结构的材料，也属于超材料的范畴，像电磁晶体、频率选择表面、人工磁导体、基于传输线结构的超材料、等离子体结构的超材料等。因此，超材料其实就是人们通过各种层次的有序结构实现对种种物理量的调制，从而获得的具备自然界中该层次块体材料没有的特殊物理性质的材料，超材料的这些特殊的物理性能来自于它的特殊结构。超材料的制备技术包括自组装技术、刻蚀技术和沉积技术。随着微加工技术的不断进步及三维打印技术的发展，三维打印技术也成为超材料制备的新途径。目前应用较多的超材料制作技术可分为光刻类技术和印刷类技术。另外以电子束直写、蘸笔印刷、聚焦离子束等为代表的直写类技术也可以用来制备超材料，所制备的各类超材料如图 12-34 所示。超材料可用于功能性器件的开发，如纳米波导及有特殊要求的波束引导元件、表面等离子体光子芯片、亚波长光学数据存储、新型光源、超衍射极限高分辨成像、纳米光刻蚀、生物传感器及探测器的应用和军用隐身材料等。

12.5.1 超材料概述

超材料的概念最早由俄罗斯科学家 Veselago 在 1968 年提出。2000 年底，美国国防部"国防高级研究计划署"联合美国一些大学和研究机构，开展了关于超材料的研究计划，为超

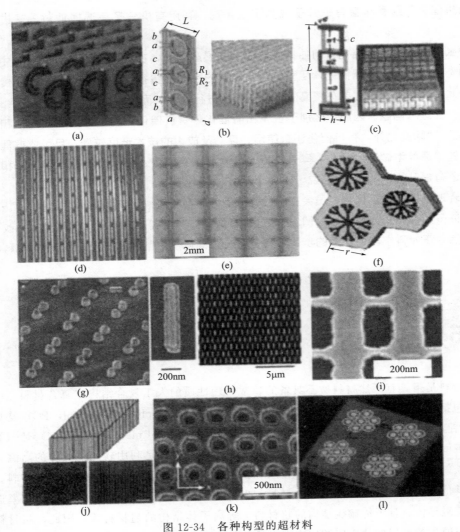

图 12-34　各种构型的超材料

(a) 金属线阵列与金属开口谐振环阵列组合结构；（b）双 Ω 形结构；（c）H 形结构；（d）长短线结构；（e）双 S 形结构；（f）多级树枝状结构；（g）非对称金柱对结构；（h）短线对结构；（i）双渔网状结构；（j）银纳米线阵列结构；（k）掺杂复合材料的双渔网结构；（l）带芯金环七聚物结构

材料技术的广泛应用奠定了基础。欧盟也联合欧洲 24 所大学共同开展了联合协调项目。超材料是一个新兴的重点发展领域，得到世界各国的重视和支持。当前，超材料主要的研究方向集中在以下几方面：①新型超材料及其功能设计、性能优化及相关仿真方法；②在器件制造方面，由于受亚波长特征尺寸的限制，在光频波段进行器件制作需要高技术水平；③相互作用研究方面，由于超材料的大多数性质都与表面/界面波有关，进一步探索这种近场波与自由空间电磁波的耦合，以及其材料内部的传播性质，需要不断更新理论概念、分析方法和实验测量等技术。左手材料也被称为双负媒质或者负折射率物质，左手材料具有介电常数与磁导率同时为负值的电磁特性，这与自然界中的大多数材料有着直接的差异。2001 年，美国麻省理工学院的研究人员首次制备出在微波波段同时具有负介电常数和负磁导率的材料，并通过实验观察到了负折射现象。左手材料由此引起了科学界的浓厚兴趣，对其基本理论和实验的研究不断完善，已成为近年来物理学和电磁学领域的研究热点。近年来，具有纳米尺寸的光子晶体超材料已经发展成为科技工作者研究的焦点。光子晶体是指具有光子带隙（photonic band gap，PBG）特性的人造周期性电介质结构，有时也称为 PBG 晶体结构。它是由电子学上的概念类比得出的。在固体物理学的研究中，晶体中呈周期性排列的原子产生的周期性电势场会对其中的电子有特殊的约束作用。在介电常数周期性分布的介质中，电磁波的一些频率是被禁止的，光子晶体也类似。通常，这些被禁止的频率区间为光子带隙，也称光子频率禁带，将具有"光子频率禁带"的材料称作为光子晶体。电磁超材料也称为新型人工电磁材料、新型人工电磁媒质、特异媒质，是通过人工方式加工或合成的、具有周期或准周期结构以及特异电磁性质的复合材料，兴起于 21 世纪初。超材料具有三个重要特征：①具有特殊的人工结构；②具有超常的物理性质；③电磁性质往往主要取决于材料的人工结构。

随着我国"十三五""十四五"规划纲要的实施，超材料已被列为当前应大力发展的领域。超材料技术将推动中国尖端装备的前沿研究和实际应用，将对这些领域产生颠覆性的影响。中国超材料研究开始进入一个全面跃升的重要时期，正处于由突破性研究成果向实际应用转化的关键阶段。在短短的几年内，研究人员在各种超材料中已观察到许多奇特的电磁性质（从光频到微波），比如左手材料、隐身斗篷、电磁黑洞、透射增强材料等。我国相关机构也在积极开展超材料技术的研究工作。国家自然科学基金、国家重点研发计划等均在超材料的基础研究方面给予了一定支持。目前，我国在超材料的基础研究领域已积累了一批有影响的研究成果，如光启高等理工研究院团队制备出的宽频带、高强度、高透波、轻量化的超高性能电磁超材料结构件，已经投入使用到了我国歼 20 飞机上（图 12-35）。

图 12-35　歼 20 飞机和其使用的超材料

12.5.2　超材料分类

（1）电磁超材料

电磁超材料也称为新型人工电磁材料、新型人工电磁媒质、特异媒质，是通过人工方式加工或合成的、具有周期或准周期结构以及特异电磁性质的复合材料，兴起于21世纪初。狭义上讲，最初的电磁超材料指具有负折射率（negative refractive index）的所谓左手材料。由于电磁波在其中传播时，电场、磁场以及波矢呈左手关系而得名，也称为后向波材料（backward wave material）、双负材料（double negative material）等。Veselago预言了该种材料所具有的不同寻常的电磁特性，如负折射现象（2001年被首次实验验证逆Cherenkov辐射，2009年被实验验证逆Doppler效应）。后面的研究发现，左手材料还具有其他的新异特性，如逆Goos-Hanchen位移、倏逝波放大、完美透镜效应等。

电磁超材料包括数字可编程超材料、计算超材料、光开关超材料。这类超材料利用其微结构单元类似于计算机的0、1开关属性，进行非周期阵列，以实现编程可控的响应输出。电磁超材料预期将在车载雷达扫描系统、移动通信天线、电动机用新型磁性材料和电磁兼容中所使用的高性能吸收与屏蔽材料领域获得推广。新型的频率不敏感左右手复合漏波扫描天线具有宽波束扫描、高增益和易生产的优势。此外，LED头灯和红外成像夜视系统也是超材料的应用方向。

（2）热学超材料

热学超材料是近年来才提出的新型热能利用和调控的超材料。自然界中的传统材料，其热导系数在空间均匀分布，热量从温度高的一端直线流向温度低的一端，这是人们所熟知的热传导模式。然而，如果能实现空间热导系数的非均匀分布，通过对宏观热扩散方程的空间变化，则可以实现对热流方向的调控。这种通过人工改造而实现热导系数非均匀分布的材料被称为热学超材料。热学超材料是可感知外部热源、主动响应的人工复合材料与结构，潜在应用于微纳米结构的热电转换。根据其功能一般可分为两大类：控制热流和利用热能；信息传输和处理。热学超材料正在被研究用于控制热量的定向辐射。

光学和声学都遵循波动方程，利用某种基于坐标变换的方法可以研究和操控波动方程，进而设计出具有隐身功能的光学和声学超材料。图12-36为电阻（热阻）方格及实现隐身效果的坐标变换示意图。与声、光的波动行为不同，热传导满足的是扩散方程，扩散方程和波动方程的物理机制迥异，因此，以扩散方程为主导的热学超材料的研究发展较晚。2004年，新加坡国立大学研究人员基于共振和非相性系统的声子频率随温度改变的原理，提出热二极管的理论模型。2008年，复旦大学研究人员将坐标变换用于热学领域，通过对不同区域热导率的变换，提出了"热隐身"的概念。2012年法国科学家在数学上把变换光学/声学的理论应用到热传导方程上后，德国科学家和浙江大学研究人员用变换光学的方式，在实验上实现了热隐身。热是无处不在的。热学超材料可感知外部热源并主动响应，根据其功能一般可分为两大类：热流控制和热能利用；信息传输和处理。热学超材料通过调控热能的传输与转换，控制热流，可以实现多种功能，在很多领域表现出巨大的应用前景，具备战略性重大突破的可能，主要体现在以下方面：①热隐身；②热防护；③热管理；④热信息。

图 12-36　电阻（热阻）方格及实现隐身效果的坐标变换示意

（3）超导材料

将某些材料冷却到一定温度以下时，它们的电阻会完全消失，这类材料被称为超导材料，而该温度被称为转变温度。不同材料的转变温度存在一定的差异，但是多数材料的转变温度是低于 20K（－253℃）的。除温度外，磁场也会对超导材料的性质产生一定的影响。超过某个临界值的强磁场会导致超导体恢复到正常状态（即非超导状态）。即使该材料所处环境的温度已经远低于其转变温度，它也无法表现出超导性。超导材料在许多领域都有着广泛的应用，它可以减少设备在通电过程中产生的热量，节约能源，减小设备的体积，提高设备工作时的稳定性。在医用磁成像设备、磁储能系统、电动机、发电机、变压器、计算机部件以及精密磁场测量仪中，超导材料都发挥着重要的作用。近年来，许多工程学家致力于提升用超导材料制成的机械的运行速度、能量利用效率和灵敏度。他们对不同种类的超导材料的性质进行了深入的研究，以期为改进现有超导设备、研发新型超导设备提供新思路。在超导体基本特性的基础上，超导态依赖于三个相关的物理参数：温度、外加磁场以及电流密度，每个参数都有一个临界值去区分超导态和正常态，三个参数彼此关联，其相互关系如图 12-37 所示。

超导体的分类没有统一的标准，通常按以下方法分类。

① 根据材料的临界温度的高低可以分为低温超导材料和高温超导材料。超导物理中将临界温度在液氦温区（4.2K）的超导体称为低温超导体，也称为常规超导体，将临界温度在液氮温区（77K）的超导体称为高温超导体。根据微观配对机制，超导理论符合 BCS 理论（以近

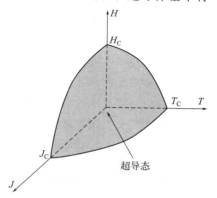

图 12-37　温度（T）、外加磁场（H）和电流密度（J）的超导相图

自由电子模型为基础，在电子-声子作用很弱的前提下建立起来的理论）的超导体称为常规超导体，其他的则称为非常规超导体。一般低温超导体都是常规超导体，高温超导体为非常规超导体，但也有特殊情况，如 MgB_2 合金的临界温度高达 39K，远远超过常规超导体，但 BCS 理论仍然可以解释 MgB_2 合金的超导机理，所以 MgB_2 合金是高温常规超导体。

② 超导材料按其化学成分可分为金属超导材料（元素、合金、化合物等）、超导陶瓷、有机超导体及半导体或绝缘超导材料四大类。对于金属超导体，又包括以下几种。a. 超导元素。在常压下具有超导电性的元素有 28 种，其中金属铌（Nb）有最高的超导转变温度（T_c），为 9.26K。b. 合金材料。超导元素中加入其他元素形成合金，可以使超导材料的性能提高。如首先合成的 NbZr 合金，其 T_c 为 10.8K，超导临界磁场（H_c）为 8.7T。后又合成 NbTi 合金，虽然 NbTi 合金的 T_c 比较低，但其 H_c 很高，在一定的磁场下可以承载更大的电流。目前 NbTi 合金是用于 7~8T 磁场下的主要超导磁体材料。NbTi 合金中再加入 Ta 合成三元合金，使性能进一步提高。c. 超导化合物。超导元素与其他元素化合得到的超导化合物经常有很好的超导性能。如已大量使用的 Nb_3Sn，其 $T_c=18.1K$，$H_c=24.5$ T。其他重要的超导化合物还有 V_3Ga，$T_c=16.8K$，$H_c=24$ T；Nb_3Al，$T_c=18.8K$，$H_c=30T$。超导陶瓷包括铜基氧化物和铁基化合物等，中国科学家（赵忠贤、陈立泉等）和美籍华人科学家（朱经武，吴昆茂等）同期独立发现液氮温度（77.3K）以上工作的 Y-Ba-Cu-O 超导体。目前发现的具有最高超导转变温度的是 $ReFeAsO_{1-x}F_x$，约为 55K。有机类超导体有 $(TMTSF)_2ClO_4$、$(TMTSF)_2PF_6$、$(TMTSF)_2AsF_6$ 等；SiC、金刚石、石墨烯等属于绝缘类超导体。

③ 根据超导体在磁场中表现出的迈斯纳效应，可以把超导体分为第Ⅰ类超导体和第Ⅱ类超导体。第Ⅰ类超导体和第Ⅱ类超导体在磁场中的不同状态，前面已经叙述。第Ⅰ类超导体主要包括一些在常温下具有良好导电性的纯金属，如 Al、Zn、Ga、Ge、Sn、In 等，该类超导体的熔点低、质地软，被称作软超导体。其特征是由正常态过渡到超导态时没有中间态，并且具有完全抗磁性。第Ⅰ类超导体由于其临界电流密度（J_c）和 H_c 较低，因而没有很好的实用价值。第Ⅱ类超导体除包括金属元素 V 和 Nb 外，还包括金属化合物及其合金，以及陶瓷超导体，其与第Ⅰ类超导体的区别主要在于：

a. 第Ⅱ类超导体由正常态转变为超导态时有一个中间态（混合态）；

b. 第Ⅱ类超导体的混合态中有磁通线存在，而第Ⅰ类超导体没有；

c. 第Ⅱ类超导体比第Ⅰ类超导体有更高的 H_c、T_c 和更大的 J_c。

第Ⅱ类超导体根据其是否具有磁通钉扎中心而分为理想第Ⅱ类超导体和非理想第Ⅱ类超导体。理想第Ⅱ类超导体的晶体结构比较完整，不存在磁通钉扎中心，并且当磁通线均匀排列时，在磁通线周围的涡旋电流将彼此抵消，其体内无电流通过，从而不具有高临界电流密度。非理想第Ⅱ类超导体的晶体结构存在缺陷，并且存在磁通钉扎中心，其体内的磁通线排列不均匀，体内各处的涡旋电流不能完全抵消，出现体内电流，从而具有高临界电流密度。

12.5.3 超材料设计与基因工程

材料基因工程是指通过借鉴生物学基因工程技术，探究材料结构（或配方、工艺）与材料性质（性能）变化的关系，并通过调整材料的原子或配方、改变材料的堆积方式或搭配，结合不同的制备工艺，得到具有特定性能的新材料。对于超材料而言，材料基因工程的作用十分巨大，因为超材料本身就是人为设计的具有特殊结构的材料，材料基因工程的存在大大扩展了超材料发展的可能性。目前对于超材料基因工程的研究主要是通过材料计算进行材料的模拟和仿真。在超材料新型设计与仿真中，大量软件被应用于超材料的设计和计算，如材料物性分析软件 J-OCTA（跨尺度分子动力学模拟软件），可在原子级到微米级范围内对橡胶、塑料、薄膜、涂料及电解质材料的材料特性进行预测；新一代的分子力场模拟软件 ReaxFF，除传统力场的基本性质之外，还可以模拟体系中的化学反应；还有计算分子动力学的软件 LAMMPS，可以模拟气态、液态、固态及混合态体系等等。虽然计算软件多种多样，但是每个软件都有其局限性，只能用于某些特殊条件下的计算。同时，对于不同学科内的超材料研究，材料的制备、表征和测量等实验技术相差很大。针对以上超材料发展的状况，很有必要将超材料纳入材料基因组计划，从而建成完整的超材料高通量实验平台，为超材料的理论分析和计算提供实现的技术基础，并为超材料的应用开发提供数据和资料。这将大大加快超材料从基础研究向应用研究转化的速度。

12.5.4 超材料的应用

目前超材料可以应用于电磁领域、光学领域、声学理论、热学理论，行业包括通信行业、医疗行业、航空航天行业、军工行业、集成电路板（IC）行业，例如红外线雷达、吸波材料、纺织涂层等，超材料还有很大的发展空间。从电磁也就是微结构的角度对超材料进行理解，再向电磁波进行推广，可以衍生出编码超材料、数字超材料和可编程超材料。从航天工程实践等出发，目前进行的研究有有序微结构，包括填充材料的光晶体。当填充不同材料后，光晶体有了很多灵活性，加入电场调控，就可以做成人们想要的材料。航天领域的探索还包括具有激光防护作用的智能热控材料。光子晶体在红外波段同时具有高反射率和高辐射率，可作为高超声速飞行器的隔热材料。超材料在通信、隐身领域也有很多重要的工程应用。这里面主要包括了隐身和电磁波的波数汇聚方面的技术，在实物方面则体现为天线、隐身装备等。以陶瓷为基础的超材料的研究目前也有了一定进展，其发展方向主要是提高材料的强韧性，实现纳米吸波界面的效应，制造出抗氧化、强韧、宽频吸波型陶瓷基复合材料。

超常的物理特性使得超材料的应用领域十分广泛，其应用范围涵盖了工业、军事、生活等各个方面。尤其是电磁超材料，对将来的通信、光电子、微电子、先进制造产业，以及隐身、探测、核磁、强磁场、太阳能及微波能利用等技术产生深远的影响。超材料可以实现传统材料很难，或是不可能实现的电磁特性，可以获得普通材料没有的物理性质，如左手特性、逆多普勒效应、逆折射效应、逆 Cherenkov 效应、完美透镜效应、逆 Goos-Hanchen 位移等。在这些基础上，人们发现了超材料广阔的应用前景，如超分辨成像、小型化天线、电磁波隐形、电磁吸波体、高灵敏探测器等。

（1）超材料在电子元件中的应用

① 基于左手材料的新型微波器件。左手材料是近年来新发现的某些物理特性完全不同于常规材料的新材料，在电磁波某些频段能产生负介电常数和负磁导率，导致电磁波的传播方向与能量的传播方向相反，产生逆多普勒效应、逆折射效应、逆 Cerenkov 效应以及"完美透

镜"等奇特的电磁特性。这些特性有望在信息技术、军事技术等领域获得重要应用。左手材料的这些特性使其在微波领域具有广阔的应用前景。

② 隐身斗篷与新型抗电磁干扰器件。隐身斗篷的基本原理是通过在物体表面包覆一层具有特殊设计的、具有一定介电常数和磁导率分布的材料，这样入射光或电磁波将被弯曲，并且绕过包覆层，从而出现隐身人的效果。通俗地讲，身穿隐身斗篷的人就好像在空间中挖开了一个洞，任何光和电磁波将直接穿透这个洞，从而不会看到斗篷中隐藏的人。任何电磁信号都可以更为有效地绕开干扰和阻隔，从而保持信号的完整性。因此，隐身斗篷在抗电磁干扰器件中具有广阔的应用前景。

③ 光子晶体光纤与光子晶体天线。光子晶体为各类无源光电器件的制备提供了理想的材料，已实现产业化的光子晶体光纤是目前应用最广的光子晶体产品。另一个典型例子是微波带隙天线。传统的微波带隙天线制备方法是将天线直接制备在介质基底上，这样就导致大量能量被基底所吸收，因而效率很低。例如，对一般用砷化镓介质作基底的天线反射器，98%的能量完全损耗在基底中，仅 2% 的能量被发射出去，同时造成基底发热。利用光子晶体作为天线的基底，此微波波段处在光子晶体的禁带中，因此基底不会吸收微波，这就实现了无损耗全反射，把能量全部发射到空中。

（2）超材料在超分辨成像中的应用

超材料在超分辨成像中有着非常大的应用前景。科学家通过利用超材料中的负折射率材料可以克服传统光学成像所遇到的绕射极限问题，使在成像面上原本的不可解析变成可解析，并对此观点进行了数值模拟。在此理论基础上，科学家设计了一种银膜超级透镜，利用波长 365nm 的光源分辨出了 60nm 的线宽，实现了$\lambda/6$ 的分辨率。2014 年，我国科学家发明了一种基于超材料折射率梯度的平板圆柱形结构聚焦透镜，将超材料在超分辨成像中的应用推向了一个新高度，利用超材料通过三维打印的方法制作龙伯透镜反射器。

（3）超材料在导弹装备领域中的应用

① 天线领域。随着雷达、通信等装备在导弹领域的需求不断增加，作为关键部件的天线，尤其是有源相控阵天线技术的发展变得更加重要。超材料以其奇特的电磁特性，在天线设计领域引发了重大技术革新。雷达天线是超材料特种技术的主要应用方向之一，应用方式是以超材料替代传统抛物面天线的反射面和设计共形天线等新形态雷达天线。

② 无源器件领域。超材料可广泛应用于各类微波、光学器件和天线，如微波平板聚焦透镜、滤波器、耦合器、移相器、功分器、反相波导器件、放大器、谐振器等，这些器件可广泛应用于各种武器装备中。如可见光波段超材料能够制作出突破衍射极限的透镜，也能够制造出超灵敏单分子探测器，用以探测各种深埋于地下的武器。此外，光子晶体在光纤、微波天线、超棱镜等方面也都有应用。这些新型光子晶体器件是大规模集成光路的基础，目前的研究已经开始向光子器件集成方向推进，这必将对人类的生产和生活产生深远的影响。

③ 天线罩设计领域。有试验提到将左手材料平面天线罩和阿基米德螺旋天线结合起来进行测试，平面天线罩加入左手材料后，天线的波束得到汇聚，增益大约提高了 5dB。因此可以把超材料应用在雷达、通信等系统的天线罩上，在不改变天线罩外形的同时，可提高天线增益和方向性。

材料化学

④ 电磁兼容设计领域。随着导弹制导系统、控制系统、通信系统的发展，电磁兼容问题也逐步成为导弹装备设计中的一个重要问题。超材料在电路中可以提高电子设备的电磁兼容性，实现了电路各部件间的去耦合，如抑制放大器的谐波影响、抑制高速数字信号线间的串扰等。

⑤ 隐身设计领域。2006年，美国《科学》杂志报道了当时在美国留学的中国科学家刘若鹏研发的微波隐身衣，这一隐身衣的原理就是利用超材料获得特定分布的折射率，实现了对电磁波传播方向的控制。光学和红外隐身同样是隐身领域的重要技术。随着探测手段的丰富，光学和红外探测也成为一种重要的预警探测手段，那么红外隐身技术对导弹装备就显得非常重要了。由于光学的全频段隐身目前还难以做到，随着研究的不断深入，超材料的应用将会向更高频段延伸。超材料在基础研究和关键技术两方面有相当好的研究基础。超材料的优势在于突破传统材料的束缚，构造出功能新颖且现有技术又更易制备的电磁功能结构。纵观其发展历程，超材料一直在向着高应用性的方向发展。应用领域从微波到红外再到光波段，不断扩展。制造工艺从印刷电路板工艺、机械加工工艺到三维打印和微纳制造，既可以加工毫米级大尺寸超材料，亦可以加工纳米级高精度超材料。结构功能涉及电磁波调控、传输、吸收、能量转化等诸多方面，展现出了强大的电磁调控能力。展望未来，跨尺度、多材料的超材料结构制造技术将引领未来超材料的发展方向，而具有复杂结构一体化制造能力的三维、四维打印技术将成为超材料结构制造的核心技术。超材料所涉及的内容很广，包括光学超材料、声学超材料（与弹性振动波相应，用于操纵和利用声子传播）、力学超材料（吸声介质、超黏滞材料）、热学超材料（调控热能的传输与转换）、声子晶体（超高精度控制单个声子，进而调控动态温差）等。总的来说，超材料未来的发展方向如下：a.对超材料的工作频段和方向控制的研究；b.超材料的产业化发展；c.新型超材料及其功能设计、性能优化及相关仿真方法；d.不同超材料之间相互作用的研究。

 拓展阅读

....

超材料

超材料是一类利用人工结构作为功能单元构筑的新型材料，可实现自然材料无法获得的新性能，得到了世界各国的高度重视。2015年，时任的美国国防部（DoD）负责科研与工程技术（R&E）事务的助理国防部长鲍勃·贝克在其年度报告中详细介绍了美国国防部2013~2017年科技发展"五年计划"的制定过程，通过分析美国在21世纪所面临的新秩序与新挑战，提出了未来重点关注的六大颠覆性基础研究领域，其中就包括超材料与表面等离激元学（Metamaterials & Plasmonics），被美国国防部列为六大颠覆性技术之一。美国国防部对于颠覆性基础研究领域的定义为，对于近期与未来美军的战略需求和军事任务行动能够产生长期、广泛、深远、重大影响的基础研究领域，这些领域的研究已取得关键突破并且可以持续发展，未来的研究成果能够使美军在全球范围内具备绝对的、不对称的军事优势。

超材料在军事领域的颠覆性应用前景包括利用增强/捷变隐身超材料技术使装备被雷达发现和锁定的概率大幅下降，获得压倒性的战略优势；小型化超材料隐身射频系统可以使通信设备更加轻便，并且不易于被侦查，使战场生存能力大幅提升；智能自检测自修复结构超材料技术将使装备维修保障周期和成本大幅缩减，作战效能大幅提升。目前从事相关领域研究的企业包括中国深圳光启创新技术有限公司、美国波音公司、雷神公司、洛克希德·马丁公司、英国宇航公司、日本三菱重工。

近年来，我国科学家在超材料的研究中取得了重大突破。东南大学崔铁军院士对超材料进行了系统性研究，创造性地提出用数字编码表征超材料的新思想及控制电磁波的新方法，实现了数字编码和可编程超材料，能实时操控电磁波和编码信息，开创了信息超材料新方向。首次从微波传输线的角度研究表面等离激元（SPP）超材料，发明了一种超薄、柔性、条带式 SPP 传输线。与传统微带线相比，其传输特性可定制，并可显著降低传输线间的互耦和干扰。研制出一系列 SPP 无源器件和有源器件，开辟了基于 SPP 传输线的微波技术新方向。在传统超材料领域，实现了宽带、低损耗超材料的快速准确设计，在国际上率先实验验证了"电磁黑洞"和三维宽带"隐身斗篷"等物理现象，解决了超材料在某些国防应用中的瓶颈问题，应用于航天、航空、船舶等部门武器装备的研制，并参与了加快推动 6G 的应用基础研究和原创的技术攻关，提升了我国 6G 的创新水平和国际影响力。清华大学周济院士团队提出了通过超材料与常规材料融合发展兼具超材料和常规材料优势的新型功能材料的思想，在此基础上发展出了介质基电磁超材料、自然超常介质以及一系列基于超材料设计思想的常规材料，形成了广义超材料的概念，拓展了超材料的范畴和方法论价值，有望为材料性能的改进与提高提供一种新的途径。

思考题

1. 试解释什么是量子材料、量子效应和量子尺寸效应。
2. 日常生活中有哪些发光材料？是怎么实现发光功能的？
3. 常用的光学塑料材料有哪些？简单介绍光学塑料的性能和分类。
4. 感光材料能吸收哪些特定的波长？能否自主设计一种感光材料，只吸收需要的特定波长。
5. 金属有机框架材料的结构特点有哪些？
6. 简述金属有机框架材料的合成方法及特点。
7. 举例说明生活中的哪些物品或材料具有手性。
8. 举例说明不同构型的手性材料的不同特性和应用。
9. 超材料具有哪些特征？你能列举出一些常见的超材料吗？
10. 超材料与复合材料具有什么样的关系？
11. 21 世纪初，《哈利·波特》这部著作在世界范围内掀起了热潮，在众多魔法中一件可以隐身的斗篷，更是让人留下了深刻的印象，而现实中这种隐形术也随着超材料的发展逐步被实现，请你结合超材料的分类猜测一下这种超材料属于哪一类超材料，它的运行原理大概是什么样的呢？

扫码看答案

参考文献

[1] Leonard V. Interrante, Mark J. Hampden-smith. 先进材料化学[M]. 上海：上海交通大学出版社，2013.

[2] 尹道乐，尹澜. 凝聚态量子理论[M]. 北京：北京大学出版社，2010.

[3] 田强，徐青云. 凝聚态物理学进展[M]. 北京：科学出版社，2013.

[4] Basov D N, Averitt R D, D Hsieh. Towards properties on demand in quantum materials[J]. Nature Materials，2017，16(11)：1077-1088.

[5] L Gu, S Poddar, Y Lin, et al. A biomimetic eye with a hemispherical perovskite nanowire array retina[J]. Nature，2020，581(7808)：278-282.

[6] 晏磊，夏榆滨. 感光材料与影像科学[J]. 感光材料，2000(1)：3-4.

[7] Y Wang, H Wu, W Hu, et al. Color-Tunable Supramolecular Luminescent Materials[J]. Advanced Materials，2022，34(22)：e2105405.

[8] X Chen, W-g Lu, J Tang, et al. Solution-processed inorganic perovskite crystals as achromatic quarter-wave plates[J]. Nature Photonics，2021，15(11)：813-816.

[9] Stock N, Biswas S. Synthesis of metal-organic frameworks（MOFs）：routes to various MOF topologies, morphologies, and composites[J]. Chemical Reviews，2012，112(2)：933-969.

[10] Kitagawa S. Metal-organic frameworks（MOFs）[J]. Chemical Society Reviews，2014，43(16)：5415-5418.

[11] 唐智勇. 手性纳米材料[M]. 北京：化学工业出版社，2018.

[12] Ivchenko E L, Spivak B. Chirality effects in carbon nanotubes[J]. Physical Review B，2002，66(15)：155404.

[13] 周济. "超材料（metamaterials）"：超越材料性能的自然极限[J]. 四川大学学报：自然科学版，2005(S1)：21-22.

[14] 杜云峰，姜交来，廖俊生. 超材料的应用及制备技术研究进展[J]. 材料导报，2016，30(9)：115-121.

[15] 张学骜，张森. 热学超材料研究进展[J]. 光电工程，2017，44(1)：49-63.

[16] 黄吉平，须留钧，戴高乐. 基于变换热辐射和热传导理论设计的热隐身斗篷. CN 110826265A [P]. 2020.